高等职业教育机电类专业系列教材

供配电技术

主　编　刘　燕

副主编　高　静

主　审　杨玉菲

西安电子科技大学出版社

内 容 简 介

本书系统讲述了供配电系统的基本理论、基本计算方法以及运行管理方面的相关知识。

全书共分 10 章，包括概论、电力负荷及其计算、短路电流的计算、供配电系统的主要电气设备、变配电所的电气主接线及结构、供配电线路、高层建筑的供配电系统、供配电系统的保护、供配电系统的二次回路与自动装置以及供配电系统的安全技术。每章后均配有与本章内容相关的基本技能训练，并附有思考题与习题，以方便读者复习和自学。

本书可作为应用型高等学校和高职高专院校电气工程、自动化、供用电技术、建筑电气、楼宇自动化等专业相关课程的教材，也可供从事供配电系统运行管理或其他相关行业的技术人员参考使用。

图书在版编目(CIP)数据

供配电技术/刘燕主编.

－西安：西安电子科技大学出版社，2007.3(2022.11 重印)

ISBN 978 - 7 - 5605 - 1805 - 0

Ⅰ. 供… Ⅱ. 刘… Ⅲ. ①供电－高等学校：技术学校－教材 ②配电系统－高等学校：技术学校－教材 Ⅳ. TM72

中国版本图书馆 CIP 数据核字(2007)第 020384 号

责任编辑 许青青 马武装 马晓娟
出版发行 西安电子科技大学出版社(西安市太白南路 2 号)
电 话 (029)88202421 88201467 邮 编 710071
网 址 www.xduph.com 电子邮箱 xdupfxb001@163.com
经 销 新华书店
印刷单位 陕西日报社
版 次 2007 年 3 月第 1 版 2022 年 11 月第 9 次印刷
开 本 787 毫米×1092 毫米 1/16 印 张 20.75
字 数 485 千字
印 数 16 601～18 600 册
定 价 49.00 元
ISBN 978 - 7 - 5606 - 1805 - 0/TM

XDUP 2097001 - 9

＊＊＊ 如有印装问题可调换 ＊＊＊

高等职业教育机电类专业系列教材

编审专家委员会名单

主　任： 李迈强

副主任： 唐建生　李贵山

机 电 组

组　　长：唐建生（兼）

成　　员：（按姓氏笔画排列）

王春林	王周让	王明哲	田　坤	宋文学
陈淑惠	张　勤	肖　珑	吴振亭	李　鲤
徐创文	殷　铖	傅维亚	巍公际	

电 气 组

组　　长：李贵山（兼）

成　　员：（按姓氏笔画排列）

马应魁	卢庆林	冉　文	申凤琴	全卫强
张同怀	李益民	李　伟	杨柳春	汪宏武
柯志敏	赵虎利	戚新波	韩全立	解建军

项目策划： 马乐惠

策　　划：马武装　毛红兵　马晓娟

电子教案：马武装

前　言

本书是根据高职高专教学应遵循"淡化理论，够用为度，培养技能，重在应用"的原则而编写的，在保证基本理论知识够用的前提下，注重新颖性、实践性和应用性，努力反映供配电技术发展中的新元件、新技术以及新的控制方式。

本书具有以下特色：

（1）内容全面、新颖。供配电系统包括工业企业供配电系统和民用建筑供配电系统。本书在内容的组织与安排上尽量涵盖这两部分，对这两部分中相同的内容融为一体介绍，不同的则分别予以阐述。在讲述电气设备时，着重介绍了广泛应用的新产品。本书所使用的图形符号和文字符号均符合最新国家标准，并力求采用最新的技术标准规范来讲述供配电技术的内容。

（2）叙述简洁，逻辑清晰。本书论述力求清晰准确、图文并茂，在介绍各种电气设备的结构原理时，均配有简明清晰的结构图或接线简图，并在基本技能训练中附有各种新型元件的图片。在讲述有关的选择计算时，略去一些繁琐的理论推导和证明，用实例将结论加以解释和应用。

（3）注重实际技能。注重实际技能以及职业素质和创新能力的培养是本书的一大特色。本书在每章后都配有与本章内容相关的基本技能训练。这些训练内容具有一定的针对性、可操作性及应用性，如中小型工厂的负荷计算、电气设备的运行维护、变配电所的操作等，旨在突出实用技术并加强能力培养。

（4）加强了读图与识图能力的培养。在实际工程的应用和设计中，供配电技术的许多问题是通过工程图纸来表述的。本书在内容讲述中配有大量与实际应用相关的原理图及接线图。如讲述电气接线图时，配有不同类型的变电所主接线方案；在讲述控制、保护电路时，配有不同的操动机构和不同保护类型的原理图；在基本技能训练中给出了如电力系统图、建筑电气工程图等图例。这些图例既能提高学生的读图和识图能力，也能训练其工程意识，为今后工作奠定基础。

在本书的编写过程中，刘燕副教授任主编，高静副教授任副主编。全书共 10 章，其中第 1、4、6、7 章由兰州工业高等专科学校刘燕编写，第 2、3 章由兰州石化职业技术学院高静编写，第 5 章由陕西工业职业技术学院耿凡娜编写，第 8 章由兰州工业高等专科学校陈金鹏编写，第 9、10 章由西安航空技术高等专科学校周武编写。本书的编写得到了许多单位与个人的大力帮助和支持，在此表示诚挚的谢意。

本书由杨玉菲教授主审。杨玉菲教授在审阅中，对本书提出了很多宝贵意见，谨在此表示衷心的感谢！

由于作者水平有限，书中难免有错误和疏漏之处，敬请读者批评指正，不胜感谢。

编　者
2006 年 12 月

目　　录

第 1 章　概　　论

内容提要　供配电技术主要研究电力用户的电力供应和分配问题。本章主要讲述电力系统和供配电系统的概念、额定电压、中性点的运行方式、电能的质量指标和电力负荷等基本知识。

1.1　电力系统和供配电系统概述

电能是由自然界中蕴藏的各种一次能源转变而来的清洁二次能源。电能既可以方便地远距离传输，又能很容易地转换为其他形式的能量，其运行过程易于控制、管理与调度，因此电能已广泛应用于国民经济和社会生活的各个方面，从而成为主要的能源和动力。电力系统是生产、输送以及使用电能的统一整体；而供配电系统则既是电力系统的电能用户，又是用户端用电设备的电源。保证安全、可靠、优质且经济地供电是电力系统和供配电系统的基本任务。

1.1.1　电力系统

电能是由发电厂生产的。为了充分利用动力资源，降低发电成本，发电厂大多建在一次能源丰富的偏远地区，而电能用户一般在大中城市和负荷集中的大工业区，因此发电厂生产出的电能要经过高压远距离输电线路输送，才能到达各电能用户。从发电厂到用户的送电过程示意图如图 1-1 所示。

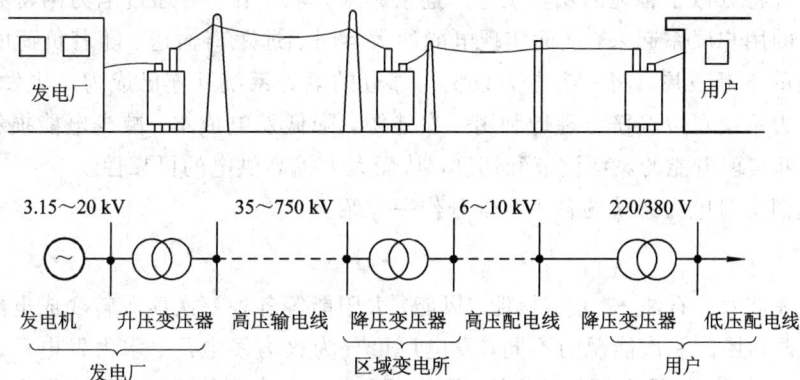

图 1-1　从发电厂到用户的送电过程示意图

在图 1-1 中，发电机生产电能，电力线路输送电能，变压器变换电压，电动机、电灯等用电设备使用电能，这些设备联系起来就组成了一个电力系统。电力系统就是由各种电压的电力线路将发电厂、变电所和电力用户联系起来，实现电能的生产、输送、分配、变换和使用的统一整体。电力生产具有不同于一般商品生产的特点，其生产、输送、分配和使用的全过程几乎在同一瞬间完成。典型电力系统的系统图如图 1-2 所示。

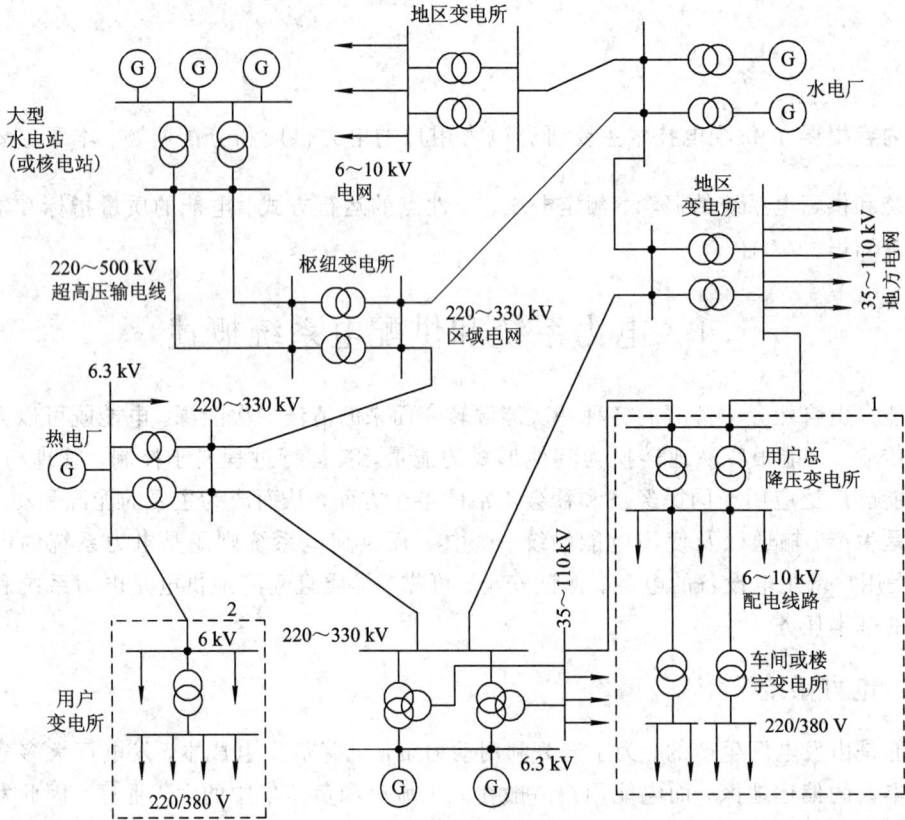

图 1-2 典型电力系统的系统图

电力系统将分散于各地的众多发电厂连接起来并联工作，并通过电力网将分散在各地的负荷中心的用户联系起来，从而实现电能的大容量、远距离输送。随着负荷的不断增长和电源建设的不断发展，将一个电力系统与邻近的电力系统互连已成为历史发展的必然。建立大型电力系统可以经济合理地利用一次能源，降低发电成本，减少电能损耗，提高电能质量，还可实现电能的灵活调节和调度，从而大大提高供电的可靠性。

下面我们将对电力系统的各主要部分作一介绍。

1. 发电厂

发电厂是将煤、石油、水能、核能、风能、太阳能等各种一次能源转变成电能的一种特殊工厂。根据利用的一次能源的不同，发电厂可分为火力发电厂、水力发电厂、核能发电厂、风力发电厂、潮汐发电厂等。此外，还有地热发电、太阳能发电、垃圾发电和沼气发电等能源转换方式。目前，我国和世界大多数国家仍以火力发电、水力发电和核能发电为主。

(1) 火力发电厂是利用煤、石油、天然气等作为燃料来生产电能的工厂。其主要设备有锅炉、汽轮机、发电机等。其基本生产过程为：燃料在锅炉的炉膛中燃烧，加热锅炉中的水使之变成高温高压蒸汽，进入汽轮机，推动汽轮机的转子旋转，汽轮机带动联轴的发电机旋转发电。其能量转换过程为：燃烧的化学能→热能→机械能→电能。

(2) 水力发电厂是利用江河水流的位能来生产电能的工厂。水力发电厂主要由水库、水轮机和发电机组成。其基本生产过程为：从河流较高处或水库内引水，利用水的压力或流速使水轮机旋转，水轮机带动发电机旋转发电。其能量转换过程为：水流位能→机械能→电能。

(3) 核能发电厂是利用原子核的裂变能来生产电能的工厂。主要设备有反应堆、汽轮机、发电机等。其生产过程与火力发电厂基本相同，只是用核反应堆代替了燃煤锅炉，以少量的核燃料代替了煤炭。其能量转换过程为：核裂变能→热能→机械能→电能。

2. 变电所

变电所的功能是接受电能、变换电压和分配电能。变电所由电力变压器、配电装置和二次装置等构成。按变电所的性质和任务不同，将其分为升压变电所和降压变电所。升压变电所通常紧靠发电厂，降压变电所通常远离发电厂而靠近负荷中心。根据变电所在电力系统中所处的地位和作用，可将其分为枢纽变电所、地区变电所和用户变电所。枢纽变电所位于电力系统的枢纽点，联系多个电源，出线回路多，变电容量大，电压等级一般为 330 kV 或 330 kV 以上；地区变电所一般用于地区或中、小城市配电网，其电压等级一般为 110~220 kV；用户变电所位于配电线路的终端，接近负荷处，高压侧为 10~110 kV 引入线，经降压后向用户供电。

3. 电力网

电力网是由变电所和不同电压等级的输电线路组成的，其作用是输送、控制和分配电能。按供电范围、输送功率和电压等级的不同，电力网可分为地方网、区域网和远距离网三类。电压为 110 kV 及 110 kV 以下的电力网，其电压较低，输送功率小，线路距离短，主要供电给地方变电所，称为地方网；电压在 110 kV 以上的电力网，其传输距离和传输功率都比较大，一般供电给大型区域性变电所，称为区域网；供电距离在 300 km 以上，电压在 330 kV 及 330 kV 以上的电力网，称为远距离网。如果仅从电压的高低来划分，则电力网可分为低压网(1 kV 以下)、中压网(1~20 kV)、高压网(35~220 kV)及超高压网(330 kV 及 330 kV 以上)。

4. 电能用户

所有消耗电能的单位均称为电能用户，从大的方面可将其分为工业电能用户和民用电能用户。

1.1.2 供配电系统

供配电系统是工业企业供配电系统和民用建筑供配电系统的总称。供配电系统是电力系统的重要组成部分，是电力系统的电能用户。对用电单位来讲，供配电系统的范围是指从电源线路进入用户起到高低压用电设备进线端止的整个电路系统，它由变配电所、配电线路和用电设备构成。图 1-2 中虚线框 1、2 为供配电系统示意图。本书主要介绍电能用户的供配电系统。

对不同容量或类型的电能用户，供配电系统的组成是不相同的。

对大型用户及某些电源进线电压为 35 kV 及 35 kV 以上的中型用户，供配电系统一般要经过两次降压，也就是在电源进厂以后，先经过总降压变电所，将 35 kV 及 35 kV 以上的电源电压降为 6～10 kV 的配电电压，然后通过高压配电线路将电能送到各个车间变电所，也有的经高压配电所再送到车间变电所，最后经配电变压器降为一般低压用电设备所需的电压。图 1-3 所示为具有总降压变电所的供配电系统简图。

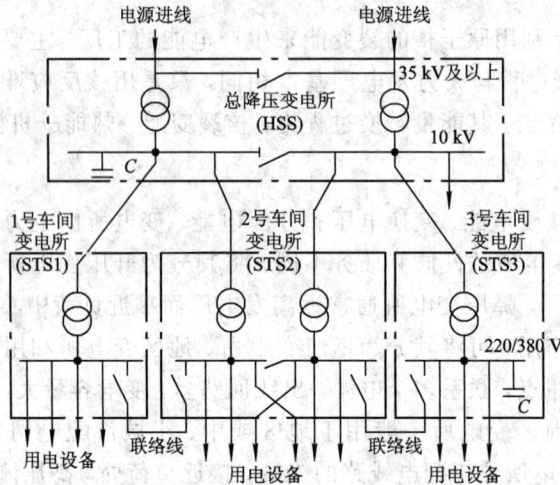

图 1-3 具有总降压变电所的供配电系统简图

对电源进线电压为 6～10 kV 的中型用户，一般电能先经高压配电所集中，再由高压配电线路将电能分送到各车间变电所，或由高压配电线路直接供给高压用电设备。车间变电所内装有电力变压器，可将 6～10 kV 的高压降为一般低压用电设备所需的电压（如 220/380 V），然后由低压配电线路将电能分送给各用电设备使用。图 1-4 所示为具有高压配电所的供配电系统简图。

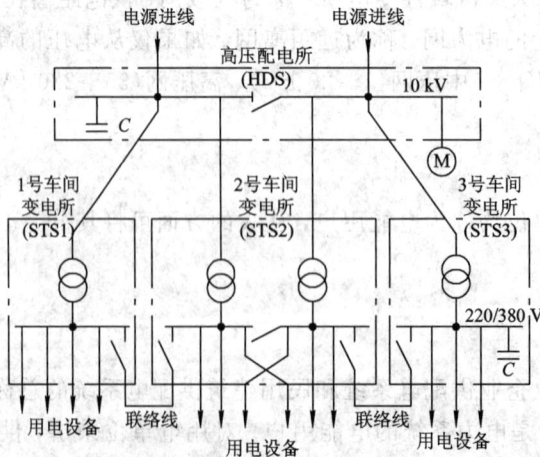

图 1-4 具有高压配电所的供配电系统简图

对于小型用户，由于所需容量一般不超过 1000 kV·A 或比 1000 kV·A 稍多，因此通常只设一个降压变电所，将 6~10 kV 电压降为低压用电设备所需的电压，如图 1-5 所示。当用户所需容量不大于 160 kV·A 时，一般采用低压电源进线，此时用户只需设一个低压配电间，如图 1-6 所示。

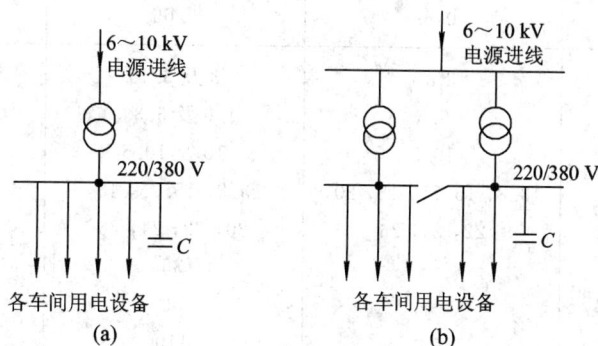

图 1-5 只有一个降压变电所的供配电系统简图

(a) 装有一台变压器；(b) 装有两台变压器

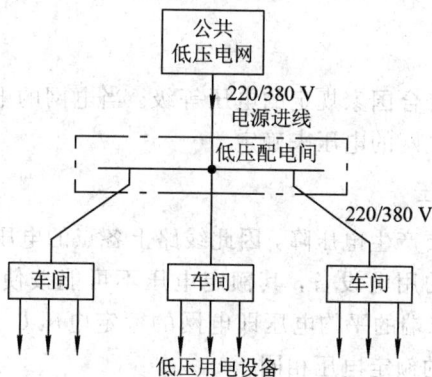

图 1-6 低压进线的供配电系统简图

1.2 电力系统的电压

1.2.1 三相交流电网和电力设备的额定电压

电力系统的额定电压是我国根据国民经济发展的需要以及电力工业的现有水平，经过全面的技术分析后确定的。电力系统的额定电压分为不同的等级。按照国家标准 GB156—2003《标准电压》规定，我国三相交流电网和电力设备的额定电压等级如表 1-1 所示。

表 1-1 我国三相交流电网和电气设备的额定电压等级

分类	电网和用电设备 额定电压/kV	发电机 额定电压/ kV	电力变压器额定电压/kV	
			一次绕组	二次绕组
低压	0.38	0.40	0.38	0.40
	0.66	0.69	0.66	0.69
高压	3	3.15	3 及 3.15	3.15 及 3.3
	6	6.3	6 及 6.3	6.3 及 6.6
	10	10.5	10 及 10.5	10.5 及 11
	—	13.8, 15.75, 18, 20, 22, 24, 26	13.8, 15.75, 18, 20, 22, 24, 26	—
	35	—	35	38.5
	66	—	66	72.6
	110	—	110	121
	220	—	220	242
	330	—	330	363
	500	—	500	550
	750	—	750	825(800)

1. 电网的额定电压

电网的额定电压必须符合国家规定的电压等级。当电网的电压选定后,其他各类电力设备的额定电压即可根据电网的电压来确定。

2. 用电设备的额定电压

由于线路通过电流时要产生电压降,因此线路上各点的电压都略有不同,如图1-7中虚线所示。但是成批生产的用电设备,其额定电压不可能按使用处线路的实际电压来制造,而只能按线路首端与末端的平均电压即电网的额定电压 U_N 来制造。因此规定用电设备的额定电压与同级电网的额定电压相同。

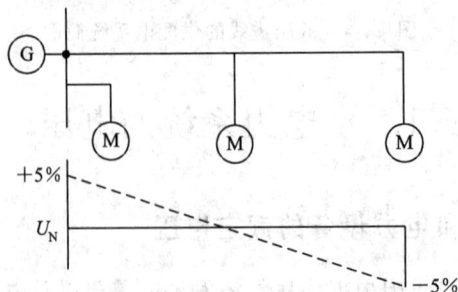

图 1-7 用电设备和发电机的额定电压说明

3. 发电机的额定电压

电力线路允许的电压偏差一般为±5%,即整个线路允许有10%的电压损耗值,因此为了维持线路的平均电压在额定值，线路首端(电源端)电压可较线路额定电压高 5%，而线路末端电压则可较线路额定电压低 5%，如图 1-7 所示。所以规定发电机额定电压高于同级电网额定电压的 5%。

4. 电力变压器的额定电压

(1)电力变压器一次绕组的额定电压分为两种情况：当变压器直接与发电机相连时，如图 1-8 中的变压器 T1，其一次绕组额定电压应与发电机额定电压相同，即高于同级电网额定电压的 5%；当变压器不与发电机相连而是连接在线路上时，如图 1-8 中的变压器 T2，则可看做是线路的用电设备，因此其一次绕组额定电压应与电网额定电压相同。

(2)电力变压器二次绕组的额定电压也分为两种情况：当变压器二次侧供电线路较长时，如图 1-8 中变压器 T1，其额定电压高于同级电网额定电压的 10%，以此补偿变压器二次绕组内阻抗压降和线路上的电压损失；当变压器二次侧供电线路不太长时，如图 1-8 中变压器 T2，其额定电压只需高于电网额定电压的 5% 即可，以此来补偿变压器内部 5% 的电压损耗。

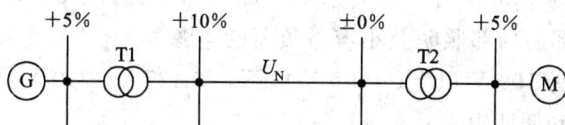

图 1-8 电力变压器的额定电压说明

【例 1-1】 已知如图 1-9 所示电力系统中线路的额定电压，试求发电机和变压器的额定电压。

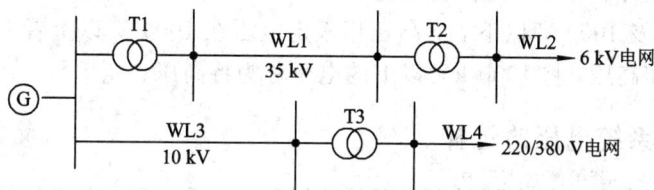

图 1-9 例 1-1 供电系统图

解：(1)发电机 G 的额定电压应高出同级电网 WL3 额定电压的 5%，即

$$U_{N,G} = 1.05 U_{N.WL3} = 1.05 \times 10 = 10.5 \text{ kV}$$

(2)计算变压器 T1 的额定电压。

一次绕组的额定电压应等于发动机的额定电压，即

$$U_{1N.T1} = U_{N,G} = 10.5 \text{ kV}$$

二次绕组的额定电压应高出远距离输电线路 WL1 额定电压的 10%，即

$$U_{2N.T1} = 1.1 U_{N.WL1} = 1.1 \times 35 = 38.5 \text{ kV}$$

因此，变压器 T1 的额定电压为 10.5/38.5 kV。

(3)计算变压器 T2 的额定电压。

一次绕组的额定电压应等于线路 WL1 的额定电压，即

$$U_{1N.T2} = U_{N.WL1} = 35 \text{ kV}$$

二次绕组的额定电压应高出线路 WL2 额定电压的 10%，即

$$U_{2N.T2} = 1.1U_{N.WL2} = 1.1 \times 6 = 6.6 \text{ kV}$$

因此，变压器 T2 的额定电压为 35/6.6 kV。

（4）计算变压器 T3 的额定电压。

一次绕组的额定电压应等于线路 WL3 的额定电压，即

$$U_{1N.T3} = U_{N.WL3} = 10 \text{ kV}$$

二次绕组的额定电压应高出线路 WL4 额定电压 5%，即

$$U_{2N.T3} = 1.05U_{N.WL4} = 1.05 \times 0.38 = 0.40 \text{ kV}$$

因此，变压器 T3 的额定电压为 10/0.40 kV。

1.2.2　电压的分类及高低电压的划分

1. 电压的分类

按国标规定，额定电压分为三类：

第一类额定电压为 100 V 及 100 V 以下，如 12 V、24 V、36 V 等，主要用于安全照明、潮湿工地建筑内部的局部照明及小容量负荷的电源；

第二类额定电压为 100 V 以上、1000 V 以下，如 127 V、220 V、380 V、660 V 等，主要用作低压动力电源和照明电源；

第三类额定电压为 1000 V 以上，如 6 kV、10 kV、35 kV、110 kV、220 kV、330 kV、500 kV、750 kV 等，主要用作高压用电设备、发电及输电设备的额定电压。

2. 电压高低的划分

我国的一些设计、制造和安装规程通常以 1000 V 为界来划分电压高低，即低压指额定电压在 1000 V 及 1000 V 以下者；高压指额定电压在 1000 V 以上者。此外，将 330 kV 以上的电压称为超高压，将 1000 kV 以上的电压称为特高压。

1.2.3　供配电系统电压的选择

供配电系统电压的选择包括供电电压的选择和高、低压配电电压的选择。

1. 供电电压的选择

供电电压是指供配电系统从电力系统所取得的电源电压。供电电压的选择主要取决于以下三方面的因素。

（1）电力部门所能提供的电源电压。例如，某一中小型企业可采用 10 kV 供电电压，但附近只有 35 kV 电源线路，而要取得远处的 10 kV 供电电压投资较大，因此只有采用 35 kV 供电电压。

（2）企业负荷大小及电源线路远近。每一级供电电压都有其合理的供电容量和供电距离。当负荷较大时，相应的供电距离就会减小。当企业距离供电电源较远时，为了减少能量损耗，可采用较高的供电电压。

（3）企业大型设备的额定电压决定企业的供电电压。例如，某些制药厂或化工厂的大型设备的额定电压为 6 kV，因此必须采用 6 kV 电源电压供电。当然也可采用 35 kV 或 10 kV 电源进线，再降为 6 kV 厂内配电电压供电。

影响供电电压的因素还有很多，比如导线的截面积、负荷的功率因数、电价制度等。在选择供电电压时，必须进行技术、经济比较，才能确定应该采用的供电电压。我国目前电能用户所用的供电电压为 35～110 kV、10 kV、6 kV。一般来讲，大中型用户常采用 35～110 kV 作供电电压，中小型用户常采用 10 kV、6 kV 作供电电压。其中，采用 10 kV 供电电压最为常见。

表 1-2 所示为各级电压下电力线路较合理的输送容量和输送距离。

表 1-2 各级电压下电力线路较合理的输送容量和输送距离

线路电压/ kV	线 路 结 构	输送功率/kW	输送距离/km
0.38	架空线	≤100	≤0.25
0.38	电缆线	≤175	≤0.35
6	架空线	≤1000	≤10
6	电缆线	≤3000	≤8
10	架空线	≤2000	5～20
10	电缆线	≤5000	≤10
35	架空线	2000～10 000	20～50
66	架空线	3500～30 000	30～100
110	架空线	10 000～50 000	50～150
220	架空线	100 000～500 000	200～300

2. 配电电压的选择

配电电压是指用户内部供电系统向用电设备配电的电压等级。由用户总降压变电所或高压配电所向高压用电设备配电的电压称为高压配电电压；由用户车间变电所或建筑物变电所向低压用电设备配电的电压称为低压配电电压。

1）高压配电电压

中小型用户采用的高压配电电压通常为 10 kV 或 6 kV。从技术经济指标来看，最好采用 10 kV 作为配电电压，只有在 6 kV 用电设备数量较多或者由地区 6 kV 电压直接配电时，才采用 6 kV 作为配电电压。这是因为在同样的输送功率和输送距离的条件下，配电电压越高，线路电流越小，线路所采用的导线或电缆截面就越小，这样可减少线路的初投资和金属消耗量，减少线路的电能损耗和电压损耗。从设备的选型及将来的发展来说，采用 10 kV 配电电压更优于 6 kV。

对于一些区域面积大、负荷多而且集中的大型用户，如环境条件允许采用架空线路和较经济的电气设备时，则可考虑采用 35 kV 作为高压配电电压直接深入各用电负荷中心，并经负荷中心变电所直接降为用电设备所需电压。这种高压深入负荷中心的直配方式省去了中间变压，从而大大简化了供电接线，节约了有色金属，降低了功率损耗和电压损失。

2）低压配电电压

用电单位的低压配电电压一般采用 220/380 V 的标准电压等级，其中线电压 380 V 接三相动力设备及 380 V 单相设备，相电压 220 V 接一般照明灯具及其他 220 V 的单相设备。但在某些特殊场合（如矿井），负荷中心远离变电所，为保证负荷端的电压水平一般采用 660 V 作为配电电压。另外，在某些场合中，考虑到安全的原因可以采用特殊的安全低电压配电。

1.3　电力系统中性点的运行方式

电力系统中性点是指电力系统中发电机及各电压等级变压器的中性点。我国电力系统中性点的运行方式主要有三种：① 中性点不接地运行方式；② 中性点经消弧线圈接地运行方式；③ 中性点直接接地或经低电阻接地运行方式。前两种接地系统在发生单相接地故障时的接地电流较小，因此统称为小接地电流系统；后一种系统在发生单相接地故障时的接地电流较大，因此称为大接地电流系统。

电力系统中性点的运行方式将直接影响电网的绝缘水平、系统供电的可靠性和连续性、电网的造价等，同时还与故障分析、继电保护配置、绝缘配合等密切相关。

1.3.1　中性点不接地的电力系统

图 1-10 所示为中性点不接地的电力系统在正常运行时的电路图。三相线路的相间及相与地间都存在着分布电容。但相间电容与这里将讨论的问题无关，因此不予考虑。这里只考虑相与地间的分布电容，且用集中电容 C 来表示。

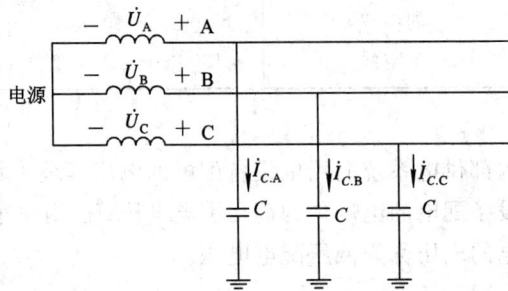

图 1-10　正常运行时中性点不接地的电力系统

系统正常运行时，三个相的相电压 $\dot{U}_A$、$\dot{U}_B$、$\dot{U}_C$ 是对称的，三个相的对地电容电流 $\dot{I}_{C.A}$、$\dot{I}_{C.B}$、$\dot{I}_{C.C}$ 也是对称的，此时三个相的对地电容电流的相量和为零，即没有电流在地中流过。各相对地电压均为相电压。

当系统发生单相接地故障时，假设 C 相发生金属性接地，则其接地电阻为零，如图 1-11 所示。

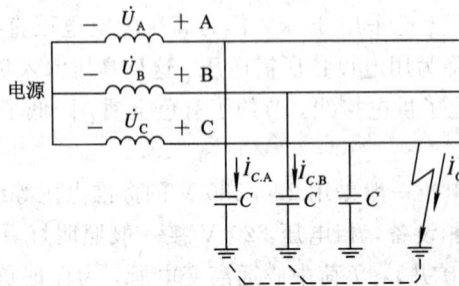

图 1-11　单相接地时中性点不接地的电力系统

这时 C 相对地电压为零，而非故障相 A、B 相的对地电压在相位和数值上都将发生改变，即

$$\dot{U}_A' = \dot{U}_A + (-\dot{U}_C) = \dot{U}_{AC} \tag{1-1}$$

$$\dot{U}_B' = \dot{U}_B + (-\dot{U}_C) = \dot{U}_{BC} \tag{1-2}$$

$$\dot{U}_C' = \dot{U}_C + (-\dot{U}_C) = 0 \tag{1-3}$$

由此可见，C 相发生接地故障时，非故障相 A 相和 B 相对地电压值增大 $\sqrt{3}$ 倍，变为线电压，而系统的三个线电压无论其相位和大小均无改变，因此，系统中所有设备仍可照常运行，这是中性点不接地系统的最大优点。但是，单相接地后，其运行时间不能太长，以免在另一相又接地时形成两相短路。一般允许运行时间不超过 2 小时，并且这种中性点不接地系统必须装设单相接地保护或绝缘监视装置。当系统发生单相接地故障时，可发出报警信号或指示，以提醒运行值班人员注意，及时采取措施，查找和消除接地故障；如有备用线路，则可将重要负荷转移到备用线路上；当危及人身和设备安全时，单相接地保护装置应自动跳闸。

当 C 相接地时，系统的接地电容电流 $\dot{I}_C$ 为非接地相对地电容电流之和，即

$$\dot{I}_C = -(\dot{I}_{C \cdot A} + \dot{I}_{C \cdot B}) \tag{1-4}$$

在工程中，通常采用下列经验公式来计算系统的接地电容电流：

$$I_C = \frac{U_N(l_{oh} + 35L_{cab})}{350} \tag{1-5}$$

式中，I_C 为中性点不接地系统的单相接地电容电流，单位为 A；U_N 为电网额定电压，单位为 kV；l_{oh} 为与 U_N 具有电气联系的架空线路总长度，单位为 km；L_{cab} 为与 U_N 具有电气联系的电缆线路总长度，单位为 km。

通过计算，如果 3～10 kV 系统中接地电流大于 30 A，或 20 kV 及 20 kV 以上的系统中接地电流大于 10 A，则系统应采用中性点经消弧线圈接地的运行方式。

1.3.2 中性点经消弧线圈接地的电力系统

中性点不接地系统的主要优点是发生单相接地时仍可继续向用户供电，但有一种情况相当危险，即当发生单相接地时，如果接地电流较大，则将在接地点产生断续电弧，这就可能使线路发生谐振过电压现象，从而使线路上出现危险的过电压（可达相电压的 2.5～3 倍），这可能导致线路上绝缘薄弱地点的绝缘被击穿，因此中性点不接地系统不宜用于单相接地电流较大的系统。为了克服这个缺点，可将电力系统的中性点经消弧线圈接地，如图 1-12 所示。

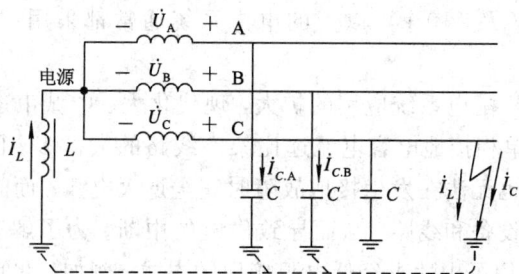

图 1-12 中性点经消弧线圈接地的电力系统

消弧线圈实际上是一种带有铁芯的电感线圈,其电阻很小,感抗很大。当系统正常运行时,中性点电位为零,没有电流流过消弧线圈。

当系统发生单相接地时,流过接地点的总电流是接地电容电流 $\dot{I}_C$ 与流过消弧线圈电感电流 $\dot{I}_L$ 的相量和。由于 $\dot{I}_C$ 超前 $\dot{U}_C 90°$,而 $\dot{I}_L$ 滞后 $\dot{U}_C 90°$,因此 $\dot{I}_C$ 和 $\dot{I}_L$ 在接地点互相补偿,可使接地电流小于发生电弧的最小电流,从而消除接地点的电弧以及由此引起的各种危害。另外,当电流过零而电弧熄灭后,消弧线圈还可减小故障相电压的恢复速度,从而减小了电弧重燃的可能性,有利于单相接地故障的消除。

中性点经消弧线圈接地系统发生单相接地故障时与中性点不接地系统发生单相接地故障时一样,接地相对地电压为零,非故障相对地电压增大 $\sqrt{3}$ 倍。由于相间电压没有改变,因此三相设备仍可以正常运行;但也不能长期运行,必须装设单相接地保护或绝缘监视装置。在单相接地时发出报警信号或指示,运行值班人员应及时采取措施,查找和消除故障,如有可能则将重要负荷转移到备用线路上。

1.3.3 中性点直接接地或经低电阻接地的电力系统

将系统的中性点直接接地,如图 1-13 所示,这种系统发生单相接地时,通过接地中性点形成单相短路。由于单相短路电流比线路正常负荷电流大得多。因此,这种系统中装设的短路保护装置会立即动作,切断线路,切除接地故障部分,从而使系统的其他部分仍能正常运行。

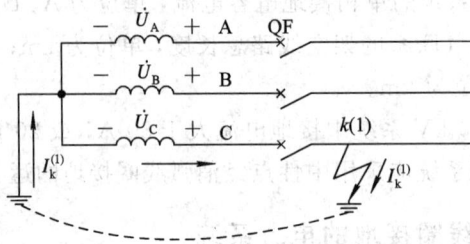

图 1-13 单相接地时中性点直接接地的电力系统

当中性点直接接地系统发生单相接地时,相间电压的对称关系被破坏,但未发生接地故障的另外两个完好相的对地电压不会升高,仍维持相电压。因此,中性点直接接地系统中的供电设备的相绝缘只需按相电压来考虑即可。这对 110 kV 及 110 kV 以上的高压系统来说,具有显著的经济技术价值,因为高压电器,特别是超高压电器,其绝缘问题是影响电器设计制造的关键问题。电器绝缘要求的降低将直接降低电器的造价,同时还可改善电器的性能。因此 110 kV 及 110 kV 以上的电力系统通常都采用中性点直接接地的运行方式。

近年来,随着 10 kV 配电系统应用的扩大,现代化大、中城市逐渐以电缆线路取代架空线路,而电缆线路的单相接地电容电流远比架空线路的大得多。因此,即使采用中性点经消弧线圈接地的方式也无法在发生接地故障时完全熄灭电弧;而间歇性电弧及谐振引起的过电压会损坏供配电设备和线路,从而导致供电的中断。为了解决上述问题,我国一些大城市的 10 kV 系统采用了中性点经低电阻接地的方式。例如,北京市四环路以内地区的变电站，10 kV 系统中性点均采用经低电阻接地的方式，它接近于中性点直接接地的运行方式。当系统发生单相接地时，保护装置会迅速动作，切除故障线路，通过备用电源的自动投入，使系统的其他部分恢复正常运行。必须指出，这类城市电网通常都采用环网结构，并且保护完善，因此供电可靠性是相当高的。

1.3.4 中性点不同运行方式的比较和应用范围

电力系统的中性点运行方式是一个涉及面很广的问题。它对于供电可靠性、过电压、绝缘配合、短路电流、继电保护、系统稳定性以及对弱电系统的干扰等诸多方面都有不同程度的影响，特别是在系统发生单相接地故障时有明显的影响。因此，电力系统中性点运行方式应依据国家的有关规定，并根据实际情况来确定。表 1-3 比较了中性点不同运行方式在供电可靠性、过电压与绝缘水平、继电保护、对通信的干扰及系统稳定性方面产生的影响。

表 1-3 中性点不同运行方式的比较

比较项目	小接地电流系统	大接地电流系统
供电可靠性	在单相接地时，并未形成短路，系统允许运行 2 小时，期间供电不间断，供电可靠性相对较高	在单相接地时，形成单相短路，保护装置断开电路，造成短期或长期停电，可靠性不高
过电压与绝缘水平	非故障相对地电压增大 $\sqrt{3}$ 倍，电力设备按线电压来考虑绝缘水平	单相接地时，非故障相电压不升高，电力设备按相电压来考虑绝缘水平
继电保护	单相接地电流比正常负荷电流小得多，很难用普通的方向继电器来判断故障线路，保护尚不完善，延长了消除故障的时间	单相接地时，短路电流大，继电保护简单、可靠，选择性好，灵敏度高，不易使事故扩大
对通信的干扰	对通信干扰小	对通信干扰大
系统稳定性	流过接地点的电流很小，不存在引起失步的可能	单相接地时，线路的突然切除可能导致系统稳定性的破坏

在我国电力系统中，中性点接地方式的应用范围大致如下：

（1）220/380 V 系统均采用中性点直接接地方式，在发生单相接地故障时，一般能使保护装置迅速动作，切除故障部分，保障人身安全。

（2）3～10 kV 系统多采用中性点不接地方式，仅在线路长或有电缆线路而且单相接地电流越限时，才采用经消弧线圈接地方式。这种接地系统供电可靠性较高。

（3）35～66 kV 系统多采用经消弧线圈接地方式，以限制过大的单相接地电流。

（4）110 kV 及 110 kV 以上系统多数采用中性点直接接地方式。系统电压升高，绝缘费用在总投资中所占比重增大，中性点直接接地系统对降低绝缘水平有明显的优势。

1.4 供电系统的质量指标

对电能用户而言，衡量供电质量的主要指标有电压、频率和可靠性。

1.4.1 电压的质量要求

交流电的电压质量包括电压的数值与波形两个方面。电压质量对各类用电设备的工作性能、使用寿命、安全及经济运行都有直接的影响。电气设备的额定电压和额定频率是电气设备正常工作并获得最佳经济效益的条件。

1. 电压偏差

电压偏差是指实际电压 U 偏离额定电压 U_N 的幅度，一般用百分数表示，即

$$\Delta U = \frac{U - U_N}{U_N} \times 100\% \tag{1-6}$$

当电压偏离额定值时，对电力系统本身及电力设备将产生很大的影响。供配电系统主要影响电力设备。对于感应电动机，其最大转矩与端电压的平方成正比，当电压降低时，电动机转矩显著减小，转差增大，从而使定子、转子电流都显著增大，温升增加，绝缘老化加速，甚至烧毁电动机；并且由于转矩减小，转速下降，将导致生产效益降低，产量减少，产品质量下降。反之，当电压过高时，激磁电流与铁损都大大增加，将引起电机过热，从而效率降低。对电热装置，这类设备的功率与电压平方成正比，所以电压过高将损伤设备，电压过低又达不到所需温度。电压偏移对白炽灯影响显著，白炽灯的端电压降低 10% 时，发光效率下降 30% 以上，灯光明显变暗；端电压升高 10% 时，发光效率将提高 1/3，但使用寿命将只有原来的 1/3。因此我国规定了供电电压与用电设备端子电压的允许偏差。

(1) 供电电压允许偏差。由于输电线路具有阻抗，变压器作为电源也有内阻抗，因此当用户用电量大小发生变化时，这些阻抗上的压降也会随之变化，从而引起供电线路上各点电压的变化。要严格保证在任何时刻供电电压都为额定电压是不可能的。因此国家标准 GB12325—90《电能质量·供电电压允许偏差》规定了不同电压等级的允许电压偏差，见表 1-4。

表 1-4 供电电压允许偏差

线路额定电压	允许的电压偏差
35 kV 及 35 kV 以上	±5%
10 kV 及 10 kV 以下	±7%
220 V	+7%，-10%

(2) 用电设备端子电压允许偏差。用电设备都是按额定电压设计制造的，当用电设备端子电压实际值偏离额定值时，其性能将直接受到影响。而大多数用电设备在稍微偏离额定值的电压下运行时仍具有良好的技术指标。为此国家标准 GB50052—95《供配电设计规范》规定了用电设备端子电压允许偏差，见表 1-5。

表 1-5　用电设备端子的电压允许偏差

名　称	电压允许偏差值
电动机	±5%
一般工作场所照明灯	±5%
视觉要求较高的场所照明灯	+5%，-2.5%
无特殊规定的其他用电设备	±5%

为了满足用电设备对电压偏差的要求，供配电系统可采用不同方法进行电压的调整，如正确选择无载调压型变压器的电压分接头或采用有载调压型变压器，合理减少系统的阻抗，改变系统的运行方式，尽量使系统的三相负荷均衡，采用无功功率补偿装置等措施。

2. 波形畸变

近年来，随着硅整流、晶闸管变流设备、微机和网络以及各种非线性负荷使用的增加，致使大量谐波电流注入电网，造成电压正弦波波形畸变，使电能质量大大下降，给供电设备及用电设备带来了严重危害，不仅使损耗增加，还使某些用电设备不能正常运行，甚至可能引起系统谐振，从而在线路上产生过电压，击穿线路设备绝缘；还可能造成系统的继电保护和自动装置发生误动作；对附近的通信设备和线路产生干扰。因此国家标准GB/T14549—1993《电能质量·公共电网谐波》规定了电压波形的畸变率，如表 1-6 所示。

表 1-6　公共电网谐波电压(相电压)的限值

电网额定电压/kV	电压总谐波畸变率/(%)	各次谐波电压含有率/(%)	
		奇　次	偶　次
0.38	5.0	4.0	2.0
6	4.0	3.2	1.6
10			
35	3.0	2.4	1.2
66			
110	2.0	1.6	1.8

1.4.2　频率的质量要求

在电力系统稳定的条件下，频率是一个全系统一致的运行参数。频率的稳定取决于电力系统有功功率的平衡，而电力系统中负荷是不断变化的，因此频率的波动是难免的。但频率超过规定范围的变化，将对发电设备和用电设备的工作产生严重的影响。我国采用的额定频率为 50 Hz，当电网低于额定频率运行时，所有电力用户的电动机转速都将相应降低，因而工厂的产量和质量都将不同程度地受到影响。频率的变化还将影响到计算机、自控装置等设备的准确性，影响供配电系统运行的稳定性，因而对频率的要求比对电压的要求更严格。

频率的质量是以频率偏差来衡量的。在正常情况下，频率的允许偏差是根据电网的装机容量来确定的；在事故情况下，频率允许的偏差更大。表 1-7 给出了电力系统频率的允许偏差。

表 1-7　电力系统频率的允许偏差

运行情况	允许频率偏差
正常运行	300 万千瓦及以上为 ±0.2 Hz 300 万千瓦及以下为 ±0.5 Hz
非正常运行	±1.0 Hz

1.4.3　供电的可靠性要求

供电的可靠性是指确保用户能够随时得到供电，它是衡量供电质量的一个重要指标，涉及系统中供电电源的保证率、输配电设备的完好率以及各个环节设备的事故率等。供电的可靠性可用供电企业对电力用户全年实际供电小时数与全年总小时数（8760 h）的百分比值来衡量，也可用全年的停电次数和停电持续时间来衡量。我国在《中国县（市）电力企业现代化标准》中，要求城网供电可靠率应达到 99.8% 以上，农网应达到 98% 以上。

造成用户供电中断的原因主要包括预安排停电、设备故障停电以及系统停电三个方面。其中，预安排停电占绝大多数。供配电系统应不断提高供电可靠性，减少设备检修和电力系统事故对用户的停电次数及每次停电持续时间。供电设备计划检修应做到统一安排。供电设备计划检修时，对 35 kV 及 35 kV 以上电压供电的用户，每年停电不应超过 1 次；对 10 kV 供电的用户，每年停电不应超过 3 次。

1.5　电力负荷的分级及其对供电的要求

1. 电力负荷的概念

电力负荷又称电力负载。它有两种含义：一是指耗用电能的用电设备或用电单位（用户），如重要负荷、不重要负荷、动力负荷、照明负荷等；另一是指用电设备或用电单位所耗用的电功率或电流大小，如轻负荷（轻载）、重负荷（重载）、空负荷（空载）、满负荷（满载）等。电力负荷的具体含义视具体情况而定。

2. 电力负荷的分级及对供电电源的要求

在用电单位中，各类负荷的运行特点及重要性是不一样的，它们对供电的可靠性和电能质量的要求也不相同。为了合理选择供电电压并拟定供配电系统的方案，根据对供电可靠性的要求及中断供电造成的损失或影响程度，可将电力用户负荷分为以下三类。

1）一级负荷

一级负荷是指中断供电将造成人身伤亡危险，或造成重大设备损失且难以修复，或给国民经济带来重大损失，或在政治上造成重大影响的电力负荷，如火车站、大会堂、重要宾馆、通信交通枢纽、重要医院的手术室、炼钢炉、国家级重点文物保护场所等。

一级负荷要求由两个独立电源供电,当其中一个电源发生故障时,另一个电源应不致同时受到损坏。一级负荷中特别重要的负荷,除上述两个电源外,还必须增设应急电源。常用的应急电源有:独立于正常电源的发电机组、专门供电线路、蓄电池和干电池。

2) 二级负荷

二级负荷是指中断供电将在政治和经济上造成较大损失的电力负荷,如主要设备损坏、大量产品报废、连续生产过程被打乱需较长时间才能恢复、重点企业大量减产等。

二级负荷要求由双回路供电,供电变压器也应有两台(这两台变压器不一定在同一变电所)。当其中一回路或一台变压器发生常见故障时,二级负荷应不致中断供电,或中断供电后能迅速恢复供电。

3) 三级负荷

三级负荷为一般电力负荷,所有不属于上述一、二级负荷的均属于三级负荷。由于三级负荷为不重要的一般负荷,因此它对供电电源无特殊要求,一般由一个电源供电。

表1-8列出了一些常用重要电力负荷级别。

表1-8 常用重要电力负荷级别

序号	建筑物名称	电力负荷名称	负荷级别
1	炼钢车间	容量为100 t及100 t以上的平炉加料起重机、浇注起重机、倾动装置及冷却系统的用电负荷	一级
		平炉、鼓风机及其他用电设备,5 t及5 t以上电弧炼钢炉的电极升降机构、倾炉机构及浇铸起重机	二级
2	铸铁车间	30 t及30 t以上的浇铸起重机、部级重点企业冲天炉鼓风机	二级
3	金属加工车间	价格昂贵、作用重大、稀有的大型数控机床及停电会造成设备损坏的机床,如自动跟踪数控仿型铣床、强力磨床等	一级
4	试验站	单机容量为200 MW以上的大型电机试验、主机及辅机系统、动平衡试验的润滑油系统	一级
5	高层普通住宅	客梯、生活水泵电力、楼梯照明	二级
6	省、部级办公建筑	客梯电力、主要办公室、会议室、总值班室、档案室	二级
7	高等学校教学楼	客梯、主要通道照明	二级
8	市级以上气象台	主要业务用电子计算机系统电源,气象雷达、电报及传真收发设备、卫星云图接收机及语言广播电源,天气绘图及预报照明	一级
9	计算中心	主要业务用电子计算机系统电源	一级
10	大型博物馆	防盗信息电源、珍贵展品的照明	一级
11	重要图书馆	检索用电子计算机系统电源	一级

序号	建筑物名称	电力负荷名称	负荷级别
12	县级及县级以上医院	急诊部用房、监护病房、手术部、分娩室、婴儿室、血液病房的净化室、血液透析室、病理切片分析室、CT扫描室、高压氧仓、区域用中心血站、培养箱等	一级
13	银行	主要业务用电子计算机系统电源、防盗信息电源	一级
14	大型百货商店	经营管理用电子计算机系统电源、营业厅、门梯照明	一级
15	广播电台	电子计算机系统电源、直接播出的语言播音室、控制室、微波设备及发射机房的电力及照明	一级
16	电视台	电子计算机系统电源、直接播出的电视演播室、中心机房、录像室、微波设备及发射机房的电力及照明	一级
17	火车站	特大型站及国境站的旅客站房、站台、天桥、地道的用电设备	一级
18	民用机场	航行管制、导航、通信、气象、助航灯光系统的设施和站台，边境、海关安全检查设备，航班预告设备，三级以上油库，为飞行及旅客服务的办公用房、旅客活动场所的应急照明等	一级
19	市话局、电信枢纽、卫星地面站	载波机、微波机、长途电话交换机、市内电话交换机、文件传真机、会议电话、移动通信及卫星通信等通信设备的电源，载波机室、微波机室、交换机室、测量室、转接台室、传输室、电力室、移动通信室、调度机室及卫星地面站的应急照明，营业厅照明，用户传真机	一级

基本技能训练　电力系统图的阅读

1. 电力系统图的特点

电力系统图是从总体上描述电力系统的，这个系统可以大到一个省、一个区域的电力网，也可以小到一个地区、一个用电单位的供电关系。电力系统图所描述的内容是电力系统的基本组成和主要特征，而不是全部组成和全部特征，因此有些元件在图中就没有表示出来。通过阅读系统图，可以帮助人们了解整个电力系统的规模及电气工程量的大小，概括了解整个系统的基本组成、相互关系和主要特征。电力系统图表示的是一个多线系统，但一般都采用单线表示法。

2. 电力系统图的阅读

图1-14所示为用单线绘制的某电力系统图。从图1-14中可看出，该系统内有四个发电厂，即两个火力发电厂(火力发电厂-1和火力发电厂-2)、一个热电厂、一个水力发电

厂。水力发电厂的发电机直接与升压变压器连接，升压到 220 kV，再用双回路 220 kV 高压远距离输电到变电所-1。热电厂位于热能用户中心，对附近用户用发电机电压 10 kV 直接配电，同时还通过一台升压变压器和一条 35 kV 线路与变电所-1 连接。火力发电厂-1 的 10 kV 母线电压通过升压变压器升压到 110 kV，并与 110 kV 电网相连，同时用 10 kV 线路向附近用户和配电变压器(变电所-6)供电，配电变压器将电压降到 220/380 V 供给低压用户。火力发电厂-2 直接将发电机出口电压升高到 110 kV，输出电压一方面与 110 kV 电网相连，另一方面送电至变电所-4。

变电所-1 有两台自耦变压器，将 220 kV 电压降到 110 kV，并且还有两台三绕组变压器，除连接 110 kV 和 35 kV 两种电压等级的电网外，低压绕组采用 10 kV 电压供给两台同步补偿机，以满足电网中无功功率补偿的需要。变电所-2 有两台三绕组变压器，其电压等级为 110 kV、35 kV 和 10 kV。变电所-3 称为穿越变电所，有两台双绕组变压器，平时有 110 kV 的电压穿越变电所。变电所-4 是地区变电所，由 110 kV 线路输入电能，降压后供给变电所-5 和 35 kV 用户。变电所-6 是终端变电所，将 10 kV 电压降为用电设备使用的 220/380 V 电压。

该系统内共有五个电压等级：220 kV、110 kV、35 kV、10 kV、220/380 V。从中性点的运行方式来讲，220 kV、110 kV 采用中性点直接接地的运行方式；35 kV 采用中性点经消弧线圈接地的运行方式；10 kV 采用中性点不接地的运行方式；220/380 V 采用中性点直接接地的运行方式。

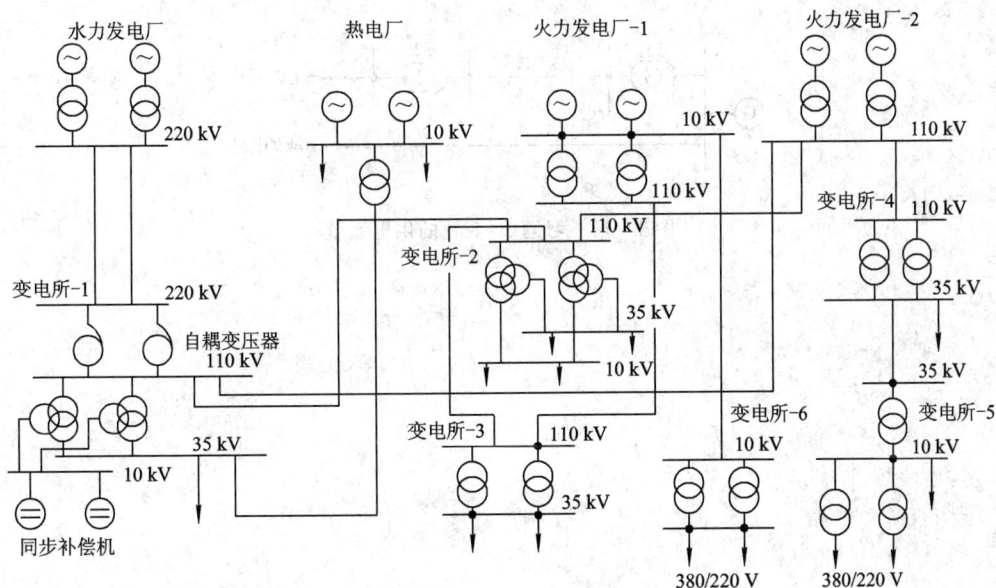

图 1-14　电力系统图

思考题与习题

1-1 什么是电力系统？什么是电力网？试述电力系统的作用和组成？

1-2 用户供配电系统由哪些部分组成？在什么情况下应设总降压变电所或高压配电所？

1-3 发电机的额定电压、用电设备的额定电压和变压器的额定电压是如何规定的？说明理由。

1-4 供电的质量指标包括哪些？

1-5 电力系统的中性点运行方式有几种？中性点不接地系统和中性点直接接地系统在发生单相接地时各有什么特点？

1-6 电力负荷按重要性可分为哪几级？各级负荷对供电电源有什么要求？

1-7 试确定如图 1-15 所示的供电系统中变压器 T1 和线路 WL1、WL2 的额定电压。

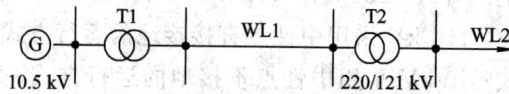

图 1-15 习题 1-7 题的供电系统

1-8 试确定如图 1-16 所示供电系统中发电机和变压器的额定电压。

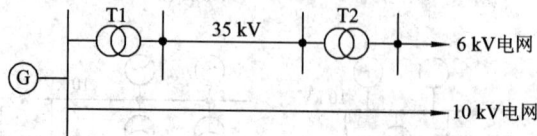

图 1-16 习题 1-8 题的供电系统

第 2 章　电力负荷及其计算

> **内容提要**　供配电系统要在正常条件下可靠地运行，其中元件的选择必须合理。计算负荷是正确选择供配电系统中导线、电缆、开关电器、变压器等元件的基础，也是供配电系统设计的重要依据。本章首先介绍电力负荷及其相关概念，然后重点介绍负荷计算的主要方法，最后介绍有关功率因数和无功功率补偿的相关知识。

2.1　负　荷　曲　线

负荷曲线是表征用电负荷随时间变动情况的一种图形，它反映了用户用电的特点和规律。负荷曲线绘制在直角坐标上，纵坐标表示负荷（有功功率或无功功率），横坐标表示对应的时间。

负荷曲线按负荷性质的不同，可分有功负荷曲线和无功负荷曲线；按负荷变动的时间不同，可分日负荷曲线和年负荷曲线；按负荷对象不同，可分用户的、车间的和某类设备的负荷曲线。

2.1.1　日负荷曲线

日负荷曲线表示负荷在一昼夜 24 小时内的变化曲线。图 2-1 表示某工厂的日有功负荷曲线。

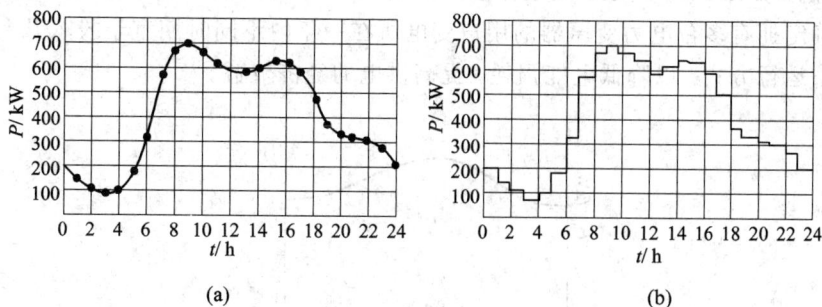

图 2-1　日有功负荷曲线

（a）依点连成的负荷曲线；（b）绘成梯形的负荷曲线

日负荷曲线可用测量的方法绘制。绘制的方法有：

（1）以某个监测点为参考点，在 24 小时内各个时刻记录有功功率表的读数，依点连成的负荷曲线，如图 2-1(a)所示；

（2）通过接在供电线路上的电能表，每隔半小时将其读数记录下来，求出 0.5 小时的平均功率，再依次将这些点画在坐标上，连成阶梯状的负荷曲线，如图 2-1(b)所示。为便于计算，负荷曲线多绘成梯形。其时间间隔取得愈短，曲线愈能反映负荷的实际变化情况。

2.1.2 年负荷曲线

年负荷曲线反映负荷全年(8760 小时)的变化情况，如图 2-2 所示。

年负荷曲线通常绘成年负荷持续时间曲线，如图 2-2(c)所示。它是根据某一年中具有代表性的夏日负荷曲线(见图 2-2(a))和冬日负荷曲线(见图 2-2(b))来绘制的。其中，夏日和冬日在全年中所占的天数应视当地的地理位置和气温情况而定。一般北方地区可近似认为夏日 165 天，冬日 200 天；南方地区则可近似认为夏日 200 天，冬日 165 天。绘制时以负荷使用时间为横坐标，按负荷大小依次排列，全年按 8760 小时计。从年负荷持续时间曲线能明显看出：一个企业在一年内不同负荷值所持续的时间，从而可以对系统进行分析。

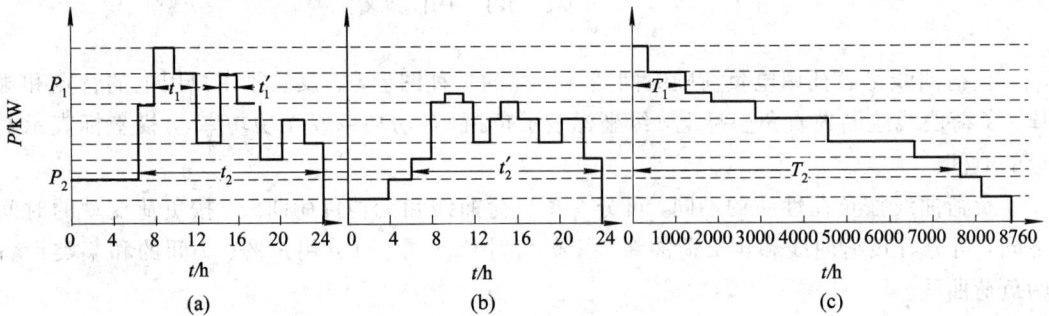

图 2-2 年负荷持续时间曲线的绘制

(a)夏日负荷曲线；(b)冬日负荷曲线；(c)年负荷持续时间曲线

另一种形式的年负荷曲线是按全年每日最大负荷(通常取每日最大负荷的半小时平均值)来绘制的，如图 2-3 所示。横坐标依次以全年 12 个月份的日期来分格。这种负荷曲线主要用来确定拥有多台电力变压器的用户变电所在一年内不同时期宜于投入几台运行，即所谓的经济运行方式，以降低电能损耗，提高供电的经济效益。

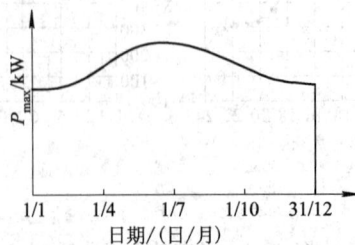

图 2-3 年每日最大负荷曲线

负荷曲线对于从事供电设计和运行的人员来说是十分重要的，通过对负荷曲线的分析，可以更深入地掌握负荷变动的规律，从中获得一些对设计和运行有用的资料。

2.1.3 与负荷曲线有关的物理量

1. 年最大负荷和年最大负荷利用小时

1）年最大负荷

年最大负荷 P_{max} 是指在全年负荷最大的工作班内，消耗电能最大的半小时的平均功率，也称为半小时最大负荷，用 P_{30} 表示。

2）年最大负荷利用小时

年最大负荷利用小时 T_{max} 是指负荷以年最大负荷 P_{max} 持续运行一段时间后，消耗的电能恰好等于该电力负荷全年实际消耗的电能 W_a，这段时间就是年最大负荷利用小时 T_{max}。如图 2-4 所示，阴影部分即为全年实际消耗的电能，因此年最大负荷利用小时为

$$T_{max} = \frac{W_a}{P_{max}} \tag{2-1}$$

年最大负荷利用小时的大小表明了工厂消耗电能是否均匀，T_{max} 越大，则负荷越平稳。它与工厂的生产班制有明显的关系。一般地，一班制工厂 $T_{max} \approx 1800 \sim 3000$ h；两班制工厂 $T_{max} \approx 3500 \sim 4800$ h；三班制工厂 $T_{max} \approx 5000 \sim 7000$ h。

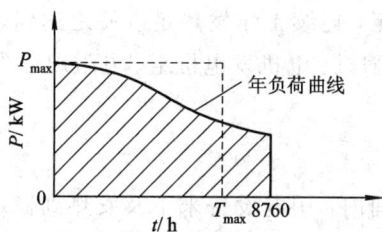

图 2-4 年最大负荷和年最大负荷利用小时   图 2-5 年平均负荷

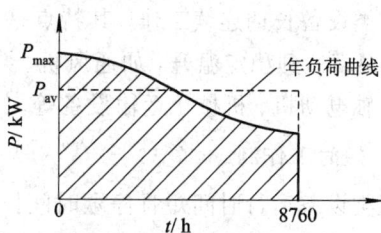

2. 平均负荷和负荷系数

1）平均负荷

平均负荷 P_{av} 是指电力负荷在一定时间内消耗功率的平均值，即

$$P_{av} = \frac{W_t}{t} \tag{2-2}$$

式中，W_t 为 t 时间内消耗的电能，单位为 $kW \cdot h$；t 为实际用电时间，单位为 h。

平均负荷也可以通过负荷曲线来计算。如图 2-5 所示，年负荷曲线与两坐标轴所包围的曲线面积（即全年消耗的电能 W_a）恰好等于虚线与坐标轴所包围的面积，即年平均负荷为

$$P_{av} = \frac{W_a}{8760} \tag{2-3}$$

2）负荷系数

负荷系数 K_L 又称为负荷率，是指平均负荷与最大负荷的比值，即

$$K_L = \frac{P_{av}}{P_{max}} \tag{2-4}$$

负荷系数表征负荷曲线的不平坦程度，也就是负荷变动的程度。从充分发挥供电设备的能力、提高供电效率来说，希望负荷系数越高、越趋向于 1 越好。从发挥整个电力系统的效能来说，应尽量使不平坦的负荷曲线"削峰填谷"，以提高负荷系数。有时用 α 来表示有功负荷系数，用 β 来表示无功负荷系数。对于一般工厂，$\alpha=0.7\sim0.75$，$\beta=0.76\sim0.8$。

对单个用电设备和用电设备组而言，负荷系数就是设备的输出功率 P 与设备额定容量 P_N 的比值，它表征该设备或设备组的容量是否被充分利用，即

$$K_L = \frac{P}{P_N} \qquad (2-5)$$

2.2 用电设备的工作制与设备容量的计算

2.2.1 用电设备的工作制

用电设备按其工作制不同，可分为长期连续工作制、短时工作制和反复短时工作制三类。

1. 长期连续工作制

这类设备长期连续工作，其特点是负荷比较稳定，连续工作发热足以使之达到热平衡状态，温度达到稳定温升，如通风机、泵类、空气压缩机、电机发电机组、电阻炉、照明灯、机床主轴电动机、机械化运输设备等。

2. 短时工作制

这类设备运行时间短且停歇时间长。在运行时间内，用电设备来不及发热到稳定温升就开始冷却，而其发热足以在停歇时间内冷却到周围介质的温度，如机床上的辅助电动机、控制闸门的电动机等。

3. 反复短时工作制

这类设备周期性地时而工作，时而停歇，工作周期一般不超过 10 min。无论工作或停歇，均不足以使设备达到热平衡，如电焊机和吊车电动机。通常用"暂载率"（又称"负荷持续率"）来描述此类设备的工作特征。暂载率是指一个周期内工作时间与工作周期的百分比值，用 ε 表示，即

$$\varepsilon = \frac{t}{T} \times 100\% = \frac{t}{t+t_0} \times 100\% \qquad (2-6)$$

式中，T 为工作周期；t 为工作周期内的工作时间；t_0 为工作周期内的停歇时间。

反复短时工作制设备的额定容量，一般是对应于某一标准暂载率的。

2.2.2 设备容量的计算

每台用电设备的铭牌上都标有额定容量，但各用电设备的工作条件不同，并且同一设备所规定的额定容量在不同的暂载率下工作时，其输出功率是不同的。因此作为用电设备组的额定容量就不能简单地直接相加，而必须换算成同一工作制下的额定容量，然后才能相加；对同一工作制有不同暂载率的设备，其设备容量也要按规定的暂载率进行统一换

算。经过换算至统一规定的工作制下的"额定容量"称为设备容量,用 P_e 表示。

1. 长期工作制和短时工作制的用电设备组

设备容量 P_e 等于所有用电设备的铭牌上的额定容量之和。

2. 反复短时工作制的用电设备组

设备容量 P_e 是将所有设备在不同暂载率下的铭牌额定容量换算到一个规定的暂载率下的容量之和,换算式为

$$P_e = P_N \sqrt{\frac{\varepsilon_N}{\varepsilon}} \qquad (2-7)$$

式中,ε_N 为对应于铭牌额定功率 P_N 的额定暂载率;ε 为对应于设备容量 P_e 的标准暂载率。

1)电焊机组的容量换算

要求设备容量统一换算到 $\varepsilon = 100\%$,则换算后的设备容量为

$$P_e = P_N \sqrt{\frac{\varepsilon_N}{\varepsilon_{100}}} = S_N \cos\varphi \sqrt{\frac{\varepsilon_N}{\varepsilon_{100}}}$$

即

$$P_e = P_N \sqrt{\varepsilon_N} = S_N \cos\varphi \sqrt{\varepsilon_N} \qquad (2-8)$$

式中,P_N 为电焊机额定有功功率;S_N 为额定视在功率;ε_N 为额定暂载率;ε_{100} 为其值为 100% 的暂载率(在计算中取 1);$\cos\varphi$ 为额定功率因数。

2)吊车电动机组的容量换算

要求容量统一换算到 $\varepsilon = 25\%$,则换算后的设备容量为

$$P_e = P_N \sqrt{\frac{\varepsilon_N}{\varepsilon_{25}}} = 2P_N \sqrt{\varepsilon_N} \qquad (2-9)$$

式中,P_N 为额定有功功率;ε_N 为额定暂载率;ε_{25} 为其值为 25% 的暂载率(在计算中取为 0.25)。

3. 照明设备

(1)白炽灯、卤钨灯的设备容量就是灯泡上标出的额定功率。

(2)荧光灯考虑镇流器上的功耗,其设备容量应为灯泡额定功率的 1.2~1.3 倍。

(3)高压汞灯考虑镇流器的功耗,其设备容量应为灯泡额定功率的 1.1 倍;自镇式高压汞灯设备容量与灯泡额定功率相等。

(4)高压纳灯考虑镇流器的功耗,其设备容量应为灯泡额定功率的 1.1 倍。

(5)金属卤化物灯考虑镇流器的功耗,其设备容量应为灯泡额定功率的 1.1 倍。

2.3　三相用电设备组计算负荷的确定

2.3.1　概述

1. 计算负荷的概念

供配电系统运行时的实际负荷并不等于所有用电设备额定功率之和。这是因为用电设

备不可能全部同时运行，每台设备也不可能全部满负荷运行，各种用电设备的功率因数也不可能完全相同。因此，供配电系统在设计过程中，必须找出这些用电设备的等效负荷。

通过负荷的统计计算求出的用来按发热条件选择供配电系统各元件的负荷值，称为计算负荷。

在设计计算中取"半小时最大负荷"作为计算负荷。因为中小截面（35 mm² 以下）的导线的发热时间常数 T 一般在 10 min 以上，导体达到稳定温升的时间约为（3~4）T，即对于多数导体发热并达到稳定温升的时间约为 30 min，所以只有持续 30 min 以上的平均最大负荷值才有可能构成导体的最高温升。持续时间很短的尖峰电流虽然负荷值大，但不能使导体达到最高温升，因为导体的温升还未升高到相应负荷的温升，尖峰电流就已消失了。因此，计算负荷与稳定在半小时以上的最大负荷是基本相当的。通常用 P_{30}、Q_{30}、S_{30}、I_{30} 分别表示有功计算负荷、无功计算负荷、视在计算负荷、计算电流。

2. 负荷计算的目的

供配电系统要能安全可靠地正常运行，系统中的各元件（如电力变压器、开关、导线及电缆）都必须选择合适，除了应满足工作电压和频率的要求外，最重要的是应满足负荷电流的要求。因此负荷计算的目的就在于正确地确定负荷值，为设计供配电系统提供可靠的依据，并作为合理选择供配电系统所有组成元件的重要依据。

如果计算负荷偏小，将使导线、开关设备和变压器在运行时电能损耗增加，并产生过热，引起电气设备绝缘老化，过早损坏，从而破坏正常生产的条件；反之，计算负荷偏大，将增加各种供电元件的容量，增加有色金属消耗量，增大基建投资，使大量设备不能充分发挥其作用，给国家造成很大的浪费。负荷计算准确可使设计工作建立在可靠的基础资料之上，得出的工程设计方案也会经济合理。所以，电力负荷计算是供电设计中的一项重要工作。

目前，普遍采用的确定用电设备组计算负荷的方法有需要系数法和二项式系数法。

2.3.2　按需要系数法确定计算负荷

1. 用电设备组计算负荷的确定

一个车间有很多台用电设备，它们的负荷曲线也都不相同。在进行负荷计算时，应当根据其工作特点进行分组，每一组用电设备总的设备容量 P_e 是该组内各设备的设备容量的总和。同一用电设备组内包含有多台同类型设备，这些设备实际上不一定都同时运行，运行的设备也不太可能都满负荷，同时设备本身有功率损耗，配电线路也有功率损耗。因此在确定设备组的计算负荷时应考虑一个系数，即按需要系数法确定用电设备组有功计算负荷的基本公式为

$$P_{30} = K_d P_e \qquad (2-10)$$

式中，P_e 为用电设备组的设备容量；K_d 为需要系数，它的物理表达式为

$$K_d = \frac{K_\Sigma K_L}{\eta_e \eta_{WL}} \qquad (2-11)$$

式中，K_Σ 为设备组的同时系数，即设备组在最大负荷时运行的设备容量与全部设备容量之比；K_L 为设备组的负荷系数，即设备组在最大负荷时的输出功率与运行的设备容量之

比；η_e 为设备组的平均效率，即设备组在最大负荷时的输出功率与取用功率之比；η_{WL} 为配电线路的平均效率，即配电线路在最大负荷时的末端功率（亦即设备组取用功率）与首端功率（亦即计算负荷）之比。由式（2-11）可知，需要系数是由上述几个影响计算负荷的因素综合而成的一个系数。

实际上，需要系数不仅与用电设备组的工作性质、设备台数、设备效率、线路损耗等因素有关，而且与工人的技术熟练程度、生产组织等多种因素有关。因此，应尽可能通过实测分析确定，使之尽量接近实际。

附录中的附表 1-1 列出了各种用电设备组的需要系数值，供读者参考。

注意：附表 1-1 所列需要系数值是按车间范围内设备台数较多的情况来确定的。当只有 1～2 台设备时，可认为 $K_d = 1$，即 $P_{30} = P_e$；当只有一台电动机时，$P_{30} = P_N/\eta$。在 K_d 适当取大的同时，$\cos\varphi$ 也应适当取大。

按式（2-10）求出有功计算负荷后，可按式（2-12）、式（2-13）和式（2-14）分别求出用电设备组其余的计算负荷。

$$Q_{30} = P_{30}\tan\varphi \qquad\qquad (2-12)$$

$$S_{30} = \frac{P_{30}}{\cos\varphi} \text{ 或 } S_{30} = \sqrt{P_{30}^2 + Q_{30}^2} \qquad\qquad (2-13)$$

$$I_{30} = \frac{S_{30}}{\sqrt{3}U_N} \qquad\qquad (2-14)$$

需要系数值与用电设备的类别和工作状态有很大关系，因此在计算时首先要正确判别用电设备的类别和工作状态。

【例 2-1】　某机械厂金工车间的 380 V 低压干线上接有冷加工机床 49 台，其中 85 kW 有 2 台、65 kW 有 1 台、40 kW 有 1 台、10 kW 有 23 台、20 kW 有 2 台、7.5 kW 有 17 台、3.2 kW 有 3 台，试求其计算负荷。

解：该设备组的总容量为

$$P_e = 85 \text{ kW} \times 2 + 65 \text{ kW} \times 1 + 40 \text{ kW} \times 1 + 20 \text{ kW} \times 2 + 10 \text{ kW} \times 23$$
$$+ 7.5 \text{ kW} \times 17 + 3.2 \text{ kW} \times 3 = 682.1 \text{ kW}$$

查附表 1-1 中"大批生产的金属冷加工机床"项，得 $K_d = 0.18 \sim 0.25$，此处 K_d 取 0.25，$\cos\varphi = 0.5$，$\tan\varphi = 1.73$。由此可求得

有功计算负荷为

$$P_{30} = 0.25 \times 682.1 \text{ kW} = 170.53 \text{ kW}$$

无功计算负荷为

$$Q_{30} = 170.53 \text{ kW} \times 1.73 = 295.02 \text{ kvar}$$

视在计算负荷为

$$S_{30} = \frac{170.53 \text{ kW}}{0.5} = 341.06 \text{ kV} \cdot \text{A}$$

计算电流为

$$I_{30} = \frac{341.06 \text{ kV} \cdot \text{A}}{\sqrt{3} \times 0.38 \text{ kV}} = 518.20 \text{ A}$$

2. 多组用电设备计算负荷的确定

车间配电干线或车间低压母线上接有多个用电设备组，在确定其计算负荷时，应考虑

各组用电设备的最大负荷不同时出现的情况。将各用电设备组的计算负荷相加后乘以同时系数 K_{Σ}，即可得车间干线或车间变电所低压母线的计算负荷，其计算公式为

$$P_{30} = K_{\Sigma p} \sum P_{30.i} \qquad (2-15)$$

$$Q_{30} = K_{\Sigma q} \sum Q_{30.i} \qquad (2-16)$$

$$S_{30} = \sqrt{P_{30}^2 + Q_{30}^2} \qquad (2-17)$$

$$I_{30} = \frac{S_{30}}{\sqrt{3}U_N} \qquad (2-18)$$

式中，$P_{30.i}$，$Q_{30.i}$ 为各用电设备组的计算负荷；$K_{\Sigma p}$，$K_{\Sigma q}$ 分别为有功功率、无功功率的同时系数。

同时系数 $K_{\Sigma p}$ 和 $K_{\Sigma q}$ 的取值是根据统计规律以及实际测量的结果来确定的，具体取值见表 2-1。

表 2-1　同时系数 $K_{\Sigma p}$ 和 $K_{\Sigma q}$ 的取值

应用范围		$K_{\Sigma p}$，$K_{\Sigma q}$	
车间干线		0.85～0.95	0.90～0.97
低压母线	由用电设备组 P_{30} 直接相加	0.80～0.90	0.85～0.95
	由车间干线 P_{30} 直接相加	0.90～0.95	0.93～0.97

需要注意的是，在应用上式计算多组用电设备的计算负荷时，由于各组设备的功率因数不一定相同，因此总的视在计算负荷和计算电流一般不能用各组的视在计算负荷或计算电流之和来计算。同时在计算多组设备总的计算负荷时，为了简化和统一，各组设备的台数不论多少，其计算负荷均按附表 1-1 所列计算系数来计算，而不必考虑设备台数少要适当增大 K_d 和 $\cos\varphi$ 值的问题。

【例 2-2】 在例 2-1 中，机械厂金工车间的 380 V 低压干线上除接有冷加工机床电动机外，还有 3 台桥式起重机(23.2 kW 起重机 1 台，29.5 kW 起重机 2 台，$\varepsilon=25\%$)，车间照明面积为 1440 m²，照明密度为 12 W/m²。试确定此线路上的计算负荷。

解：先求各组的计算负荷。

(1) 求金属切削机床组的计算负荷。

例 2-1 已计算出：

$$P_{30(1)} = 170.53 \text{ kW}$$

$$Q_{30(1)} = 295.02 \text{ kvar}$$

(2) 求桥式起重机组的计算负荷。

查附表 1-1，可得 $K_d = 0.1～0.15$(此处 K_d 取 0.15)，$\cos\varphi = 0.5$，$\tan\varphi = 1.73$。由此可得

$$P_{30(2)} = 0.15 \times (23.2 + 29.5 \times 2) \text{ kW} = 12.33 \text{ kW}$$

$$Q_{30(2)} = 12.33 \text{ kW} \times 1.73 = 21.33 \text{ kvar}$$

(3) 求金工车间照明的计算负荷。

查附表 1-1，$K_d = 0.8～1$(此处 K_d 取 1)，$\cos\varphi = 1.0$，$\tan\varphi = 0$。由此可得

$$P_{30(3)} = 1 \times 12 \times 1440 = 17\ 280 \text{ W} = 17.28 \text{ kW}$$

$$Q_{30(3)} = 17.28 \text{ kW} \times 0 = 0$$

线路上的计算负荷为（取 $K_{\Sigma p}=0.95$，$K_{\Sigma q}=0.97$）

$$P_{30}=0.95\times(170.53+12.33+17.28)\ \mathrm{kW}=190.13\ \mathrm{kW}$$

$$Q_{30}=0.97\times(295.02+21.33)\ \mathrm{kvar}=306.86\ \mathrm{kvar}$$

$$S_{30}=\sqrt{190.13^2+306.86^2}=360.99\ \mathrm{kV\cdot A}$$

$$I_{30}=\frac{360.99\ \mathrm{kV\cdot A}}{\sqrt{3}\times0.38\ \mathrm{kV}}=548.48\ \mathrm{A}$$

在实际工程设计说明书中，为了便于审核，常采用计算表格的形式给出负荷计算的结果，如表 2-2 所示。

表 2-2　例 2-2 的电力负荷计算表（按需要系数法）

序号	用电设备组名称	台数	设备容量 P_e/kW	需要系数 K_d	$\cos\varphi$	$\tan\varphi$	计算负荷			
							P_{30}/kW	Q_{30}/kvar	$S_{30}/(\mathrm{kV\cdot A})$	I_{30}/A
1	金属切削机床	49	682.10	0.25	0.5	1.73	170.53	295.02		
2	桥式起重机	3	82.20	0.15	0.5	1.73	12.33	21.33		
3	车间照明		17.28	1	1	0	17.28	0		
车间总计		52	781.58				200.14	316.35		
		取 $K_{\Sigma p}=0.95$　　$K_{\Sigma q}=0.97$					190.13	306.86	360.99	548.48

用需要系数法求计算负荷，其特点是简单方便，且计算结果符合实际，这种方法是世界各国普遍采用的求计算负荷的基本方法。但是把需要系数看做是与一组设备中设备多少以及设备容量是否相差悬殊等都无关的固定值，就考虑不全面了。实际上只有当设备台数较多、容量较大、没有特大型用电设备时，需要系数表中的需要系数值才符合实际，所以需要系数法普遍应用于求全厂和大型车间变电所的计算负荷。而对于设备台数较少，且容量差别悬殊的分支干线的计算负荷，则将采用另一种方法——二项式系数法。

2.3.3　按二项式系数法确定计算负荷

1. 用电设备组计算负荷的确定

二项式系数法是考虑一定数量大容量用电设备对计算负荷的影响而得出的计算方法。用二项式系数法确定用电设备组计算负荷的基本公式是

$$P_{30}=bP_e+cP_x \tag{2-19}$$

式中，bP_e 表示用电设备组的平均负荷，其中 P_e 是用电设备组的设备容量；cP_x 表示用电设备组中 x 台容量最大的设备投入运行时增加的附加负荷，其中 P_x 是 x 台最大容量设备的总容量；b、c 为二项式系数。

Q_{30}、S_{30} 和 I_{30} 的计算方法与需要系数法相同。

附表 1-1 列出了部分用电设备组的二项式系数 b、c 和最大容量设备的台数 x 值，供读者参考。

注意：按二项式系数法确定计算负荷时，如果设备总台数 n 少于附录表 1-1 中规定的最大容量设备台数 x 的 2 倍（即 $n<2x$ 时），其最大容量设备台数 x 宜适当取小，建议取

$x=n/2$，且按"四舍五入"规则取整数。如果用电设备组只有 1～2 台用电设备，则 $P_{30}=P_e$。对于单台电动机，则 $P_{30}=P_N/\eta$。在设备台数较少时，$\cos\varphi$ 也宜适当取大。

由于二项式系数法不仅考虑了用电设备组的平均负荷，而且还考虑了少数容量最大的设备投入运行时对总计算负荷的影响，所以二项式系数法比较适用于确定用电设备台数较少而容量差别较大的低压干线和分支线的计算负荷。

【例 2-3】 试用二项式系数法确定例 2-1 中机床组的计算负荷。

解： 由附表 1-1 可查出：$b=0.14$，$c=0.5$，$x=5$，$\cos\varphi=0.5$，$\tan\varphi=1.73$。则

$$bP_e=0.14\times682.10\text{ kW}=95.49\text{ kW}$$
$$P_x=85\times2+65+40+20=295\text{ kW}$$
$$cP_x=0.5\times295\text{ kW}=147.5\text{ kW}$$
$$P_{30}=95.49\text{ kW}+147.5\text{ kW}=242.99\text{ kW}$$
$$Q_{30}=242.99\text{ kW}\times1.73=420.37\text{ kvar}$$
$$S_{30}=\frac{242.99\text{ kW}}{0.5}=485.98\text{ kV}\cdot\text{A}$$
$$I_{30}=\frac{485.98\text{ kV}\cdot\text{A}}{\sqrt{3}\times0.38\text{ kV}}=738.39\text{ A}$$

比较例 2-1 和例 2-3 的计算结果，可以看出，按二项式系数法计算的结果比按需要系数法计算的结果要大。

2. 多组用电设备计算负荷的确定

采用二项式系数法确定多组用电设备的计算负荷时，除了要考虑各用电设备组的平均负荷外，对大容量设备投入运行所引起的附加负荷，只计入各用电设备组中最大一组附加负荷 $(cP_x)_{max}$。其基本公式为

$$P_{30}=\Sigma(bP_e)_i+(cP_x)_{max}$$
$$Q_{30}=\Sigma(bP_e\tan\varphi)_i+(cP_x)_{max}\tan\varphi_{max}$$

式中，$\tan\varphi_{max}$ 为最大附加负荷 $(cP_x)_{max}$ 的用电设备组的平均功率因数角的正切值。

S_{30} 和 I_{30} 可按式（2-17）和式（2-18）计算。

【例 2-4】 试用二项式系数法确定例 2-2 中金工车间 380 V 线路上的计算负荷。

解： 先求各组的 bP_e 和 cP_x。

(1) 求金属切削机床组的计算负荷。

由例 2-3 已计算出：

$$bP_{e(1)}=95.49\text{ kW}$$
$$cP_{x(1)}=147.50\text{ kW}$$

(2) 求桥式起重机组的计算负荷。

查附表 1-1 得 $b=0.06$，$c=0.2$，$x=3$（因 $n<2x$，故取 $x=2$），$\cos\varphi=0.5$，$\tan\varphi=1.73$，因此可得

$$bP_{e(2)}=0.06\times82.2\text{ kW}=4.93\text{ kW}$$
$$cP_{x(2)}=0.2\times29.5\text{ kW}\times2=11.80\text{ kW}$$

(3) 求车间照明的计算负荷。

由于车间照明无二项式计算系数，因此只考虑平均负荷，故

$$P_{30(3)} = 17.28 \text{ kW}$$

以上各组设备中，附加负荷以 $cP_{x(1)}$ 为最大，因此总计算负荷为

$$P_{30} = (95.49 + 4.93 + 17.28) \text{ kW} + 147.50 \text{ kW} = 265.20 \text{ kW}$$

$$Q_{30} = (95.49 \times 1.73 + 4.93 \times 1.73 + 17.28 \times 0) \text{ kvar} + 147.50 \times 1.73 \text{ kvar} = 428.90 \text{ kvar}$$

$$S_{30} = \sqrt{265.20^2 + 428.90^2} = 504.27 \text{ kV} \cdot \text{A}$$

$$I_{30} = \frac{504.27 \text{ kV} \cdot \text{A}}{\sqrt{3} \times 0.38 \text{ kV}} = 766.18 \text{ A}$$

以上负荷计算可列成如表 2-3 所示的电力负荷计算表。

表 2-3　例 2-4 的电力负荷计算表(按二项式系数法)

序号	用电设备组名称	设备台数		容量		二项式系数		$\cos\varphi$	$\tan\varphi$	计算负荷			
		总台数	最大容量台数	P_e/kW	P_x/kW	b	c			P_{30}/kW	Q_{30}/kvar	S_{30}/(kV·A)	I_{30}/A
1	切削机床	49	5	682.10	295	0.14	0.5	0.5	1.73	95.49+147.50	165.20+255.18		
2	起重机	3	2	82.20	59	0.06	0.2	0.5	1.73	4.93+11.80	8.53+20.41		
3	车间照明			17.28	0			1	0	17.28	0		
总计		52		781.58						265.20	428.90	504.27	766.18

2.4　单相用电设备组计算负荷的确定

2.4.1　概述

在供配电系统中，除了广泛应用三相设备(如三相交流电动机)外，还有照明、电焊机、电炉等单相用电设备。这些单相用电设备有的接在相电压上，有的接在线电压上，通常将这些单相用电设备尽可能均衡地分配在三相线路中，以使三相负荷平衡。如果三相线路中单相设备的总容量小于三相设备总容量的 15%，则单相设备可与三相设备综合按三相负荷平衡计算。如果单相设备总容量超过三相设备总容量的 15%，则应将单相设备容量换算成三相设备容量，以确定其计算负荷。

2.4.2　单相设备组等效三相负荷的计算

1. 单相设备接于相电压时的等效三相负荷计算

等效三相设备容量 P_e 等于最大负荷相上的单相设备容量 $P_{e.m\varphi}$ 乘以 3，即

$$P_e = 3P_{e.m\varphi} \tag{2-20}$$

等效三相计算负荷可按前述方法计算。

2. 单相设备接于线电压时的等效三相负荷计算

等效三相设备容量 P_e 按单相设备容量 $P_{e.\varphi}$ 的 $\sqrt{3}$ 倍计算，即

$$P_e = \sqrt{3} P_{e.\varphi} \qquad (2-21)$$

等效三相计算负荷可按前述方法计算。

3. 单相设备既接于相电压又接于线电压时的等效三相负荷计算

(1) 先将接于线电压上的单相设备容量换算为接于相电压上的单相设备容量。换算关系如下：

A 相

$$P_A = p_{AB-A} P_{AB} + p_{CA-A} P_{CA} \qquad (2-22)$$

$$Q_A = q_{AB-A} P_{AB} + q_{CA-A} P_{CA} \qquad (2-23)$$

B 相

$$P_B = p_{BC-B} P_{BC} + p_{AB-B} P_{AB} \qquad (2-24)$$

$$Q_B = q_{BC-B} P_{BC} + q_{AB-B} P_{AB} \qquad (2-25)$$

C 相

$$P_C = p_{CA-C} P_{CA} + p_{BC-C} P_{BC} \qquad (2-26)$$

$$Q_C = q_{CA-C} P_{CA} + q_{BC-C} P_{BC} \qquad (2-27)$$

式中，P_{AB}、P_{BC}、P_{CA} 为接于 AB、BC、CA 相间的有功设备容量；P_A、P_B、P_C 为换算到 A、B、C 相的有功设备容量；Q_A、Q_B、Q_C 为换算到 A、B、C 相的无功设备容量；p_{AB-A}、p_{CA-A}、q_{AB-A}、q_{CA-A}、p_{BC-B}、p_{AB-B}、q_{BC-B}、q_{AB-B}、p_{CA-C}、p_{BC-C}、q_{CA-C}、q_{BC-C} 为有功和无功功率换算系数，其值如表 2-4 所示。

表 2-4 相间负荷换算为单相负荷的功率换算系数

功率换算系数	负荷功率因数								
	0.35	0.4	0.5	0.6	0.65	0.7	0.8	0.9	1.0
p_{AB-A}、p_{BC-B}、p_{CA-C}	1.27	1.17	1.0	0.89	0.84	0.8	0.72	0.64	0.5
p_{AB-B}、p_{BC-C}、p_{CA-A}	−0.27	−0.17	0	0.11	0.16	0.2	0.28	0.36	0.5
q_{AB-A}、q_{BC-B}、q_{CA-C}	1.05	0.86	0.58	0.38	0.3	0.22	0.09	−0.05	−0.29
q_{AB-B}、q_{BC-C}、q_{CA-A}	1.63	1.44	1.16	0.96	0.88	0.8	0.67	0.53	0.29

(2) 分别计算各相的设备容量和计算负荷。

(3) 确定总的等效三相计算负荷。

总的等效三相有功计算负荷为最大有功负荷相的有功计算负荷 $P_{30.m\varphi}$ 的 3 倍，即

$$P_{30} = 3 P_{30.m\varphi} \qquad (2-28)$$

总的等效三相无功计算负荷为最大有功负荷相的无功计算负荷 $Q_{30.m\varphi}$ 的 3 倍，即

$$Q_{30} = 3 Q_{30.m\varphi} \qquad (2-29)$$

最后再按式(2-17)和式(2-18)计算出 S_{30} 和 I_{30}。

2.5　功率损耗和电能损耗的计算

电流流过电力线路和变压器时，势必会引起功率损耗和电能损耗，在进行用户和全厂负荷计算时应计入这部分损耗。

2.5.1　供配电系统的功率损耗

1. 线路的功率损耗计算

通过三相交流线路的负荷电流不是恒定的，它随着负荷的改变随时都在改变，因此线路中的功率损耗也是随时变化的。但在实际工作中，常用计算负荷来求其功率损耗（即最大功率损耗）。供电线路的三相有功功率损耗和三相无功功率损耗可分别按式（2-30）和式（2-31）计算：

$$\Delta P_{WL} = 3I_{30}^2 R_{WL} \times 10^{-3} \text{ kW} \tag{2-30}$$

$$\Delta Q_{WL} = 3I_{30}^2 X_{WL} \times 10^{-3} \text{ kvar} \tag{2-31}$$

式中，I_{30} 为线路的计算电流，单位为 A；R_{WL} 为线路的每相电阻，单位为 Ω；$R_{WL} = R_0 L$，L 为线路长度，单位为 km，R_0 为线路单位长度的电阻，单位为 Ω/km；X_{WL} 为线路的每相电抗，单位为 Ω；$X_{WL} = X_0 L$，X_0 为线路单位长度的电抗值，单位为 Ω/km。部分导线和电缆单位长度的电阻和电抗参见附表 16，其他型号可查阅相关手册。

【例 2-5】　由一条 35 kV 高压线路给某工厂变电所供电。已知该线路的长度为 5 km，采用钢芯铝绞线 LGJ-70，线距为 2 m，导线的计算电流为 253 A，试计算此高压线路的有功功率损耗和无功功率损耗。

解：查阅相关手册可知，LGJ-70 的 $R_0 = 0.48$ Ω/km，当线距为 2 m 时，$X_0 = 0.38$ Ω/km，则该线路的有功功率和无功功率损耗为

$$\Delta P_{WL} = 3 \times 253^2 \times 0.48 \times 5 \times 10^{-3} = 460.86 \text{ kW}$$

$$\Delta Q_{WL} = 3 \times 253^2 \times 0.38 \times 5 \times 10^{-3} = 364.85 \text{ kvar}$$

2. 电力变压器的功率损耗计算

1) 电力变压器的有功功率损耗计算

电力变压器的有功功率损耗主要由铁损（近似为空载损耗 ΔP_0）和铜损（近似为短路损耗 ΔP_k）构成。其中，ΔP_0 与负载大小无关，ΔP_k 与负载电流的平方成正比。所以变压器的有功功率损耗为

$$\Delta P_T \approx \Delta P_0 + \Delta P_k \left(\frac{S_{30}}{S_{NT}}\right)^2 \tag{2-32}$$

式中，S_{NT} 为变压器的额定容量，单位为 $kV \cdot A$；S_{30} 为变压器低压侧的计算负荷，单位为 $kV \cdot A$；ΔP_0 为变压器的空载损耗，单位为 kW；ΔP_k 为变压器的短路损耗，单位为 kW。

2) 电力变压器的无功功率损耗计算

电力变压器的无功功率损耗主要由空载无功功率损耗 ΔQ_0 和负载无功功率损耗 ΔQ_N 构成。其中 ΔQ_0 只与绕组电压有关，与负荷无关，它与励磁电流（或近似地与空载电流）成正比；ΔQ_N 近似地与短路电压（阻抗电压）成正比，即

$$\Delta Q_0 \approx \frac{I_0\%}{100} S_{NT} \qquad\qquad (2-33)$$

$$\Delta Q_N \approx \frac{U_k\%}{100} S_{NT} \qquad\qquad (2-34)$$

电力变压器的无功功率损耗为

$$\Delta Q_T = \Delta Q_0 + \Delta Q_N \left(\frac{S_{30}}{S_{NT}}\right)^2 \qquad\qquad (2-35)$$

或

$$\Delta Q_T = S_{NT}\left[\frac{I_0\%}{100} + \frac{U_k\%}{100}\left(\frac{S_{30}}{S_{NT}}\right)^2\right] \qquad\qquad (2-36)$$

式中，$I_0\%$ 为变压器空载电流占额定一次电流的百分值；$U_k\%$ 为变压器的短路电压占额定一次电压的百分值。上述各式中的 ΔP_0、ΔP_k、$I_0\%$、$U_k\%$ 等都可以从手册或产品样本中查得。

在工程设计中，变压器的有功功率损耗和无功功率损耗也可按式(2-37)和式(2-38)进行估算。

对普通变压器：

$$\Delta P_T = 0.02 S_{30}$$
$$\Delta Q_T = 0.08 S_{30} \qquad\qquad (2-37)$$

对低损耗变压器：

$$\Delta P_T = 0.015 S_{30}$$
$$\Delta Q_T = 0.06 S_{30} \qquad\qquad (2-38)$$

【例 2-6】 已知某车间变电所选用变压器的型号为 SL7-1000/10，电压为 10/0.4 kV，其技术数据如下：空载损耗 $\Delta P_0 = 1.8$ kW，短路损耗 $\Delta P_k = 11.6$ kW，短路电压百分值 $U_k\% = 4.5$，空载电流百分值 $I_0\% = 1.4$。变压器二次母线的计算负荷 $S_{30} = 775$ kV·A，试求该变压器的有功功率损耗与无功功率损耗。

解：变压器的有功功率损耗为

$$\Delta P_T \approx \Delta P_0 + \Delta P_k\left(\frac{S_{30}}{S_{NT}}\right)^2$$

$$= 1.8 + 11.6 \times \left(\frac{775}{1000}\right)^2 = 8.77 \text{ kW}$$

变压器的无功功率损耗为

$$\Delta Q_T = S_{NT}\left[\frac{I_0\%}{100} + \frac{U_k\%}{100}\left(\frac{S_{30}}{S_{NT}}\right)^2\right]$$

$$= 1000\left[\frac{1.4}{100} + \frac{4.5}{100}\left(\frac{775}{1000}\right)^2\right] = 41 \text{ kvar}$$

2.5.2 供配电系统的电能损耗

企业在一年内所耗用的有功电能 W_{pa}，一部分用于生产，还有一部分在供电线路和变压器等供电元件中会白白损耗掉。掌握这部分损耗电能的计算，设法降低它，便可大大节约电能。

1. 供配电线路中年电能损耗的计算

供配电线路中的电流并非恒定,而是随时在变化,因此线路中的有功功率损耗 ΔP_{WL} 也在随时变化,故线路上全年的电能损耗可按下式来近似计算:

$$\Delta W_a = 3I_{30}^2 R_{WL}\tau \tag{2-39}$$

式中,I_{30} 为通过线路的计算负荷;R_{WL} 为线路每相的电阻;τ 为年最大负荷损耗小时。

年最大负荷损耗小时 τ 是一个假想时间,它的含义是:线路连续通过计算负荷所产生的电能损耗与实际负荷全年内所产生的电能损耗恰好相等时所需要的时间。它与年最大负荷利用小时 T_{max} 以及功率因数有关,如图 2-6 所示。可根据 T_{max} 和 $\cos\varphi$ 的值从图 2-6 所示的曲线中查出相应的 τ 值。

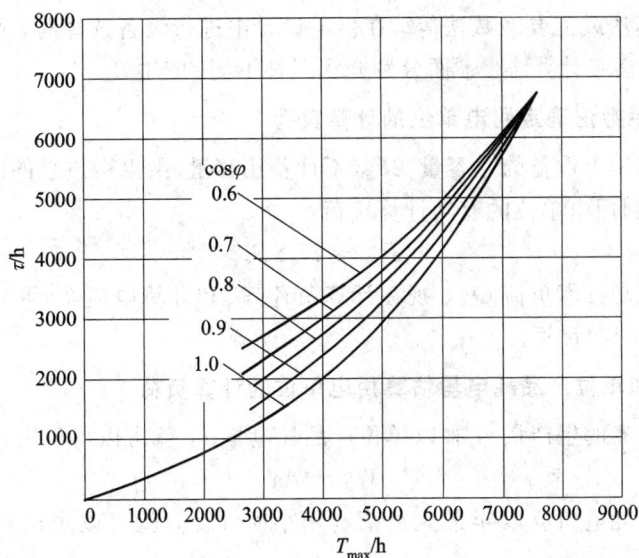

图 2-6 τ-T_{max} 关系曲线

2. 变压器年电能损耗的计算

变压器的电能损耗包括以下两部分。

1) 变压器铁损 ΔP_{Fe} 引起的电能损耗

只要外加电压和频率不变,变压器的铁损 ΔP_{Fe} 基本上是不变的,它近似等于空载损耗 ΔP_0,因此其全年的电能损耗为

$$\Delta W_{a1} = \Delta P_{Fe} \times 8760 \approx \Delta P_0 \times 8760 \tag{2-40}$$

2) 变压器铜损 ΔP_{Cu} 引起的电能损耗

变压器的铜损 ΔP_{Cu} 与负荷电流(或功率)的平方成正比,即与变压器负荷率 β 的平方成正比,它近似等于短路损耗 ΔP_k,因此其全年的电能损耗为

$$\Delta W_{a2} = \Delta P_{Cu}\beta^2\tau \approx \Delta P_k\beta^2\tau \tag{2-41}$$

变压器全年的电能损耗为

$$\Delta W_a = \Delta W_{a1} + \Delta W_{a2} \approx \Delta P_0 \times 8760 + \Delta P_k\beta^2\tau \tag{2-42}$$

式中,τ 为变压器的年最大负荷损耗小时,其值如图 2-6 所示。

2.6 用电单位计算负荷和年电能消耗量的计算

2.6.1 用电单位计算负荷的确定

用电单位计算负荷是选择电能用户变电所电源进线和主要电气设备的基本依据，也是计算用电单位的功率因数和电能需要量的基本依据。

确定用电单位计算负荷的方法很多，可根据不同的情况和要求采用不同的方法。在制定计划、初步设计，特别是比较方案时可采用较粗略的方法，如下所述的按年产量和单位产品耗电量的估算法或需要系数法等。在供电设计中进行设备选择时，则应进行较详细的负荷计算，应采用逐级计算法。下面分别介绍三种不同的方法。

1. 采用需要系数法确定用电单位的计算负荷

将用电单位的用电设备的总容量 ΣP_e（不计备用容量）乘以用户总的需要系数 K_d（见附表 $1-2$），即可得到用电单位的有功计算负荷：

$$P_{30} = K_d \Sigma P_e \tag{2-43}$$

用电单位的无功计算负荷 Q_{30}、视在计算负荷 S_{30} 和计算电流 I_{30} 可分别按式（$2-12$）、式（$2-13$）和式（$2-14$）计算。

2. 按年产量和单位产品耗电量估算用电单位的计算负荷

将用电单位全年的生产量 A 乘以单位产品耗电量 a，就可以得到用户全年耗电量，即

$$W_a = Aa \tag{2-44}$$

再将用户全年耗电量除以年最大负荷利用小时 T_{max}，就可以求出用户的有功计算负荷，即

$$P_{30} = \frac{W_a}{T_{max}} \tag{2-45}$$

而 Q_{30}、S_{30}、I_{30} 的计算，与上述需要系数法相同。

3. 按逐级计算法确定用电单位的计算负荷

按逐级计算法确定用电单位的计算负荷是指从用电末端逐级向上推至电源进线端。如图 $2-7$ 所示为小型工厂供电系统，其计算程序如下所述。

（1）确定用电设备的设备容量（图 $2-7$ 中 A 点）。根据 2.2.2 节内容，确定不同工作制的设备容量。

（2）确定用电设备组的计算负荷（图 $2-7$ 中 B 点）。按需要系数法或二项式系数法确定。

（3）确定车间干线（图 $2-7$ 中 C 点）或车间变电所低压母线（图 $2-7$ 中 D 点）的计算负荷。该计算负荷应为车间干线或车间变电所低压母线上所有用电设备组计算负荷之和，再乘以同时系数。如果在低压进线上装有无功补偿用的电容器组，则在确定低压进线上的无功功率时应减去无功补偿容量。

（4）确定车间（或小型工厂）变电所高压侧的计算负荷（图 $2-7$ 中 E 点）。车间（或小型工厂）变电所高压侧的计算负荷等于车间（或小型工厂）变电所低压进线的计算负荷再加上

变压器的功率损耗值。

（5）确定全厂总计算负荷（图 2-7 中 F 点）。车间（或小型工厂）变电所高压侧的计算负荷加上高压配电线路的功率损耗值即可得到全厂总计算负荷。全厂总计算负荷可作为企业向供电部门申请用电容量的依据。

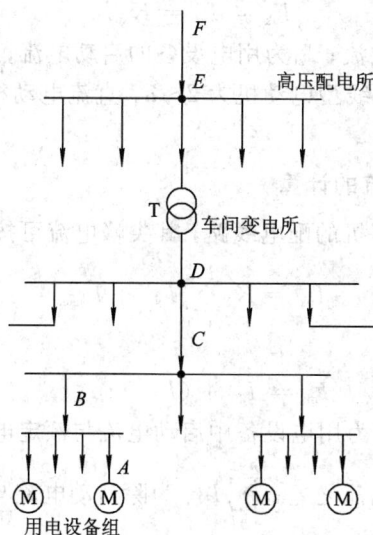

图 2-7 工厂供电系统中各点电力负荷的计算

若工厂设有总降压变电所，则可根据上述过程确定总降压变电所变压器低压侧的计算负荷，然后将总降压变电所低压母线上的计算负荷加上变压器的功率损耗值即为全厂总计算负荷。

2.6.2 用电单位年电能消耗量的计算

用户的年电能消耗量可用用户全年生产量和单位产品耗电量来估算，即按式（2-44）来计算。

用户的年电能消耗量也可用用户的有功和无功计算负荷 P_{30} 和 Q_{30} 来计算，即

年有功电能消耗量为

$$W_{pa} = \alpha P_{30} T_a \tag{2-46}$$

年无功电能消耗量为

$$W_{qa} = \beta Q_{30} T_a \tag{2-47}$$

式中，α 为年平均有功负荷系数，一般取 $0.7 \sim 0.75$；β 为年平均无功负荷系数，一般取 $0.76 \sim 0.82$；T_a 为年实际工作小时数，按每周五个工作日计，生产企业一班制可取 2000 小时，两班制可取 4000 小时，三班制可取 6000 小时。

2.7 尖峰电流的计算

1. 尖峰电流的概念

供电系统在运行中，由于电动机的启动、电压波动等因素会出现持续时间很短、比计

算电流大很多的电流，这种电流称为尖峰电流，其持续时间一般为 $1\sim 2$ s。尖峰电流主要用来选择熔断器、整定低压断路器、整定继电保护装置以及计算电压波动等。

2. 单台用电设备尖峰电流的计算

对于只接单台电动机或电焊机的分支线，其尖峰电流就是启动电流，即

$$I_{pk} = I_{st} = K_{st}I_N \qquad (2-48)$$

式中，I_N 为用电设备的额定电流；I_{st} 为用电设备的启动电流；K_{st} 为用电设备的启动电流倍数，鼠笼型电动机为 $5\sim 7$，绕线型电动机为 $2\sim 3$，直流电动机为 1.7，电焊变压器为 3 或比 3 稍大。

3. 多台用电设备尖峰电流的计算

对接有多台电动机或电焊机的配电线路，其尖峰电流可按下式计算：

$$I_{pk} = K_{\Sigma}\sum_{i=1}^{n-1} I_{N.i} + I_{stmax} \qquad (2-49)$$

或

$$I_{pk} = I_{30} + (I_{st} - I_N)_{max} \qquad (2-50)$$

式中，I_{stmax} 和 $(I_{st}-I_N)_{max}$ 分别为用电设备中启动电流与额定电流之差为最大的那台设备的启动电流及启动电流和额定电流之差；$\sum_{i=1}^{n-1} I_{N.i}$ 为除启动电流与额定电流之差为最大的那台设备外，其他 $n-1$ 台设备的额定电流之和；K_{Σ} 为上述 $n-1$ 台设备的同时系数，按台数的多少可取 $0.7\sim 1$；I_{30} 为全部设备投入运行时，线路上的计算电流。

【例 $2-7$】 某车间有一条 380 V 线路供电给如表 $2-5$ 所示的 5 台交流电动机。试计算该线路的尖峰电流。

解：取 $K_{\Sigma}=0.9$，则 $I_{30}=K_{\Sigma}\Sigma I_N=0.9\times(10.2+32.4+30+6.1+20)=88.83$ A

由表 $2-5$ 可知，电动机 2M 的 $(I_{st}-I_N)=227-32.4=194.6$ A 为最大，所以

$$I_{pk} = I_{30} + (I_{st}-I_N)_{max} = 88.83+(227-32.4) = 283.43 \text{ A}$$

表 $2-5$ 例 $2-7$ 的负荷资料

参　　数	电　动　机				
	1M	2M	3M	4M	5M
额定电流/A	10.2	32.4	30	6.1	20
启动电流/A	66.3	227	163	34	140

2.8　供配电系统的功率因数和无功功率补偿

2.8.1　功率因数的分类及供电部门的要求

1. 瞬时功率因数

功率因数的瞬时值称为瞬时功率因数。瞬时功率因数可由功率因数表（相位表）直接读

出，也可用有功功率表、电压表和电流表瞬间测取的读数计算得到，即

$$\cos\varphi = \frac{P}{\sqrt{3}UI} \qquad (2-51)$$

瞬时功率因数可用来了解和分析工厂或用电设备在生产过程中无功功率的变化情况，以便采取相应的补偿措施。

2. 平均功率因数

平均功率因数又称为加权平均功率因数。根据记录企业用电量的有功电能表及无功电能表每月积累的数字，可计算出月平均功率因数，即

$$\cos\varphi = \frac{W_p}{\sqrt{W_p^2 + W_q^2}} = \frac{1}{\sqrt{1 + \left(\dfrac{W_q}{W_p}\right)^2}} \qquad (2-52)$$

式中，W_p 为有功电能表的月积累值，单位为 kW·h；W_q 为无功电能表的月积累值，单位为 kvar·h。

月平均功率因数是电力部门每月向企业收取电费时作为调整收费标准的依据。

3. 最大负荷时的功率因数

最大负荷时的功率因数是指在年最大负荷（即计算负荷）时的功率因数，即

$$\cos\varphi = \frac{P_{30}}{S_{30}} \qquad (2-53)$$

在《供电营业规则》中规定："用户在当地供电企业规定的电网高峰负荷时的功率因数应达到下列规定：100 kV·A 及以上高压供电的用户功率因数为 0.90 以上。其他电力用户和大、中型电力排灌站、趸购转售电企业，功率因数为 0.85 以上。农村用电，功率因数为 0.8 及以上。"该规则还规定，凡功率因数未达到上述规定的，应增加无功补偿装置。这里所指的功率因数即为最大负荷时的功率因数。

2.8.2　无功功率补偿及补偿后的计算负荷

1. 无功功率补偿

功率因数是电力企业的一项重要技术经济指标。由于在工厂中大量使用感应电动机、变压器、电焊机、电弧炉等感性负载，使得功率因数降低，因此提高功率因数几乎成了每一个用电单位都面临的问题。

提高功率因数通常有两种途径：一种是在不添置任何附加补偿设备的前提下，合理选择和使用电气设备，改善它们的运行方式，提高检修质量，从而提高自然功率因数，但自然功率因数的提高往往很有限；另一种是采用人工补偿装置来提高功率因数，人工补偿装置可采用同步电动机或并联静电电容器。

图 2-8 表示功率因数提高与无功功率和视在功率的关系。若用户所需的有功功率 P_{30} 不变，则加装无功补偿装置后，功率因数由 $\cos\varphi_1$ 提高到 $\cos\varphi_2$，无功功率将由 $Q_{30.1}$ 减小到 $Q_{30.2}$，视在功率将由 $S_{30.1}$ 减小到 $S_{30.2}$，相应地负荷电流 I_{30} 也将减小。这将使系统的电能损耗和电压损耗相应降低，既节约了电能，又提高了电压质量，而且还可以降低供电系统的造价。

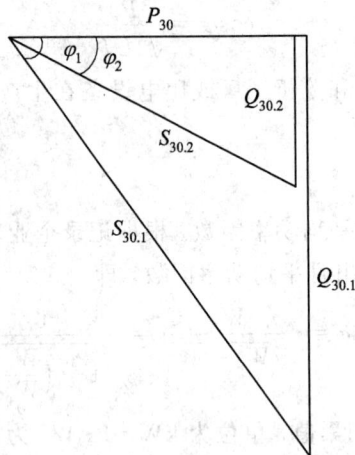

图 2-8　功率因数提高与无功功率和视在功率的关系

要将功率因数由 $\cos\varphi_1$ 提高到 $\cos\varphi_2$，由图 2-8 可知，所需补偿的无功容量为

$$Q_{\mathrm{C}} = Q_{30.1} - Q_{30.2} = P_{30}(\tan\varphi_1 - \tan\varphi_2) \qquad (2-54)$$

或

$$Q_{\mathrm{c}} = \Delta q_{\mathrm{c}} P_{30} \qquad (2-55)$$

式中，$\Delta q_{\mathrm{c}} = \tan\varphi_1 - \tan\varphi_2$，称为无功补偿率或比补偿容量。它表示功率因数由 $\cos\varphi_1$ 提高到 $\cos\varphi_2$ 时单位有功功率所需补偿的无功功率。附表 2-1 列出了并联电容器的无功补偿率，供读者参考。

在中小型企业中，使用较多的补偿设备是并联静电电容器。BW 型并联电容器的技术数据见附表 2-2。

在计算出总的补偿容量后，即可根据所选并联电容器的单个容量 q_{c} 来确定电容器的个数，即

$$n = \frac{Q_{\mathrm{C}}}{q_{\mathrm{c}}} \qquad (2-56)$$

由式(2-56)计算所得的数值，对三相电容器应取相近偏大的整数；若为单相电容器，则应取 3 的整数倍，以便三相均衡分配。三相电容器通常在其内部接成三角形。单相电容器的电压若与电网额定电压相等，则应将电容器接成三角形；只有当电容器的电压低于电网额定电压时，才接成星形。相同的电容器，接成三角形所补偿的容量是星形接线的 3 倍；若补偿容量相同，则采用三角形接线比星形接线可节约电容值 2/3。因此，在实际工作中，电容器组多采用三角形接线。

2. 并联电容器的装设

采用并联静电电容器来提高功率因数时，电容器装设部位的补偿方式分别有单独补偿、分组补偿和集中补偿三种。

1) 单独补偿

单独补偿指将电容器直接安装在用电设备附近，就地补偿。

2）分组补偿

分组补偿指将电容器分别安装在功率因数较低的各车间配电母线上，分散补偿。

3）集中补偿

集中补偿指将电容器集中安装在总降压变电所二次侧（6～10 kV 侧）母线上，对整个企业进行补偿。

从理论上讲，把并联电容器分别安装在用电设备附近，就地进行无功补偿，可减少供电线路和变压器中的无功负荷，降低线路和变压器中的有功电能损耗，补偿范围最大，经济效果也最好。但是这种安装补偿方式设备总的投资大，且电容器在用电设备停止工作时，电容器也一并被切除，所以其利用率不高。因此单独补偿只适用于个别补偿容量大的用电设备，如大型感应电动机、高频感应电炉等。在实际中，对于需要无功补偿容量相当大的工厂多采用高压集中补偿。从节约电能的角度来衡量，高压集中补偿最差，其补偿范围小，但便于集中管理。对于用电负荷分散且补偿容量较小的工厂，一般采用低压集中补偿。低压补偿装置可以选用成套的电容器柜并可集中装设在变配电所低压配电室内，且和低压配电屏并列安装，便于运行维护。这种方式的补偿范围和经济效果介于高压集中补偿和单独补偿之间，因此它在中小型企业中应用比较普遍。

电容器组应装设专用的控制、保护和放电设备。电容器从系统断开后，电容器上还有电荷，其两端的电压尚未消失，其最大值可能等于系统电压的幅值，这对维护人员是有危险的，因此必须装设放电设备。放电设备应保证在电容器放电一分钟后，使电容器组两端的残余电压在 65 V 以下，以保证人身安全。1 kV 以上的电容器组用电压互感器作放电设备，1 kV 以下的电容器组可以用电阻或白炽灯作放电设备。当单独补偿时，电容器组可以和被补偿的用电设备共用一组控制开关和保护装置。

3. 无功补偿后的工厂计算负荷

工厂或车间装设了无功补偿装置后，能使装设地点前的供电系统减少相应的无功损耗，所以在确定补偿地点以前的总计算负荷时，应扣除无功补偿容量。补偿后计算负荷可按下式确定，即

有功计算负荷为

$$P'_{30} = P_{30} \tag{2-57}$$

无功计算负荷为

$$Q'_{30} = Q_{30} - Q_C \tag{2-58}$$

视在计算负荷为

$$S'_{30} = \sqrt{P'^2_{30} + Q'^2_{30}} \tag{2-59}$$

计算电流为

$$I'_{30} = \frac{S'_{30}}{\sqrt{3}U_N} \tag{2-60}$$

由上述公式可以看出，在变电所低压侧装设无功补偿装置，由于低压侧总的视在计算负荷减小了，从而可使变电所总变压器的容量选得小一些。这不仅可降低变电所的初步投资，而且可减少工厂的电费开支。因此提高功率因数不仅对整个电力系统大有好处，而且对工厂本身也有一定的经济效益。

【例 2-8】 某小型工厂变电所，其变压器低压母线的有功计算负荷为 420 kW，无功计算负荷为 350 kvar。为了使工厂的功率因数不低于 0.9，若在变电所低压侧装设并联电容器进行补偿时，需装设多少补偿容量？补偿前后所选变压器的容量有何变化？

解： (1) 计算补偿前的变压器容量和功率因数。

变压器低压侧的视在计算负荷为

$$S_{30(2)} = \sqrt{420^2 + 350^2} = 546.72 \text{ kV} \cdot \text{A}$$

变压器低压侧的功率因数为

$$\cos\varphi_{(2)} = \frac{420}{546.72} = 0.77$$

未考虑无功补偿时，变压器的容量应选择 630 kV·A。

(2) 计算无功补偿容量。

显然，变压器低压侧的功率因数较低，考虑到变压器本身的无功功率损耗远大于有功功率损耗，因此在变压器低压侧进行无功功率补偿时，低压侧的功率因数应略高于 0.90，才能满足要求。现取补偿后 $\cos\varphi'_{(2)} = 0.93$。

由式(2-54)可得低压侧无功补偿容量为

$$Q_C = 420 \times (\tan\arccos 0.77 - \tan\arccos 0.93)$$
$$= 182.61 \text{ kvar}$$

取
$$Q_C = 185 \text{ kvar}$$

(3) 计算补偿后工厂的功率因数。

补偿后变压器低压侧的计算负荷为

$$P'_{30(2)} = P_{30(2)} = 420 \text{ kW}$$
$$Q'_{30(2)} = Q_{30(2)} - Q_C = 350 - 185 = 165 \text{ kvar}$$
$$S'_{30(2)} = \sqrt{420^2 + 165^2} = 451.25 \text{ kV} \cdot \text{A}$$

无功补偿后变压器的容量可选为 500 kV·A。

变压器损耗为

$$\Delta P_T = 0.015 S'_{30(2)} = 0.015 \times 451.25 = 6.77 \text{ kW}$$
$$\Delta Q_T = 0.06 S'_{30(2)} = 0.06 \times 451.25 = 27.08 \text{ kvar}$$

变压器高压侧的计算负荷为

$$P'_{30(1)} = 420 + 6.77 = 426.77 \text{ kW}$$
$$Q'_{30(1)} = 165 + 27.08 = 192.08 \text{ kvar}$$
$$S'_{30(1)} = \sqrt{426.77^2 + 192.08^2} = 468 \text{ kV} \cdot \text{A}$$

补偿后工厂的功率因数为

$$\cos\varphi' = \frac{P'_{30(1)}}{S'_{30(1)}} = \frac{426.77}{468} = 0.91 > 0.9$$

满足要求。

由此可见，补偿后变压器的容量减少了，同时不仅减少了投资，也减少了电费的支出，提高了功率因数。

基本技能训练 中小型工厂计算负荷的确定

某机械厂变电所采用单回路 10 kV 架空线路进线，给 10 个车间及全厂照明供电。用电设备的电压均为 380 V，其主接线图如图 2-9 所示。本厂多数车间为三班制，年最大负荷利用小时为 4600 小时，日最大负荷持续时间为 6 小时。该厂除铸造车间、电镀车间和锅炉房属二级负荷外，其余均属三级负荷。本厂的负荷统计资料见表 2-6。试确定工厂的计算负荷。

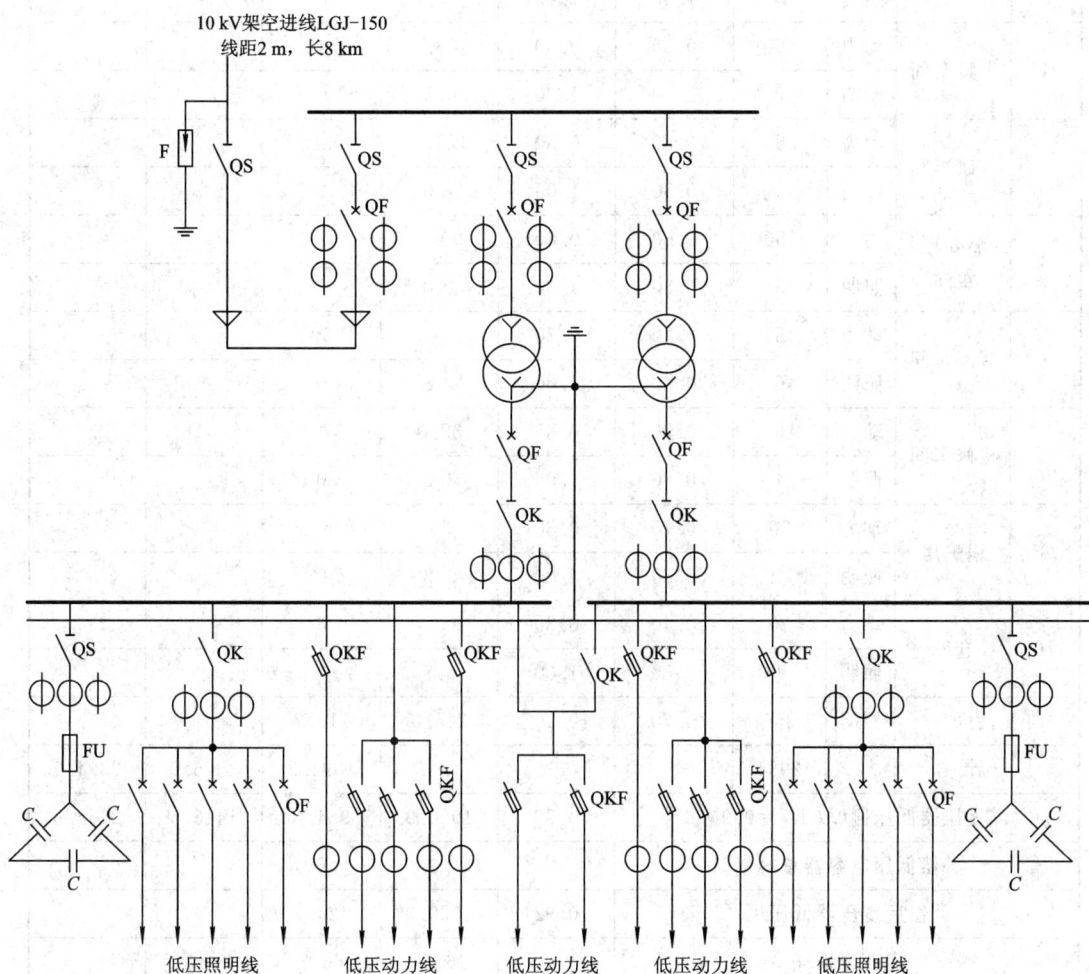

图 2-9 某机械厂变电所主接线图

表 2-6　工厂负荷统计资料及全厂负荷计算表

厂房编号	厂房名称	负荷类别	设备容量/kW	需要系数 K_d	功率因数 $\cos\varphi$	计算负荷			
						P_{30}/kW	Q_{30}/kvar	S_{30}/(kV·A)	I_{30}/A
1	铸造车间	动力	300	0.30	0.70	90.0	91.8		
		照明	6	0.80	1.00	4.8	0		
2	锻压车间	动力	350	0.30	0.65	105.0	122.8		
		照明	8	0.70	1.00	5.6	0		
3	金工车间	动力	764	0.25	0.50	191.0	330.8		
		照明	17	1.00	1.00	17.0	0		
4	工具车间	动力	360	0.30	0.60	108.0	144		
		照明	7	0.90	1.00	6.3	0		
5	电镀车间	动力	250	0.50	0.80	125.0	93.8		
		照明	5	0.80	1.00	4.0	0		
6	热处理车间	动力	150	0.60	0.80	90.0	67.5		
		照明	5	0.80	1.00	4.0	0		
7	装配车间	动力	180	0.30	0.70	54.0	55.1		
		照明	6	0.80	1.00	4.8	0		
8	机修车间	动力	160	0.20	0.65	32.0	37.4		
		照明	4	0.80	1.00	3.2	0		
9	锅炉房	动力	50	0.70	0.80	35	26.3		
		照明	1	0.80	1.00	0.8	0		
10	仓库	动力	20	0.40	0.80	8	6		
		照明	1	0.80	1.00	0.8	0		
	生活区	照明	350	0.70	0.90	245.0	118.7		
合计			2994			1134.3	1094.2	1576.0	2394.6
变压器低压侧(取 $K_\Sigma = 0.9$)					0.72	1020.9	984.8	1418.5	2155.3
补偿低压电容器总容量							560		
补偿后变压器低压侧					0.92	1020.9	424.8		
变压器损耗						16.58	66.3		
变压器高压侧						1037.48	491.1	1147.82	66.3
架空进线的功率损耗(取 $R_0 = 0.24\ \Omega/\text{km}$, $X_0 = 0.36\ \Omega/\text{km}$)						25.3	38.0		
工厂高压进线					0.90	1062.78	529.1	1187.2	68.6

1. 确定用电设备组的设备容量及计算负荷

计算方法及过程如例 2-1，此处从略。

2. 确定各车间的计算负荷

根据式(2-10)、式(2-12)～(2-14)及负荷统计表的数据，可得铸造车间的计算负荷为

$$P_{30(1)} = K_d P_e = 0.3 \times 300 + 6 \times 0.8 = 94.8 \text{ kW}$$

$$Q_{30(1)} = P_{30} \tan\varphi = 90 \times 1.02 + 4.8 \times 0 = 91.82 \text{ kvar}$$

$$S_{30(1)} = \sqrt{P_{30(1)}^2 + Q_{30(1)}^2} = \sqrt{94.8^2 + 91.82^2} = 131.98 \text{ kV} \cdot \text{A}$$

$$I_{30(1)} = \frac{S_{30(1)}}{\sqrt{3} U_N} = \frac{131.98}{\sqrt{3} \times 0.38} = 200.52 \text{ A}$$

其余车间负荷计算的过程与此相同，此处从略，计算结果如表 2-6 所示。

3. 确定变电所变压器低压侧的计算负荷

考虑到全厂负荷的同时系数(取 $K_\Sigma=0.9$)，则工厂变电所变压器低压侧的计算负荷为

$$P_{30(2)} = K_\Sigma \Sigma P_{30(1)} = 0.9 \times 1134.3 = 1020.9 \text{ kW}$$

$$Q_{30(2)} = K_\Sigma \Sigma Q_{30(1)} = 0.9 \times 1094.2 = 984.8 \text{ kvar}$$

$$S_{30(2)} = \sqrt{P_{30(2)}^2 + Q_{30(2)}^2} = \sqrt{1020.9^2 + 984.8^2} = 1418.5 \text{ kV} \cdot \text{A}$$

$$I_{30(2)} = \frac{S_{30(2)}}{\sqrt{3} U_N} = \frac{1418.5}{\sqrt{3} \times 0.38} = 2155.3 \text{ A}$$

$$\cos\varphi_{(2)} = \frac{P_{30(2)}}{S_{30(2)}} = \frac{1020.9}{1418.5} = 0.72$$

变压器低压侧的功率因数较低，高压侧的功率因数肯定不满足电力部门 0.9 的要求，因此要进行无功功率补偿，将补偿电容器集中装设在变压器低压母线上。考虑到变压器的损耗，可设低压侧补偿后的功率因数为 0.92。

所需补偿电容器的容量为

$$Q_C = 1020.9 \times (\tan\arccos 0.72 - \tan\arccos 0.92)$$
$$= 551 \text{ kvar}$$

取
$$Q_C = 560 \text{ kvar}$$

补偿后变压器低压侧的计算负荷为

$$P'_{30(2)} = P_{30(2)} = 1020.9 \text{ kW}$$

$$Q'_{30(2)} = Q_{30(2)} - Q_C = 984.8 - 560 = 424.8 \text{ kvar}$$

$$S'_{30(2)} = \sqrt{1020.9^2 + 424.8^2} = 1105.7 \text{ kV} \cdot \text{A}$$

4. 确定变电所变压器高压侧的计算负荷

变压器的损耗为

$$\Delta P_T = 0.015 S'_{30(2)} = 0.015 \times 1105.7 = 16.58 \text{ kW}$$

$$\Delta Q_T = 0.06 S'_{30(2)} = 0.06 \times 1105.7 = 66.3 \text{ kvar}$$

变压器高压侧的计算负荷为

$$P_{30} = P'_{30(2)} + \Delta P_T = 1020.9 + 16.58 = 1037.48 \text{ kW}$$

$$Q_{30} = Q'_{30(2)} + \Delta Q_{\mathrm{T}} = 424.8 + 66.3 = 491.1 \text{ kvar}$$

$$S_{30} = \sqrt{P_{30}^2 + Q_{30}^2} = \sqrt{1037.48^2 + 491.1^2} = 1147.82 \text{ kV} \cdot \text{A}$$

$$I_{30} = \frac{S_{30}}{\sqrt{3}U_{\mathrm{N}}} = \frac{1147.82}{\sqrt{3} \times 10} = 66.3 \text{ A}$$

5. 确定变电所高压进线的计算负荷

变电所高压进线采用 LGJ - 150，其线距为 2 m，长度为 8 km。由手册可查出该导线的单位长度电阻 $R_0 = 0.24 \ \Omega/\text{km}$，单位长度电抗值 $X_0 = 0.36 \ \Omega/\text{km}$，则可得

高压架空进线的有功功率损耗为

$$\Delta P_{\mathrm{WL}} = 3I^2 R_0 L = 3 \times 66.3^2 \times 0.24 \times 8 = 25.3 \text{ kW}$$

高压架空进线的无功功率损耗为

$$\Delta Q_{\mathrm{WL}} = 3I^2 X_0 L = 3 \times 66.3^2 \times 0.36 \times 8 = 38.0 \text{ kvar}$$

变电所高压进线的计算负荷为

$$P'_{30} = P_{30} + \Delta P_{\mathrm{WL}} = 1037.48 + 25.3 = 1062.78 \text{ kW}$$

$$Q'_{30} = Q_{30} + \Delta Q_{\mathrm{WL}} = 491.1 + 38.0 = 529.1 \text{ kvar}$$

$$S'_{30} = \sqrt{P_{30}'^2 + Q_{30}'^2} = \sqrt{1062.78^2 + 529.1^2} = 1187.2 \text{ kV} \cdot \text{A}$$

$$I'_{30} = \frac{S'_{30}}{\sqrt{3}U_{\mathrm{N}}} = \frac{1187.2}{\sqrt{3} \times 10} = 68.6 \text{ A}$$

$$\cos'\varphi = \frac{P'_{30}}{S'_{30}} = \frac{1062.78}{1187.2} = 0.9$$

满足要求。

变电所高压进线的计算负荷可以作为工厂向电力部门申请用电容量的依据。

思考题与习题

2-1 工厂用电设备按工作制可分为哪几类？各有什么特点？

2-2 什么叫年最大负荷利用小时？什么叫年最大负荷和年平均负荷？什么叫负荷系数？

2-3 什么叫计算负荷？确定此值的目的何在？

2-4 说明计算负荷的需要系数法和二项式系数法各有什么特点？这两种方法分别适用于哪些场合？

2-5 如何在三相系统中分配单相用电设备？简述单相负荷换算为三相负荷的具体方法？

2-6 电力变压器的有功功率损耗和无功功率损耗如何计算？这些损耗与负荷有何关系？如何估算变压器的损耗？

2-7 提高功率因数有何意义？无功功率的人工补偿有哪些方法？

2-8 什么叫平均功率因数和最大负荷时的功率因数？各应如何计算？各有何用途？

2-9 某车间有 380 V 交流电焊机 2 台，其额定容量 $S_{\mathrm{N}} = 22$ kV $\cdot$ A，$\varepsilon_{\mathrm{N}} = 60\%$，$\cos\varphi = 0.5$，试计算其设备容量。

2-10 某车间拥有小批量生产的冷加工机床电动机 40 台，总容量 122 kW，其中较大容量的电动机有 10 kW 的 1 台，7 kW 的 3 台，4.5 kW 的 3 台，2.8 kW 的 12 台。试分别用需要系数法和二项式系数法确定其计算负荷。

2-11 某机修车间拥有冷加工机床 52 台，共 200 kW；行车 1 台，5.1 kW($\varepsilon=15\%$)；通风机 6 台，5 kW；点焊机 3 台，共 10.5 kW($\varepsilon=65\%$)。车间采用 220/380 V 三相四线制 (TN-C 系统)配电。试确定该车间的计算负荷。

2-12 某实验室拟装设 5 台 220 V 单相加热器，其中 1 kW 的 3 台，3 kW 的 2 台。试合理分配上述各加热器于 220/380 V 线路上，并计算其计算负荷 P_{30}、Q_{30}、S_{30}、I_{30}。

2-13 某 220/380 V 线路上接有如表 2-7 所列的用电设备。试确定该线路的计算负荷 P_{30}、Q_{30}、S_{30}、I_{30}。

表 2-7 习题 2-13 的负荷资料

设备名称	380 V 单相手动弧焊机			220 V 电热箱		
接入相序	AB	BC	CA	A	B	C
设备台数	1	1	2	2	1	1
单台设备容量	21 kV·A ($\varepsilon=65\%$)	17 kV·A ($\varepsilon=100\%$)	10.3 kV·A ($\varepsilon=50\%$)	3 kW	6 kW	4.5 kW

2-14 某厂变电所装有一台 S9-630/10 型电力变压器，其二次侧(380 V)的有功计算负荷为 420 kW，无功计算负荷为 350 kvar。试求此变压器一次侧的计算负荷及其最大负荷时的功率因数。若此功率因数未达到 0.90，则在变电所低压母线上应装设多大的并联电容器容量才能达到要求？如果并联电容器采用 BW0.4-14-3 型，需采用多少个？

2-15 有一条 380 V 的线路，供电给 4 台电动机，负荷资料如表 2-8 所示，试计算该 380 V 线路上的尖峰电流。

表 2-8 习题 2-15 中电动机的负荷资料

参 数	电 动 机			
	1M	2M	3M	4M
额定电流/A	5.8	5	35.8	27.6
启动电流/A	40.6	35	197	193.2

第3章 短路电流的计算

内容提要 供配电系统在设计和运行中，不仅要考虑系统的正常运行状态，还要考虑系统不正常和存在故障时的情况，短路是最严重的故障。短路电流计算的目的主要是用来选择电气设备，并对继电保护进行整定计算。本章重点介绍三相短路电流的计算方法以及短路电流产生的效应。

3.1 短路的原因、后果及形式

1. 短路的原因

电力系统运行有三种状态：正常状态、非正常状态和故障状态。在电气设计和运行中，不仅要考虑系统的正常运行状态，而且要考虑系统的非正常运行状态和故障状态。最常见的故障就是短路。所谓短路，是指电力系统正常运行以外的相与相或相与地之间的低阻性短接。

造成短路的主要原因有以下几个方面：

（1）电气设备载流部分的绝缘损坏。例如，绝缘材料的自然老化、脏污；电气设备本身绝缘强度不够而被正常电压击穿；电气设备本身设计、安装和运行维护不良；电气设备绝缘正常而被过电压击穿；电气设备绝缘受到外力损伤而造成短路等。

（2）工作人员的误操作。工作人员不遵守安全操作规程而发生误操作，或者误将低电压设备接入较高电压的电路中，都可能造成短路。

（3）飞禽跨接裸导体或自然灾害。飞禽跨接在裸露的相线之间或者相线与接地物体之间，或者咬坏导线的绝缘都会造成短路。大风、雨雪、冰雹和地震等自然灾害也是造成短路的一个常见因素。

2. 短路的后果

电力系统发生短路时，系统的总阻抗会显著减小，短路所产生的电流随之剧烈增加。如在大容量的电力系统中短路电流可达几万安甚至几十万安。在电流急剧增加的同时，系统中的电压将大幅度下降，如三相短路时，短路点的三相电压均降到零，靠近故障点的各点电压也将显著下降。因此，短路的后果往往都是具有破坏性的。

1）短路电流的热效应

短路电流会超过正常工作电流的十几倍甚至几十倍，这将使导体或电气设备产生大量热量，温度急剧升高，绝缘受到损伤，甚至可能把电气设备烧毁。

2) 短路电流的电动力效应

巨大的短路电流将在导体和电气设备中产生很大的电动力,有可能使导体或电气设备发生永久性的变形,甚至损坏。

3) 短路电流的磁效应

当系统发生不对称短路时,不对称短路电流将产生不平衡的交变磁场,对附近的通信线路、电子设备及其他弱电控制系统产生电磁干扰,影响其正常工作,甚至产生误动作。

4) 短路电流产生的电压降

很大的短路电流通过电力线路时,在线路上会产生很大的电压降,使系统的电压水平骤降,影响电动机及照明负荷的正常工作,甚至可能导致大量产品报废、生产中断、设备损坏等严重后果。

5) 短路电流对电力系统稳定性的影响

严重的短路故障有可能使电力系统运行的稳定性遭到破坏,使并列运行的发电机组失去同步,进而导致电力系统解裂,甚至"崩溃",引起大面积的停电,这是短路故障最严重的后果。

由此可见,短路的后果是十分严重的。所以在供电系统的设计和运行中,首先应设法消除可能引起短路的一切原因。此外,为了减轻短路的一切后果和防止故障的扩大,就需要计算短路电流,以便正确地选择和校验各种电气设备,进行继电保护装置的整定计算以及选用限制短路电流的电器。

3. 短路的形式

在三相供电系统中,短路的形式有三相短路、两相短路、单相短路和两相接地短路等,如图 3-1 所示。

三相短路用文字符号 $k^{(3)}$ 表示;两相短路用文字符号 $k^{(2)}$ 表示;单相短路用文字符号 $k^{(1)}$ 表示;两相接地短路用文字符号 $k^{(1,1)}$ 表示,它是指中性点不接地系统中两个不同相均发生单相接地而形成的两相短路,也指两相短路接地的情况。

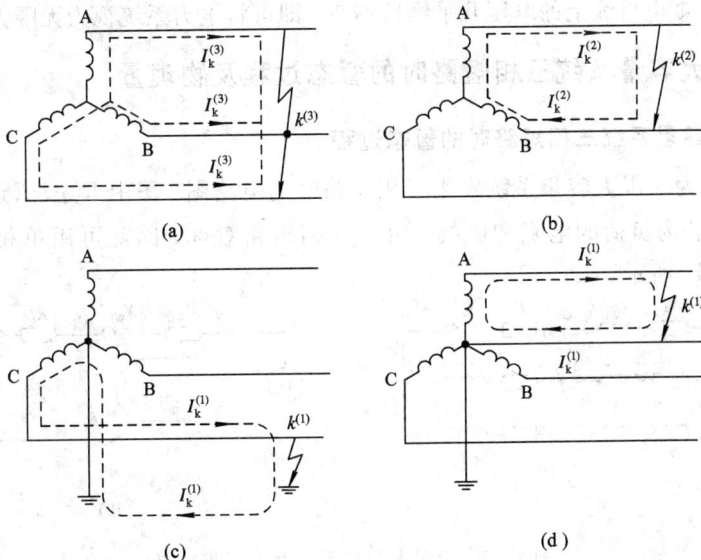

图 3-1　短路的类型(虚线表示短路电流的路径)

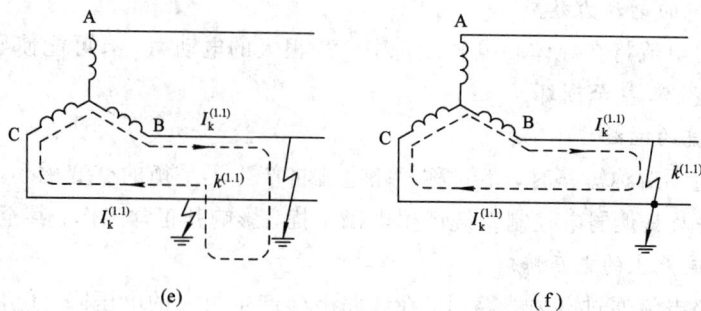

图 3-1　短路的类型（虚线表示短路电流的路径）

（a）三相短路；（b）两相短路；（c）单相接地短路；（d）单相短路；（e）两相接地短路；（f）两相短路接地

上述短路类型中，三相短路属对称性短路，其他形式的短路均为不对称性短路。

在电力系统中，发生单相短路的概率最多，而发生三相短路的可能性最小。但是三相短路时的短路电流最大，造成的危害也最严重。

3.2　无限大容量系统及其短路时的暂态过程与物理量

3.2.1　无限大容量系统

所谓无限大容量电力系统，是指供电电源容量相对于用户供配电系统容量大得多的电力系统。其特点是：当用户供配电系统的负荷变动甚至发生短路时，电力系统馈电母线上的电压能基本维持不变。在工程计算中，常把电力系统的电源总阻抗小于短路回路总阻抗的 10% 或电力系统的容量超过用户供配电系统容量 50 倍的电源视为无限大容量系统。

对于一般的电能用户供配电系统，由于距供电电源的电气距离较远，供配电系统的容量又远比电力系统总容量小，而阻抗又较电力系统大得多，因此用户供配电系统发生短路时，电力系统变电所馈电母线上的电压几乎维持不变，即可将电力系统视为无限大容量的电源。

3.2.2　无限大容量系统三相短路时的暂态过程及物理量

1. 无限大容量系统三相短路时的暂态过程

图 3-2(a) 为无限大容量系统发生三相短路时的电路图，图中 R_{WL}、X_{WL} 为线路的电阻和电抗，R_L、X_L 为负荷的电阻和电抗。由于三相短路对称，因此可用单相等效电路来分析，如图 3-2(b) 所示。

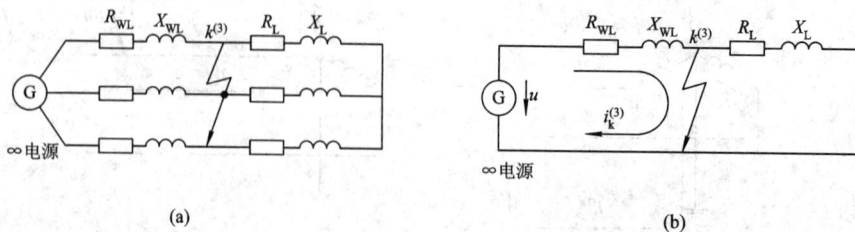

图 3-2　无限大容量系统发生三相短路

(a) 三相电路图；(b) 等效单相电路图

　　系统在正常运行时，电路中的电流取决于电源电压和电路中所有元件的总阻抗。当发生三相短路时，由于负荷阻抗和线路阻抗的一部分被短接，因此回路阻抗减小，回路电流突然增大。但是电路中存在电感，电流又不能突变，因而将引起一个过渡过程（短路暂态过程），当过渡过程结束后，短路电流会达到一个新的稳定状态。

　　图 3-3 表示了无限大容量系统中发生三相短路前后的电压、电流变动曲线。由图 3-3 所示的曲线可以看出，无限大容量供电系统发生三相短路时，短路全电流是由两个分量组成的，即周期分量和非周期分量。周期分量属于强制电流，它的大小取决于短路回路的电源电压和阻抗，其幅值在整个短路过程中保持不变；非周期分量属于自由分量，是为了使电感电路中的电流不突变而产生的感生电流，其值在短路瞬间最大，以一定的时间常数按指数规律衰减，直到衰减为零，短路过渡过程结束，系统进入短路的稳定状态。在图 3-3 中，i_p 为短路电流周期分量；i_{np} 为短路电流非周期分量；i_k 为短路全电流；i_{sh} 为短路冲击电流。

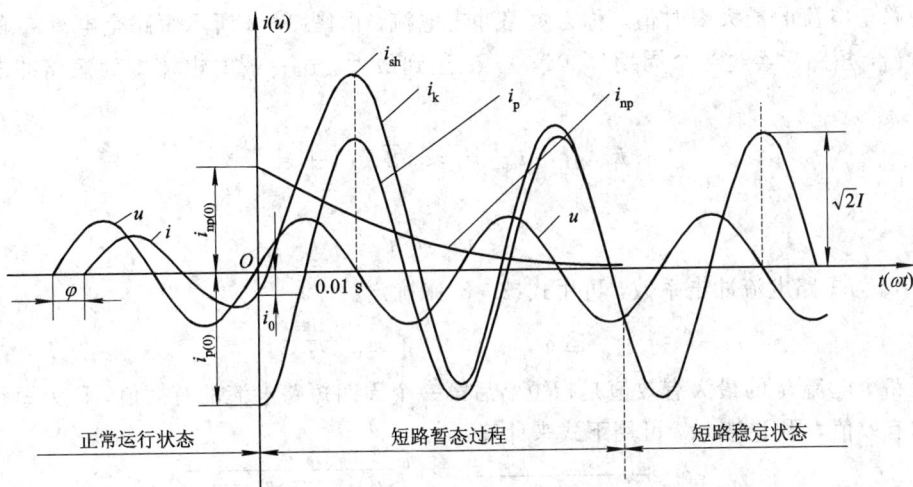

图 3-3　无限大容量系统发生三相短路时的电压、电流曲线

2. 与短路有关的物理量

1) 短路电流周期分量

假设短路发生在电压瞬时值 $u=0$ 时，则短路电流周期分量为

$$i_p = I_{km}\sin(\omega t - \varphi_k) \tag{3-1}$$

式中，短路电流周期分量的幅值 $I_{km}=U_{\varphi m}/|Z_\Sigma|$，其中 $|Z_\Sigma|=\sqrt{R_\Sigma^2+X_\Sigma^2}$，为短路回路总阻抗的模；短路回路的阻抗角 $\varphi_k=\arctan(X_\Sigma/R_\Sigma)$。

由于短路回路中 $X_\Sigma\gg R_\Sigma$，因此 $\varphi_k\approx90°$，则短路瞬间（$t=0$ 时）的短路电流周期分量为

$$i_{p(0)}=-I_{km}=-\sqrt{2}\,I'' \tag{3-2}$$

式中，I'' 为短路次暂态电流有效值，即短路后第一个周期的短路电流周期分量 i_p 的有效值，在无限大容量系统中 $I''=I_p$，其中 I_p 为短路电流周期分量的有效值。

2) 短路电流非周期分量

由于短路回路中存在电感，因此在发生短路时，电路中会产生一个与 $i_{p(0)}$ 方向相反的

感生电流,以维持短路瞬间($t=0$时刻)电路中的电流和磁链不突变。它的初始绝对值为

$$i_{np(0)} = \mid i_0 - I_{km} \mid \approx I_{km} = \sqrt{2}\,I''$$ (3-3)

由于短路回路存在电阻,因此i_{np}要衰减,回路中的电阻越大或电感越小,则衰减越快。短路电流非周期分量是按指数规律衰减的,其表达式为

$$i_{np} = i_{np(0)}\,e^{-\frac{t}{\tau}} \approx \sqrt{2}\,I''\,e^{-\frac{t}{\tau}}$$ (3-4)

式中,$\tau = L_\Sigma/R_\Sigma = X_\Sigma/314R_\Sigma$,称为短路电流非周期分量衰减时间常数。

3)短路全电流

任一瞬间的短路全电流i_k为短路电流周期分量i_p和非周期分量i_{np}之和。某一瞬时的短路全电流有效值$I_{k(t)}$是指以时间t为中点的一个周期内,i_p的有效值$I_{p(t)}$与i_{np}在t时刻的瞬时值$i_{np(t)}$的均方根值,即

$$I_{k(t)} = \sqrt{I_{p(t)}^2 + i_{np(t)}^2}$$ (3-5)

4)短路冲击电流

短路全电流的最大瞬时值,称为短路冲击电流。由图3-3所示短路全电流i_k的曲线可以看出,短路后经过半个周期(0.01 s),i_k达到最大,这一瞬时电流即为短路冲击电流i_{sh},即

$$i_{sh} = i_{p(0.01)} + i_{np(0.01)} \approx \sqrt{2}\,I''(1 + e^{-\frac{0.01}{\tau}})$$ (3-6)

或

$$i_{sh} \approx K_{sh}\sqrt{2}\,I''$$ (3-7)

式中,K_{sh}为短路电流冲击系数,可用式(3-8)来确定:

$$K_{sh} = 1 + e^{-\frac{0.01}{\tau}} = 1 + e^{-\frac{0.01R_\Sigma}{L_\Sigma}}$$ (3-8)

短路全电流i_k的最大有效值是指短路后第一个周期短路电流的有效值,称为短路冲击电流的有效值,用I_{sh}表示,可用下式来计算:

$$I_{sh} = \sqrt{I_{p(0.01)}^2 + i_{np(0.01)}^2} \approx \sqrt{I''^2 + (\sqrt{2}\,I''\,e^{-\frac{0.01}{\tau}})^2}$$

或

$$I_{sh} \approx \sqrt{1 + 2(K_{sh}-1)^2}\,I''$$ (3-9)

在高压电路中发生三相短路时,一般可取$K_{sh}=1.8$,则有

$$i_{sh} = 2.55I''$$ (3-10)
$$I_{sh} = 1.51I''$$ (3-11)

在1000 kV·A及1000 kV·A以下的电力变压器的二次侧及低压电路中发生三相短路时,一般可取$K_{sh}=1.3$,则有

$$i_{sh} = 1.84I''$$ (3-12)
$$I_{sh} = 1.09I''$$ (3-13)

5)短路稳态电流

短路电流非周期分量衰减完毕以后的短路全电流,称为短路稳态电流,其有效值用I_∞表示。在无限大容量系统中,短路电流周期分量的有效值在短路全过程中始终是恒定不变的,因此有

$$I'' = I_\infty = I_k = I_p$$ (3-14)

3.2.3　三相短路电流计算的目的

在第 2 章我们介绍了确定供配电系统计算负荷的目的，即按计算负荷所选择的导体和电气设备在正常工作条件下是安全的。但是电力系统在运行过程中难免会出现各种故障和不正常的工作状态，特别是短路故障会使系统的正常运行遭到破坏，甚至会使导体或电气设备损坏，其后果是十分严重的。因此，需要计算供配电系统在短路故障条件下产生的电流，以便正确选择电气设备，使设备具有足够的动稳定性和热稳定性，以保证在发生可能有的最大短路电流时不致损坏。同时，为了选择切除短路故障的开关电器、整定短路保护的继电保护装置和选择限制短路电流的元件等，也必须计算短路电流。为了使电力系统中的电气设备在最严重的短路状态下也能可靠地工作，在作为选择和校验电气设备用的短路计算中，以三相短路计算为主。不对称短路可按对称分量法将不对称的短路电流分解为对称的正序、负序和零序分量，然后按对称量进行分析和计算，因此三相对称短路是研究其他不对称短路的基础。

3.3　无限大容量系统三相短路电流的计算

3.3.1　欧姆法计算三相短路电流

欧姆法又叫有名单位制法，因其短路计算中的阻抗都采用单位"欧姆"而得名。

1. 短路计算公式

对无限大容量系统，三相短路电流周期分量的有效值可按式(3-15)计算：

$$I_k^{(3)} = \frac{U_C}{\sqrt{3} \mid Z_\Sigma \mid} = \frac{U_C}{\sqrt{3} \sqrt{R_\Sigma^2 + X_\Sigma^2}} \qquad (3-15)$$

式中，Z_Σ、R_Σ、X_Σ 分别为短路回路的总阻抗、总电阻和总电抗值；U_C 为短路点的短路计算电压。一般 U_C 取线路额定电压的 105%，按我国电压标准，U_C 有 0.4 kV、0.69 kV、6.3 kV、10.5 kV、37 kV、69 kV 等。

在高压电路的短路计算中，通常总电抗远比总电阻大，所以一般只计电抗，不计电阻。在低压电路的短路计算中，只有当短路回路的总电阻 $R_\Sigma > X_\Sigma/3$ 时才计入电阻。若不计电阻，则三相短路电流周期分量的有效值为

$$I_k^{(3)} = \frac{U_C}{\sqrt{3} X_\Sigma} \qquad (3-16)$$

三相短路容量为

$$S_k^{(3)} = \sqrt{3} U_C I_k^{(3)} \qquad (3-17)$$

2. 供配电系统元件阻抗的计算

供电系统的元件阻抗主要包括电力系统(电源)、电力变压器和电力线路的阻抗。供电系统中的母线、电流互感器一次绕组、低压断路器过流脱扣器线圈等阻抗及开关接触电阻等相对来说很小，在一般短路计算中可忽略不计。

1）电力系统的阻抗

电力系统的电阻相对于电抗来说很小，可以不计。其电抗可由变电所馈电线出口断路器的断流容量 S_{OC} 来估算，将断路器的断流容量看做是系统的极限短路容量 S_k，则电力系统的电抗为

$$X_S = \frac{U_C^2}{S_{OC}} \tag{3-18}$$

式中，U_C 为电力系统馈电线的短路计算电压，为了便于计算短路回路的总阻抗，免去阻抗换算的麻烦，此式中的 U_C 可直接采用短路点的短路计算电压；S_{OC} 为系统出口断路器的断流容量，其值可查阅有关的手册、产品样本或本书附表 4。如果只有断路器的开断电流 I_{OC} 的数据，则其断流容量 $S_{OC} = \sqrt{3}\, I_{OC} U_N$，$U_N$ 为断路器的额定电压。

2）电力变压器的阻抗

（1）变压器的电阻 R_T。R_T 可由变压器的短路损耗 ΔP_k 来近似计算，即

$$R_T \approx \Delta P_k \left(\frac{U_C}{S_N}\right)^2 \tag{3-19}$$

式中，U_C 为短路点的短路计算电压；S_N 为变压器的额定容量；ΔP_k 为变压器的短路损耗，其值可查阅有关手册、产品样本或本书附表 3。

（2）变压器的电抗 X_T。X_T 可由变压器的短路电压 $U_k\%$ 来近似计算，即

$$X_T \approx \frac{U_k\%}{100} \times \frac{U_C^2}{S_N} \tag{3-20}$$

式中，$U_k\%$ 为变压器的短路电压百分值，可查阅有关手册、产品样本或本书附表 3。

3）电力线路的阻抗

（1）线路的电阻 R_{WL}。R_{WL} 可由导线或电缆的单位长度电阻 R_0 值求得，即

$$R_{WL} = R_0 L \tag{3-21}$$

式中，R_0 为导线或电缆的单位长度电阻，可查阅有关手册、产品样本或本书附表 16；L 为线路长度。

（2）线路的电抗 X_{WL}。X_{WL} 可由导线或电缆的单位长度电抗 X_0 值求得，即

$$X_{WL} = X_0 L \tag{3-22}$$

式中，X_0 为导线或电缆的单位长度电抗，可查阅有关手册、产品样本或本书附表 16；L 为线路长度。

如果线路的数据不详，X_0 可按表 3-1 取其电抗平均值。

表 3-1　电力线路每相的单位长度电抗平均值　　　　　　Ω/km

线路结构	线路电压		
	35 kV 及 35 kV 以上	6～10 kV	220/380 V
架空线路	0.40	0.35	0.32
电缆线路	0.12	0.08	0.066

4）电抗器的阻抗

由于电抗器的电阻很小，因此只需计算其电抗值，即

$$X_{R} = \frac{X_{R}\%}{100} \times \frac{U_{N}}{\sqrt{3}\,I_{N}} \tag{3-23}$$

式中，$X_{R}\%$ 为电抗器的电抗百分值；U_{N} 为电抗器的额定电压；I_{N} 为电抗器的额定电流。

注意：在计算短路电路阻抗时，若电路中含有电力变压器，则各元件阻抗都应统一换算到短路点的短路计算电压，阻抗等效换算的条件是元件的功率损耗不变。阻抗换算的公式为

$$R' = R\left(\frac{U_{C}'}{U_{C}}\right)^{2} \tag{3-24}$$

$$X' = X\left(\frac{U_{C}'}{U_{C}}\right)^{2} \tag{3-25}$$

式中，R、X 和 U_{C} 为换算前元件的电阻、电抗和元件所在处的短路计算电压；R'、X' 和 U_{C}' 为换算后元件的电阻、电抗和短路点的短路计算电压。

实际上，短路计算中所考虑的几个元件的阻抗，只有电力线路和电抗器的阻抗需要换算；而电力系统和电力变压器的阻抗，由于其计算公式中均含有 U_{C}^{2}，因此在计算阻抗时，公式中的 U_{C} 直接用短路点处的短路计算电压，就相当于阻抗已经换算到短路点一侧了。

3. 用欧姆法计算三相短路电流的步骤

（1）绘制计算电路图。在计算电路图上，将短路计算所需考虑的各元件的主要参数都表示出来，并将各元件依次编号。

（2）确定短路计算点。短路计算点要使需要进行短路校验的电气元件有最大可能的短路电流通过。

（3）绘出等效电路图，并计算电路中各元件的阻抗。在等效电路图上，只需将所计算的短路电流所流经的一些主要元件表示出来，并标明其序号和阻抗值，一般序号为分子，阻抗值为分母。

（4）化简等效电路，求出等效总阻抗。对一般用户的供配电系统来说，由于将电力系统当作无限大容量系统，而且短路电路也比较简单，因此一般只需采用阻抗串并联的方法即可将电路化简，求出等效总阻抗。

（5）计算短路电流和短路容量，并将计算结果列成表格。

【例 3-1】 有一地区变电所通过一条长 4 km 的 6 kV 电缆线路供电给某厂一个装有两台并列运行的 S9-800 型主变压器的变电所。地区变电站出口断路器的断流容量为 300 MV·A。试计算该厂变电所 6 kV 母线上 $k-1$ 点短路和变压器 380 V 低压母线上 $k-2$ 点短路的三相短路电流和短路容量。

解：由题意画出短路计算电路图，如图 3-4 所示。

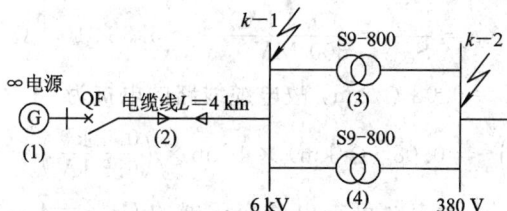

图 3-4 例 3-1 的短路计算电路

(1) 求 $k-1$ 点的三相短路电流和短路容量($U_{C1}=6.3$ kV)。

① 计算短路回路中各元件的电抗和总电抗。

电力系统的电抗：由式(3-18)可得

$$X_1 = \frac{U_C^2}{S_{OC}} = \frac{6.3^2}{300} = 0.13 \ \Omega$$

查表 3-1 得 $X_0=0.08$ Ω/km，故式(3-22)可得电缆线路的电抗为

$$X_2 = X_0 L = 0.08 \times 4 = 0.32 \ \Omega$$

画出 $k-1$ 点的等效电路图，如图 3-5(a)所示，其短路回路的总阻抗为

$$X_{\Sigma(k-1)} = X_1 + X_2 = 0.45 \ \Omega$$

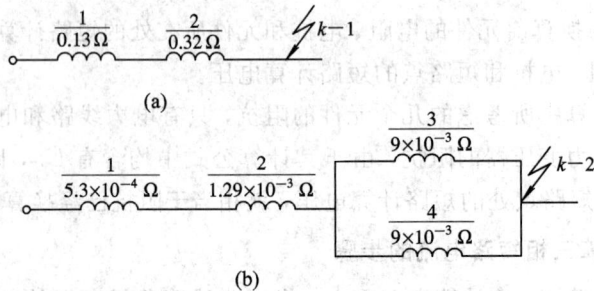

(a)

(b)

图 3-5 例 3-1 的短路等效电路图（欧姆法）

② 计算 $k-1$ 点的三相短路电流和短路容量。

三相短路电流周期分量的有效值为

$$I_k^{(3)} = \frac{U_{C1}}{\sqrt{3} X_{\Sigma(k-1)}} = \frac{6.3 \text{ kV}}{\sqrt{3} \times 0.45 \ \Omega} = 8.08 \text{ kA}$$

三相短路次暂态电流和稳态电流为

$$I''^{(3)} = I_\infty^{(3)} = I_k^{(3)} = 8.08 \text{ kA}$$

三相短路冲击电流及第一个周期短路全电流有效值为

$$i_{sh}^{(3)} = 2.55 I''^{(3)} = 2.55 \times 8.08 = 20.60 \text{ kA}$$

$$I_{sh}^{(3)} = 1.51 I''^{(3)} = 1.51 \times 8.08 = 12.20 \text{ kA}$$

三相短路容量为

$$S_k^{(3)} = \sqrt{3} U_{C1} I_k^{(3)} = \sqrt{3} \times 6.3 \text{ kV} \times 8.08 \text{ kA} = 88.17 \text{ MV} \cdot \text{A}$$

(2) 求 $k-2$ 点的三相短路电流和短路容量($U_{C2}=0.4$ kV)。

① 计算短路回路中各元件的电抗及总电抗。

电力系统的电抗：可由式(3-18)求得

$$X_1' = \frac{U_{C2}^2}{S_{OC}} = \frac{(0.4 \text{ kV})^2}{300 \text{ MV} \cdot \text{A}} = 5.3 \times 10^{-4} \ \Omega$$

由表 3-1 可查得 $X_0=0.08$ Ω/km，故电缆线路的电抗为

$$X_2' = X_0 L \left(\frac{U_{C2}}{U_{C1}}\right)^2 = 0.08 \ (\Omega/\text{km}) \times 4 \text{ km} \times \left(\frac{0.4 \text{ kV}}{6.3 \text{ kV}}\right)^2 = 1.29 \times 10^{-3} \ \Omega$$

电力变压器的电抗。由附表 3 可查出该变压器的 $U_k\%=4.5$，所以电力变压器的电抗为

$$X_3 = X_4 \approx \frac{U_k\%}{100} \cdot \frac{U_{C2}^2}{S_N} = \frac{4.5}{100} \times \frac{(0.4 \text{ kV})^2}{800 \text{ kV} \cdot \text{A}} = 9 \times 10^{-3} \text{ Ω}$$

画出 $k-2$ 点的等效电路图，如图 3-5(b)所示。其短路回路总阻抗为

$$X_{\Sigma(k-2)} = X_1' + X_2' + X_3 /\!/ X_4$$

$$= 5.3 \times 10^{-4} \text{ Ω} + 1.29 \times 10^{-3} \text{ Ω} + \frac{9 \times 10^{-3} \text{ Ω}}{2}$$

$$= 6.32 \times 10^{-3} \text{ Ω}$$

② 计算 $k-2$ 点的三相短路电流和短路容量。

三相短路电流周期分量的有效值为

$$I_k^{(3)} = \frac{U_{C2}}{\sqrt{3} X_{\Sigma(k-2)}} = \frac{0.4 \text{ kV}}{\sqrt{3} \times 6.32 \times 10^{-3} \text{ Ω}} = 36.5 \text{ kA}$$

三相短路次暂态电流和稳态电流为

$$I''^{(3)} = I_\infty^{(3)} = I_k^{(3)} = 36.5 \text{ kA}$$

三相短路冲击电流及第一个周期短路全电流有效值为

$$i_{sh}^{(3)} = 1.84 I''^{(3)} = 1.84 \times 36.5 \text{ kA} = 67.16 \text{ kA}$$

$$I_{sh}^{(3)} = 1.09 I''^{(3)} = 1.09 \times 36.5 \text{ kA} = 39.79 \text{ kA}$$

三相短路容量为

$$S_k^{(3)} = \sqrt{3} U_{C2} I_k^{(3)} = \sqrt{3} \times 0.4 \text{ kV} \times 36.5 \text{ kA} = 25.29 \text{ MV} \cdot \text{A}$$

在工程设计说明书中，要列出短路计算表，如表 3-2 所示。

表 3-2　例 3-1 的短路计算表

短路计算点	三相短路电流/kA					三相短路容量 /(MV·A)
	$I_k^{(3)}$	$I''^{(3)}$	$I_\infty^{(3)}$	$i_{sh}^{(3)}$	$I_{sh}^{(3)}$	$S_k^{(3)}$
$k-1$	8.08	8.08	8.08	20.60	12.20	88.17
$k-2$	36.5	36.5	36.5	67.16	39.79	25.29

3.3.2　标幺制法计算三相短路电流

标幺制法又称相对单位制法，因其短路计算中的物理量采用标幺值而得名。

1. 标幺值

任一物理量的标幺值 A_d^* 是它的实际值 A 与所选定的基准值 A_d 的比值，即

$$A_d^* = \frac{A}{A_d} \tag{3-26}$$

用标幺制法进行短路计算时，一般应先选定基准容量 S_d 和基准电压 U_d。为计算方便，工程设计中通常取基准容量 $S_d=100$ MV·A；基准电压通常取元件所在处的短路计算电压，即 $U_d=U_c$。选定了基准容量 S_d 和基准电压 U_d 后，基准电流和基准电抗可按式（3-27）和式（3-28）进行计算：

$$I_d = \frac{S_d}{\sqrt{3} U_d} \tag{3-27}$$

$$X_{\mathrm{d}} = \frac{U_{\mathrm{d}}}{\sqrt{3}\,I_{\mathrm{d}}} = \frac{U_{\mathrm{d}}^2}{S_{\mathrm{d}}} \qquad (3-28)$$

2. 短路回路各元件电抗标幺值的计算

取 $S_{\mathrm{d}} = 100 \text{ MV} \cdot \text{A}$，$U_{\mathrm{d}} = U_{\mathrm{C}}$，则

电力系统电抗标幺值为

$$X_{\mathrm{S}}^{*} = \frac{S_{\mathrm{d}}}{S_{\mathrm{OC}}} \qquad (3-29)$$

电力变压器电抗标幺值为

$$X_{\mathrm{T}}^{*} = \frac{U_{\mathrm{k}}\%}{100} \times \frac{S_{\mathrm{d}}}{S_{\mathrm{N}}} \qquad (3-30)$$

电力线路电抗标幺值为

$$X_{\mathrm{WL}}^{*} = X_0 L \frac{S_{\mathrm{d}}}{U_{\mathrm{C}}^2} \qquad (3-31)$$

电抗器电抗标幺值为

$$X_{\mathrm{R}}^{*} = \frac{X_{\mathrm{R}}\%}{100} \frac{U_{\mathrm{N}}}{I_{\mathrm{N}}} \times \frac{S_{\mathrm{d}}}{\sqrt{3}\,U_{\mathrm{C}}^2} \qquad (3-32)$$

由于各元件电抗均采用标幺值（即相对值），与短路计算点的电压无关，因此无需进行电压换算，这也是标幺制法的优点。

3. 标幺制法短路计算公式

无限大容量系统三相短路电流周期分量有效值的标幺值可按式(3-33)进行计算：

$$I_{\mathrm{k}}^{(3)*} = \frac{I_{\mathrm{k}}^{(3)}}{I_{\mathrm{d}}} = \frac{U_{\mathrm{C}}}{\sqrt{3}\,X_{\Sigma}I_{\mathrm{d}}} = \frac{X_{\mathrm{d}}}{X_{\Sigma}} = \frac{1}{X_{\Sigma}^{*}} \qquad (3-33)$$

由此可得，三相短路电流周期分量的有效值及三相短路容量的计算公式为

$$I_{\mathrm{k}}^{(3)} = I_{\mathrm{k}}^{(3)*} I_{\mathrm{d}} = \frac{I_{\mathrm{d}}}{X_{\Sigma}^{*}} \qquad (3-34)$$

求出 $I_{\mathrm{k}}^{(3)}$ 后，可由式(3-10)～(3-14)求出其他短路电流。

三相短路容量的计算公式为

$$S_{\mathrm{k}}^{(3)} = \sqrt{3}\,I_{\mathrm{k}}^{(3)}U_{\mathrm{C}} = \frac{\sqrt{3}\,I_{\mathrm{d}}U_{\mathrm{C}}}{X_{\Sigma}^{*}} = \frac{S_{\mathrm{d}}}{X_{\Sigma}^{*}} \qquad (3-35)$$

【例 3-2】 试用标幺制法计算例 3-1 所示的供电系统中 $k-1$ 及 $k-2$ 点的三相短路电流及短路容量。

解：（1）确定基准值。取 $S_{\mathrm{d}} = 100 \text{ MV} \cdot \text{A}$，$U_{\mathrm{C1}} = 6.3 \text{ kV}$，$U_{\mathrm{C2}} = 0.4 \text{ kV}$，则

$$I_{\mathrm{d1}} = \frac{S_{\mathrm{d}}}{\sqrt{3}\,U_{\mathrm{C1}}} = \frac{100 \text{ MV} \cdot \text{A}}{\sqrt{3} \times 6.3 \text{ kV}} = 9.16 \text{ kA}$$

$$I_{\mathrm{d2}} = \frac{S_{\mathrm{d}}}{\sqrt{3}\,U_{\mathrm{C2}}} = \frac{100 \text{ MV} \cdot \text{A}}{\sqrt{3} \times 0.4 \text{ kV}} = 144.34 \text{ kA}$$

（2）计算短路回路各元件的电抗标幺值。

① 电力系统的电抗标幺值。由式(3-29)可得

$$X_1^{*} = \frac{S_{\mathrm{d}}}{S_{\mathrm{OC}}} = \frac{100 \text{ MV} \cdot \text{A}}{300 \text{ MV} \cdot \text{A}} = 0.33$$

② 电缆线路的电抗标幺值。查表 3 - 1，$X_0 = 0.08\ \Omega/\mathrm{km}$，由式（3 - 31）得

$$X_2^* = X_0 L \frac{S_d}{U_{C1}^2} = 0.08\ (\Omega/\mathrm{km}) \times 4\ \mathrm{km} \times \frac{100\ \mathrm{MV \cdot A}}{(6.3\ \mathrm{kV})^2} = 0.81$$

③ 电力变压器的电抗标幺值。查附表 3，$U_k\% = 4.5$，由式（3 - 30）得

$$X_3^* = X_4^* = \frac{U_k\%}{100} \frac{S_d}{S_N} = \frac{4.5 \times 100\ \mathrm{MV \cdot A}}{100 \times 800\ \mathrm{kV \cdot A}} = 5.63$$

画出短路等效电路图，如图 3 - 6 所示。

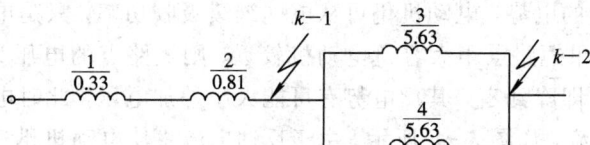

图 3 - 6　例 3 - 2 的短路等效电路图（标幺制法）

（3）计算 $k-1$ 点的短路电路总电抗标幺值及三相短路电流和短路容量。

① 总电抗标幺值为

$$X_{\Sigma(k-1)}^* = X_1^* + X_2^* = 0.33 + 0.81 = 1.14$$

② 三相短路电流周期分量的有效值。由式（3 - 34）得

$$I_k^{(3)} = \frac{I_{d1}}{X_{\Sigma(k-1)}^*} = \frac{9.16\ \mathrm{kA}}{1.14} = 8.05\ \mathrm{kA}$$

③ 其他短路电流

$$I''^{(3)} = I_\infty^{(3)} = I_k^{(3)} = 8.05\ \mathrm{kA}$$

$$i_{sh}^{(3)} = 2.55 I''^{(3)} = 2.55 \times 8.05\ \mathrm{kA} = 20.53\ \mathrm{kA}$$

$$I_{sh}^{(3)} = 1.51 I''^{(3)} = 1.51 \times 8.05\ \mathrm{kA} = 12.16\ \mathrm{kA}$$

④ 三相短路容量。由式（3 - 35）得

$$S_k^{(3)} = \frac{S_d}{X_{\Sigma(k-1)}^*} = \frac{100\ \mathrm{MV \cdot A}}{1.14} = 87.72\ \mathrm{MV \cdot A}$$

（4）计算 $k-2$ 点的短路回路总电抗标幺值及三相短路电流和短路容量。

① 总电抗标幺值为

$$X_{\Sigma(k-2)}^* = X_1^* + X_2^* + X_3^*\ /\!/\ X_4^* = 0.33 + 0.81 + \frac{5.63}{2} = 3.96$$

② 三相短路电流周期分量的有效值。由式（3 - 34）得

$$I_k^{(3)} = \frac{I_{d2}}{X_{\Sigma(k-2)}^*} = \frac{144.34\ \mathrm{kA}}{3.96} = 36.45\ \mathrm{kA}$$

③ 其他短路电流：

$$I''^{(3)} = I_\infty^{(3)} = I_k^{(3)} = 36.45\ \mathrm{kA}$$

$$i_{sh}^{(3)} = 1.84 I''^{(3)} = 1.84 \times 36.45\ \mathrm{kA} = 67.07\ \mathrm{kA}$$

$$I_{sh}^{(3)} = 1.09 I''^{(3)} = 1.09 \times 36.45\ \mathrm{kA} = 39.73\ \mathrm{kA}$$

④ 三相短路容量。由式（3 - 35）得

$$S_k^{(3)} = \frac{S_d}{X_{\Sigma(k-2)}^*} = \frac{100\ \mathrm{MV \cdot A}}{3.96} = 25.25\ \mathrm{MV \cdot A}$$

　　由此可见，采用标幺制法的计算结果与例 3－1 采用欧姆法计算的结果基本相同。短路计算表从略。

　　通常欧姆法适用于 1000 V 及 1000 V 以下电网的短路计算，标幺制法则适用于高压电网的短路计算。

3.3.3　大容量电动机对短路电流的影响

　　当电网发生短路时，如果短路点距大容量电动机较远，则其外加电压虽有降低，但可能尚大于电动机本身的电势，电动机仍可从电网继续吸收功率，只是电动机的转速因电压降低而有所下降。如果短路点距大容量电动机较近，则短路点的电压为零，由于惯性，电动机的转速又不能立即降到零，其反电势有可能大于外加电压，此时电动机将和发电机一样，向短路点馈送电流，如图 3－7 所示。由于反馈电流将使电动机迅速制动，反馈电流衰减极快，因此该反馈电流仅影响短路冲击电流，而且只有当单台电动机容量大于 100 kW 或电动机组的总容量大于 100 kW 时才考虑其影响。

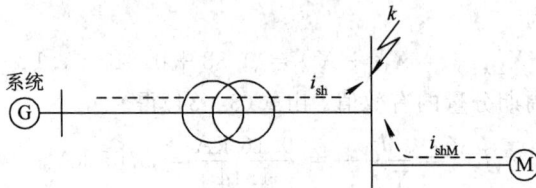

图 3－7　大容量电动机对短路点反馈冲击电流

　　当大容量电动机端口处发生三相短路时，电动机所反馈的冲击电流可按式（3－36）来进行计算：

$$i_{shM} = \sqrt{2}\,\frac{E_M''^*}{X_M''^*}K_{shM}I_{NM} = CK_{shM}I_{NM} \tag{3－36}$$

　　式中，$E_M''^*$、$X_M''^*$ 为电动机次暂态电势和次暂态电抗的标幺值；C 为电动机反馈冲击系数（感应电动机取 6.5，同步电动机取 7.8，同步补偿机取 10.6，综合性负荷取 3.2）；K_{shM} 为电动机短路电流冲击系数（高压电动机可取 1.4～1.7，低压电动机可取 1）；I_{NM} 为电动机的额定电流。

　　计入电动机的反馈冲击电流后，短路点的总短路冲击电流为

$$i_{sh\Sigma} = i_{sh} + i_{shM} \tag{3－37}$$

3.4　两相和单相短路电流的计算

1. 两相短路电流的计算

　　在无限大容量系统中发生两相短路时，其两相短路电流可由式（3－38）进行计算，即

$$I_k^{(2)} = \frac{U_c}{2\,|\,Z_\Sigma\,|} \tag{3－38}$$

　　式中，U_c 为短路点的短路计算电压（线电压）。

　　如果只计电抗，则两相短路电流为

$$I_k^{(2)} = \frac{U_C}{2X_\Sigma} \tag{3-39}$$

将式(3-39)与式(3-16)进行比较,可得两相短路电流与三相短路电流的关系为

$$I_k^{(2)} = \frac{\sqrt{3}}{2}I_k^{(3)} = 0.866I_k^{(3)} \tag{3-40}$$

式(3-40)说明,在无限大容量系统中,同一地点的两相短路电流为三相短路电流的0.866倍。因此,无限大容量系统中的两相短路电流可由式(3-40)求出,其他两相短路电流 $I''^{(2)}$、$i_{sh}^{(2)}$、$I_{sh}^{(2)}$ 均可按式(3-40)对应的短路电流公式计算。

2. 单相短路电流的计算

在大接地电流系统或三相四线制系统中发生单相短路时,根据对称分量法可知,单相短路电流为

$$\dot{I}_k^{(1)} = \frac{\sqrt{3}\dot{U}_C}{Z_{1\Sigma} + Z_{2\Sigma} + Z_{0\Sigma}} \tag{3-41}$$

式中,$Z_{1\Sigma}$、$Z_{2\Sigma}$、$Z_{0\Sigma}$ 分别为单相短路回路的正序、负序、零序阻抗。

在工程设计中,常用下式计算低压配电线路单相短路电流,即

$$I_k^{(1)} = \frac{U_\varphi}{|Z_{\varphi-0}|} \tag{3-42}$$

$$I_k^{(1)} = \frac{U_\varphi}{|Z_{\varphi-PE}|} \tag{3-43}$$

$$I_k^{(1)} = \frac{U_\varphi}{|Z_{\varphi-PEN}|} \tag{3-44}$$

式中,U_φ 为线路的相电压;$Z_{\varphi-0}$ 为相线与 N 线短路回路的阻抗;$Z_{\varphi-PE}$ 为相线与 PE 线短路回路的阻抗;$Z_{\varphi-PEN}$ 为相线与 PEN 线短路回路的阻抗。

在无限大容量系统中或远离发电机处发生短路时,两相短路电流和单相短路电流均比三相短路电流小,因此选择和校验电器设备应采用三相短路电流,两相短路电流主要用来校验相间短路保护的灵敏度,单相短路电流则主要用于单相短路保护的整定及校验。

3.5   短路电流的热效应和力效应

3.5.1   短路产生的效应及电气设备进行校验的必要性

当电流通过电气设备和载流导体时,电气设备或载流导体相互间存在的作用力称为电动力。正常时因工作电流不大,电动力不易被察觉。当供电系统发生短路时,特别是流过短路冲击电流的瞬间,产生的电动力最大,可能导致导体变形或破坏电气设备,所以要求电气设备必须有足够承受电动力的能力,即动稳定性。另外,当系统发生短路时,通过导体或电气设备的短路电流要比正常工作电流大很多倍,强大的短路电流所产生的热量会使导体或电气设备的温度急速升高,加速绝缘老化,使绝缘强度降低,过高的温度甚至会使绝缘损坏,所以要求导体或电气设备必须有足够承受高温的能力,即热稳定性,才能可靠地工作。

3.5.2 短路电流的力效应

1. 短路时的最大电动力

如果三相系统中发生三相短路，则三相短路冲击电流 i_{sh} 在中间相上产生的电动力最大，其值为

$$F^{(3)} = \sqrt{3}\,(i_{sh}^{(3)})^2 \frac{l}{a} \times 10^{-7} (N/A^2) \qquad (3-45)$$

式中，a 为两导体的轴线间距离，单位为 m；l 为导体的两相邻支持点间的距离，即挡距，单位为 m。

校验电器和载流导体的动稳定度时，通常采用 $i_{sh}^{(3)}$ 和 $F^{(3)}$。

2. 短路动稳定度的校验

校验电器和导体的动稳定度时，应根据校验对象的不同采用不同的校验条件。

（1）对于一般电器，动稳定度的校验条件为

$$i_{max} \geqslant i_{sh}^{(3)} \qquad (3-46)$$

或

$$I_{max} \geqslant I_{sh}^{(3)} \qquad (3-47)$$

式中，i_{max}、I_{max} 为电器极限通过电流的峰值和有效值，可查阅有关手册和产品样本。

（2）对于绝缘子，动稳定度的校验条件是

$$F_{al} \geqslant F_c^{(3)} \qquad (3-48)$$

式中，F_{al} 为绝缘子的最大允许载荷，可查阅有关手册或产品样本，如果手册或样本给出的是绝缘子的抗弯破坏载荷值，则应将抗弯破坏载荷值乘以 0.6 作为 F_{al}；$F_c^{(3)}$ 为短路时作用在绝缘子上的计算力。如果母线在绝缘子上平放，如图 3-8(a) 所示，则 $F_c^{(3)} = F^{(3)}$，如果母线竖放，如图 3-8(b) 所示，则 $F_c^{(3)} = 1.4F^{(3)}$。

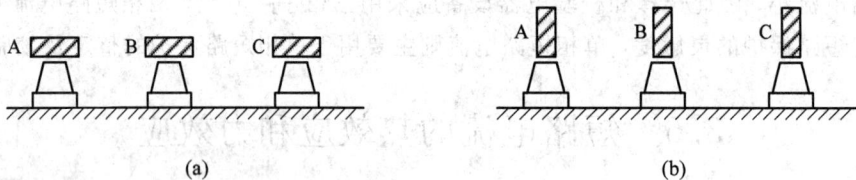

图 3-8 水平放置的母线
(a) 平放；(b) 竖放

（3）对于硬母线，动稳定度的校验条件是

$$\sigma_{al} \geqslant \sigma_c \qquad (3-49)$$

式中，σ_{al} 为母线材料的最大允许应力，单位为 Pa，硬铜母线为 140 MPa，硬铝母线为 70 MPa；σ_c 为母线通过 $i_{sh}^{(3)}$ 时所受到的最大计算应力。最大计算应力 σ_c 可按式(3-50)来计算，即

$$\sigma_c = \frac{M}{W} \qquad (3-50)$$

式中，M 为母线通过 $i_{sh}^{(3)}$ 时所受到的弯曲力矩，当母线的挡数为 1~2 时，$M = F^{(3)}L/8$，当

挡数大于 2 时，$M = F^{(3)} L/10$，这里的 L 为母线的挡距；W 为母线的截面系数，当母线水平放置时，$W = b^2 h/6$，此处 b 为母线截面的水平宽度，h 为母线截面的垂直高度。

对于电缆，因其机械强度较高，可不必校验其动稳定度。

【例 3 - 3】　设例 3 - 1 所示工厂变电所 380 V 侧母线上接有一台 500 kW 的同步电动机，$\cos\varphi = 1$ 时，$\eta = 94\%$。该母线采用 LMY - 80×10 的硬铝母线，水平平放，相邻两条母线间的轴线距离为 0.2 m，挡距为 0.9 m，挡数大于 2。试校验此母线的动稳定度。

解：（1）计算母线短路时所受的最大电动力。

由例 3 - 1 可知，380 V 母线的短路冲击电流 $i_{sh}^{(3)} = 67.16$ kA，而接于 380 V 母线的同步电动机反馈冲击电流为（取 $C = 7.8$，$K_{shM} = 1$）

$$i_{shM} = CK_{shM} I_{NM} = 7.8 \times 1 \times \frac{500}{\sqrt{3} \times 1 \times 0.94 \times 380} = 6.3 \text{ kA}$$

因此，母线在三相短路时所受的最大电动力为

$$F^{(3)} = \sqrt{3} (i_{sh} + i_{shM})^2 \frac{l}{a} \times 10^{-7}$$

$$= \sqrt{3} \times (67.16 + 6.30)^2 \times \frac{0.9}{0.2} \times 10^{-7} = 4205.93 \text{ N/A}^2$$

（2）校验母线短路时的动稳定度。

母线在 $F^{(3)}$ 作用时的弯曲力矩为

$$M = \frac{F^{(3)} L}{10} = \frac{4205.93 \times 0.9}{10} = 378.53 \text{ N} \cdot \text{m}$$

母线的截面系数为

$$W = \frac{b^2 h}{6} = \frac{0.08^2 \times 0.01}{6} = 1.07 \times 10^{-5} \text{ m}^3$$

母线在三相短路时所受到的计算应力为

$$\sigma_c = \frac{M}{W} = \frac{378.53}{1.07 \times 10^{-5}} = 35.38 \text{ MPa}$$

而硬铝母线的允许应力为 $\sigma_{al} = 70$ Pa $> \sigma_c$，所以该母线满足动稳定度的要求。

3.5.3　短路电流的热效应

1. 短路时导体的发热过程和发热计算

当系统发生短路时，会有极大的短路电流通过导体和电气设备。由于短路后系统的保护装置很快动作，切除短路故障，因此短路电流通过导体的时间不长（一般不会超过 2～3 s），其热量来不及向周围介质中散发，可以认为全部热量都用来使导体和电气设备的温度升高。

按照导体和电气设备的允许发热条件，每一种导体和电气设备都有在正常负荷和短路时最高允许温度的要求。如果导体和电气设备在短路时的发热温度不超过短路时的最高允许温度，则认为其短路热稳定度是满足要求的。

导体和电气设备在短路时达到的最高发热温度与短路前的温度、短路电流的大小及通过短路电流的时间等许多因素有关，而且短路电流是变化的，其中还含有非周期分量。因此，要准确计算短路时导体产生的热量和达到的最高温度是非常困难的。

在工程计算中，常采用等效方法来计算其发热量 Q_k，即取短路电流的稳态值 I_∞ 在假想时间 t_{ima} 内所产生的热量等于实际短路电流在短路实际持续时间 t_k 内所产生的热量，则

$$Q_k = \int_0^{t_k} I_{kt}^2 R \ \mathrm{d}t = I_\infty^2 R t_{ima} \tag{3-51}$$

式中，t_{ima} 为短路发热假想时间，可用式（3-52）来进行计算，即

$$t_{ima} = t_k + 0.05 \left(\frac{I''}{I_\infty} \right)^2 \tag{3-52}$$

在无限大容量系统中发生短路时，由于 $I'' = I_\infty$，因此有

$$t_{ima} = t_k + 0.05 \tag{3-53}$$

当 $t_k > 1$ s 时，可认为 $t_{ima} = t_k$。

短路时间 t_k 为短路保护装置实际最长的动作时间 t_{op} 与断路器的断路时间 t_{oc} 之和，即

$$t_k = t_{op} + t_{oc} \tag{3-54}$$

对于一般高压油断路器，可取 $t_{oc} = 0.2$ s；对于高速断路器（如真空断路器），可取 $t_{oc} = 0.1$ ~ 0.15 s。

2. 短路热稳定度的校验

（1）对于一般电器，热稳定度的校验条件为

$$I_t^2 t \geqslant (I_\infty^{(3)})^2 t_{ima} \tag{3-55}$$

式中，I_t 为电器的热稳定电流；t 为电器的热稳定时间。其值均可从有关手册或产品样本中查得。

（2）对于母线、绝缘导线和电缆等导体，热稳定度的校验条件为

$$A \geqslant A_{min} = I_\infty^{(3)} \sqrt{\frac{t_{ima}}{C^2}} = \frac{I_\infty^{(3)}}{C} \sqrt{t_{ima}} \tag{3-56}$$

式中，A_{min} 为导体的最小热稳定截面；C 为导体的短路热稳定系数，可在附表 17 中查得。

【例 3-4】 试校验例 3-1 所示工厂变电所 380 V 侧硬铝母线的短路热稳定度。已知短路保护的动作时间为 0.5 s，低压断路器的断路时间为 0.05 s。

解：由例 3-1 可知，该母线的三相短路电流稳态值为 36.50 kA，查附表 17 可得 $C = 87$，则短路发热假想时间为

$$t_{ima} = t_k + 0.05 = t_{op} + t_{oc} + 0.05 = 0.5 + 0.05 + 0.05 = 0.6 \text{ s}$$

导体的最小热稳定截面为

$$A_{min} = \frac{I_\infty^{(3)}}{C} \sqrt{t_{ima}} = \frac{36.50 \times 10^3}{87} \times \sqrt{0.6} = 325 \text{ mm}^2$$

由于母线的实际截面为 $A = 80 \times 10 = 800$ mm² > 325 mm²，因此该母线满足短路热稳定度的要求。

基本技能训练　中小型工厂变电所短路电流的计算

某机械厂变电所的主接线图如图 2-9 所示，试确定短路计算点，并计算各点的短路电流。

1. 绘出计算电路图

根据变电所主接线图绘出短路计算电路图，将短路计算中各元件的额定参数都表示出

来，并将各元件依次编号，如图 3－9 所示。

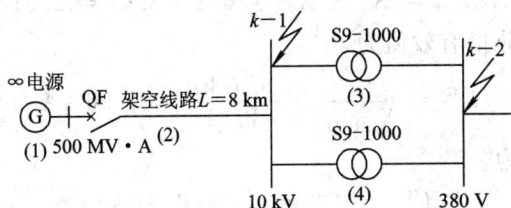

图 3－9　短路计算电路

2. 确定短路计算点

在短路计算中，短路计算点应选择在可能产生最大短路电流的地方。一般来说，高压侧选择在高压母线位置；低压侧选择在低压母线位置；系统中装有限流电抗器时，应选择在电抗器之后，见图 3－9 中 $k－1$ 及 $k－2$ 点。

3. 计算各元件的电抗标幺值

选定短路计算方法，并按短路计算点绘出短路等效电路图(本例采用标幺制法)，计算各元件的电抗标幺值。图 3－9 的短路等效电路如图 3－10 所示。

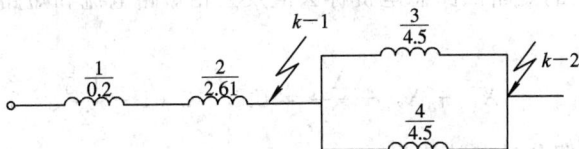

图 3－10　短路等效电路图(标幺制法)

确定标幺值基准，取 $S_d＝100 \text{ MV} \cdot \text{A}$，$U_{C1}＝10.5 \text{ kV}$，$U_{C2}＝0.4 \text{ kV}$，则

$$I_{d1} = \frac{S_d}{\sqrt{3} U_{C1}} = \frac{100 \text{ MV} \cdot \text{A}}{\sqrt{3} \times 10.5 \text{ kV}} = 5.50 \text{ kA}$$

$$I_{d2} = \frac{S_d}{\sqrt{3} U_{C2}} = \frac{100 \text{ MV} \cdot \text{A}}{\sqrt{3} \times 0.4 \text{ kV}} = 144 \text{ kA}$$

(1) 电力系统电抗标幺值为

$$X_1^* = \frac{100 \text{ MV} \cdot \text{A}}{500 \text{ MV} \cdot \text{A}} = 0.2$$

(2) 架空线路的电抗标幺值(查附表 16－1 得 $X_0＝0.36 \text{ }\Omega/\text{km}$)为

$$X_2^* = 0.36 \text{ }(\Omega/\text{km}) \times 8 \text{ km} \times \frac{100 \text{ MV} \cdot \text{A}}{(10.5 \text{ kV})^2} = 2.61$$

(3) 电力变压器的电抗标幺值(查附表 3 得 $U_k\%＝4.5$)为

$$X_3^* = X_4^* = \frac{4.5}{100} \times \frac{100 \text{ MV} \cdot \text{A}}{1000 \text{ kV} \cdot \text{A}} = 4.5$$

4. 确定短路回路总电抗标幺值并计算短路电流和短路容量

(1) 计算 $k－1$ 点的短路回路总电抗标幺值及三相短路电流和短路容量。

总电抗标幺值为

$$X^*_{\Sigma(k-1)} = X^*_1 + X^*_2 = 0.2 + 2.61 = 2.81$$

三相短路电流周期分量有效值为

$$I^{(3)}_k = \frac{I_{d1}}{X^*_{\Sigma(k-1)}} = \frac{5.50\ \text{kA}}{2.81} = 1.96\ \text{kA}$$

其他三相短路电流为

$$I''^{(3)} = I^{(3)}_\infty = I^{(3)}_k = 1.96\ \text{kA}$$
$$i^{(3)}_{sh} = 2.55 \times 1.96\ \text{kA} = 5.00\ \text{kA}$$
$$I^{(3)}_{sh} = 1.51 \times 1.96\ \text{kA} = 2.96\ \text{kA}$$

三相短路容量为

$$S^{(3)}_k = \frac{S_d}{X^*_{\Sigma(k-1)}} = \frac{100\ \text{MV} \cdot \text{A}}{2.81} = 35.59\ \text{MV} \cdot \text{A}$$

两相短路电流为

$$I^{(2)}_k = I''^{(2)} = I^{(2)}_\infty = 0.866 I^{(3)}_k = 1.70\ \text{kA}$$
$$i^{(2)}_{sh} = 0.866 i^{(3)}_{sh} = 4.33\ \text{kA}$$
$$I^{(2)}_{sh} = 0.866 I^{(3)}_{sh} = 2.56\ \text{kA}$$

(2) 计算 $k-2$ 点的短路回路总电抗标幺值及三相短路电流和短路容量。

总电抗标幺值为

$$X^*_{\Sigma(k-2)} = X^*_1 + X^*_2 + \frac{X^*_3}{2} = 0.2 + 2.61 + \frac{4.5}{2} = 5.06$$

三相短路电流周期分量有效值为

$$I^{(3)}_k = \frac{I_{d2}}{X^*_{\Sigma(k-2)}} = \frac{144\ \text{kA}}{5.06} = 28.46\ \text{kA}$$

其他三相短路电流为

$$I''^{(3)} = I^{(3)}_\infty = I^{(3)}_k = 28.46\ \text{kA}$$
$$i^{(3)}_{sh} = 1.84 \times 28.46\ \text{kA} = 52.37\ \text{kA}$$
$$I^{(3)}_{sh} = 1.09 \times 28.46\ \text{kA} = 31.02\ \text{kA}$$

三相短路容量为

$$S^{(3)}_k = \frac{S_d}{X^*_{\Sigma(k-2)}} = \frac{100\ \text{MV} \cdot \text{A}}{5.06} = 19.76\ \text{MV} \cdot \text{A}$$

两相短路电流为

$$I^{(2)}_k = I''^{(2)} = I^{(2)}_\infty = 0.866 I^{(3)}_k = 24.65\ \text{kA}$$
$$i^{(2)}_{sh} = 0.866 i^{(3)}_{sh} = 45.35\ \text{kA}$$
$$I^{(2)}_{sh} = 0.866 I^{(3)}_{sh} = 26.86\ \text{kA}$$

5. 列出短路计算表

表 3-3 所示为短路计算表。

表 3 – 3　短 路 计 算 表

短路计算点	三相短路电流/kA					两相短路电流/kA			三相短路容量/(MV·A)
	$I_k^{(3)}$	$I''^{(3)}$	$I_\infty^{(3)}$	$i_{sh}^{(3)}$	$I_{sh}^{(3)}$	$I_k^{(2)}$	$i_{sh}^{(2)}$	$I_{sh}^{(2)}$	$S_k^{(3)}$
$k-1$ 点	1.96	1.96	1.96	5.00	2.96	1.70	4.33	2.56	35.59
$k-2$ 点	28.46	28.46	28.46	52.37	31.02	24.65	45.35	26.86	19.76

思考题与习题

3-1　短路的原因有哪些？短路的类型有哪些？哪种短路对系统危害最大？哪种短路发生的可能性最大？

3-2　什么叫无限大容量电力系统？它有什么特点？在无限大容量供电系统中短路电流将如何变化？

3-3　什么是短路冲击电流？什么是短路次暂态电流？什么是稳态电流？

3-4　试比较用欧姆法与标幺制法计算短路电流的优缺点。

3-5　短路计算电压与线路额定电压有什么关系？

3-6　在无限大容量系统中，两相短路电流与三相短路电流有什么关系？

3-7　什么是短路电流的电动力效应和热效应？

3-8　在短路点附近有大容量交流电动机运行时，电动机对短路计算有什么影响？

3-9　对一般开关电器，其短路动稳定度和热稳定度的校验条件各是什么？

3-10　对母线，其短路动稳定度和热稳定度的校验条件各是什么？

3-11　某区域变电所通过一条长为 5 km 的 10 kV 架空线路给某厂变电所供电，该厂变电所装有两台并列运行的 S9–1000 型变压器，区域变电所出口断路器的断流容量为 300 MV·A。试分别用欧姆法和标幺制法，求该厂变电所高压侧和低压侧的短路电流和短路容量。

3-12　某 10 kV 铝芯聚氯乙烯电缆通过的三相稳态短路电流为 8.5 kA，通过短路电流的时间为 2 s，试按短路的热稳定条件确定该电缆所要求的最小截面。

3-13　某车间变电所 380 V 母线上接有大型感应电动机组 250 kW，平均 $\cos\varphi=0.7$，效率 $\eta=0.75$。该母线采用截面为 100 mm×10 mm 的硬铝母线，水平平放，挡距为 0.9 m，挡数大于 2，相邻两条母线的轴线距离为 0.16 m，电力系统提供的三相短路冲击电流为 $i_{sh}^{(3)}=41$ kA。试校验该母线在三相短路时的动稳定度。

3-14　设习题 3-13 所述 380 V 母线的短路保护动作时间为 0.6 s，低压断路器的断路时间为 0.1 s。试校验此母线的短路热稳定度。

第4章 供配电系统的主要电气设备

内容提要 供配电系统主要是由电气设备组成的，而电气设备的性能特点、使用方法及选择得恰当与否将直接影响供配电系统的运行。本章首先从电气设备的功用、结构特点、主要性能及应用情况等方面对常用高低压电气设备及成套配电装置进行了介绍；其次介绍了电气设备的选择方法，从而为合理、正确地使用电气设备提供了依据。

4.1 电气设备概述

供配电系统中担负输送和分配电能任务的电路，称为一次电路，也称主电路。供配电系统中用来控制、指示、监测和保护一次电路及其中电气设备运行的电路称为二次电路，通常称为二次回路。相应地，供配电系统中的电气设备可分为两大类：一次电路中的所有电气设备，称为一次设备；二次回路中的所有电气设备，称为二次设备。

供配电系统的主要电气设备是指一次设备。一次设备按其功能可分以下几类。

（1）变换设备：指按系统工作要求来改变电压或电流的设备，例如电力变压器、电压互感器、电流互感器及变流设备等。

（2）控制设备：指按系统工作要求来控制电路通断的设备，例如各种高低压开关。

（3）保护设备：指用来对系统进行过电流和过电压保护的设备，例如高低压熔断器和避雷器。

（4）无功补偿设备：指用来补偿系统中的无功功率、提高功率因数的设备，例如并联电容器。

（5）成套配电装置：指按照一定的线路方案的要求，将有关一次设备和二次设备组合成一体的电气装置，例如高低压开关柜、动力和照明配电箱等。

供配电系统中主要一次设备的图形符号和文字符号如表4-1所示。

表4-1 主要一次设备的图形符号和文字符号

序号	设备名称	图形符号	文字符号	序号	设备名称	图形符号	文字符号
1	双绕组变压器		T	13	断路器		QF

续表

序号	设备名称	图形符号	文字符号	序号	设备名称	图形符号	文字符号
2	三绕组变压器		T	14	隔离开关		QS
3	电抗器		L	15	负荷开关		QL
4	分裂电抗器		L	16	刀开关		QK
5	避雷器		F	17	熔断器		FU
6	火花间隙		FG	18	跌开式熔断器		FD
7	电力电容器		C	19	负荷型跌开式熔断器		FDL
8	具有一个二次绕组的电流互感器		TA	20	刀熔开关		QKF
9	具有两个二次绕组的电流互感器		TA	21	接触器		KM
10	电压互感器		TV	22	电缆终端头		X
11	三绕组电压互感器		TV	23	输电线路		WL
12	母线		WB	24	接地		

4.2 电弧的产生及灭弧方法

1. 电弧及其主要危害

电弧是一种高温、强光的电游离现象。当开关电器切断(包括正常操作和误操作)有电流的线路或线路、触头、绕组发生短路时，就可能产生电弧。

1) 电弧的主要特征

电弧是开关电器和线路中一种必然的物理现象，是电流的延续，其主要特征有如下几点。

(1) 能量集中，发出高温、强光。

(2) 是自持放电，维持电弧稳定燃烧所需的电压很低。例如，在电气触头间如有大于 $10\sim20$ V 的电压、大于 $80\sim100$ mA 的电流就会产生电弧；电力变压器中的油在 $10\sim100$ V 的电压下就能维持电弧的燃烧。

(3) 电弧是游离的气体，是触头周围的介质向等离子状态转化的结果。

2) 电弧的危害

(1) 延长了电路的开断时间。当开关分断短路电流时，触头间的电弧延长了短路电流持续的时间，使短路故障蔓延，从而给供配电系统造成了更大的损坏。

(2) 高温可使开关触头变形、熔化，从而导致接触不良甚至损坏。

(3) 高温可能造成人员灼伤甚至直接或间接的死亡，强光则可能损害人的视力。

(4) 引起弧光短路，严重时会造成爆炸事故。

因此，为了保证供配电系统的安全运行和值班人员的生命安全，必须采取有效措施迅速熄灭电弧。

2. 电弧的产生与熄灭

1) 电弧的产生

产生电弧的根本原因是开关触头在分断电流时，触头间电场强度很大，使得触头本身的电子及触头周围介质中的电子被游离，从而形成电弧电流。产生电弧的游离方式有高电场发射、热电发射、碰撞游离和高温游离。在触头分开之初是高电场发射和热电发射的游离方式占主导作用，接着碰撞游离和高温游离使电弧持续并发展，而且它们是互相影响、互相作用的。

2) 电弧的熄灭

在电弧产生的过程中，游离和去游离是共同存在的两个过程。当游离率等于去游离率时，电弧在间隙中稳定燃烧。要使电弧熄灭，必须使触头间电弧中的去游离率大于游离率，即其中离子消失的速率大于离子产生的速率。熄灭电弧的去游离方式主要有"复合"和"扩散"两种。带电质点的复合和扩散都会使电弧中的带电质点数量减少，使去游离增强，从而有利于电弧的熄灭。

3. 开关电器中常用的灭弧方法

当高低压开关电器通断负荷电路，特别是通断存在短路故障的电路时，就会在开关电器的触头间产生电弧。因此对于开关电器，其触头间电弧的产生和熄灭问题很值得关注，这直接影响开关电器的结构性能。高低压开关电器中常用的灭弧方法有以下几种。

（1）速拉灭弧法：迅速拉长电弧，使弧隙的电场强度骤降，使离子的复合迅速增强，从而加速灭弧。这是开关电器最基本的一种灭弧方法。开关电器中装设有断路弹簧，其目的就在于加速触头的分断速度，迅速拉长电弧。

（2）冷却灭弧法：降低电弧温度可使电弧中的热游离减弱，正负离子的复合增强，从而有助于电弧熄灭。

（3）吹弧或吸弧灭弧法：利用外力（如气流、油流或电磁力）来吹动或吸动电弧，使电弧加速冷却，同时拉长电弧，降低电弧中的电场强度，使电弧中离子的复合和扩散加强，从而加速灭弧。吹弧方法按吹弧的方向可分为横吹（见图 4-1(a)）和纵吹（见图 4-1(b)）两种；按外力的性质可分为气吹、油吹、电动力吹和磁力吹弧或吸弧等。低压刀开关在拉开刀闸时，开关的电流回路产生的电动力会使电弧拉长，如图 4-2 所示。有的开关采用专门的磁吹线圈来吹动电弧，如图 4-3 所示。也有的开关利用铁磁物质（如钢片）来吸引电弧，如图 4-4 所示，这相当于反向吹弧。

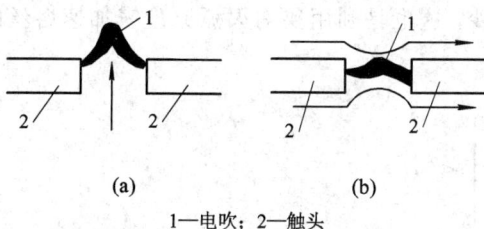

1—电吹；2—触头

图 4-1 吹弧方法
(a) 横吹；(b) 纵吹

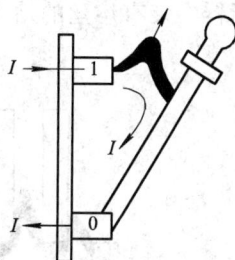

图 4-2 电动力吹弧

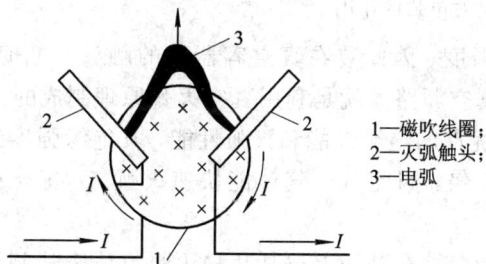

1—磁吹线圈；
2—灭弧触头；
3—电弧

图 4-3 磁力吹弧

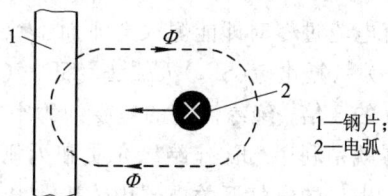

1—钢片；
2—电弧

图 4-4 铁磁吸弧

（4）长弧切短灭弧法：由于电弧的电压降主要降落在阴极和阳极上，其中以阴极的电压降最大，而弧柱（电弧中间部分）的电压降极小，因此，如果利用金属片将长弧切割成若干短弧，则电弧中的电压降将近似增大若干倍。当外施电压小于电弧中总的电压降时，电弧不能维持而迅速熄灭。图 4-5 为钢灭弧栅将长弧切割成若干短弧的情形。电弧进入钢灭弧栅内，一方面利用如图 4-2 所示的电动力吹弧，另一方面则利用如图 4-4 所示的铁磁吸弧。此外，钢片对电弧还有冷却降温作用。

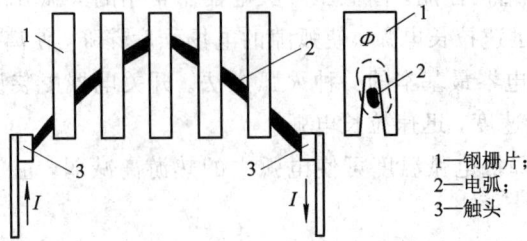

图 4-5 钢灭弧栅对电弧的作用

1—钢栅片；
2—电弧；
3—触头

（5）粗弧分细灭弧法：将粗大的电弧分散成若干平行的细小电弧，使电弧与周围介质的接触面增大，改善电弧的散热条件，降低电弧的温度，从而使电弧中离子的复合和扩散都得到增强，加速电弧的熄灭。

（6）狭沟灭弧法：使电弧在固体介质所形成的狭沟中燃烧，这样电弧的冷却条件得到了改善，从而使去游离增强，同时固体介质表面的复合也比较强烈，有利于加速灭弧。有一种用耐弧的绝缘材料（如陶瓷）制成的灭弧栅就利用了这种狭沟灭弧原理，如图 4-6 所示。有的熔断器在装有熔丝的熔管内填充石英砂，这也是利用狭沟灭弧原理来加速熔丝的熔断。

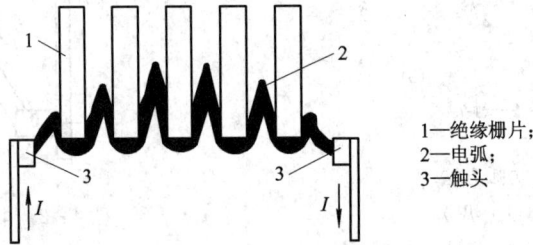

图 4-6 绝缘灭弧栅对电弧的作用

1—绝缘栅片；
2—电弧；
3—触头

（7）真空灭弧法：真空具有相当高的绝缘强度，因此装在真空容器内的触头分断时，在交流电流过零时即能熄灭电弧而不致复燃。真空断路器就是利用真空灭弧原理制成的。

（8）六氟化硫（SF_6）灭弧法：SF_6 气体具有优良的绝缘性能和灭弧性能，其绝缘强度约为空气的 3 倍，绝缘恢复的速度约为空气的 100 倍，因此 SF_6 气体能快速灭弧。六氟化硫断路器就是利用 SF_6 作绝缘介质和灭弧介质的。

在现代的电气开关电器中，常常根据具体情况综合利用上述某几种灭弧方法来达到快速灭弧的目的。

4.3 电力变压器

4.3.1 电力变压器的分类及特点

电力变压器是变电所中最关键的一次设备，其主要功能是将电力系统中的电能电压升高或降低，以利于电能的合理输送、分配和使用。

　　(1) 按功能分类，电力变压器有升压变压器和降压变压器两种。在远距离传输配电系统中，为了把发电机发出的较低电压升高为较高的电压级，需采用升压变压器；而对于直接供电给各类用户的终端变电所，则采用降压变压器。

　　(2) 按相数分类，电力变压器有单相变压器和三相变压器两种。其中，三相变压器广泛用于供配电系统的变电所中，而单相变压器一般供小容量的单相设备专用。

　　(3) 按绕组导体的材质分类，电力变压器有铜绕组变压器和铝绕组变压器两种。过去我国工厂变电所大多采用铝绕组变压器，但现在低损耗的铜绕组变压器，尤其是大容量的铜绕组变压器已得到了更为广泛的应用。

　　(4) 按绕组形式分类，变压器有双绕组变压器、三绕组变压器和自耦式变压器三种。双绕组变压器用于变换一个电压的场所；三绕组变压器用于需交换两个电压的场所，它有一个一次绕组和两个二次绕组；自耦式变压器大多在实验室中作调压用。

　　(5) 按容量系列分类，电力变压器有 R8 系列和 R10 系列。目前，我国大多采用 IEC 推荐的 R10 系列来确定变压器的容量，即容量按 $R10 = \sqrt[10]{10} = 1.26$ 的倍数递增，常用的有 100 kV·A、125 kV·A、160 kV·A、200 kV·A、250 kV·A、315 kV·A、400 kV·A、500 kV·A、630 kV·A、800 kV·A、1000 kV·A、1250 kV·A、1600 kV·A、2000 kV·A、2500 kV·A、3150 kV·A 等，其中容量在 500 kV·A 以下的为小型，630～6300 kV·A 的为中型，8000 kV·A 以上的为大型。变压器容量的等级较密，便于合理选用。

　　(6) 按电压调节方式分类，电力变压器有无载调压变压器和有载调压变压器两种。其中，无载调压变压器一般用于对电压水平要求不高的场所，特别是 10 kV 及 10 kV 以下的配电变压器；10 kV 以上的电力系统和对电压水平要求较高的场所主要采用有载调压变压器。

　　(7) 按冷却方式和绕组绝缘分类，电力变压器有油浸式、干式和充气式(SF_6)等。其中，油浸式变压器分为油浸自冷式、油浸风冷式、油浸水冷式和强迫油循环冷却方式等，而干式变压器分为浇注式、开启式、封闭式等。

　　油浸式变压器具有较好的绝缘和散热性能，且价格较低，便于检修，因此得到了广泛采用；但由于油具有可燃性，因此不便用于易燃易爆和安全要求较高的场合。

　　干式变压器结构简单，体积小，质量轻，且防火、防尘、防潮，价格较同容量的油浸式变压器贵，主要用于在安全防火要求较高的场所，尤其是大型建筑物内的变电所、地下变电所和矿井内变电所等。

　　充气式变压器是利用填充的气体进行绝缘和散热，具有优良的电气性能，主要用于安全防火要求较高的场所，并常与其他充气电器配合组成成套装置。

　　普通的中小容量的变压器采用自冷式结构，即变压器产生的损耗热经自然通风和辐射逸散；大容量的油浸式变压器采用水冷式和强迫油循环冷却方式。风冷式利用通风机来加强变压器的散热冷却，一般用于大容量变压器(2000 kV·A 及以上)和散热条件较差的场所。

　　(8) 按用途分类，电力变压器有普通变压器和防雷变压器两种。6～10 kV/0.4 kV 的变压器常称做配电变压器，安装在总降压变电所的变压器通常称为主变压器。

　　(9) 按安装地点分类，电力变压器有户内式和户外式两种。

4.3.2 电力变压器的结构及型号

1. 电力变压器的结构

电力变压器是利用电磁感应原理进行工作的,因此其基本的结构组成有电路和磁路两部分。变压器的电路部分就是它的绕组,对于降压变压器来说,与系统电路和电源连接的称为一次绕组,与负载连接的称为二次绕组;变压器的铁芯构成了它的磁路,铁芯由铁轭和铁芯柱组成,绕组套在铁芯柱上。为了减少变压器的涡流和磁滞损耗,一般采用表面有绝缘漆膜的硅钢片交错叠成铁芯。

如图4-7所示为三相油浸式电力变压器的外形结构图。

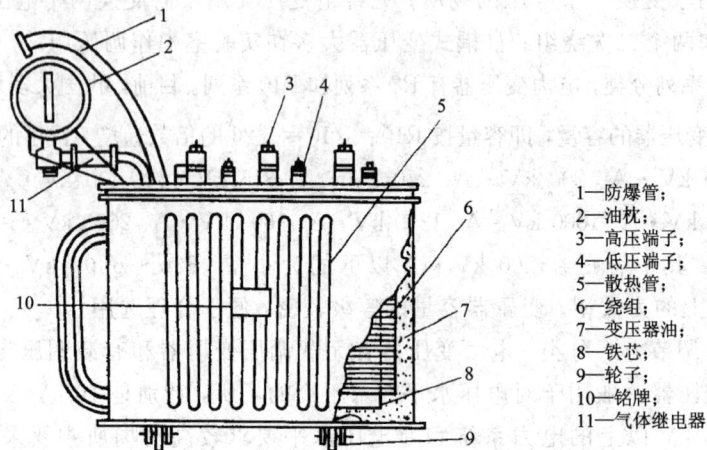

1—防爆管;
2—油枕;
3—高压端子;
4—低压端子;
5—散热管;
6—绕组;
7—变压器油;
8—铁芯;
9—轮子;
10—铭牌;
11—气体继电器

图4-7 三相油浸式电力变压器

如图4-8所示为三相树脂浇注绝缘干式电力变压器的外形结构图。

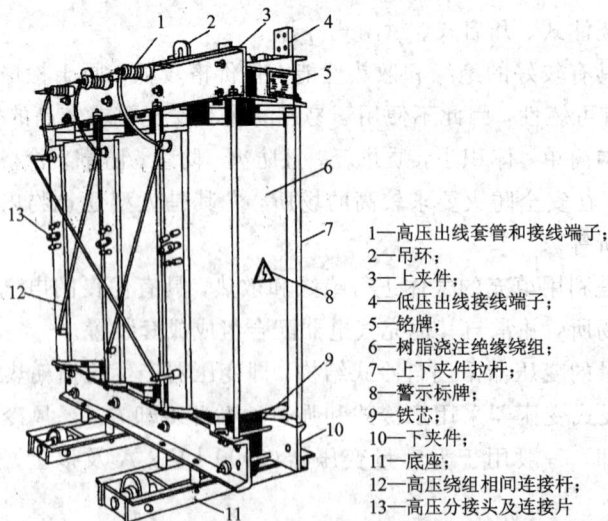

1—高压出线套管和接线端子;
2—吊环;
3—上夹件;
4—低压出线接线端子;
5—铭牌;
6—树脂浇注绝缘绕组;
7—上下夹件拉杆;
8—警示标牌;
9—铁芯;
10—下夹件;
11—底座;
12—高压绕组相间连接杆;
13—高压分接头及连接片

图4-8 三相树脂浇注绝缘干式电力变压器

2. 电力变压器的型号

电力变压器全型号的表示和含义如下：

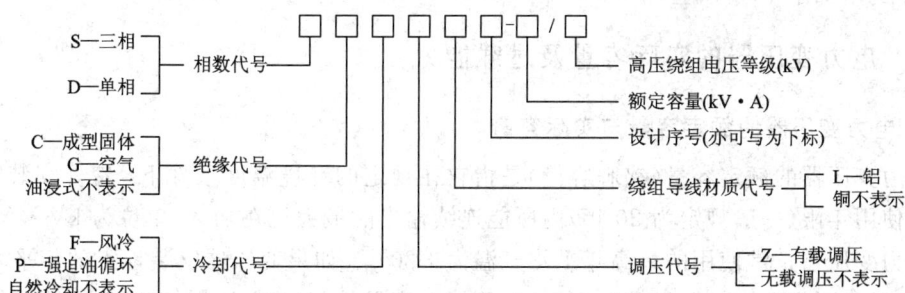

例如，S9-1000/10 为三相铜绕组油浸式电力变压器，设计序号为 9，高压绕组电压为 10 kV，额定容量为 1000 kV·A。

4.3.3 电力变压器的联结组别

电力变压器的联结组别是指变压器一、二次绕组所采用的连接方式的类型及相应的一、二次侧对应线电压的相位关系。常用的联结组别有 Yyn0、Dyn11、Yzn11、Yd11、Ynd11 等。下面分析变压器的一些常见联结组别的特点和应用。

1. 配电变压器的联结组别

6～10 kV 配电变压器（二次侧电压为 220/380 V）有 Yyn0 和 Dyn11 两种常用的联结组别。

(1) Yyn0 联结组别的一次线电压和对应二次线电压的相位关系与时钟在零点（12 点）时时针和分针的位置一样。Yyn0 联结组别的一次绕组为星形联结，二次绕组为带中性线的星形联结，其线路中可能有的 $3n$ 次谐波电流会注入公共的高压电网中并且规定其中性线的电流不能超过相线电流的 25%。因此，负荷严重不平衡或 $3n$ 次谐波比较突出的场合不宜采用这种联结。但该联结组别的变压器一次绕组的绝缘强度要求较低（与 Dyn11 比较），因而造价比 Dyn11 型的稍低。在 TN 和 TT 系统中，由单相不平衡电流引起的中性线电流不超过二次绕组额定电流的 25%，且任一相的电流在满载时都不超过额定电流，这种情况下可选用 Yyn0 联结组别的变压器。

(2) Dyn11 联结组别的一次线电压和对应二次线电压的相位关系与时钟在 11 点时时针和分针的位置一样。Dyn11 联结组别一次绕组为三角形联结，$3n$ 次谐波电流在其三角形的一次绕组中形成环流，不致注入公共电网，有抑制高次谐波的作用；其二次绕组为带中性线的星形联结。按规定，中性线电流容许达到相电流的 75%，因此其承受单相不平衡电流的能力远远大于 Yyn0 联结组别的变压器。对于现代供电系统中单相负荷急剧增加的情况，尤其在 TN 和 TT 系统中，Dyn11 联结的变压器已得到大力的推广和应用。

2. 防雷变压器的联结组别

防雷变压器通常采用 Yzn11 联结组别，其一次绕组采用星形联结，二次绕组分成两个匝数相同的绕组，并采用曲折形联结，在同一铁芯柱上的两个绕组的电流正好相反，使磁动势相互抵消。因此，如果雷电过电压沿二次侧线路侵入，则此过电压不会感应到一次侧线路上；反之，如果雷电过电压沿二次侧线路侵入，则二次侧也不会出现过电压。由此可见，Yznll 联结的变压器有利于防雷，适用于多雷地区。但这种变压器二次绕组的用材量比 Yyn0 型的增加了 15％以上。

4.3.4　电力变压器的实际容量及过载能力

1. 电力变压器的额定容量与实际容量

电力变压器的额定容量（铭牌容量）是指它在规定的环境温度条件下，室外安装时，在规定的使用年限（一般规定为 20 年）内所能连续输出的最大视在功率（单位为 kV·A）。

电力变压器正常使用的最高年平均气温为 +20℃。如果变压器安装地点的年平均气温 $\theta_{0.\,av}\neq20℃$，则年平均气温每升高 1℃，变压器的容量就相应减小 1％。因此变压器的实际容量应计入一个温度校正系数 K_{θ}。

对于室外变压器，其实际容量为

$$S_{\mathrm{T}} = K_{\theta}S_{\mathrm{N.\,T}} = \left(1 - \frac{\theta_{0.\,av} - 20}{100}\right)S_{\mathrm{N.\,T}} \qquad (4-1)$$

式中，$S_{\mathrm{N.\,T}}$ 为变压器的额定容量。

上述年平均气温指的是室外温度，对室内运行的变压器来说，由于散热条件差，因此其运行发热的影响有所升高。一般室内运行的变压器的环境温度比户外温度高 8℃，因此其容量还要减少 8％，故室内变压器的实际容量为

$$S_{\mathrm{T}}' = K_{\theta}'S_{\mathrm{N.\,T}} = \left(0.92 - \frac{\theta_{0.\,av} - 20}{100}\right)S_{\mathrm{N.\,T}} \qquad (4-2)$$

2. 电力变压器的正常过负荷能力

电力变压器在运行中，其负荷总是在变化。就一昼夜来说，很大一部分负荷都低于最大负荷，而变压器容量又是按最大负荷来选择的，因此变压器运行时实际上并没有充分发挥其负荷能力。从维持变压器规定的使用年限来考虑，变压器在必要时完全可以过负荷运行。对于油浸式电力变压器，其允许过负荷包括以下两部分：

（1）由于昼夜负荷不均匀而考虑的过负荷；

（2）由于夏季欠负荷而在冬季考虑的过负荷。

同时考虑以上两点，油浸式电力变压器总的正常过负荷系数不得超过下列数值：室内变压器为 20％，室外变压器为 30％。

干式电力变压器一般不考虑正常过负荷。

3. 电力变压器的事故过负荷能力

电力变压器在事故情况下，允许在短时间内较大幅度地过负荷运行，但运行时间有一定的限制，必须符合表 4-2 所规定的时间。

表 4-2　电力变压器的事故过负荷允许值

	过负荷百分值/(%)	30	45	60	75	100	200
油浸自冷式变压器	过负荷时间	120	80	45	20	10	1.5
	过负荷百分值/(%)	10	20	30	40	50	60
干式变压器	过负荷时间	75	60	45	32	16	5

4.3.5　电力变压器的选择

1. 变电所主变压器选型原则

电力变压器的选择应遵循以下原则：

(1) 一般应优先采用 S9、S11 等系列的低损耗变压器。

(2) 在多尘或有腐蚀性气体以致严重影响变压器安全运行的场所，应选用密闭式电力变压器，如 BSL1 型。

(3) 对于高层建筑、地下建筑、化工单位等对消防要求较高的场所，宜采用干式变压器，如 SC、SCZ、SG3、SG10、SC6 等系列；

(4) 对电网电压波动较大的场所，为改善电能质量应采用有载调压电力变压器，如 SZ7、SFSZ、SGZ3 等系列。

2. 变电所主变压器台数的选择

选择主变压器台数时应考虑下列原则。

(1) 应满足用电负荷对供电可靠性的要求。有大量一、二级负荷的变电所宜采用两台变压器，当一台变压器发生故障或检修时，另一台变压器能对一、二级负荷继续供电。只有二级而无一级负荷的变电所也可以只采用一台变压器，但必须在低压侧铺设与其他变电所相连的联络线作为备用电源。

(2) 对季节性负荷或昼夜负荷变动较大且要求采用经济运行方式的变电所，可考虑采用两台变压器。

(3) 除上述情况外，一般车间变电所宜采用一台变压器。但是负荷集中而容量相当大的变电所，虽为三级负荷，也可以采用两台或两台以上变压器。

(4) 在确定变电所主变压器台数时，应适当考虑负荷的发展并留出一定的余地。

3. 变电所主变压器容量的选择

1) 只装一台主变压器的变电所

主变压器容量 $S_{N.T}$ 应满足全部用电设备总计算负荷 S_{30} 的需要，即

$$S_{N.T} \geqslant S_{30} \tag{4-3}$$

2) 装有两台主变压器的变电所

每台变压器的容量 $S_{N.T}$ 应同时满足以下两个条件。

(1) 任一台变压器单独运行时，应满足总计算负荷 S_{30} 的 $60\% \sim 70\%$ 的需要，即

$$S_{N.T} \geqslant (0.6 \sim 0.7)S_{30} \tag{4-4}$$

(2) 任一台变压器单独运行时，应满足全部一、二级负荷 $S_{30(I+II)}$ 的需要，即

$$S_{N.T} \geqslant S_{30(I+II)} \tag{4-5}$$

3) 车间变电所主变压器单台容量的选择

车间变电所主变压器的单台容量一方面会受到低压断路器断流能力和短路稳定度的限制，另一方面应考虑使变压器更接近于车间负荷中心，因此容量一般不宜大于 1250 kV·A。

对居民小区变电所内的变压器，一般保护配置比较简单，因此单台容量不宜大于

$630 \text{ kV} \cdot \text{A}$。

4）选择的变压器容量应留有一定的余地

必须指出，变电所主变压器台数和容量的最后确定应结合变电所主接线方案的选择，通过对几个较合理方案的技术经济指标进行比较后择优确定。

【例 4 - 1】 某 $10/0.4 \text{ kV}$ 变电所，其总计算负荷为 $1400 \text{ kV} \cdot \text{A}$，其中一、二级负荷为 $730 \text{ kV} \cdot \text{A}$。试初步选择主变压器的台数和容量。

解：根据变电所的一、二级负荷情况，确定选两台主变压器。

每台变压器容量应满足以下两个条件：

$$S_{\text{N.T}} \geqslant (0.6 \sim 0.7) \times 1400 \text{ kV} \cdot \text{A} = (840 \sim 980) \text{ kV} \cdot \text{A}$$

且

$$S_{\text{N.T}} \geqslant 730 \text{ kV} \cdot \text{A}$$

因此，初步确定选择两台 $1000 \text{ kV} \cdot \text{A}$ 的主变压器，具体可选为 S9 - 1000/10。

4.4 互 感 器

互感器是一次电路和二次电路间的联络元件，用来分别向测量仪表、继电器的电压线圈和电流线圈供电，以反映电气设备的正常运行和故障情况。互感器分为电流互感器和电压互感器两大类。电流互感器简称 CT，它能将高低压线路的大电流变成标准小电流（额定值为 5 A 或 1 A）；电压互感器简称 PT，它能将高电压变成标准的低电压（额定值为 100 V 或 $100/\sqrt{3}$ V）。

在供配电系统中互感器的功能主要有以下两点。

（1）将一次回路的高电压和大电流变为二次回路的标准低电压和小电流，从而扩大了仪表、继电器等二次设备的应用范围，并使测量仪表和保护装置标准化、小型化、便于屏内安装。

（2）用来使仪表、继电器等二次设备与主电路绝缘，这既可避免主电路的高电压直接引入仪表、继电器等二次设备，又可防止仪表、继电器等二次设备的故障影响主电路，从而提高了一、二次电路的安全性和可靠性。

从基本结构和工作原理来说，互感器就是一种特殊变压器。

4.4.1 电流互感器

1. 电流互感器的结构原理

电流互感器的结构与原理如图 4 - 9 所示，它由一次绕组、铁芯和二次绕组组成。其结构特点有如下几点：

（1）一次绕组串联在电路中，并且匝数少、导线粗，故一次绕组中的电流完全取决于被测电路的负荷电流，与二次电流的大小无关。

（2）二次绕组匝数多，导体较细，与所接仪表、

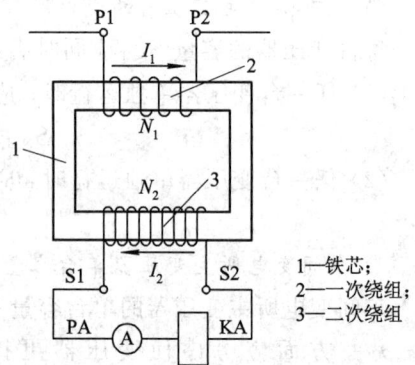

1—铁芯；
2—一次绕组；
3—二次绕组

图 4 - 9 电流互感器的结构与接线

继电器等的电流线圈相串联，形成一个闭合回路。二次绕组的额定电流一般为 5 A。

(3) 正常工作时，二次绕组所接的仪表、继电器等电流线圈的阻抗很小，因此电流互感器二次回路接近于短路状态。

电流互感器的一次电流 I_1 与其二次电流 I_2 之间有下列关系：

$$I_1 \approx \frac{N_2}{N_1} I_2 \approx K_i I_2 \qquad (4-6)$$

式中，N_1、N_2 为电流互感器一次绕组和二次绕组的匝数；K_i 为电流互感器的变流比，一般表示为额定的一次电流和二次电流之比，即 $K_i = I_{1N}/I_{2N}$，例如 100 A/5 A。

2. 电流互感器的接线方案

电流互感器在三相电路中有四种常用的接线方案，如图 4-10 所示。

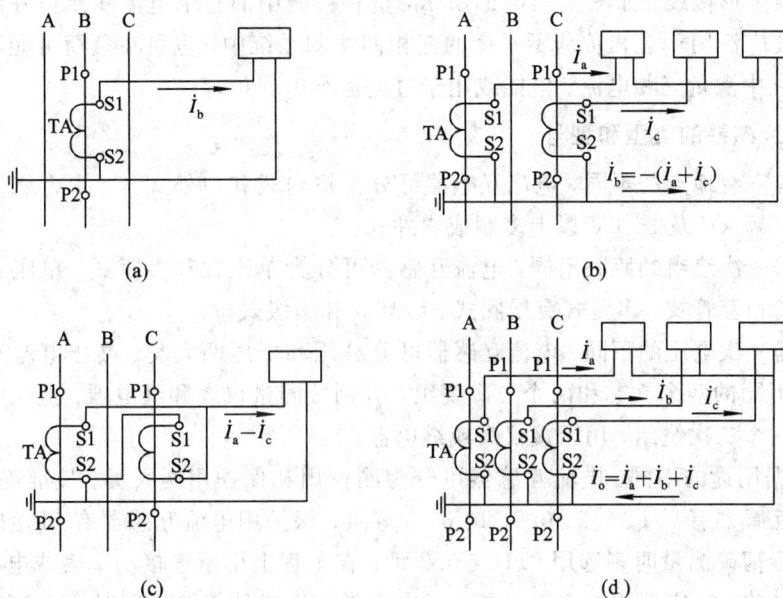

图 4-10　电流互感器的接线方案
(a) 一相式；(b) 两相 V 形；(c) 两相电流差式；(d) 三相星形

(1) 一相式接线。如图 4-10(a) 所示，电流线圈中通过的电流反映一次电路中相应相的电流，一般用于负载平衡的三相电路，如低压动力线路中。这种接线方案主要用于测量电流或连接过负荷保护装置。

(2) 两相 V 形接线。如图 4-10(b) 所示，这种接线也叫做两相不完全星形接线。在继电保护中，这种接线称为两相两继电器接线。在 35 kV 及 35 kV 以下中性点不接地的三相三线制电路中，这种接线广泛用于测量三相电流、电能或用于过电流继电保护。电流互感器通常装于 A、C 两相，由图 4-11 所示的相量图可知，其二次侧公共线上的电流正好等于 B 相电流，即 $\dot{I}_a + \dot{I}_c = -\dot{I}_b$，反映未接电流互感器那一相的相电流。

(3) 两相电流差式接线。如图 4-10(c) 所示，这种接线又叫两相一继电器接线。流过电流继电器线圈的电流为 $\dot{I}_a - \dot{I}_c$，由相量图 4-12 可知，其电流量值是相电流的 $\sqrt{3}$ 倍。这种接线适用于中性点不接地的三相三线制系统，可用于过电流继电保护。

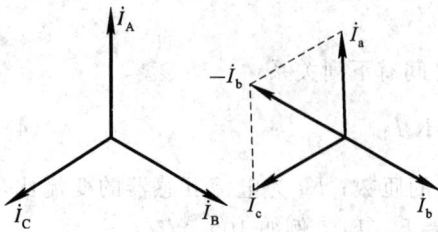

图 4-11　两相 V 形接线的电流互感器
一、二次侧的电流相量图

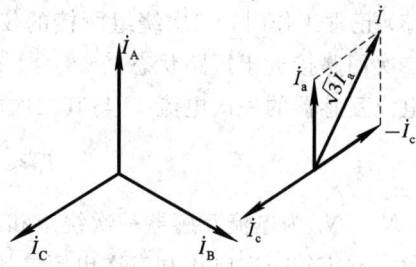

图 4-12　两相电流差式接线的电流互感器
一、二次侧的电流相量图

（4）三相星形接线。如图 4-10(d)所示，这种接线中的三个电流线圈正好反映了各相电流，因此被广泛用于三相负荷不平衡的三相四线制系统中，也可在负荷可能不平衡的三相三线制系统中测量三相电流、电能或用于过电流继电保护。

3. 电流互感器的类型和型号

（1）根据安装地点的不同，电流互感器可分为户内式和户外式。20 kV 及 20 kV 以下制成户内式，35 kV 及 35 kV 以上多制成户外式。

（2）根据一次绕组的匝数不同，电流互感器可分为单匝式和多匝式。单匝式结构有母线式、芯柱式和套管式；多匝式有线圈式、线环式和串级式。

（3）根据一次电压的不同，电流互感器可分高压和低压两大类。高压电流互感器多制成准确度级不同的两个铁芯和两个二次绕组，分别接测量仪表和继电器；低压电流互感器二次侧只有一个二次绕组，用于接仪表或继电器。

（4）根据用途的不同，电流互感器可分为测量用和保护用两大类。按准确度级分类，测量用电流互感器有 0.1、0.2、0.5、1、3、5 等级；保护用电流互感器有 5P 和 10P 两级。在实验室进行精确测量时多选用 0.1 或 0.2 级；在工程上用于连接功率表或电能表，并以此计量收取电费时，应选用 0.5 级；在运行中只作监视或估算电量用时，可选 1、3 级；供辨别被测值是否存在或大致估算仪表所用电流时，应选 5 级；供一般保护装置用的电流互感器，可选用准确度级为 5P 或 10P 级；对差动保护用的电流互感器，则应选用 0.5(或 D)级。如果一只电流互感器既要供给仪表又要供给保护装置，则可以选择具有两个铁芯、不同准确度级的电流互感器。

常用高压 10 kV 电流互感器有 LA、LAJ、LQJ、LQJC 型等。如图 4-13 所示为 LQJ-10 型电流互感器的外形图。LQJ-10 型是目前常用于 10 kV 高压开关柜中的户内线圈式环氧树脂浇注绝缘加强型电流互感器。它

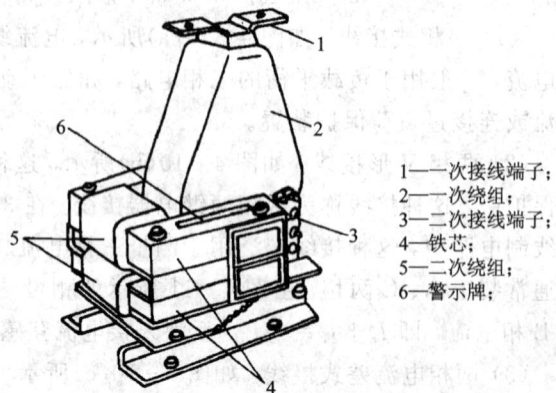

1——次接线端子；
2——次绕组；
3—二次接线端子；
4—铁芯；
5—二次绕组；
6—警示牌；

图 4-13　LQJ-10 型电流互感器

有两个铁芯和两个二次绕组，分别为 0.5 级和 3 级，0.5 级用于测量，3 级用于继电保护。

低压电流互感器有 LMZ1、LMZJ1、LMZB1、LMK1、LMKJ1、LMKB1 型等。如图 4-14 所示为 LMZJ1-0.5 型电流互感器的外形图。LMZJ1-0.5 型广泛用于低压配电屏和其他低压电路中的户内母线式环氧树脂浇注绝缘加大容量的电流互感器。它本身无一次绕组，穿过其铁芯的母线就是一次绕组。

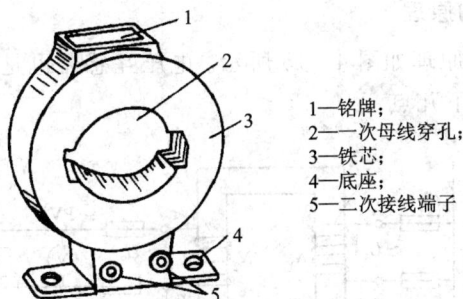

1—铭牌；
2—一次母线穿孔；
3—铁芯；
4—底座；
5—二次接线端子

图 4-14　LMZJ1-0.5 型电流互感器

电流互感器全型号的表示和含义如下：

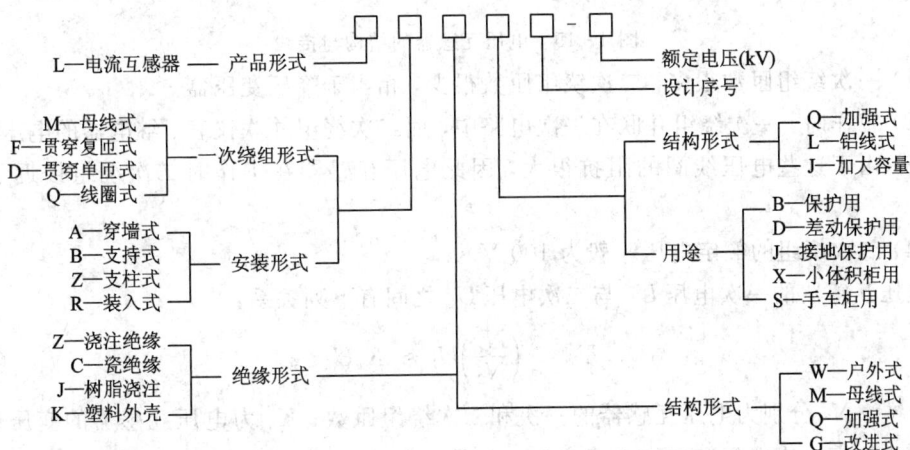

4. 电流互感器使用注意事项

(1) 电流互感器在工作时二次侧不得开路。如果开路，则二次侧可能会感应出危险的高电压，危及人身和设备安全；同时，互感器铁芯会由于磁通剧增而过热，产生剩磁，导致互感器准确度降低。因此，电流互感器二次侧不允许开路。在安装时，二次接线必须可靠、牢固，决不允许在二次回路中接入开关或熔断器。

(2) 电流互感器二次侧有一端必须接地。这是为了防止一、二次绕组间绝缘击穿时，一次侧高电压窜入二次侧，危及设备和人身的安全。

(3) 电流互感器在接线时，要注意其端子的极性。电流互感器的一、二次侧绕组端子分别用 P1、P2 和 S1、S2 表示，对应的 P1 和 S1、P2 和 S2 为用"减极性"法规定的"同名端"，又称"同极性端"。如果一次电流 I_1 从 P1 流向 P2，则二次电流 I_2 由 S2 流向 S1，如图 4-9 所示。

在安装和使用电流互感器时，一定要注意其端子极性，否则将造成不良后果甚至会引发事故。例如，图 4-10(b)中 C 相电流互感器的 S1 和 S2 如果接反，则二次侧公共线中的电流将不是相电流，而是相电流的 $\sqrt{3}$ 倍，可能会使电流表烧毁。

4.4.2　电压互感器

1. 电压互感器的结构原理

电压互感器的结构与原理如图 4-15 所示。电压互感器也是由一次绕组、铁芯、二次绕组组成的。其特点有如下几点。

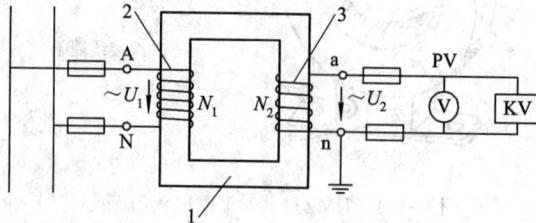

1—铁芯；2——次绕组；3—二次绕组

图 4-15　电压互感器的结构与接线

(1) 一次绕组匝数很多，二次绕组匝数很少，相当于降压变压器。

(2) 工作时，一次绕组并联在一次电路中，而二次绕组并联仪表、继电器的电压线圈。

(3) 由于这些电压线圈的阻抗很大，因此电压互感器在工作时二次绕组接近于空载状态。

(4) 二次绕组的额定电压一般为 100 V。

电压互感器的一次电压 U_1 与二次电压 U_2 之间有下列关系：

$$U_1 \approx \left(\frac{N_1}{N_2}\right)U_2 \approx K_u U_2 \tag{4-7}$$

式中，N_1、N_2 分别为电压互感器的一次和二次绕组匝数；K_u 为电压互感器的变压比，一般表示为额定一次电压和二次电压之比，即 $K_u \approx U_{1N}/U_{2N}$，例如 10 000 V/100 V。

2. 电压互感器的接线方案

电压互感器在三相电路中有四种常见的接线方案，如图 4-16 所示。

(1) 一个单相电压互感器的接线，如图 4-16(a)所示。这种接线方案可供仪表和继电器测量某两相之间的线电压，适用于电压对称的三相电路。

(2) 两个单相电压互感器接成 V/V 形，如图 4-16(b)所示。这种接线方案可供仪表和继电器接于三相三线制电路的各个线电压，广泛应用在企业变配电所的 6～10 kV 高压配电装置中。

(3) 三个单相电压互感器接成 Y_0/Y_0 形，如图 4-16(c)所示。这种接线方案可供电给要求线电压的仪表和继电器。在小电流接地系统中，供电给接相电压的绝缘监视电压表，这种接线方式中测量相电压的电压表应按线电压来选择。

(4) 三个单相三绕组电压互感器或一个三相五芯柱三绕组电压互感器接成 $Y_0/Y_0/\triangle$

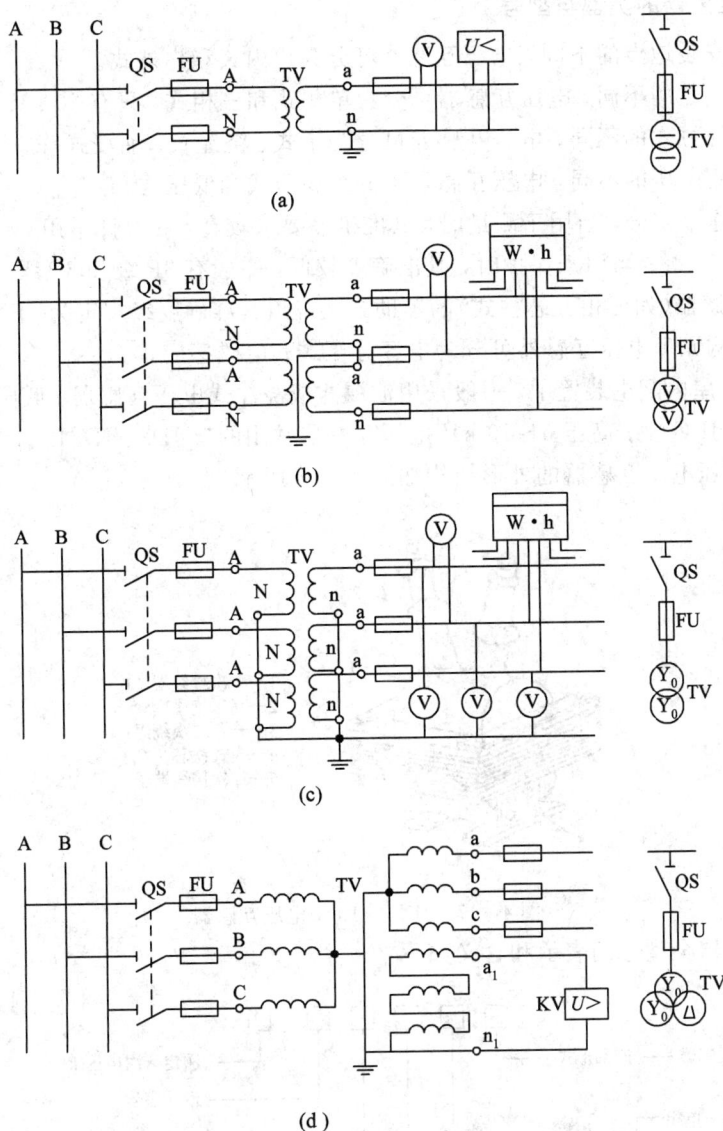

图 4-16　电压互感器的接线方式

(a) 一个单相电压互感器；(b) 两个单相电压互感器接成 V/V 形；

(c) 三个单相电压互感器接成 Y_0/Y_0 形；

(d) 三个单相三绕组电压互感器或一个三相五芯柱三绕组电压互感器接成 $Y_0/Y_0/\triangle$ 形

形，如图 4-16(d) 所示。接成 Y_0 的二次绕组供电给线电压仪表、继电器及绝缘监视用电压表；辅助二次绕组接成开口三角形，用来连接电压继电器，测量零序电压。当一次电压正常时，由于三个相电压对称，因此开口三角形两端电压接近于零。当某一相接地时，开口三角形两端将出现近 100 V 的零序电压，使电压继电器动作，发出信号。

3～35 kV 电压互感器一般经隔离开关和熔断器接入高压电网。在 110 kV 及 110 kV 以上配电装置中，考虑到互感器及配电装置可靠性高且高压熔断器的制造比较困难，故一般电压互感器只经过隔离开关与电网连接。

3. 电压互感器的类型与型号

(1) 根据安装地点的不同，电压互感器可分为户内式和户外式。

(2) 根据相数的不同，电压互感器可分为单相式和三相式，只有 20 kV 以下有三相式。

(3) 按绝缘方式的不同，电压互感器可分为干式、浇注式、油浸式等。

(4) 按使用电压的不同，电压互感器可分为高压式和低压式。

(5) 按用途来划分，当用于测量时，其准确度要求较高，一般计量用 0.5 级以上，一般测量用 1.0～3.0 级；当用于保护时，其准确度较低，一般有 3P 级和 6P 级，其中用于小接地系统电压互感器(如三相五芯柱式)的辅助二次绕组其准确度级规定为 6P 级。

(6) 按结构原理电压互感器可分为电容分压式和电磁感应式。

6～35 kV 屋内配电装置中，一般采用油浸式或浇注式电压互感器。低压 500 V 电压互感器常用的有 JDG 型；高压 6～10 kV 电压互感器常用的有 JDZ、JDZJ、JDJ、JSJB、JSJW 型等。JDZJ 高压电压互感器的外形结构如图 4 - 17 所示。

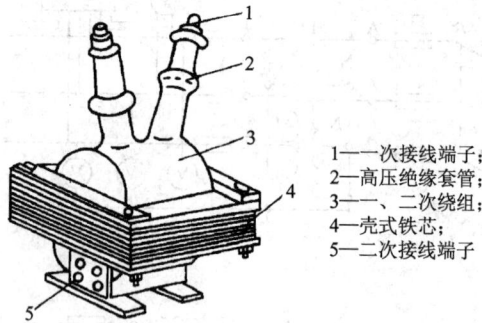

1——次接线端子；
2——高压绝缘套管；
3——一、二次绕组；
4——壳式铁芯；
5——二次接线端子

图 4 - 17　JDZJ - 10 型电压互感器

电压互感器全型号的表示和含义如下：

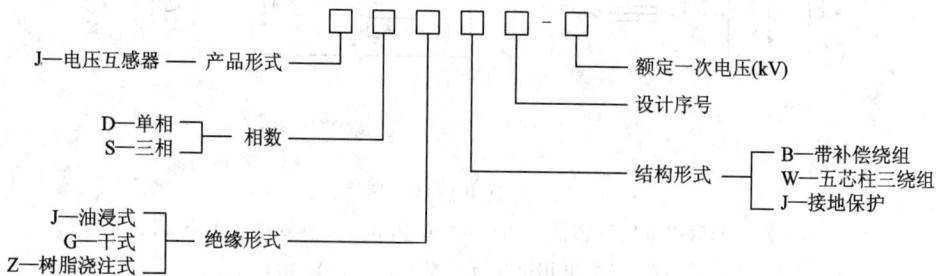

J—电压互感器 —— 产品形式
D—单相 ——相数
S—三相
J—油浸式 ——绝缘形式
G—干式
Z—树脂浇注式
结构形式 —— B—带补偿绕组
W—五芯柱三绕组
J—接地保护
设计序号
额定一次电压(kV)

4. 使用注意事项

(1) 电压互感器在工作时其二次侧不得短路。由于电压互感器二次回路中的负载阻抗较大，其运行状态接近开路，当发生短路时，将产生很大的短路电流，有可能烧毁互感器，甚至影响一次电路的安全运行，因此电压互感器的一、二次侧必须装设熔断器以进行短路保护。

(2) 电压互感器的二次侧有一端必须接地。为了防止一、二次绕组间的绝缘击穿时，一次侧的高电压窜入二次侧，危及人身和设备的安全，通常将公共端接地。

（3）电压互感器在连接时，也要注意其端子的极性。我国规定，单相电压互感器的一次绕组端子标以 A、N，二次绕组端子标以 a、n，其中 A 与 a、N 与 n 分别为对应的"同名端"或"同极性端"。三相电压互感器按照相序，一次绕组端子分别标以 A、B、C，二次绕组端子分别标以 a、b、c，一、二次侧的中性点则分别标以 N、n，其中端子 A 与 a、B 与 b、C 与 c、N 与 n 分别为对应的"同名端"或"同极性端"。在接线时，若将其中的一相绕组接反，则二次回路中的线电压将发生变化，从而会造成测量和保护误动作（或误信号），甚至可能对仪表造成损害。因此，必须注意一、二次极性的一致性。

4.5　高压开关设备

高压开关设备主要有高压断路器、隔离开关、负荷开关等。

4.5.1　高压断路器

1. 高压断路器的功能

高压断路器 QF 是高压输配电线路中最为重要的电气设备，它的性能直接关系到线路运行的安全性和可靠性。高压断路器具有完善的灭弧装置，其在电网中的作用可归纳为两方面：一是控制作用，即根据电网的运行需要，将部分电器设备（或线路）投入或者退出运行；二是保护作用，即在电器设备或电力线路发生故障时，继电保护自动装置将发出跳闸信号，启动断路器，将故障部分设备或线路从电网中迅速切除，确保电网中无故障部分的正常运行。

2. 高压断路器的分类及型号

高压断路器按灭弧介质的不同可分为油断路器、真空断路器和六氟化硫（SF_6）断路器；按使用场合的不同可分为户内式和户外式；按分断速度的不同可分为高速（$<0.01\ s$）、中速（$0.1\sim0.2\ s$）和低速（$>0.2\ s$）。

高压断路器全型号的表示和含义如下：

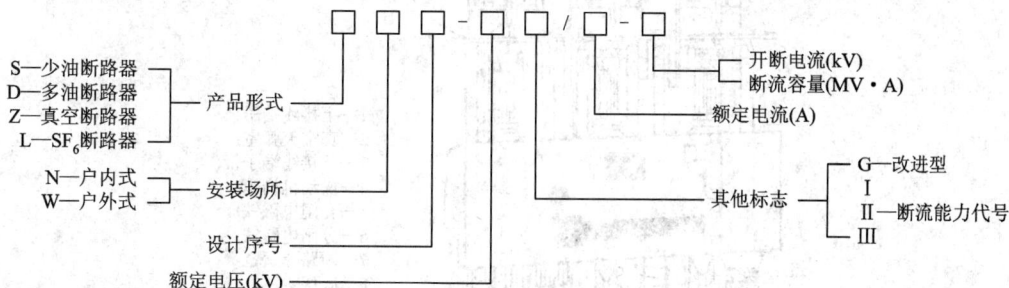

```
□ □ □ - □ □ / □ - □
```

S—少油断路器
D—多油断路器   产品形式
Z—真空断路器
L—SF₆断路器

N—户内式   安装场所
W—户外式

                   设计序号

                   额定电压(kV)

开断电流(kV)
断流容量(MV·A)
额定电流(A)

其他标志　　G—改进型
　　　　　　Ⅰ
　　　　　　Ⅱ—断流能力代号
　　　　　　Ⅲ

（1）油断路器：指采用变压器油作为灭弧介质的断路器，按油量的大小油断路器可分为多油断路器和少油断路器。多油断路器的油量多，兼有灭弧和绝缘的双重功能；少油断路器的油只作为灭弧介质使用。与多油断路器相比，少油断路器具有用油量少、体积小、重量轻、运输安装方便等优点。在不需要频繁操作且要求不高的高压电网中，少油断路器得到了广泛应用。在 $6\sim10\ kV$ 户内配电装置中常用的少油断路器有 SN10-10 型，按断流容量可将其分为Ⅰ、Ⅱ和Ⅲ型。Ⅰ型断流容量 S_{OC} 为 300 MV·A，Ⅱ型断流容量 S_{OC} 为 500 MV·A，Ⅲ型断流容量 S_{OC} 为 750 MV·A。SN10-10 型高压少油断路器的外形结构如图 4-18 所示。

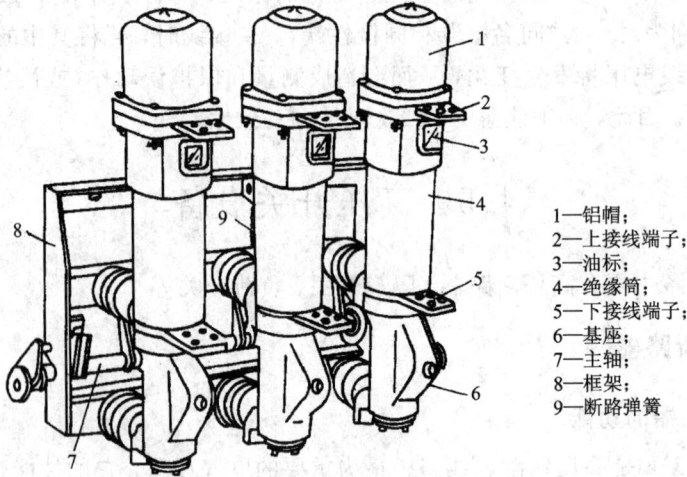

1—铝帽；
2—上接线端子；
3—油标；
4—绝缘筒；
5—下接线端子；
6—基座；
7—主轴；
8—框架；
9—断路弹簧

图 4-18 SN10-10 型高压少油断路器

(2) 真空断路器：指采用真空的高绝缘强度来灭弧的断路器。这种断路器的动静触头密封在真空灭弧室内，利用真空作为灭弧介质和绝缘介质。其特点有不爆炸，噪声低，体积小，寿命长，结构简单，可靠性高等。真空断路器主要用于频繁操作的场所，尤其是安全要求较高的工矿企业、住宅区、商业区等。常用的真空断路器有 ZN3-10、ZN12-12、ZN28A-12 型。ZN3-10 型高压真空断路器的外形结构如图 4-19 所示。

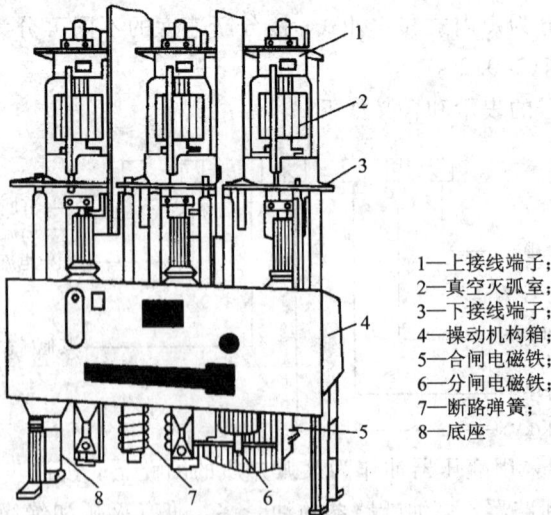

1—上接线端子；
2—真空灭弧室；
3—下接线端子；
4—操动机构箱；
5—合闸电磁铁；
6—分闸电磁铁；
7—断路弹簧；
8—底座

图 4-19 ZN3-10 型高压真空断路器

(3) 六氟化硫(SF$_6$)断路器：指利用 SF$_6$ 气体作为灭弧介质和绝缘介质的断路器。由于 SF$_6$ 气体是无色、无臭、不燃烧、无毒的稀有气体，在 150℃ 以下其化学性能相当稳定，其绝缘能力约等于空气的 2.5 倍，而灭弧能力则高达百倍，因此 SF$_6$ 断路器具有灭弧能力强，绝缘强度高，开断电流大，燃弧时间短，检修周期长，断开电容电流或电感电流时，无重燃，过电压低等优点。但是 SF$_6$ 断路器要求加工精度高，密封性能要求严，价格相对昂贵。SF$_6$ 断路器主要用于需频繁操作且有易燃易爆危险的场所，特别适用于全封闭组合电器。常用的有 LN2-10 型，其外形结构如图 4-20 所示。

真空断路器、六氟化硫断路器(SF$_6$)是现在和未来重点发展与使用的断路器。

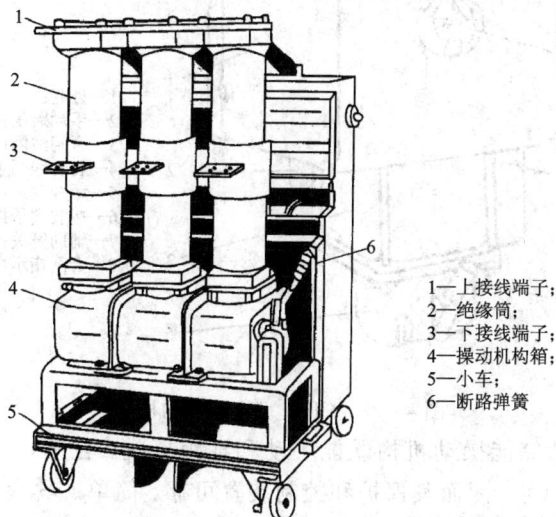

1—上接线端子;
2—绝缘筒;
3—下接线端子;
4—操动机构箱;
5—小车;
6—断路弹簧

图 4-20　LZ2-10 型高压 SF$_6$ 断路器

3. 断路器的操动机构

断路器在工作过程中的合、分闸操作均是由操动机构完成的。操动机构按操动能源的不同可分为手动型、电磁型、液压型、气压型和弹簧型等多种类型。手动型需借助人的力量完成合闸;电磁型则依靠合闸电源提供操动功率;液压型、气压型和弹簧型则只是间接利用电能，并经转换设备和储能装置用非电能形式操动合闸，在短时间内失去电源后可由储能装置提供操动功率。

(1) CS 系列的手动操动机构可手动和远距离跳闸，但只能手动合闸。该机构采用交流操作电源，无自动重合闸功能，且操作速度有限，其所操作的断路器开断的短路容量不宜超过 100 MV·A。如图 4-21 所示为 CS2 型手动操动机构的外形结构。

(2) CD 系列电磁操动机构通过其跳、合闸线圈能手动和远距离跳、合闸，也可进行自动重合闸，且合闸功率大，但需直流操作电源。图 4-22 是 CD10 型电磁操动机构的外形结构。电磁操动机构 CD10 根据所操作断路器的断流容量

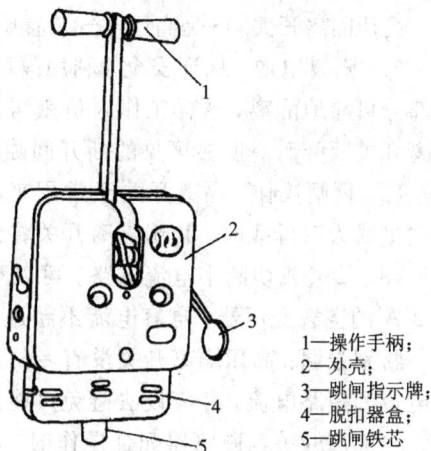

1—操作手柄;
2—外壳;
3—跳闸指示牌;
4—脱扣器盒;
5—跳闸铁芯

图 4-21　CS2 型手动操动机构

不同，可分为 CD10 - 10 Ⅰ、CD10 - 10 Ⅱ 和 CD10 - 10 Ⅲ 三种。电磁机构分、合闸操作简便，动作可靠，但结构较复杂，需专门的直流操作电源，因此，一般在变压器容量 630kV·A 以上、可靠性要求高的高压开关中使用。

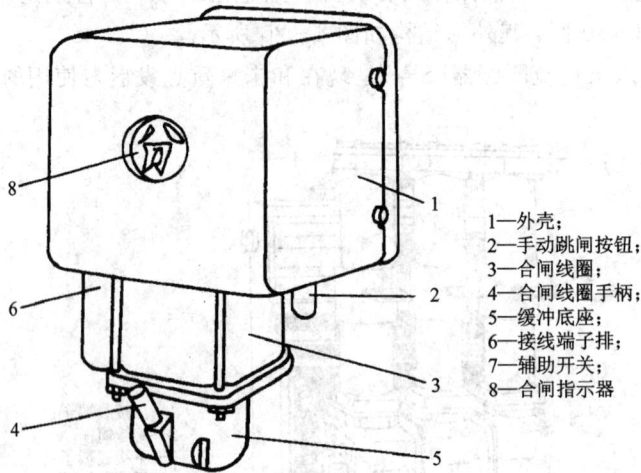

1—外壳；
2—手动跳闸按钮；
3—合闸线圈；
4—合闸线圈手柄；
5—缓冲底座；
6—接线端子排；
7—辅助开关；
8—合闸指示器

图 4 - 22　CD10 型电磁操动机构

（3）CT 系列弹簧储能操动机构既能手动和远距离跳、合闸，又可实现一次重合闸，且操作电源交、直流均可，因而其保护和控制装置可靠、简单。虽然结构复杂，价格昂贵，但其应用已越来越广泛。

SN10 - 10 型断路器可配 CS 型手动操动机构、CD10 型电磁操动机构或 CT 型弹簧机构。真空断路器可配 CD 型电磁操动机构或 CT 型弹簧机构。SF₆ 断路器主要采用弹簧、液压操动机构。

4.5.2　高压隔离开关

1. 高压隔离开关的功能

高压隔离开关 QS 是高压电气装置中保证工作安全的开关电器，其作用主要有以下三种。

（1）隔离电源，保证安全。利用隔离开关将高压电气装置中需要检修的部分与其他带电部分可靠地隔离，这样工作人员就可以安全地进行作业，不影响其余部分的正常工作。隔离开关断开后有明显可见的断开间隙，能充分保证人身和设备的安全。

（2）倒闸操作。隔离开关经常用来在电力系统运行方式改变时进行倒闸操作。例如，当主接线为双母线时，利用隔离开关将设备或线路从一组母线切换到另一组母线。

（3）接通或切断小电流电路。可以利用隔离开关通断一定的小电流，如励磁电流不超过 2 A 的空载变压器、电容电流不超过 5 A 的空载线路以及电压互感器和避雷器电路等。

特别强调：高压隔离开关没有专门的灭弧装置，在任何情况下，均不能接通或切断负荷电流和短路电流，并应设法避免可能发生的误操作。

当隔离开关与断路器配合操作时，其顺序应为：断电时，先拉开断路器，再拉开隔离开关；送电时，先合隔离开关，再合断路器。总之，在隔离开关与断路器配合操作时，隔离开关必须在断路器处于断开（分闸）的位置时才能进行操作。

2. 高压隔离开关的分类和型号

高压隔离开关按装设地点的不同，可分为户内式和户外式两种；按绝缘支柱数目，可分为单柱式、双柱式和三柱式；按有无接地刀闸，可分为无接地刀闸、一侧有接地刀闸和两侧有接地刀闸；按操动机构可分为手动式、电动式、气动式和液压式。

高压隔离开关全型号的表示和含义如下：

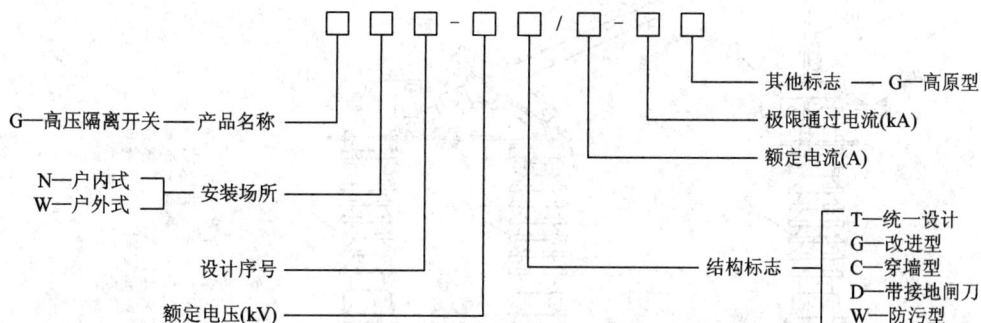

- G—高压隔离开关—产品名称
- N—户内式　W—户外式 —— 安装场所
- 设计序号
- 额定电压(kV)
- 额定电流(A)
- 极限通过电流(kA)
- 其他标志 —— G—高原型
- 结构标志 —— T—统一设计　G—改进型　C—穿墙型　D—带接地闸刀　W—防污型

户内隔离开关（型号为 GN）其额定电压一般在 35 kV 以下。10 kV 高压隔离开关型号较多，常用的有 GN8、GN19、GN22、GN24、GN28、GN30 等户内式系列。如图 4－23 所示为 GN8－10 型户内式高压隔离开关的外形结构，其三相闸刀安装在同一底座上，闸刀均采用垂直回转运动方式。GN 型高压隔离开关一般采用手动操动机构进行操作。

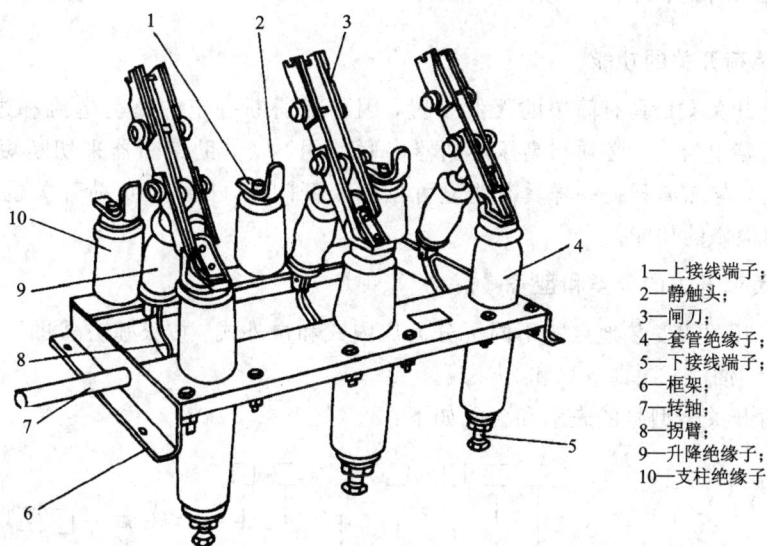

1—上接线端子；
2—静触头；
3—闸刀；
4—套管绝缘子；
5—下接线端子；
6—框架；
7—转轴；
8—拐臂；
9—升降绝缘子；
10—支柱绝缘子

图 4－23　GN8－10 型户内式高压隔离开关

户外隔离开关（型号为 GW）由于触头暴露在大气中，工作条件比较恶劣，因此一般要求有较高的绝缘等级和机械强度。户外隔离开关其额定电压一般在 35 kV 以上。常用的有 GW2－35、GW4－35G(D) 和 GW4－110D。图 4－24 给出了 GW2－35 型户外式高压隔离开关的外形结构。为了熄灭小电流电弧，该隔离开关安装有灭弧角条，采用的是三柱式结构。

带有接地开关的隔离开关称为接地隔离开关，可用来进行电气设备的短接、连锁和隔离，一般用来将退出运行的电气设备和成套设备部分接地或短接。接地开关是用于将回路接地的一种机械式开关装置。在异常条件（如短路）下，可在规定时间内承载规定的异常电流；在正常回路条件下，不要求承载电流。大多与隔离开关构成一个整体，并且在接地开关和隔离开关之间有相互的连锁装置。

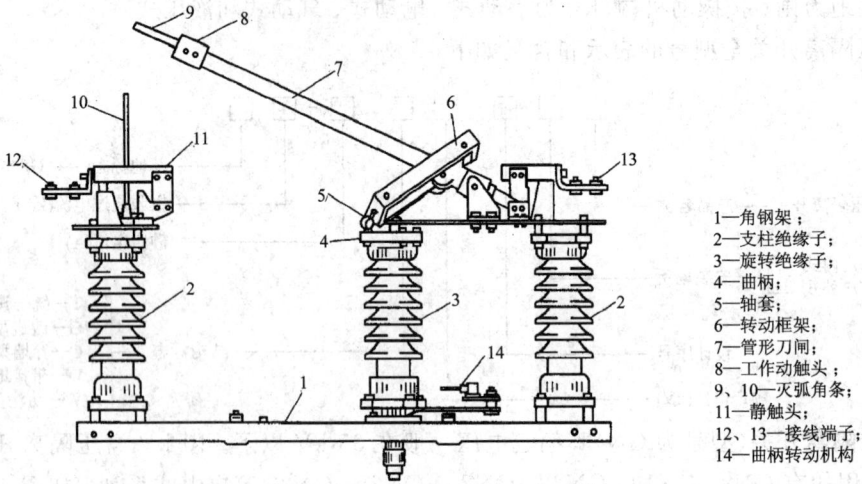

1—角钢架；
2—支柱绝缘子；
3—旋转绝缘子；
4—曲柄；
5—轴套；
6—转动框架；
7—管形刀闸；
8—工作动触头；
9、10—灭弧角条；
11—静触头；
12、13—接线端子；
14—曲柄转动机构

图 4-24　GW2-35 型户外式高压隔离开关

4.5.3　高压负荷开关

1. 高压负荷开关的功能

高压负荷开关 QL 具有简单的灭弧装置，因而能通断一定的负荷电流和过负荷电流，但不能断开短路电流，它必须与高压熔断器串联使用，以借助熔断器来切断短路故障。负荷开关断开后，与隔离开关一样具有明显可见的断开间隙，因此，负荷开关也具有隔离电源、保证安全检修的功能。

2. 高压负荷开关的分类和型号

高压负荷开关按安装地点的不同可分为户内式和户外式；按灭弧方式的不同可分为产气式、压气式、油浸式、真空式和 SF_6 式。

高压负荷开关全型号的表示和含义如下：

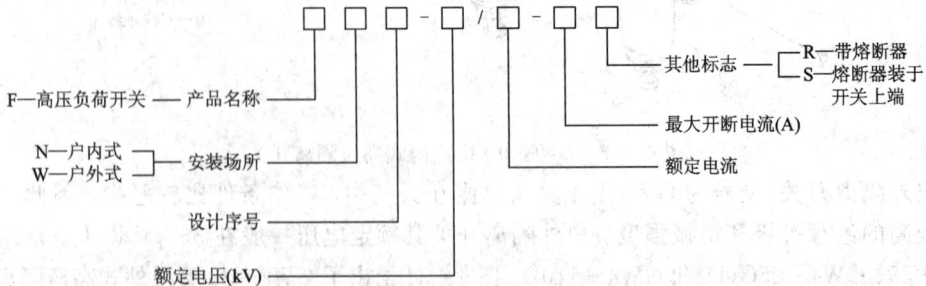

实际上，在 35 kV 以上的高压电路中高压负荷开关的应用很少。目前高压负荷开关主要用于 10 kV 及 10 kV 以下配电系统中，常用型号有户内压气式 FN3-10RT（R 表示带有熔断器）、FN5-10 型，户外产气式 FW5-10 型及户内高压真空式 ZFN21-10 型等。如图

4-25 所示为 FN3-10RT 户内压气式高压负荷开关的外形图。负荷开关一般配用 CS 型手动操动机构来进行操作。

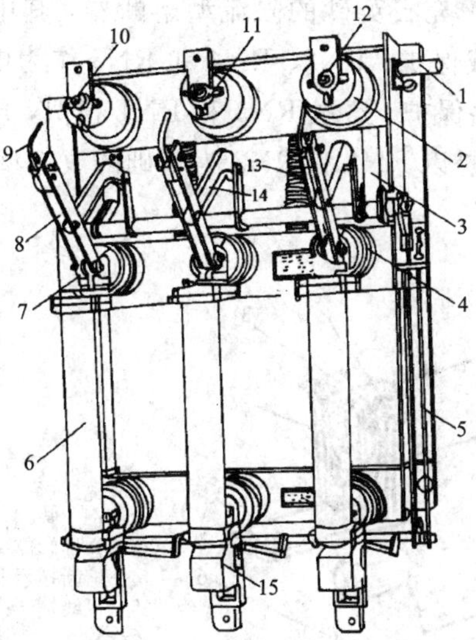

1—主轴；
2—上绝缘子；
3—连杆；
4—下绝缘子；
5—框架；
6—RN1 型高压熔断器；
7—下触座；
8—闸刀；
9—弧动触头；
10—绝缘喷嘴；
11—主静触头；
12—上触座；
13—断路弹簧；
14—绝缘拉杆；
15—热脱扣器

图 4-25　FN3-10RT 户内压气式高压负荷开关

4.6　熔　断　器

4.6.1　高压熔断器

熔断器 FU 是最简单也是最早使用的一种过电流保护电器。它串联在电路中，当正常工作时，熔体载流不大于其额定电流，熔断器可长期安全地工作而不发生熔断现象。当所在电路发生短路或过载时，熔体被加热，在被保护设备的温度未达到破坏其绝缘之前熔体熔断，电路断开，从而使电气设备得到保护。熔断器的功能主要是对电路及电路设备进行短路保护，但有的也具有过负荷保护的功能。

用户供配电系统中，室内广泛采用 RN1、RN2 型等高压管式熔断器，室外广泛采用 RW4、RW10(F)型等高压跌开式熔断器。

高压熔断器全型号的表示和含义如下：

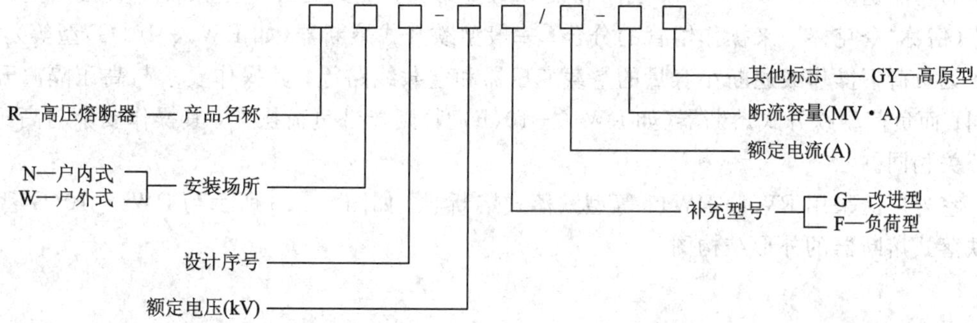

1. RN 系列户内高压管式熔断器

目前，户内 6～35 kV 供电系统中常用的高压熔断器有 RN1、RN2、RN3、RN5 等管式熔断器，其外形见图 4 - 26。它们均为填充石英砂的限流型熔断器，其中 RN1、RN3 型用于高压电力线路与变压器的短路和过载保护；RN2、RN4 和 RN5 作为电压互感器的短路保护；RN6 主要作为高压电动机的短路保护。这里 RN3 和 RN1 相似，RN4 和 RN2 相似，只是技术数据有所差别，RN5 和 RN6 是以 RN1 和 RN2 为基础的改进型，具有体积小、防尘性能好、维修和更换方便等特点。

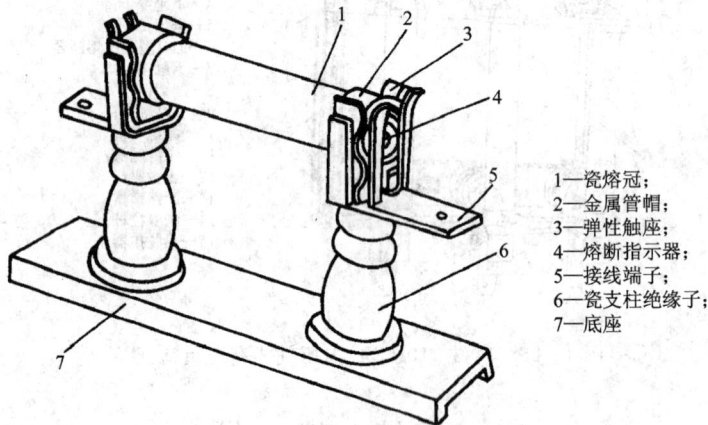

1—瓷熔冠；
2—金属管帽；
3—弹性触座；
4—熔断指示器；
5—接线端子；
6—瓷支柱绝缘子；
7—底座

图 4 - 26　RN1、RN2 型高压熔断器

如图 4 - 27 所示为 RN 系列高压熔断器熔管内部结构剖面图。熔管一般为瓷质管，熔丝由单根或多根镀银的细铜丝并联绕成螺旋状，熔丝埋放在石英砂填料中，熔丝上焊有小锡球。当过负荷电流通过时，铜丝上锡球受热熔化，铜锡分子相互渗透形成熔点较低的铜锡合金(冶金效应)，使铜熔丝能在较低的温度下熔断；当短路电流发生时，几根并联的铜丝熔断时可将产生的电弧粗弧分细、长弧切短和狭沟灭弧。因此，熔断器的灭弧能力很强，在短路后不到半个周期即短路电流未达到冲击电流值时就能完全熄灭电弧、切断短路电流，具有这种特性的熔断器称为限流式熔断器。

2. RW 系列户外高压跌开式熔断器

RW 系列跌开式熔断器又称跌落式熔断器，被广泛用于环境正常的室外场所。这种熔断器的功能是既可作 6～10 kV 线路和设备的短路保护，又可在一定条件下直接用高压绝缘棒(俗称"令克棒")来操作熔管的分合。一般型跌开式熔断器(如 RW4 - 10(G)型等)，只能在无负荷下操作或通断小容量的空载变压器和空载线路等，其操作要求与高压隔离开关相同；而负荷型跌开式熔断器(如 RW10 - 10(F)型)则能带负荷操作，其操作要求与高压负荷开关相同。

室外广泛采用 RW4、RW11 等型跌落式熔断器。如图 4 - 28 所示为 RW4 - 10(G)型高压跌落式熔断器的外形结构图。

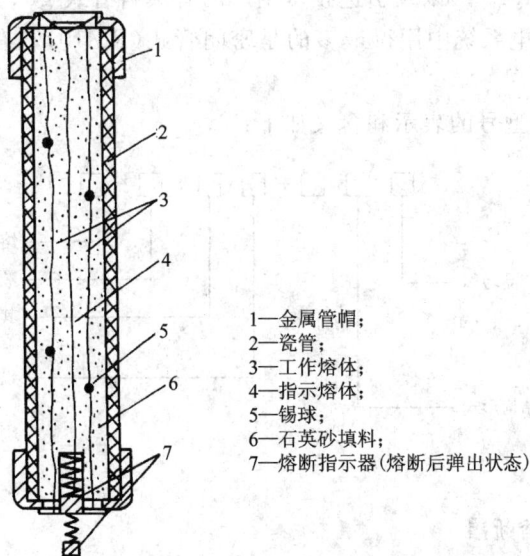

1—金属管帽；
2—瓷管；
3—工作熔体；
4—指示熔体；
5—锡球；
6—石英砂填料；
7—熔断指示器(熔断后弹出状态)

图 4-27 熔管内部结构剖面图

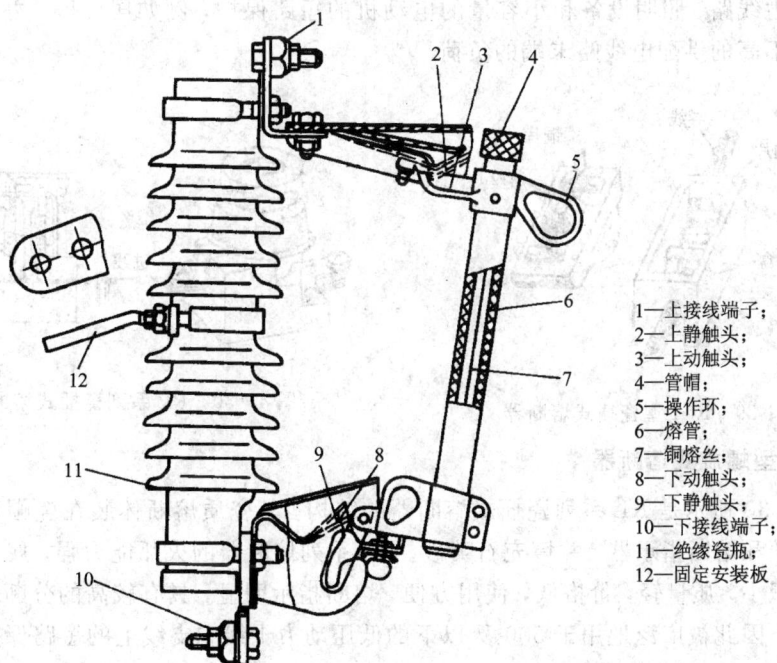

1—上接线端子；
2—上静触头；
3—上动触头；
4—管帽；
5—操作环；
6—熔管；
7—铜熔丝；
8—下动触头；
9—下静触头；
10—下接线端子；
11—绝缘瓷瓶；
12—固定安装板

图 4-28 RW4-10(G)型高压跌落式熔断器

4.6.2 低压熔断器

低压熔断器的功能主要是实现低压配电系统的短路保护，有的熔断器也能实现过负荷保护。

低压熔断器的类型很多，如插入式(RC口)、螺旋式(RL口)、无填料密封管式(RM

口)、有填料封闭管式(RT口)以及引进技术生产的有填料管式 gF、aM 系列、具有高分断能力的 NT 系列等。供电系统中用得最多的是密闭管式(RM10)和有填料封闭管式(RT0)两种。

国产低压熔断器全型号的表示和含义如下：

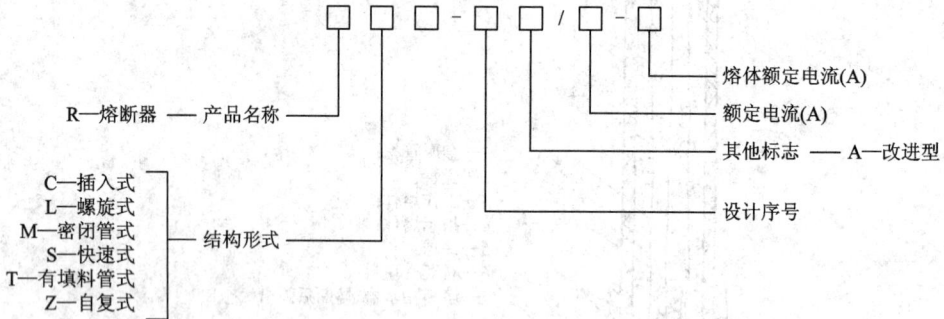

1. RC1 型瓷插式熔断器

如图 4-29 所示为 RC1 型瓷插式熔断器的结构。RC1 型低压熔断器结构简单，价格低，使用方便，但断流容量小，动作误差大，因此多用于 500 V 以下的线路末端，作为不重要负荷的电力线路、照明设备和小容量的电动机的短路保护，例如居民区、办公楼、农用负荷等要求不高的供配电线路末端的负荷。

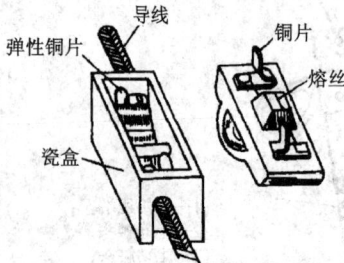

图 4-29　RC1 型瓷插式熔断器　　　图 4-30　RL 系列瓷插式熔断器

2. RL1 型螺旋式熔断器

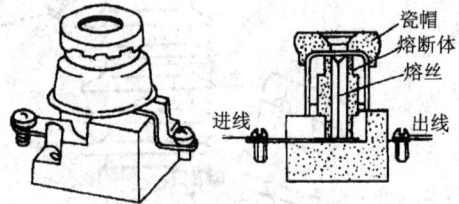

如图 4-30 所示是 RL 系列瓷插式熔断器的结构。其瓷质熔断体装在瓷帽和瓷底座之间，内装熔丝和熔断指示器，并填充石英砂。RL 系列熔断器的灭弧能力强，属于限流式熔断器；且体积小，质量轻，价格低，使用方便，熔断指示明显，具有较高的分断能力和稳定的电流特性，因此被广泛地用于 500 V 以下的低压动力干线和支线上的短路保护。

3. RM10 型无填料密闭管式熔断器

RM10 型熔断器的结构如图 4-31 所示。这种熔断器由纤维质熔管、变截面锌熔片和刀形触刀、铜管帽、管夹等组成。当短路电流通过时，熔片窄部由于截面小电阻大而首先熔断，并将产生的电弧切短成几段使其易于熄灭；在过负荷电流通过时，由于电流加热时间较长，而窄部散热较好，因此往往在宽窄之间的斜部熔断。由此，可根据熔片熔断的部位来判断过电流的性质。RM10 系列的熔断器不能在短路冲击电流出现以前完全灭弧，因此属非限流式熔断器。其特点是结构简单，价格低廉，更换熔体方便。

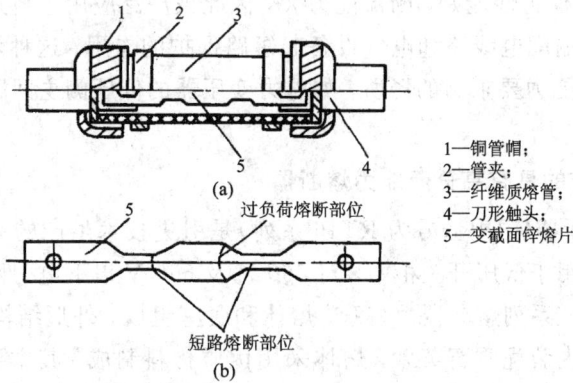

图 4-31 RM10 型低压熔断器
(a) 熔管；(b) 熔片

4. RT0 型有填料封闭管式熔断器

RT0 型有填料封闭管式熔断器的结构比较复杂，其外形及内部结构如图 4-32 所示。这种熔断器主要由瓷熔管、铜熔体（栅状）和瓷底座三部分组成。熔管内装有石英砂。熔体有变截面小孔和引燃栅，变截面小孔可使熔体在短路电流通过时熔断，将长弧分割为多段短弧；引燃栅具有等电位作用，可使粗弧分细，电弧电流在石英砂中燃烧，从而形成狭沟灭弧。这种熔断器具有较强的灭弧能力，因而属限流式熔断器。熔体还有锡桥，利用"冶金效应"可使熔体在较小的短路电流和过负荷时熔断。当熔体熔断后，其熔断指示器（红色）弹出，以方便工作人员识别故障线路并进行处理。熔断后的熔体不能再用，需重新更换，更换时应采用绝缘操作手柄来进行操作。

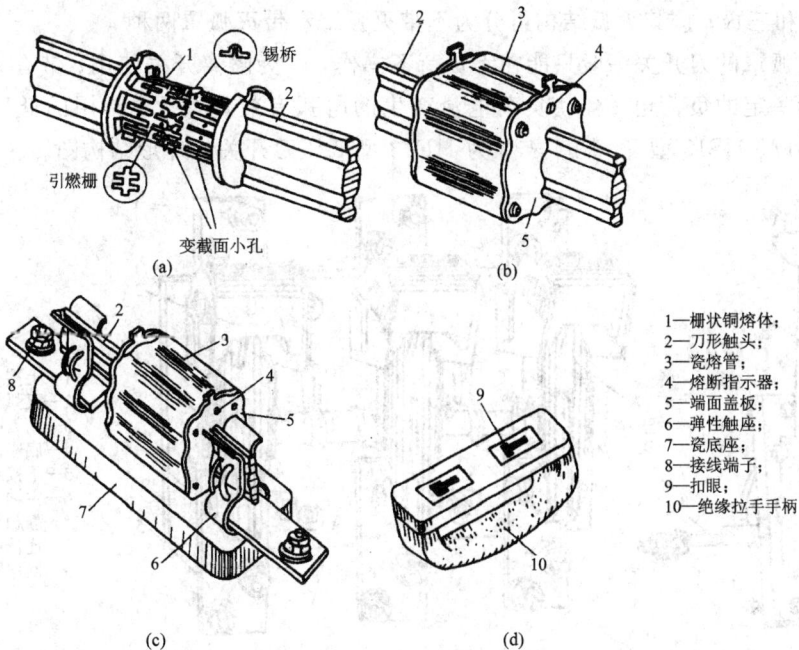

图 4-32 RT0 型低压熔断器
(a) 熔体；(b) 熔管；(c) 熔断器；(d) 操作手柄

RT0 型熔断器的保护性能好，断流能力大，因此被广泛应用于短路电流较大的低压网络和配电装置中，对输配电线路和电气设备起短路保护的作用。这种熔断器特别适用于重要的供电线路或断流能力要求高的场所，如电力变压器的低压侧主回路及靠近变压器场所出线端的供电线路。

5. 引进技术生产的具有高分断能力熔断器

（1）NT 系列熔断器（国内型号为 RT16 系列）是引进技术生产的一种具有高分断能力的熔断器，现广泛应用于低压开关柜中，对 660 V 及 660 V 以下电力网络及配电装置起短路和过载保护作用。该系列熔断器由熔管、熔体和底座组成，外形结构与 RT0 型相似。熔管为高强度陶瓷管，内装优质石英砂，熔体采用优质材料制成。其主要特点是体积小，重量轻，功耗小，分断能力高以及限流特性好。

（2）gF、aM 系列圆柱形管状有填料管式熔断器也属于引进技术生产的熔断器，这种熔断器具有体积小，密封好，分断能力高，指示灵敏，动作可靠，安装方便等优点，适用于低压配电系统。其中，gF 系列适用于线路的短路和过负荷保护，aM 系列适用于电动机的短路保护。

4.7 低压开关设备

低压开关设备主要有低压刀开关、低压刀熔开关以及低压断路器等。

4.7.1 低压刀开关

低压刀开关 QK 的分类方式很多，按其操作方式可分为单投和双投；按其极数可分为单极、双极和三极；按其灭弧结构可分为不带灭弧罩和带灭弧罩两种。

不带灭弧罩的刀开关一般只能在无负荷下操作，作为隔离开关使用；带有灭弧罩的刀开关能通断一定的负荷电流，使负荷电流产生的电弧有效地熄灭。常用的低压刀开关有 HD13、HD17、HS13 型等。图 4 - 33 为 HD13 型低压刀开关的外形结构图。

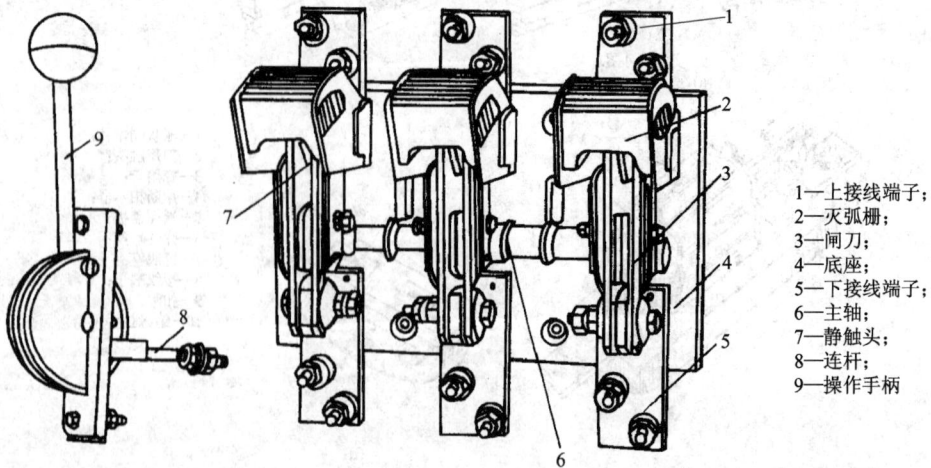

1—上接线端子；
2—灭弧栅；
3—闸刀；
4—底座；
5—下接线端子；
6—主轴；
7—静触头；
8—连杆；
9—操作手柄

图 4 - 33 HD13 型低压刀开关

刀开关全型号的表示及含义如下：

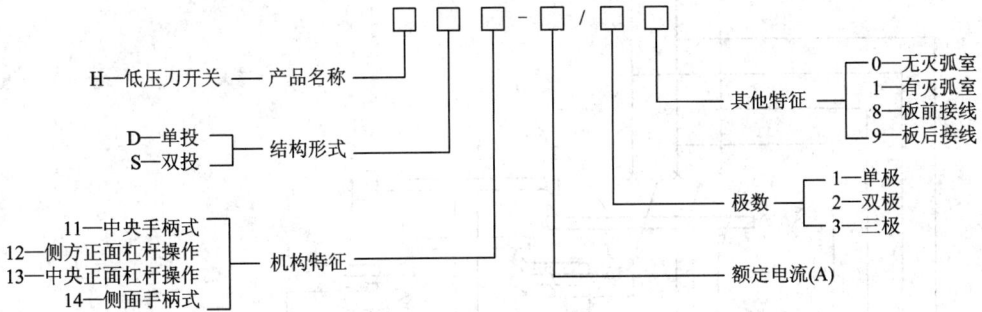

H—低压刀开关 —— 产品名称

D—单投
S—双投 —— 结构形式

11—中央手柄式
12—侧方正面杠杆操作
13—中央正面杠杆操作
14—侧面手柄式 —— 机构特征

其他特征
0—无灭弧室
1—有灭弧室
8—板前接线
9—板后接线

极数
1—单极
2—双极
3—三极

额定电流(A)

4.7.2　低压刀熔开关

低压刀熔开关 QKF 又称熔断器式刀开关，是一种由低压刀开关与低压熔断器组合而成的开关电器。常见的 HR3 型刀开关将 HD 型刀开关闸刀换为 RT0 型熔断器的具有刀形触头的熔管。刀熔开关具有刀开关和熔断器的双重功能。

目前被越来越多采用的另一种新式刀熔开关是 HR5 型，它与 HR3 型的主要区别为：用 NT 型低压高分断熔断器取代了 RT0 型熔断器用作短路保护，其各项电气技术指标更加精确，同时具有结构紧凑，使用维护方便，操作安全可靠等优点，并且它还能进行单相熔断的监测，从而能有效防止因熔断器的单相熔断所造成的电动机缺相运行故障。

低压刀熔开关全型号的表示和含义如下：

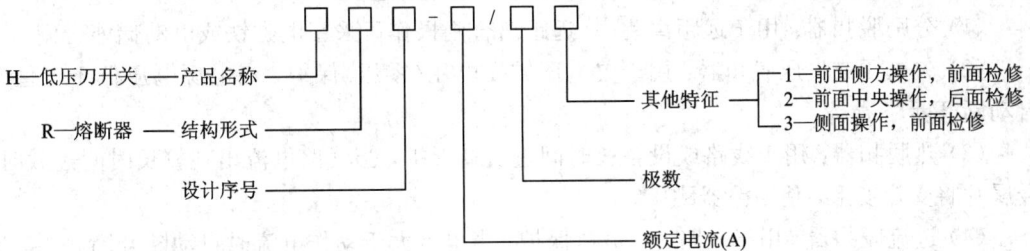

H—低压刀开关 —— 产品名称

R—熔断器 —— 结构形式

设计序号

其他特征
1—前面侧方操作，前面检修
2—前面中央操作，后面检修
3—侧面操作，前面检修

极数

额定电流(A)

4.7.3　低压断路器

1. 低压断路器的作用和工作原理

低压断路器 QF 又称自动空气开关或自动开关，是低压配电系统中重要的电器元件。低压断路器不仅能带负荷不频繁地接通和切断电路，而且能在电路发生短路、过负荷和低电压(或失压)时自动跳闸，切断故障电路，还可根据需要配备手动或远距离控制的电动操动机构。

低压断路器的工作原理可用图 4-34 来说明。当线路上出现短路故障时，其过流脱扣器动作，使开关跳闸。当出现过负荷时，串联在一次线路中的加热电阻丝被加热，使得双金属片弯曲，从而使开关跳闸。当线路电压严重下降或电压消失时，其失压脱扣器动作，同样使开关跳闸。如果按下按钮 6 或 7，将使失压脱扣器失压或使分励脱扣器通电，则可使开关远距离跳闸。

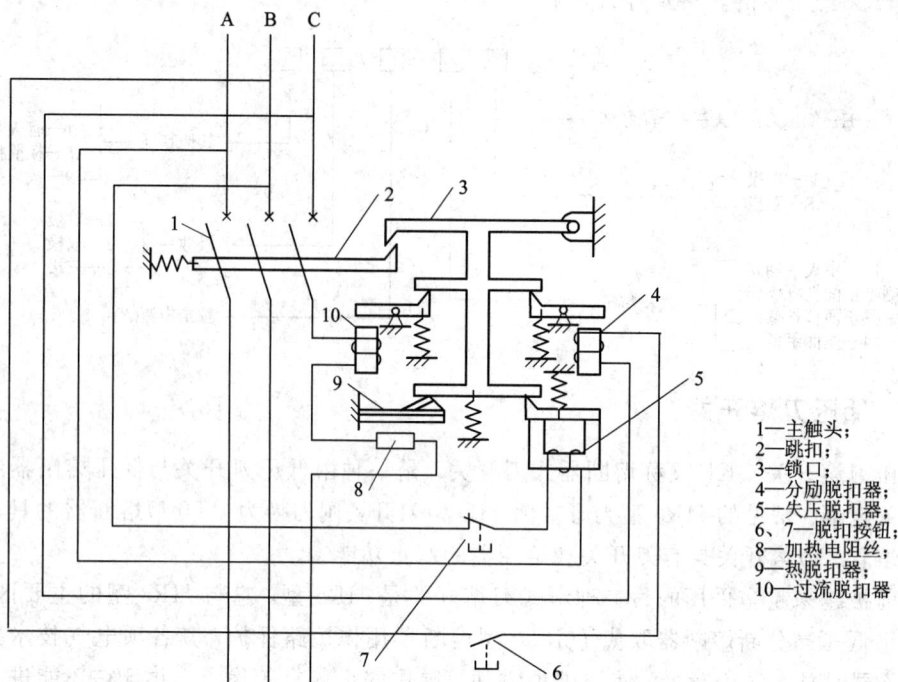

图 4-34　低压断路器的原理结构和接线

1—主触头；
2—跳扣；
3—锁口；
4—分励脱扣器；
5—失压脱扣器；
6、7—脱扣按钮；
8—加热电阻丝；
9—热脱扣器；
10—过流脱扣器

断路器中安装了不同的脱扣器，其作用分别如下所述。

（1）分励脱扣器：用于远距离跳闸（远距离合闸操作可采用电磁铁或电动储能合闸）。

（2）欠电压或失压脱扣器：用于欠电压或失电压（零压）保护，当电源电压低于定值时自动断开断路器。

（3）热脱扣器：用于线路或设备长时间过负荷保护，当线路电流出现较长时间过载时，金属片将受热变形，使断路器跳闸。

（4）过流脱扣器：用于短路、过负荷保护，当电流大于动作电流时自动断开断路器。过流脱扣器的动作特性有瞬时、短延时和长延时三种。

（5）复式脱扣器：既有过流脱扣器又有热脱扣器的功能。

2. 低压断路器的种类和型号

低压断路器的种类很多，按用途可分为配电用、电动机用、照明用和漏电保护用等；按灭弧介质可分为空气断路器和真空断路器；按极数可分为有单极、双极、三极和四极断路器，小型断路器可经拼装由几个单极的组合成多极断路器。配电用断路器按结构可分为塑料外壳式（装置式）和框架式（万能式）。

配电用断路器按保护性能可分为非选择型、选择型和智能型。非选择型断路器一般为瞬时动作，只用作短路保护；也有长延时动作，只用作过负荷保护。选择型断路器由两段保护和三段保护两种动作特性组合。两段保护有瞬时和长延时两种组合。三段保护有瞬时、短延时和长延时三种组合。如图 4-35 所示为低压断路器的三种保护特性曲线。智能型断路器的脱扣器动作由微机控制，保护功能更多，选择性更好。

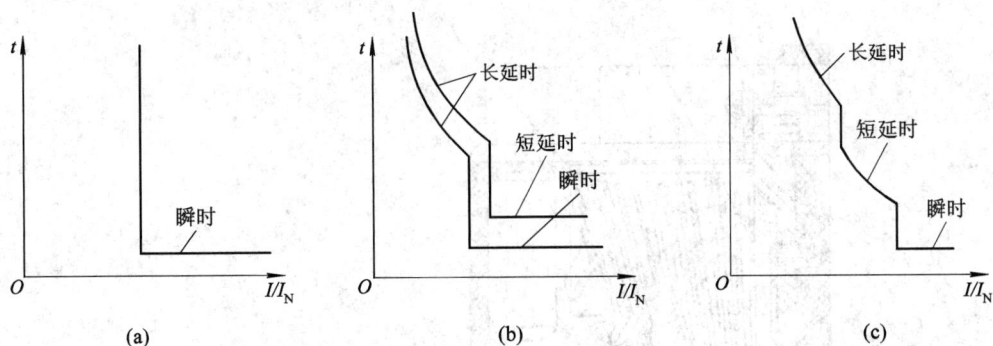

图 4 - 35　低压断路器的保护特性曲线

(a) 瞬时动作特性；(b) 两段保持特性；(c) 三段保护特性

国产低压断路器全型号的表示和含义如下：

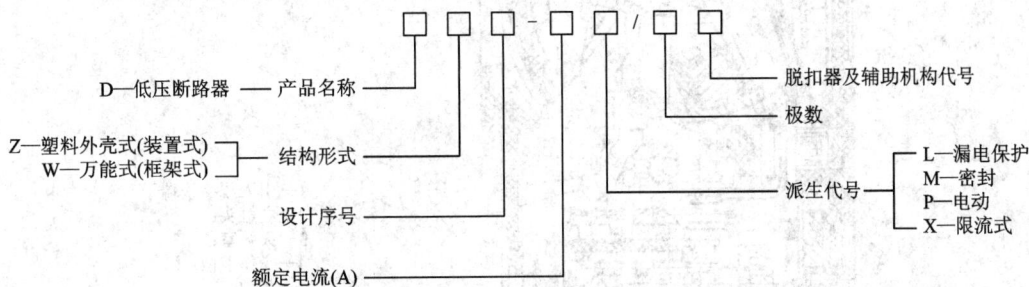

1) 塑料外壳式低压断路器

塑料外壳式低压断路器又称装置式自动开关，其所有机构及导电部分都装在塑料壳内，仅在塑壳正面中央有外露的操作手柄供手动操作使用。目前，常用的塑料外壳式低压断路器主要有 DZ20 型、DZ15 型、DZX10 型及引进国外技术生产的 H 系列、S 系列、3VL 系列、TO 系列和 TG 系列等。

塑料外壳式低压断路器的保护方案少（主要保护方案有热脱扣器保护和过流脱扣器保护两种）、操作方法少（手柄操作和电动操作），其电流容量和断流容量较小；但分断速度较快（断路时间一般不大于 0.02s），结构紧凑，体积小，重量轻，操作简便，封闭式外壳的安全性好。因此，它被广泛用作容量较小的配电支线的负荷端开关、不频繁启动的电动机开关、照明控制开关和漏电保护开关等。

如图 4 - 36 所示为 DZ20 型塑料外壳式低压断路器的结构图。

塑料外壳式低压断路器的操作手柄有三个位置。

(1) 合闸位置。手柄扳向上方，跳钩被锁扣扣住，断路器处于合闸状态。

(2) 自由脱扣位置。手柄位于中间位置，是断路器因故障自动跳闸、跳钩被锁扣脱扣、主触头断开的位置。

(3) 分闸和再扣位置。手柄扳向下方，这时主触头依然断开，但跳钩被锁扣扣住，为下次合闸做好了准备。断路器自动跳闸后，必须把手柄扳到此位置，才能将断路器重新进行合闸，否则是合不上的。不仅塑料外壳式低压断路器的手柄操作如此，框架式低压断路器同样如此。

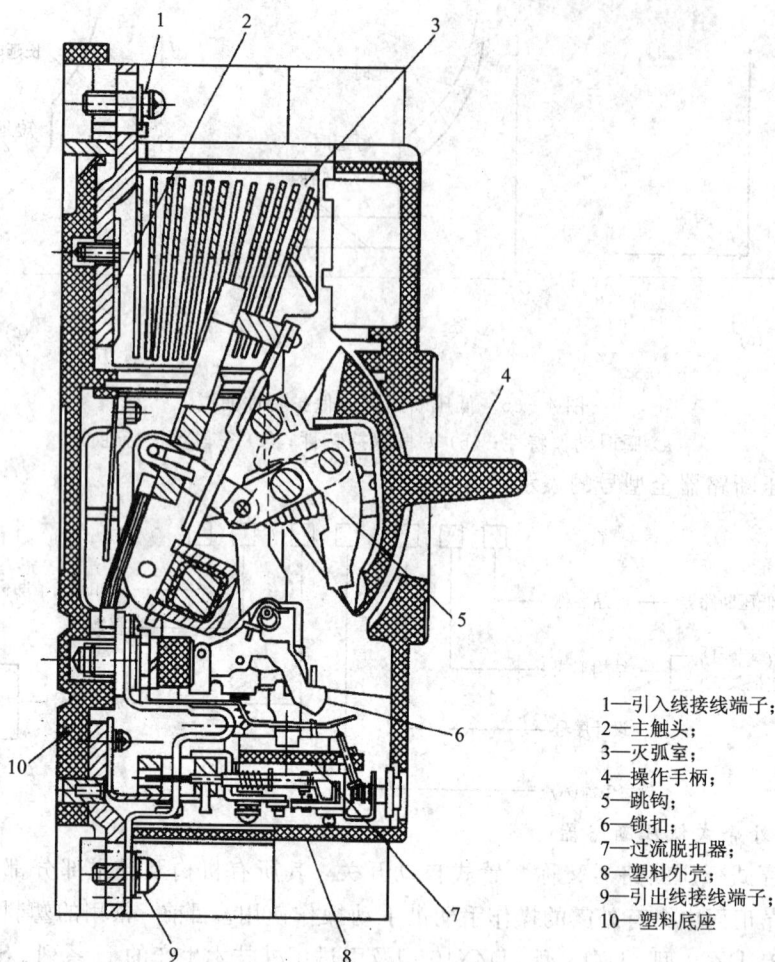

1—引入线接线端子；
2—主触头；
3—灭弧室；
4—操作手柄；
5—跳钩；
6—锁扣；
7—过流脱扣器；
8—塑料外壳；
9—引出线接线端子；
10—塑料底座

图 4 - 36　DZ20 型塑料外壳式低压断路器

2) 框架式低压断路器

框架式低压断路器又叫万能式低压断路器，它装在金属或塑料的框架上。目前，主要有 DW15 型、DW16 型、DW18 型、DW40 型、CB11（DW48）型、DW914 型等及引进国外技术生产的 ME 系列、AH 系列等。其中 DW40 型和 CB11 型采用智能型脱扣器，可实现微机保护。图 4 - 37 为DW16 型万能式低压断路器的外形结构图。

框架式低压断路器的保护方案和操作方式较多，既有手柄操作，又有杠杆操作、电磁操作和电动操作等。框架式低压断路器的安装地点也很灵活，既可装在配电装置中，又可安在墙上或支架上。另外，相对于塑料外壳式低压断路器，框架式低压断路器的电流容量和断流能力较大，但其分断速度较慢（断路时间一般大于 0.02 s）。框架式低压断路器主要用于配电变压器低压侧的总开关、低压母线的分段开关和低压出线的主开关。

3) 其他常用低压断路器

（1）H 系列塑料外壳式低压断路器。该系列产品是引进美国西屋电气公司的技术制造的，适用于在低压交流 380 V、直流 250 V 及 250 V 以下的线路中作为电能分配和电源设

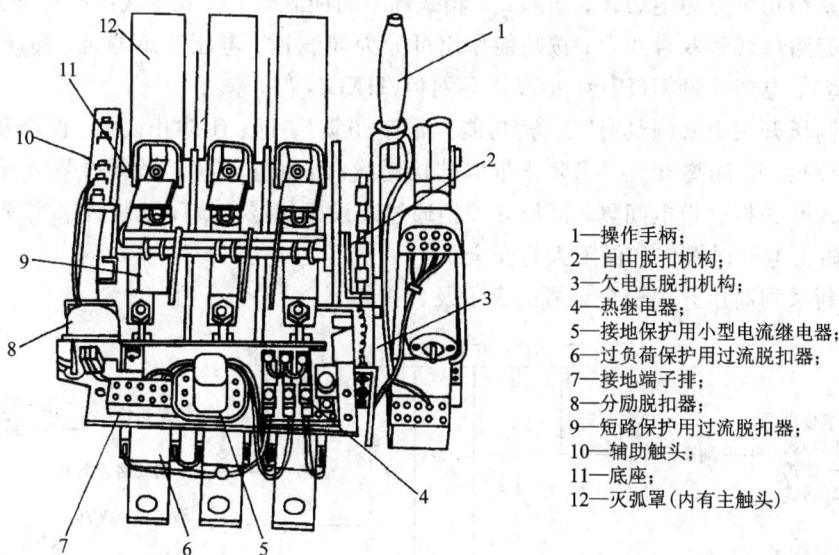

1—操作手柄；
2—自由脱扣机构；
3—欠电压脱扣机构；
4—热继电器；
5—接地保护用小型电流继电器；
6—过负荷保护用过流脱扣器；
7—接地端子排；
8—分励脱扣器；
9—短路保护用过流脱扣器；
10—辅助触头；
11—底座；
12—灭弧罩(内有主触头)

图 4 - 37　DW16 型万能式低压断路器

备的过负荷、短路和欠电压保护，以及在正常条件下进行线路的不频繁转换。

（2）AH 系列框架式低压断路器。该系列是引进日本技术制造的产品，适合在交流电压 660 V、直流电压 440 V 及 440 V 以下的电力系统中用作过负荷、短路和欠电压保护，以及在正常条件下进行线路的不频繁转换。

（3）ME 系列框架式低压断路器。该系列是引进德国 AEG 技术制造的产品，其使用场合与 AH 系列相似。

（4）3VL 系列塑料外壳式低压断路器。该系列是德国西门子公司的新产品，运用七巧板原理来组成数以千计的组合，每部装置仅用最少的零件，却可提供最多的功能，符合并超出所有主要的国际标准，并且即使在安装以后，每台 3VL 断路器也都可通过改变元件配置来适应新的任务。

4.8　成套配电装置

成套配电装置是按照电气主接线的要求，把一、二次电气设备组装在全封闭或半封闭的金属柜中，构成供配电系统中进行接收、分配和控制电能的总体装置。成套配电装置由制造厂成套供应，分为低压成套配电装置、高压成套配电装置与动力和照明配电箱。

4.8.1　高压成套配电装置(高压开关柜)

高压开关柜是按一定的线路方案将一、二次设备组装而成的一种高压成套配电装置。在变配电所中，高压开关柜用来控制并保护变压器和高压线路，也可用作大型高压交流电动机的启动和保护。高压开关柜中安装有高压开关设备、保护电器、监测仪表和母线、绝缘子等。

高压开关柜按其主要设备元件的安装方式可分为固定式和移开式(手车式)两大类；按

开关柜隔室结构可分为铠装式、间隔式、箱式和半封闭式等；按其母线结构可分为单母线、单母线带旁路母线和双母线等；按功能作用可分为馈线柜、电压互感器柜、高压电容器柜（GR-1 型）、电能计量柜（PJ 型）、高压环网柜（HXGN 型）等。

各种高压开关柜必须具有"五防"功能。所谓"五防"，即：①防止误跳、误合断路器；②防止带负荷拉、合隔离开关；③防止带电挂接地线；④防止带接地线闭合隔离开关；⑤防止人员误入开关柜的带电间隔。高压开关柜通过装设机械或电气闭锁装置来实现"五防"功能，从而防止电气误操作和保障人身安全。

国产新系列高压开关柜全型号的表示及含义如下：

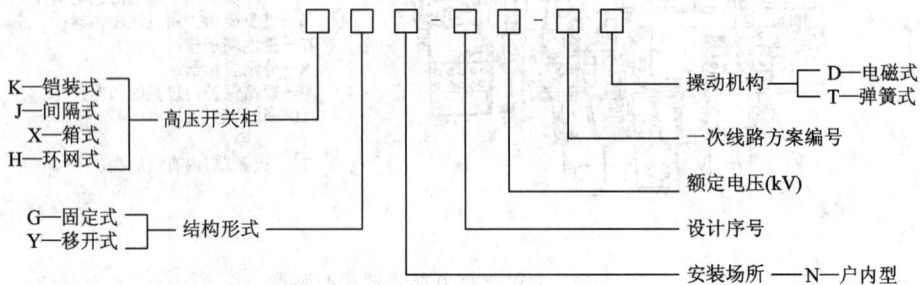

K—铠装式
J—间隔式
X—箱式
H—环网式
——高压开关柜

G—固定式
Y—移开式
——结构形式

安装场所 —— N—户内型

设计序号

额定电压(kV)

一次线路方案编号

操动机构 —— D—电磁式　T—弹簧式

1. 固定式高压开关柜

固定式高压开关柜的主要设备（如断路器、互感器和避雷器等）都固定安装在不能移动的台架上。这种开关柜具有构造简单、制造成本低、安装方便等优点；但当内部主要设备发生故障或需要检修时，必须中断供电，直到故障消失或检修结束后才能恢复供电。因此固定式高压开关柜一般用在企业的中小型变配电所和负荷不是很重要的场所。

近年来，我国设计生产的新型固定式高压开关柜有 XGN 系列（交流金属箱型固定式封闭高压开关柜）、KGN 系列（交流金属铠装固定式高压开关柜）和 HXGN 系列（固定式高压环网柜）。

如图 4-38 所示为 XGN2-10-07(D) 型固定式金属封闭高压开关柜。柜体骨架由角钢焊接成箱型结构。柜内由钢板分割成断路器室、仪表室、母线室和电缆室，布局合理、运行操作及检修维护方便。在柜与柜之间加装了母线隔离套管，从而避免了一柜发生故障，波及邻柜。该产品可采用 ZN28A-10 系列真空断路器，也可以采用少油断路器，其隔离开关采用 GN30-10 型旋转式隔离开关，技术性能高，设计新颖。

2. 手车式（移开式）高压开关柜

手车式高压开关柜的主要设备（如断路器、电压互感器和避雷器等）装设在可以拉出和推入开关柜的手车上。这些设备如发生故障或需要检修试验时，可随时将其手车拉出，再推入同类备用手车，即可恢复供电，停电时间很短，从而大大提高了供电可靠性。手车式开关柜较之固定式开关柜，具有检修安全、供电可靠性高等优点，但制造成本较高，主要用于大中型变配电所及负荷比较重要、要求供电可靠性高的场所。

手车式高压开关柜的主要产品有 KYN 系列、JYN 系列等。

如图 4-39 所示为 KYN 28A-12 金属铠装移开式高压开关柜。该开关柜由金属板分隔成断路器手车室、母线室、电缆室和继电器仪表室，每一个单元的金属外壳均独立接地。手车室内配有真空断路器。因为有"五防"连锁，所以只有当断路器处于分闸位置时，手车

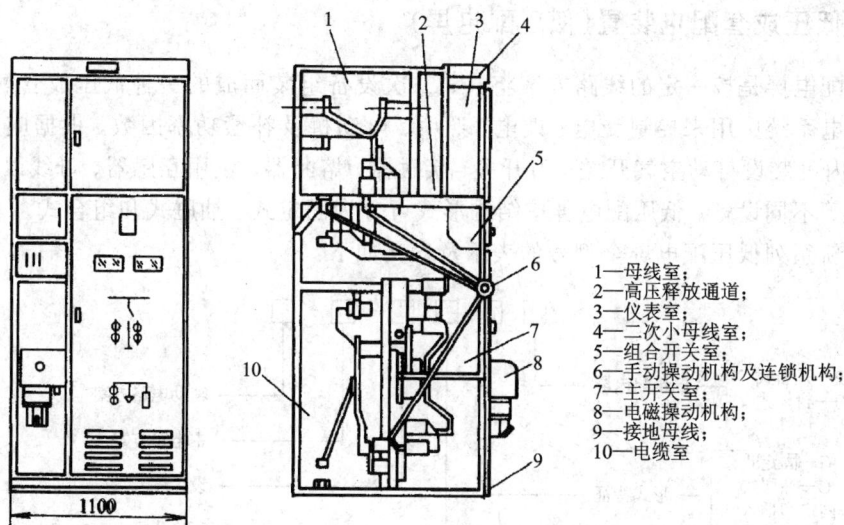

图 4-38　XGN2-10-07(D)型固定式金属封闭高压开关柜

（a）外形图；（b）内部结构图

才能抽出或插入。手车在工作位置时，一、二次回路都接通；手车在试验位置时，一次回路断开，二次回路仍接通；手车在断开位置时，一、二次回路都断开。断路器与接地开关有机械连锁，只有当断路器处于跳闸位置时，手车抽出，接地开关才能合闸。当接地开关在合闸位置时，手车只能推到试验位置，从而有效防止接地线合闸。当设备损坏或检修时可以随时拉出手车，再推入同类型备用手车即可恢复供电。因此，该开关柜具有检修方便、安全、供电可靠性高等优点。

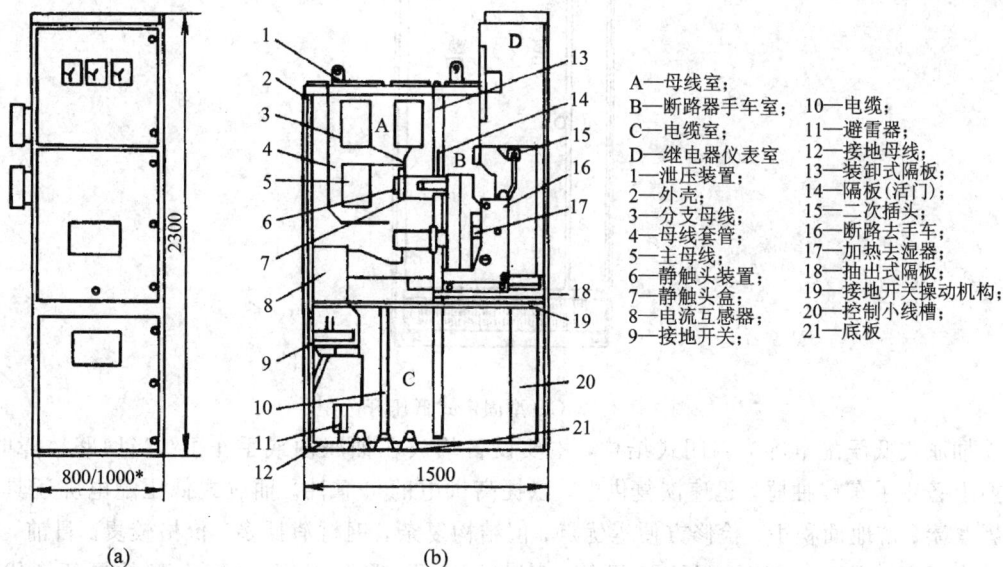

图 4-39　KYN28A-12型金属铠装移开式高压开关柜

（a）外形图；（b）靠墙安装结构图

4.8.2 低压成套配电装置(低压配电屏)

低压配电屏是按一定的线路方案将一、二次设备组装而成的一种低压成套配电装置，在低压配电系统中用来控制受电、馈电、照明、电动机及补偿功率因数。根据应用场合的不同，屏内可装设自动空气开关、刀开关、接触器、熔断器、仪用互感器、母线以及信号和测量装置等不同设备。低压配电屏按结构形式可分为固定式、抽屉式和组合式。

国产新系列低压配电屏全型号的表示及含义如下：

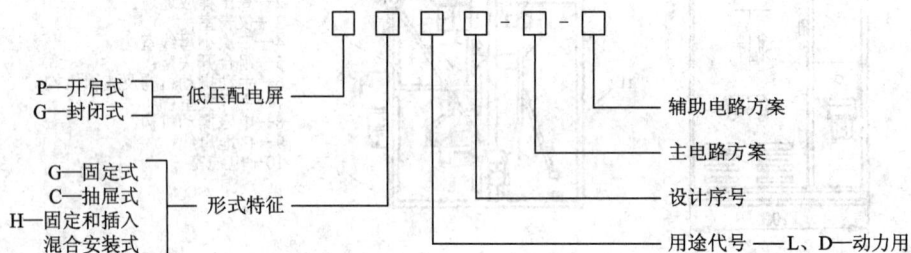

```
                        □ □ □ □ - □ - □
P—开启式 ┐                              └─ 辅助电路方案
G—封闭式 ┘─ 低压配电屏                ├─── 主电路方案
                                      ├──── 设计序号
G—固定式   ┐                          └───── 用途代号 —L、D—动力用
C—抽屉式   ├─ 形式特征
H—固定和插入┘
混合安装式
```

固定式低压配电屏将一、二次设备均固定安装在柜中。柜面上部安装测量仪表，中部安装刀开关的操作手柄，柜下部为外开的金属门。母线装在柜顶，自动空气开关和电流互感器都装在柜后。目前多采用 GGD 和 GGL 型固定式低压配电屏。GGD 型固定式低压开关柜的外形如图 4-40 所示。该型低压开关柜采用 DW15 型或更先进的断路器，具有分断能力高、动稳定性好、组合灵活方便、结构新颖和安全可靠等特点。

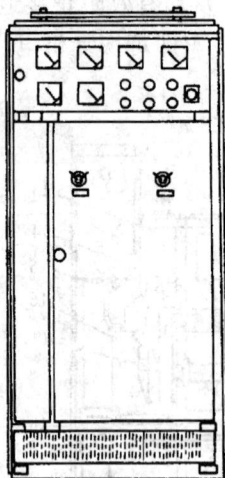

图 4-40 GGD 型固定式低压开关柜

抽屉式低压配电屏为封闭式结构，主要设备均放在抽屉内或手车上。当回路故障时，可换上备用手车或抽屉，迅速恢复供电，以提高供电的可靠性。抽屉式低压配电屏还具有布置紧凑、占地面积小、检修方便等优点；但结构复杂，钢材消耗多，价格较贵。目前，常用的有 GCL、GCS、GCK、GHT1 型等。其中，GHT1 型是 GCK(L)1A 型的更新换代产品，由于采用了 ME、CM1 型断路器和 NT 型熔断器等高性能新型元件，因此其性能大为改善，但价格较贵。GCK 型抽屉式低压开关柜的结构如图 4-41 所示。

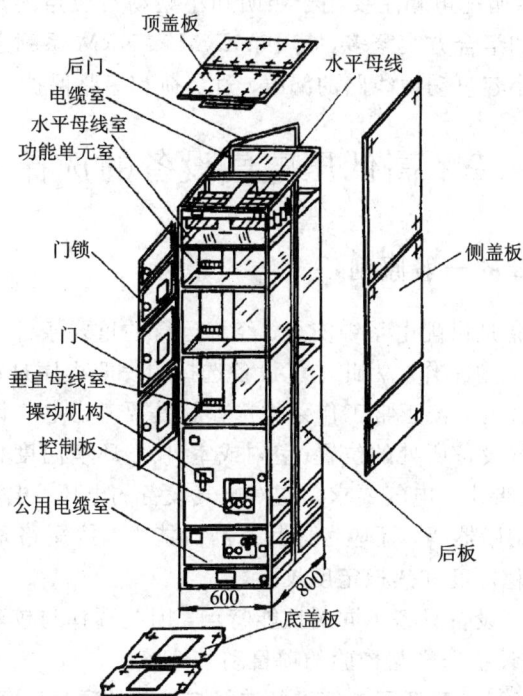

图 4-41　GCK 型抽屉式低压开关柜

目前，我国应用的组合式低压配电屏有 GZL1、GZL2、GZL3 型及引进国外技术生产的多米诺(DOMINO)、科必可(CUBIC)等类型低压配电柜，它们均采用模数化组合结构，其标准化程度高，通用性强，柜体外形美观，而且安装灵活方便。

4.8.3　动力和照明配电箱

从低压配电屏引出的低压配电线路一般经动力和照明配电箱接至各用电设备，它们是车间和民用建筑的供配电系统中对用电设备的最后一级控制和保护设备。

动力和照明配电箱的种类很多，按其安装方式可分为靠墙式、悬挂式和嵌入式。靠墙式是靠墙落地安装，悬挂式是挂在墙壁上明装，嵌入式是嵌在墙壁里暗装。

动力和照明配电箱全型号的一般表示和含义如下：

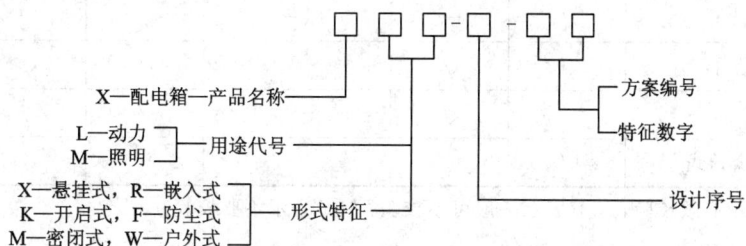

(1) 动力配电箱。动力配电箱通常具有配电和控制两种功能，主要用于动力配电和控制，但也可用于照明的配电与控制。常用的动力配电箱有 XL、XF-10、BGL、BGM 型等，其中，BGL 和 BGM 型多用于高层建筑的动力和照明配电。

（2）照明配电箱。照明配电箱主要用于照明和小型动力线路的控制、过负荷和短路保护。照明配电箱的种类和组合方案繁多，其中，XXM 和 XRM 系列适用于工业和民用建筑的照明配电，也可用于小容量动力线路的漏电、过负荷和短路保护。

4.9 高低压电气设备的选择

4.9.1 电气设备选择的一般原则

正确地选择电气设备是供配电系统安全、经济运行的重要条件。电气设备在正常运行和短路状态下都必须可靠地工作，为此电气设备选择的一般程序是：先按正常工作条件选出元件，再按短路条件校验。按正常工作条件选择就是要考虑电气设备的环境条件和电气要求。环境条件是指电气设备所处的位置（室内或室外）、环境温度、海拔高度以及有无防尘、防腐、防火、防爆等要求。电气要求是指对电气设备的电压、电流等方面的要求，对一些断路电器如断路器、熔断器等，还应考虑其对断流能力。按短路条件校验就是要按最大可能的短路故障时的动稳定度和热稳定度校验。

由于各种高低压电气设备具备不同的性能特点，因此选择与校验条件也不尽相同。表 4-3 给出了高低压电气设备选择与校验的项目和条件。

表 4-3 高低压电气设备选择与校验的项目和条件

电气设备名称	电压/kV	电流/A	断流能力/kA	短路电流校验		环境条件
				动稳定度	热稳定度	
高压断路器	√	√	√	√	√	√
高压隔离开关	√	√	—	√	√	√
高压负荷开关	√	√	√	√	√	√
熔断器	√	√	√	—	—	√
电流互感器	√	√	—	√	√	√
电压互感器	√	—	—	—	—	√
低压刀开关	—	√	—	△	△	√
低压断路器	√	√	√	△	△	√
支柱绝缘子	√	—	—	√	—	√
套管绝缘子	√	√	—	√	√	√
母线	—	√	—	√	√	√
电缆、绝缘导线	√	√	—	—	√	√

注："√"表示必须校验，"△"表示一般可不校验，"—"表示不要校验。

4.9.2 高压隔离开关、负荷开关和断路器的选择与校验

1. 电压和电流的选择

高压隔离开关、负荷开关和断路器的额定电压 U_N 不得低于装设地点电网的额定电压

U_{WN}，其额定电流 I_{N} 则不得小于通过它们的计算电流 I_{30}，即

$$U_{\mathrm{N}} \geqslant U_{\mathrm{WN}} \qquad\qquad (4-8)$$

$$I_{\mathrm{N}} \geqslant I_{30} \qquad\qquad (4-9)$$

2. 断流能力的校验

高压隔离开关不允许带负荷操作，只用作隔离电源，因此不校验其断流能力。

高压负荷开关能带负荷操作，但不能切断短路电流，因此其断流能力应按切断最大可能的过负荷电流来校验，满足的条件为

$$I_{\mathrm{oc}} \geqslant I_{\mathrm{ol.\,max}} \qquad\qquad (4-10)$$

式中，I_{oc} 为负荷开关的最大分断电流；$I_{\mathrm{ol.\,max}}$ 为负荷开关所在电路的最大可能的过负荷电流，可取为 $(1.5\sim3)I_{30}$，这里 I_{30} 为电路计算电流。

高压断路器可分断短路电流，其断流能力应满足的条件为

$$I_{\mathrm{oc}} \geqslant I_{\mathrm{k}}^{(3)} \qquad\qquad (4-11)$$

或

$$S_{\mathrm{oc}} \geqslant S_{\mathrm{k}}^{(3)} \qquad\qquad (4-12)$$

式中，I_{oc}、S_{oc} 分别为断路器的最大开断电流和断流容量；$I_{\mathrm{k}}^{(3)}$、$S_{\mathrm{k}}^{(3)}$ 分别为断路器安装地点的三相短路电流周期分量有效值和三相短路容量。

3. 短路稳定度的校验

高压隔离开关、负荷开关和断路器均需进行短路动稳定度和热稳定度的校验，以保证电气设备在短路故障时不致损坏。

(1) 热稳定度校验。通过短路电流时，导体和电器各部件的发热温度不应超过短时发热最高温度，即

$$I_{\mathrm{t}}^{2}t \geqslant (I_{\infty}^{(3)})^{2}t_{\mathrm{ima}} \qquad\qquad (4-13)$$

式中，$I_{\infty}^{(3)}$ 为电气设备安装地点的三相短路电流；t_{ima} 为短路发热假想时间；I_{t} 为电器的热稳定电流；t 为电器的热稳定时间。I_{t} 和 t 可从有关手册或产品样本中查得。

(2) 动稳定度校验。动稳定度是指导体和电器承受短路电流机械效应的能力，即

$$i_{\max} \geqslant i_{\mathrm{sh}}^{(3)} \qquad\qquad (4-14)$$

或

$$I_{\max} \geqslant I_{\mathrm{sh}}^{(3)} \qquad\qquad (4-15)$$

式中，$i_{\mathrm{sh}}^{(3)}$、$I_{\mathrm{sh}}^{(3)}$ 为设备安装地点的三相短路冲击电流峰值和有效值；$i_{\max}$、$I_{\max}$ 为电器极限通过电流的峰值和有效值，其值可查有关手册或产品样本。

【例 4-2】　如图 4-42 所示为某 35/10 kV 总降压变电所主接线简图，一台主变压器的容量为 6300 kV·A，其短路电压百分值为 $U_{\mathrm{k}}\% = 7.5$，变电所由无限大容量系统供电，10 kV 母线上短路电流为 $I'' = 13.8$ kA，作用于高压 10 kV 断路器的定时限保护装置的动作时限为 $t_{\mathrm{op}} = 1.4$ s，拟采用高速动作的高压断路器，其固有开断时间为 0.05 s，灭弧时间为 0.05 s，则断路时间为 $t_{\mathrm{oc}} = 0.05 + 0.05 = 0.1$ s，试选择高压断路器 QF 与隔离开关 QS。

解：通过所选断路器的工作电流为

$$I_{30} = \frac{6300}{\sqrt{3}\,U_{\mathrm{N}}} = \frac{6300}{\sqrt{3}\times10} = 364 \text{ A}$$

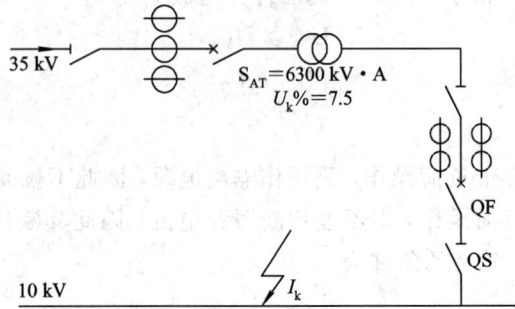

图 4-42 【例 4-2】图

短路冲击电流为

$$i_{sh} = 2.55 I'' = 2.55 \times 13.8 = 35.19 \text{ kA}$$

短路电流热效应的假想时间与实际短路时间相等，即为

$$t_{ima} = t_k = t_{op} + t_{oc} = 1.4 + 0.1 = 1.5 \text{ s}$$

根据上述计算数据并结合具体情况和选择条件，由产品样本或附表 4、附表 5 选择户内 SN10-10 I/630 型高压断路器和 GN8-10/600 型隔离开关，经短路稳定度的校验，均合格。将计算数据和其额定数据列于表 4-4 中，并选取 CD10 I 与 CS6-1T 型操动机构。

表 4-4 高压断路器和高压隔离开关选校表

装置地点的电气条件	SN10-10 I/630	GN8-10/600
电压 10 kV	$U_N = 10$ kV	$U_N = 10$ kV
电流 $I_{30} = 364$ A	$I_N = 630$ A	$I_N = 600$ A
短路电流 $I'' = I_\infty = 13.8$ kA	$I_{OC} = 16$ kA	$i_{max} = 52$ kA
短路冲击电流 $i_{sh} = 35.19$ kA	$i_{max} = 40$ kA	$i_{max} = 52$ kA
热校验计算值 $I_\infty^2 t_{ima} = 13.8^2 \times 1.5 = 286$ kA²s	$I_t^2 t = 16^2 \times 4 = 1024$ kA²s	$I_t^2 t = 20^2 \times 5 = 2000$ kA²s

4.9.3　互感器的选择与校验

1. 电流互感器的选择与校验

1）额定电压和额定电流的选择

电流互感器一次回路的额定电压 U_N 应不低于装设地点电网的额定电压 U_{WN}，其额定一次电流 I_{1N} 则不得小于电路的计算电流 I_{30}，即

$$U_N \geqslant U_{WN} \tag{4-16}$$

$$I_{1N} \geqslant I_{30} \tag{4-17}$$

电流互感器的二次额定电流有 5 A 和 1 A 两种，一般弱电系统用 1 A，强电系统用 5 A。

2）准确度级要求的选择

准确度级的选择原则为：计量用的电流互感器的准确度选 0.2～0.5 级，测量用的电流互感器的准确度选 1.0～3.0 级。为了保证互感器的准确度级，互感器二次侧所接负荷 S_2

应不大于该准确度级所规定的额定容量 S_{2N}，即

$$S_{2N} \geqslant S_2 \tag{4-18}$$

二次回路的负荷 S_2 取决于二次回路的总阻抗 Z_2 的值，即

$$S_2 = I_{2N}^2 \mid Z_2 \mid \approx I_{2N}^2 (\sum Z_i + R_{WL} + R_{tou}) \tag{4-19}$$

$$S_2 = I_{2N}^2 \mid Z_2 \mid \approx \sum S_i + I_{2N}^2 (R_{WL} + R_{tou}) \tag{4-20}$$

式中 $\sum S_i$、$\sum Z_i$ 为二次回路中所有串联的仪表、继电器线圈的额定负荷容量（V·A）之和与阻抗（Ω）之和，其值均可由仪表、继电器的产品样本查得；R_{tou} 为二次回路中所有接头、触点的接触电阻，一般取 0.1 Ω；R_{WL} 为二次回路导线电阻，计算公式为 $R_{WL} = L_c / (\gamma S)$，这里，$\gamma$ 为导线的电导率，铜线 $\gamma_{Cu} = 53$ m/(Ω·mm²)，铝线 $\gamma_{Al} = 32$ m/(Ω·mm²)，S 为导线的截面积，单位为 mm²，L_c 为二次回路导线的计算长度，单位为 m。

电流互感器二次回路的计算长度 L_c 与其接线方式有关。设从互感器二次端子到仪表、继电器端子的单向长度为 l_1，则互感器二次侧为 Y 形接线时，$L_c = l_1$；互感器二次侧为 V 形接线时，$L_c = \sqrt{3} l_1$；互感器二次侧为一相式接线时，$L_c = 2l_1$。

如果电流互感器不满足式（4-18）的条件，则应改选较大二次容量或较大变流比的互感器或者适当加大二次接线的导线截面。按规定，电流互感器二次接线应采用电压不低于 500 V、截面不小于 2.5 mm² 的铜芯绝缘导线。

3）热稳定度和动稳定度的校验

电流互感器热稳定度常以 1 s 允许通过的一次额定电流 I_{1N} 的倍数 K_t 来表示，故热稳定度应按式（4-21）校验，即

$$(K_t I_{1N})^2 \geqslant (I_\infty^{(3)})^2 t_{ima} \tag{4-21}$$

电流互感器常用允许通过一次额定电流最大值（$\sqrt{2} I_{1N}$）的倍数 K_{es}（动稳定电流倍数）来表示，故动稳定度可用式（4-22）校验：

$$K_{es} \sqrt{2} I_{1N} \geqslant i_{sh}^{(3)} \tag{4-22}$$

【例 4-3】 按例 4-2 的电气条件，选择柜内电流互感器。已知电流互感器采用两相式接线，如图 4-43 所示，两个二次绕组，其中 1 级二次绕组供给继电保护，0.5 级二次绕组用于测量，接有三相有功电能表和三相无功电能表各一只，每一个电流线圈消耗功率为0.5 V·A，电流表消耗功率为 3 V·A。电流互感器二次回路采用 BV-500-1×2.5 mm² 的铜芯塑料线，互感器距仪表的单向长度为 2 m，$t_k = 1.5$ s。

解： 根据变压器二次侧额定电压 10 kV，额定电流 364 A，查附表 7，选择变流比为 400 A/5 A 的 LQJ-10 型电流互感器，则 $K_{es} = 160$，$K_t = 75$，$t = 1$ s；0.5 级二次绕组的 $Z_{2N} = 0.4$ Ω。

（1）准确度校验。

$$S_{2N} \approx I_{2N}^2 Z_{2N} = 5^2 \times 0.4 = 10 \text{ V·A}$$

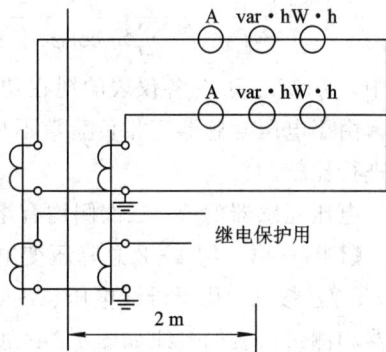

图 4-43 电力互感器与仪表接线

$$S_2 = I_{2N}^2 \mid Z_2 \mid \approx \sum S_i + I_{2N}^2 (R_{WL} + R_{tou})$$

$$= (0.5 + 0.5 + 3) + 5^2 \times \left[\frac{\sqrt{3} \times 2}{53 \times 2.5} + 0.1 \right]$$

$$= 7.15 < S_{2N} = 10 \text{ V} \cdot \text{A}$$

满足准确度要求。

（2）动稳定度校验。

$$K_{es} \sqrt{2} I_{1N} = 160 \times \sqrt{2} \times 0.4 = 90.50 > i_{sh}^{(3)} = 35.19 \text{ kA}$$

满足动稳定度要求。

（3）热稳定度校验。

$$(K_t I_{1N})^2 = (75 \times 0.4)^2 = 900 > (I_\infty^{(3)})^2 t_{ima} = 13.8^2 \times 1.5 = 285.66 \text{ kA}^2 \text{s}$$

满足热稳定度要求。

所以选 LQJ - 10 型 400 A/5 A 的电流互感器满足要求。

2. 电压互感器的选择与校验

1）电压的选择

电压互感器一次回路额定电压 U_N 应不低于装设地点电网的额定电压 U_{wN}，其额定二次电压应满足保护和测量使用标准仪表的要求。通常一次绕组接于电网线电压时，二次绕组额定电压选为 100 V；一次绕组接于电网相电压时，二次绕组额定电压选为 $100/\sqrt{3}$ V。当电网为中性点直接接地系统时，互感器辅助副绕组额定电压选为 $100/\sqrt{3}$ V；当电网为中性点非直接接地系统时，互感器辅助副绕组额定电压选为 100/3 V。

2）准确度级要求的选择

计量用电压互感器一般选 0.5 级以上，测量用电压互感器选 1.0～3.0 级，保护用电压互感器选 3P 级和 6P 级。为了保证互感器的测量误差不超出准确度所允许的误差，电压互感器二次侧所接仪表和继电器的总负荷 S_2 不应超过所要求准确度级下的额定容量 S_{2N}，即

$$S_{2N} \geqslant S_2 \tag{4-23}$$

$$S_2 = \sqrt{(\sum S_i \cos\varphi_i)^2 + (\sum S_i \sin\varphi_i)^2} = \sqrt{(\sum P_i)^2 + (\sum Q_i)^2} \tag{4-24}$$

式中，S_i、P_i、Q_i 为各仪表的视在功率、有功功率和无功功率；$\cos\varphi_i$ 为各仪表的功率因数。

由于电压互感器三相负荷常不相等，因此为了满足准确度级的要求，通常与最大相负荷进行比较。

电压互感器的一、二次侧均有熔断器保护，因此不需要校验动稳定度和热稳定度。

【例 4 - 4】 例 4 - 2 总降压变电所 10 kV 母线配置 3 只单相三绕组电压互感器，采用 $Y_0/Y_0/\triangle$ 接法，用于母线电压、各回路有功电能和无功电能测量及母线绝缘监视。电压互感器和测量仪表的接线如图 4 - 44 所示。该母线共有 4 路出线，每路出线装设三相有功电能表、三相无功电能表及功率表各一只，每个电压线圈消耗的功率为 1.5 V·A。母线设 4 只电压表，其中 3 只分别接于各相，用于绝缘监视，另一只电压表用于测量各线电压，电压线圈消耗的功率均为 4.5 V·A。电压互感器 $\triangle$ 侧电压继电器线圈消耗功率为 2.0 V·A。试选择电压互感器并校验其二次负荷是否满足准确度级的要求。

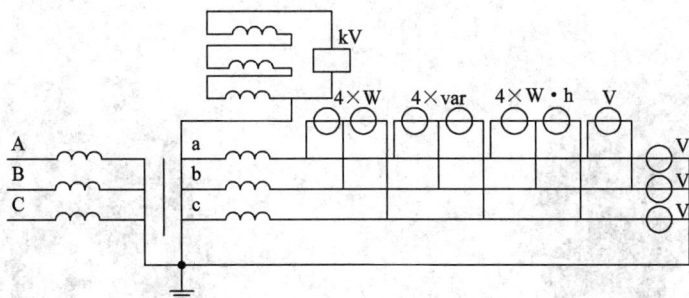

图 4 - 44　电压互感器与仪表接线

解： 根据要求查附表 8，选 3 只 JDZJ - 10 型电压互感器，其电压比为 $(10000/\sqrt{3})$：$(100/\sqrt{3})$：$(100/3)$，0.5 级二次绕组(单相)额定负荷为 50 V·A。

除 3 只电压表分别接于相电压外，其余设备的电压线圈均接于 AB 或 BC 线电压之间，可将其折算成相负荷，B 相的负荷最大。若不考虑电压线圈的功率因数，则接于线电压的负荷折算成单相负荷为

$$S_{B\varphi} = \frac{1}{3}\left[\sqrt{3}(S_{AB}) + (3-\sqrt{3})S_{BC}\right] = S_{AB}$$

B 相的负荷为

$$S_2 = 4.5 + S_{B\varphi} + \frac{2}{3} = 4.5 + S_{B\varphi} + \frac{2}{3}$$
$$= 4.5 + \left[4.5 + 4 \times (1.5 + 1.5 + 1.5)\right] + 0.67$$
$$= 27.67 < 50 \text{ V·A}$$

故二次负荷满足准确度级的要求。

基本技能训练　电气设备及其运行维护

1. 常用高低压电气设备的识别

图 4 - 45～图 4 - 59 所示为常用高低压电气设备，读者应能识别这些设备。

图 4 - 45　ZN12 - 12 型户内高压真空断路器

图 4 - 46　GN22 - 12 型户内高压隔离开关

图 4 - 47　CD17 电磁操动机构

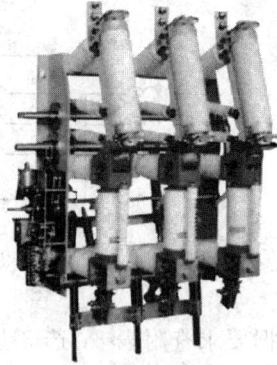

图 4 - 48　户内高压真空负荷开关

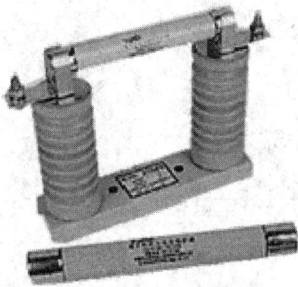

图 4 - 49　高压限流式熔断器

图 4 - 50　RW11 - 12 型户外跌落式高压熔断器

图 4 - 51　LQJ - 10 型电流互感器

图 4 - 52　JDZF - 10 型电压互感器

图 4 - 53　CDW1 系列万能式低压断路器

图 4 - 54　NM8 系列塑料外壳式断路器

图 4 - 55　HD17 系列刀开关

图 4 - 56　HR3 系列刀熔开关

RL6-25

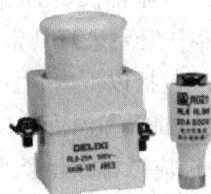

RL6-63

图 4 - 57　RT15 系列有填料式熔断器

图 4 - 58　RL6 系列螺旋式低压熔断器

图 4 - 59　LMZ1 - 0.5型电流互感器

2. 变压器正常运行的操作、监视与维护

1) 变压器正常停送电操作原则

(1) 变压器的停送电必须使用断路器而不能用隔离开关,对空载变压器也是如此。

(2) 注意变压器停送电操作顺序。变压器送电时,先送电源侧,后送负荷侧,停电时与上述顺序相反。

(3) 高压侧装隔离开关,低压侧装低压断路器或负荷开关的配电变压器。合闸时应先合高压侧后合低压侧;分闸时则相反。

(4) 变压器的投入或停用均应先合上各侧中性点接地隔离开关。

(5) 送电前,变压器的保护应全部投入,禁止无保护的变压器送电和运行。

(6) 变压器分接开关用于变压器的调压。无载分接开关的切换应在变压器停电状态下进行。有载分接开关在变压器带负荷状态下时,可手动或电动改变分接头的位置。

2) 变压器正常运行的监视与维护

(1) 安装在发电厂和变电所内的变压器以及安装在无人值班的变电所内有远方监测装置的变压器应经常监视仪表的指示,及时掌握变压器的运行情况。

(2) 变压器一般要进行日常巡视检查,巡视的次数可根据运行规程来确定。变压器日常巡视检查一般包括以下内容。

① 变压器的油温和温度计应正常,各部位无渗油、漏油。

② 套管油位应正常,套管外部无破损裂纹、无油污、无放电痕迹及异常现象。

③ 变压器音响正常。

④ 各冷却器手感温度应相近,风扇、油泵、水泵运转正常。

⑤ 引线接头、电缆、母线应无发热迹象。

⑥ 压力释放器或安全气道及防爆膜应完好无损。

⑦ 有载分接开关的分接位置及电源指示应正常。

⑧ 气体继电器内应无气体。

⑨ 各控制箱和二次端子箱应关严、无受潮。

(3) 应对变压器作定期检查,并增加以下检查内容。

① 外壳及箱沿应无异常发热。

② 各部位的接地应完好,必要时应测量铁芯和夹件的接地电流。

③ 组别为油循环冷却的变压器应做冷却装置的自动切换试验。

④ 水冷却器从旋塞放水检查应无油迹。

⑤ 有载调压装置的动作情况应正常。

⑥ 各种标志应齐全、明显。

⑦ 各种保护装置应齐全、良好。

⑧ 各种温度计应在规定周期内，超温信号应正确可靠。

⑨ 消防设施应齐全、完好。

⑩ 室内变压器通风设备应完好，储油池和排油设施应保持良好状态。

3. 断路器的正常运行与巡视检查

1) 断路器的运行总则

(1) 在正常运行时，断路器的工作电流、最大工作电压、额定开断电流不得超过其额定值。

(2) 为使运行中的断路器正常工作，应检查其操作电源完备可靠，气体断路器的气压正常，液压操动断路器的油压、弹簧操动断路器的储能、电磁操动断路器的合闸电源及远距离操作电源均应符合运行要求。

(3) 所有运行中的断路器、对具有远距离操作接线的断路器以及在带有工作电压时的分(合)操作，一般均应采用远距离操作方式，禁止使用手动机械分闸或手动就地操作按钮分闸。

(4) 明确断路器的允许分、合闸次数，以保证一定的工作年限。根据标准，一般断路器允许空载分、合闸次数(也称机械寿命)应达 1000～2000 次。

(5) 禁止将有拒绝分闸缺陷或严重缺油、漏油、漏气等异常情况的断路器投入运行。

(6) 一切断路器均应在断路器轴上装设分、合闸机械指示器，以便运行人员在操作或检查时用它来校对断路器断开或合闸的实际位置。

(7) 在检查断路器时，运行人员应注意辅助触点的状态。若发现触点在轴上扭转、松动或固定触片自转盘脱离，应立即检修。

(8) 检查断路器合闸的同时性。由于调整不当，合闸后因拉杆断开或横梁折断而造成一相未合，进而导致两相运行时，应立即停止运行。

(9) 少油式断路器外壳均带有工作电压，故运行中值班人员不得任意打开断路器室的门或网状遮拦。

(10) 需经同期合闸的断路器必须满足同期条件后方可合闸送电。

2) 油断路器运行中的巡视检查项目

在断路器运行时，电气值班人员必须依照现场规程和制度，对断路器进行巡查，及时发现缺陷，并尽快设法解除，以保证断路器的安全运行。

(1) 油位检查。在油断路器中，灭弧都是用油来进行的，因此，断路器本身和充油套管在运行中必须保持正常油位，即油位计应指在规定的两条红线之间，不得高于油位计的最高红线，也不得低于油位计的最低红线。

(2) 油位计的检查。检查断路器和充油套管的玻璃油位计有无裂纹或破损，耐酸橡皮垫是否合适，有无腐蚀、软化、胀出现象，盘根处有无渗、漏油；油位计中是否有油泥或油的沉淀物；油位计的透明有机玻璃是否发生脆化或变形；油标管是否漏油等。

（3）油色的检查。油位计中的油在运行中的颜色应当鲜明，未变质。我国生产的新油一般是淡黄色，运行后呈浅红色。

（4）断路器渗、漏油检查。渗、漏油会形成油污，降低瓷件的绝缘强度。漏油严重会使断路器油位降低，油量不足。

（5）瓷套管检查。检查瓷套管是否清洁，有无裂纹、破损和放电痕迹。

（6）引线接头及铝板、铜铝过渡板连接的检查。与断路器连接的接头是电路中较薄弱的环节之一。由于接头发热而造成的电气设备或系统事故有很多，因此这项检查是巡视检查的重点之一。

（7）断路器分合位置指示是否正确，其指示应与当时实际运行工况相符。

（8）接地是否完好。

3）真空断路器运行中的巡视检查项目

（1）断路器分合位置指示是否正确，其指示应与当时实际运行工况相符。

（2）支持绝缘子有无裂痕、损伤，表面是否光洁。

（3）真空灭弧室有无异常（包括有无异常声响），如果是玻璃外壳，则可观察屏蔽罩的颜色有无明显变化。

（4）金属框架或底座有无严重的锈蚀和变形。

（5）可观察部位的连接螺栓有无松动、轴销有无脱落或变形。

（6）接地是否良好。

（7）引线接触部位或有示温蜡片的部位有无过热现象，引线松弛度是否适中。

4. 隔离开关的操作及运行中的巡视检查

1）隔离开关的操作及注意事项

（1）严禁用隔离开关来拉、合负荷电流和故障电流（如短路电流等）。由于隔离开关本身具有一定的自然灭弧能力，因此可以利用隔离开关切断电流较小的电路，如电压互感器、避雷器、变压器中性点接地回路等。

（2）隔离开关合闸操作及注意事项。在进行隔离开关合闸操作时必须迅速果断，但合闸终止时用力不可过猛，以防止冲击过大损坏隔离开关及其附件。合闸后应检查是否已合到位，动、静触头是否接触良好等。

（3）隔离开关拉闸操作及注意事项。在进行隔离开关拉闸操作前，应首先检查其机械闭锁装置，确认无闭锁后再进行拉闸操作。当刀片离开静触头时注意有无电弧产生。若无电弧产生等异常情况，则迅速果断地拉开，以利于迅速灭弧。拉闸后应检查是否已拉到位。

（4）隔离开关与断路器配电操作及注意事项。隔离开关与断路器配合操作时的操作顺序是：断开电路时，先拉开断路器，再拉开隔离开关；送电时，先合隔离开关，再合断路器。总之，在隔离开关与断路器配合操作时，隔离开关必须在断路器处于断开（分闸）位置时才能进行操作。

2）隔离开关运行中的检查项目

隔离开关在运行中，要加强巡检，及时发现异常和缺陷并进行处理，防止异常和缺陷转化为事故。具体检查项目如下所述。

（1）隔离开关触头应无发热现象。隔离开关在正常运行时，其电流不得超过额定电流，温度不得超过 70℃。若接触部位的温度超过 80℃，则应减少其负荷。

(2) 绝缘子应完整无裂纹，无电晕和放电现象。

(3) 操动机构和各机械部件应无损伤和锈蚀，安装牢固。

(4) 闭锁装置应良好，销子锁牢，辅助触点位置正确。

(5) 动、静触头的消弧部位应无烧伤、不变形。

(6) 动、静触头无脏污、无杂物、无烧痕。

(7) 压紧弹簧和铜辫子无断股、无损伤。

(8) 接地用隔离开关应接地良好。

(9) 动、静触头间接触良好。

5. 高压负荷开关的操作及运行中的巡视检查

1) 负荷开关的操作及注意事项

(1) 严禁用负荷开关来切断短路电流等。虽然负荷开关具有简单的灭弧装置，但只能接通和开断负荷电流，不能用来切断短路电流。

(2) 负荷开关合闸操作及注意事项。若负荷开关没有电动操动机构，只有手动操动机构，则在进行负荷开关合闸操作时必须迅速果断，但合闸终止时用力不可过猛，以防止冲击过大损坏负荷开关及其附件。合闸后应检查是否已合到位，动、静触头是否接触良好。

(3) 负荷开关拉闸操作及注意事项。若负荷开关没有电动操动机构，只有手动操作机构，那么在负荷开关拉闸操作的开始期间，要缓慢而又谨慎。当刀片刚刚离开静触头时注意有无电弧产生。若无电弧产生等异常情况，应迅速果断地拉开，以利于迅速灭弧。负荷开关拉闸后应检查是否已拉到位。

2) 负荷开关运行中的检查项目

负荷开关在运行中，要加强巡检，及时发现异常和缺陷并进行处理，防止异常和缺陷转化为事故。具体检查项目如下所述。

(1) 负荷开关触头应无发热现象。

(2) 绝缘子应完整无裂纹，无电晕和放电现象。

(3) 操动机构和各机械部件应无损伤和锈蚀，安装牢固。

(4) 动、静触头的消弧部位应无烧伤、不变形。

(5) 动、静触头无脏污、无杂物、无烧痕。

(6) 动、静触头间接触良好。

(7) 接地部分应接地良好。

(8) 各辅助部分情况良好。

6. 电压互感器的运行操作及巡视检查

1) 电压互感器的允许运行方式

(1) 运行中的电压互感器其二次回路不得短路。

(2) 运行中的电压互感器其二次绕组的一端和铁芯必须可靠接地。

(3) 电压互感器运行中的容量(即二次侧负载)不准超过其铭牌上的额定值。

(4) 投入运行的电压互感器其绝缘电阻应符合要求，即高压电流互感器的绝缘电阻不得小于 1 MΩ；低压电流互感器的绝缘电阻不得小于 0.5 MΩ；电流互感器二次侧回路的绝缘电阻不得小于 0.5 MΩ。

（5）电压互感器一、二次侧回路都必须装设熔断器。其一次侧熔断器的熔断电流不得大于 1 A，一般为 0.5 A；二次侧（即低压侧）熔断器的熔断电流不得大于 2 A。

（6）电压互感器所带的负载必须并联在二次回路中。

2）电压互感器的操作及注意事项

投入运行操作及注意事项：

（1）电压互感器及其所属设备、回路上无检修等工作，工作票已收回。

（2）检查电压互感器及其附属回路、设备均正常，没有影响送电的异常情况。

（3）放上一、二次侧熔丝。

（4）合上电压互感器隔离开关。

（5）电压互感器投入运行后，应检查电压互感器及其附属回路、设备运行正常。

电压互感器退出运行的操作及注意事项：

（1）先将接在该电压互感器回路上的，在该电压互感器退出运行后可能引起误动作的继电保护和自动装置停用（如低电压保护、备用电源自投装置等）。

（2）拉开电压互感器高压侧隔离开关。

（3）取下高压侧熔丝。

（4）取下低压侧熔丝。

（5）根据需要做好相应的安全措施。

3）电压互感器运行中的检查项目及注意事项

（1）电压互感器高、低压侧熔丝应完好。

（2）各连接部位接触良好，无松动现象，辅助开关接点接触良好。

（3）电压互感器及其绝缘子无裂纹、无脏污、无破损现象。

（4）没有焦味及烧损现象。

（5）无放电（声音、弧光）现象。

（6）接地部分接地良好。

7. 电流互感器的运行及巡视检查

1）电流互感器允许的运行方式

（1）运行中的电流互感器其二次回路不得开路。

（2）运行中的电流互感器其二次绕组的一端和铁芯必须可靠接地。

（3）电流互感器运行中的容量（即二次侧负载）不准超过其铭牌上所标的规定值。

（4）投入运行的电流互感器绝缘电阻应符合要求，即高压电流互感器的绝缘电阻不得小于 1 MΩ；低压电流互感器的绝缘电阻不得小于 0.5 MΩ；电流互感器二次侧回路的绝缘电阻不得小于 0.5 MΩ。

（5）电流互感器一、二次侧回路都不得装设熔断器。

（6）电流互感器所带的负载必须串联在二次回路中。

2）电流互感器运行中的检查项目

（1）电流互感器二次回路无开路现象。

（2）各连接部位接触良好，无松动现象，试验端子接触良好。

（3）电流互感器及其绝缘子无裂纹、无脏污、无破损现象。

（4）没有焦味及烧损现象。

(5) 无放电(声音、弧光)现象。

(6) 接地部分接地良好。

8. 低压断路器的操作及运行中的巡视检查

1) 低压断路器的操作及注意事项

由于低压断路器具有开断和接通负荷电流与短路电流的能力,其功能相当于高压断路器在低压回路中的翻版,因此其操作步骤和注意事项与高压断路器基本一致,共同部分不再赘述。需要注意的是:若低压断路器与继电保护配合工作,则必须将低压断路器自带的保护功能解除;若采用低压断路器自带的保护功能,则应将各种保护装置的动作值整定好,并符合要求。

2) 低压断路器运行中的检查项目

低压断路器在运行中要加强巡检,及时发现异常和缺陷并进行处理,防止异常和缺陷转化为事故。具体检查项目如下所述。

(1) 低压断路器各导体连接部位应接触良好,无发热现象。

(2) 绝缘部分应清洁、干燥,无放电现象。

(3) 操动机构和各机械部件应无损伤和锈蚀,安装牢固,调整使其符合要求。

(4) 动、静触头应无烧损现象。

(5) 检查有无异常声音和放电声。

(6) 灭弧装置应无破裂或松动现象。

(7) 合闸电磁铁(或电动机)以及电动合闸机构应良好。

(8) 外壳接地应良好。

9. 低压刀开关的运行

低压刀开关一般采用手动操作,因此没有控制回路和合闸回路。另外,它也没有灭弧装置或只有简单的灭弧装置,不能用来开断故障电流和短路电流,也不能用来开断和接通较大的负荷电流,在有些情况下可用来开断和接通较小的负荷电流。因此它必须与熔断器(或低压断路器)串联配合使用。

低压刀开关的运行维护与低压断路器基本相同,只是少了控制回路部分。但当低压刀开关与低压断路器配合使用时,其操作应遵守倒闸操作规定:停电时,应先断开低压断路器,然后再断开低压刀开关;送电时,应先合上低压刀开关,然后再合上低压断路器。

思考题与习题

4-1 确定供配电系统中变电所变压器容量和台数的原则是什么? 某 10/0.4 kV 的车间附设式变压器,总计算负荷为 780 kV·A,其中一、二级负荷为 460 kV·A。当地的年平均气温为 25℃。试初步选择该变电所中主变压器的台数和容量。

4-2 常用的高压设备有哪些? 画出它们的图形和文字符号,并说明各自在供配电系统中的作用。

4-3 高压少油断路器和高压真空断路器各自的灭弧介质是什么? 比较其灭弧性能并说明各适用于什么场合。

4-4 常用的低压电气设备有哪些？画出其图形和文字符号。

4-5 电流互感器和电压互感器在结构上各有什么特点？使用时应注意哪些事项？

4-6 低压断路器有哪些功能？按结构形式可分为哪两大类？请分别列举其中的几个。

4-7 电气设备选择的一般原则是什么？高压断路器和隔离开关如何选择？

4-8 电流互感器按哪些条件选择？二次绕组的负荷如何计算？电压互感器准确度级如何选用？

4-9 某企业总降压变电所的变压器容量为 10 000 kV·A，变压比为 35 kV/10 kV，变压器所配置的定时限过电流保护装置的动作时间为 1.5 s，10 kV 母线上最大短路电流为 $I'' = I_\infty = 7$ kA，环境温度 $\theta_0 = 35℃$，试选择变压器 10 kV 出线的高压断路器和隔离开关。

4-10 就题 4-9 的条件，在变压器 10 kV 出线上装设三只电流互感器，呈完全星形接线，其中 A 相接有一只 1T1-A 型电流表、一只 1D1-W 型功率表、一只 DS864 型有功电能表及一只 DX863 型无功电能表。连接导线拟采用 2.5 mm² 的铜导线，其接触电阻为 0.05 Ω，电流互感器装在高压开关柜中，其二次连线的计算长度取为 4 m，试选择电流互感器。

第 5 章　变配电所的电气主接线及结构

内容提要　变配电所是供配电系统的枢纽，其电气主接线和结构布置是变配电所构成的主要内容。本章首先介绍变配电所的作用和类型，然后介绍变配电所中主接线的基本接线形式以及不同类型变配电所的典型主接线方案，最后介绍变配电所的布置和结构。本章内容是供配电设计与运行的必备知识。

5.1　变配电所的任务和类型

5.1.1　变配电所的任务

变配电所是供配电系统的核心，在供配电系统中占有非常重要的地位。作为各类工厂和民用建筑电能供应的中心，变电所担负着从电力系统受电，经过变压，然后配电的任务；配电所担负着从电力系统受电，然后直接配电的任务。

5.1.2　变电所的类型

变电所按其在供配电系统中的地位和作用，可分为总降压变电所、车间变电所、独立变电所、楼上变电所、移动变电所及成套变电所等。

1. 总降压变电所

总降压变电所通常是将 $35\sim110\ kV$ 的电源电压降至 $6\sim10\ kV$，再送至附近的车间变电所或某些 $6\sim10\ kV$ 的高压用电设备。用户是否要设置总降压变电所是由地区供电电源的电压等级和用户负荷的大小以及分布情况来确定的。一般来讲，大型用户和某些电源进线电压为 $35\ kV$ 及 $35\ kV$ 以上的中型用户设总降压变电所，中小型用户不设总降压变电所。

2. 车间变电所

车间变电所按其变压器安装位置的不同，可分为如下两类。

1) 车间附设变电所

车间附设变电所的一面墙或几面墙与车间的墙共用，变压器的大门朝车间外开，按变压器位于车间的墙内或墙外，进一步又分为内附式(如图 5-1 中的 1,2)和外附式(如图 5-1 中的 3,4)。

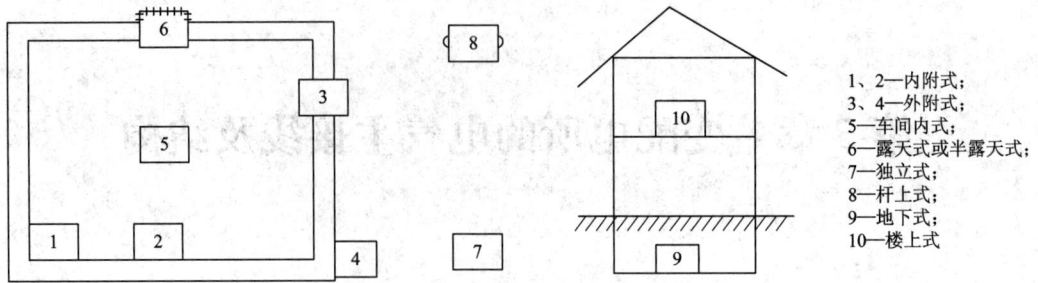

图 5-1 变电所的类型

1、2—内附式；
3、4—外附式；
5—车间内式；
6—露天式或半露天式；
7—独立式；
8—杆上式；
9—地下式；
10—楼上式

内附式变电所要占用一定的车间面积，但其因在车间内部，故对车间外观没有影响。外附式变电所在车间外部，不占用车间面积，便于车间设备的布局，而且安全性也比内附式变电所要高一些。

2) 车间内变电所

车间内变电所的变压器室位于车间内的单独房间中(如图5-1中的5)。车间内变电所占用车间内的面积，但它处于负荷中心，因而可以减少线路上的电能损耗和有色金属的消耗。由于设在车间内其安全性要差一些，因此这种变电所适用于负荷较大的多跨厂房，在大型冶金企业中比较多见。

3. 露天(或半露天)变电所

变压器安装在车间外面抬高的地面上(如图5-1中的6)，变压器上方没有任何遮蔽物的变电所，称为露天变电所；变压器上方设有顶板或挑檐的，则称为半露天变电所。该类型变电所比较简单经济，通风散热好，但安全可靠性较差。因此只要周围环境条件允许，无腐蚀性、爆炸性气体和粉尘，不靠近易燃易爆的厂房就可以采用。这种形式的变电所在小型用户中较为常见。

4. 独立变电所

独立变电所是相对车间附设变电所而言的，是指整个变电所设在与车间有一定距离的单独建筑物内(如图5-1中的7)。独立变电所建筑费用较高。设置独立变电所主要是因为相邻几个车间负荷大，将变电所建到某一车间不合适；或者由于车间环境的限制，如制药车间、化工车间之间由于管道较多或有腐蚀性气体、易燃易爆气体等，必须建立独立变电所；或者中小型企业负荷不太大，建立一个全厂独立变电所向全厂各车间供电。

5. 杆上变电所

杆上变电所指变压器装在室外的电杆上，亦称杆上变电所(如图5-1中的8)。杆上变电所最为简单经济，一般用于容量在 315 kV·A 及 315 kV·A 以下的变压器，多用于生活区供电。

6. 地下变电所

地下变电所指整个变电所设置在地下(如图5-1中的9)，这种变电所通风散热条件较差，湿度较大，但相对安全，且不影响美观。有些高层建筑、地下工程和矿井常采用这种类型的变电所。

7. 楼上变电所

楼上变电所指整个变电所设置在楼上(如图 5-1 中的 10)。这种变电所适用于高层，要求结构尽可能轻便、安全。其变压器通常采用干式变压器，也可采用成套变电所。

8. 移动变电所

移动变电所指整个变电所装设在可移动的车上，适用于坑道作业及临时施工现场的供电。

9. 成套变电所

成套变电所一般又称箱式变电所，是由电器制造厂按一定接线方案成套制造、现场装配的变电所，其安装或迁移比较方便。

车间变电所、独立变电所、地下变电所和楼上变电所均属室内型(户内式)变电所。露天(或半露天)变电所、杆上变电所则属室外型(户外型)变电所。移动变电所和成套变电所有室内和室外两种类型。

5.2　变配电所的电气主接线

电气主接线是表示变配电系统中电能输送和分配路线的接线图，也称为一次接线图、主电路图或一次电路图。该接线图由各种开关电器、电力变压器、导线等电气一次设备，用规定的图形符号和文字符号按一定顺序相连接而形成。电气主接线通常画成单线图的形式，即用一根相线表示三相对称电路，在个别情况下(如三相电路不对称)可采用三线图。对电气主接线有如下基本要求。

(1) 安全性。应符合国家标准有关技术规范的要求，充分保证人身和设备的安全。

(2) 可靠性。应满足用电设备特别是其中一、二级负荷对供电可靠性的要求。

(3) 灵活性。能适应各种不同的运行方式，便于操作和检修，并能适应负荷发展。

(4) 经济性。在满足以上要求的前提下，尽可能使主接线简单，投资少，运行费用低。

5.2.1　变配电所主接线的基本形式

主接线的基本形式就是主要电气设备的几种连接方式。变配电所常用主接线的基本形式可分为有母线和无母线两种。有母线主要包括单母线接线、单母线分段接线和双母线接线；无母线主要有桥形接线等。

1. 单母线接线

如图 5-2 所示，当有一路电源进线时，常用此接线方式。这种接线方式的特点是：整个配电装置只有一组母线，电源进线和所有出线都接在同一组母线上。进出回路均装有断路器 QF 和隔离开关 QS。断路器用于在正常或故障情况下接通与断开电路，隔离开关用于停电检修断路器时隔离电压的隔离电器。靠近线路侧的隔离开关称线路隔离开关，主要作用是防止在检修断路器时从用户侧反向馈电；靠近母线

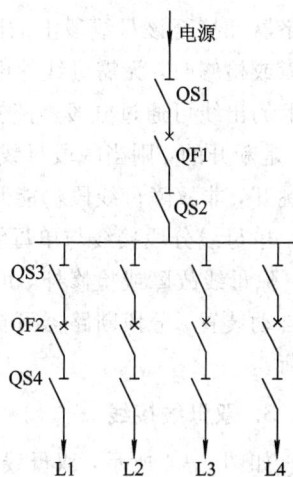

图 5-2　单母线接线

侧的隔离开关称母线隔离开关，主要作用是在检修断路器时隔离母线电源。

单母线接线简单清楚、操作方便，投资少，便于扩建；但可靠性和灵活性较差。在母线和母线隔离开关检修或故障时，各支路都必须停止工作；引出线的断路器检修时，该支路要停止供电。因此，单母线接线不能满足对不允许停电的重要用户的供电要求，只适用于对供电连续性要求不高的三级负荷的中、小容量用户。

2. 单母线分段接线

如图 5-3 所示，当有双电源供电且引出线数目较多时，为提高供电可靠性，可用断路器或隔离开关将母线分段，使其成为单母线分段接线。接线时每一电源连到一段母线上，并把引出线负荷均分到每段母线上。分段开关可以采用隔离开关或断路器。因隔离开关分段操作不便，现通常采用断路器分段的单母线接线。

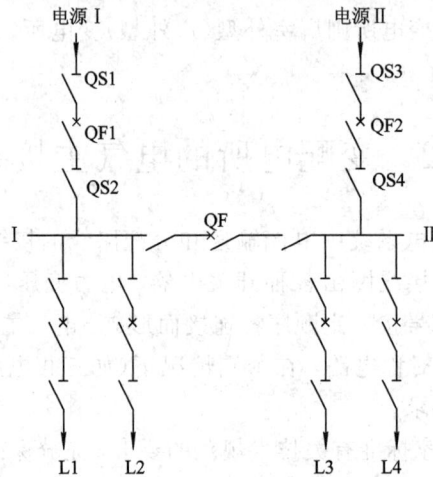

图 5-3　单母线分段接线

采用断路器分段的单母线接线在正常工作时分段断路器可以投入，也可以断开。如果分段断路器 QF 是接通的，则当任意段母线故障时，母线继电保护将动作，同时跳开分段断路器和接至该母线段上的电源断路器，这样非故障母线段仍正常工作；当任一电源线路故障或检修时，无需母线停电，只要断开电源的断路器及其隔离开关，而连接在该电源母线上的出线可通过分段断路器 QF 从另一段母线上得到供电。如果正常工作时分段断路器QF 是断开的，则当一段母线故障时，连在故障母线段上的电源断路器在继电保护的作用下跳开，非故障母线段仍能照常工作。

单母线分段接线与单母线接线相比提高了供电可靠性和灵活性，且调度灵活，易于扩建，除母线故障或检修外，可对用户连续供电。它适用于有两路电源进线，装设了备用电源自动装置，分段断路器可自动投入以及出线回路数较多的变配电所，可供电给一、二级负荷。

3. 双母线接线

如图 5-4 所示，双母线接线具有两组母线Ⅰ和Ⅱ。通过母线联络断路器连接，每一条引出线和电源支路都经一台断路器与两组母线隔离开关分别接至两组母线上，从而使得运行的可靠性和灵活性大为提高。双母线接线的特点为：

（1）可轮流检修母线而不影响正常供电；

（2）检修任一母线侧隔离开关时，只影响该回路供电；

（3）工作母线发生故障后，所有回路短时停电并能迅速恢复供电；

（4）当出线回路断路器检修时，该回路要停止工作。

　　双母线接线供电可靠，运行灵活，检修方便，易于扩散，因此在大、中型变配电所中广泛采用，但使用设备较多，投资较大。

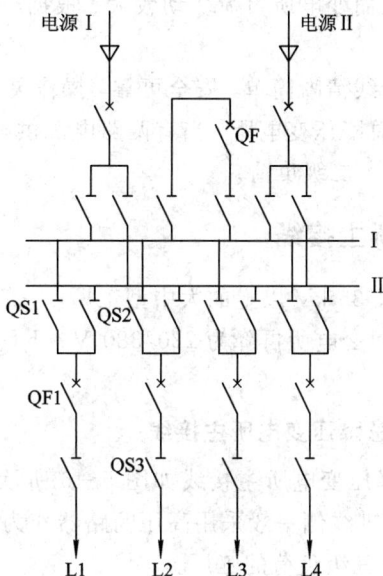

图 5-4　双母线接线

4. 桥形接线

　　所谓桥形接线，是指在两路电源进线之间跨接了一个断路器，犹如一座桥，如图 5-5 所示。根据桥回路的位置不同，可分为内桥和外桥两种接线。

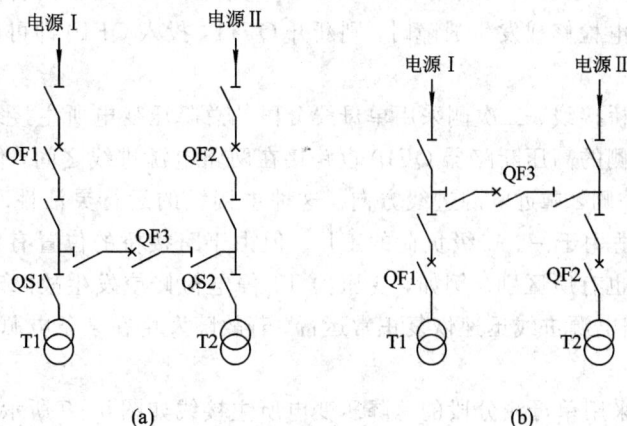

图 5-5　桥形接线

（a）内桥接线；（b）外桥接线

内桥接线如图5-5(a)所示，桥回路置于线路断路器内侧（靠变压器侧），此时电源线路经断路器和隔离开关接至桥接点；而变压器支路只经隔离开关与桥接点相连。内桥接线多用于因电源线路较长而发生故障和停电检修的机会较多，且变电所的变压器不需经常切换的变电所。

外桥接线如图5-5(b)所示，桥回路置于线路断路器外侧（远离变压器侧），变压器经断路器和隔离开关接至桥接点；而电源线路只经隔离开关与桥接点相连。外桥接线适用于电源线路较短（故障率较低），而变电所负荷变动较大、根据经济运行要求需经常切换变压器的变电所。

桥形接线采用设备少，接线清晰简单，安全可靠，操作灵活，能适用于多种运行方式。对于35 kV及35 kV以上的总降压变电所，当有两路电源供电及两台变压器时，一般采用桥形接线。桥形接线适用于一、二级负荷。

5.2.2　工厂总降压变电所主接线

电源进线电压为35 kV及35 kV以上的大中型工厂，一般先经工厂总降压变电所将电压降为6~10 kV，然后经车间变电所再降为220/380 V。下面介绍几种较常见的工厂总降压变电所的主接线。

1. 装设一台主变压器的总降压变电所主接线

装设一台主变压器的总降压变电所主接线如图5-6所示。变电所一次侧通常不设母线，二次侧采用单母线接线，进线侧一般采用高压断路器作为主开关。其特点是简单经济，但供电可靠性不高，仅适用于三级负荷的工厂。

2. 装设两台主变压器的总降压变电所主接线

一次侧采用内桥接线、二次侧采用单母线分段的总降压变电所主接线如图5-7所示。这种主接线其一次侧的高压断路器QF10跨接在两路电源进线之间，而且处在线路断路器QF11和QF12的内侧，靠近变压器。这种接线的运行灵活性较好，供电可靠性较高，适用于一、二级负荷的工厂。正常运行时，QF10断开，其两侧QS处于闭合状态。如果某路电源（例如Ⅰ线路）停电检修或发生故障时，则断开QF11，投入QF10即可由Ⅱ恢复对变压器T1的供电。

一次侧采用外桥接线、二次侧采用单母线分段的总降压变电所主接线如图5-8所示。这种主接线其一次侧的高压断路器QF10也跨接在两路电源进线之间，但处在线路断路器QF11和QF12的外侧，靠近电源进线方向。这种主接线的运行灵活性和供电可靠性与内桥接线相同，同样适用于一、二级负荷的工厂。但由于跨接桥的位置有别于内桥接线，因此它们适用的场合也有所区别。例如，变压器T1停电检修或发生故障时，则断开QF11，投入QF10，使两路电源进线迅速恢复正常运行。若故障发生在某条电源进线上，则切换将变得较为复杂。

一、二次侧均采用单母线分段的总降压变电所主接线如图5-9所示。这种主接线兼有上述两种桥形接线运行灵活性的优点，但所用高压开关设备较多，投资较大，可对一、二级负荷供电，适用于一、二次侧进出线均较多的总降压变电所。

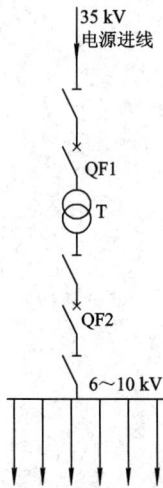

图 5-6　装设一台主变压器的
总降压变电所主接线

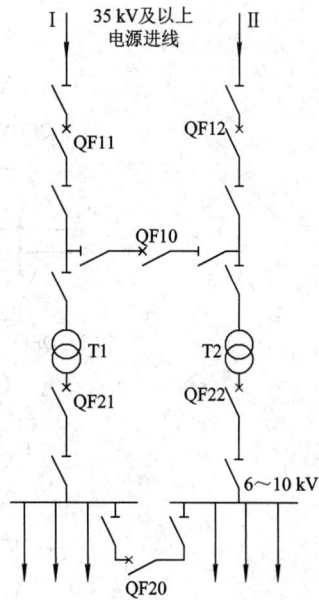

图 5-7　一次侧采用内桥接线、二次侧采用单母线分段的
总降压变电所主接线

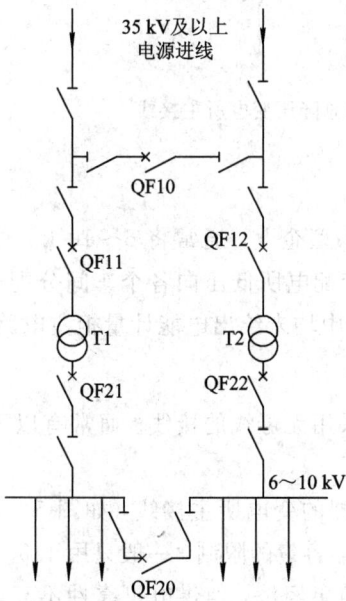

图 5-8　一次侧采用外桥接线、二次侧采用
单母线分段的总降压变电所主接线

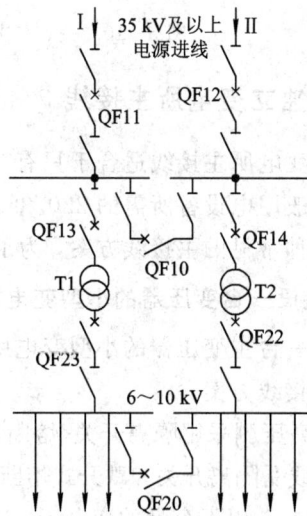

图 5-9　一、二次侧均采用单母线分段的
总降压变电所主接线

一、二次侧均采用双母线的总降压变电所主接线如图 5-10 所示。采用双母线接线较之采用单母线接线，其供电可靠性和运行灵活性得到了大大提高，但开关设备也相应增加了许多，从而大大增加了初投资，所以双母线接线在工厂变电所中很少应用，主要用于电力系统的枢纽变电所。

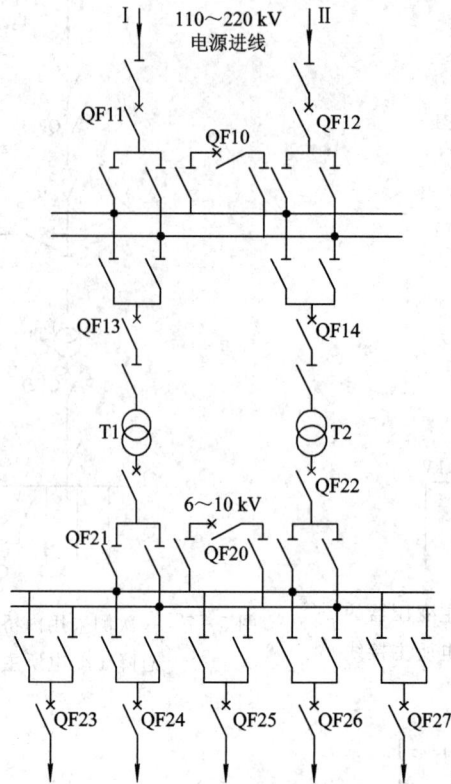

图 5-10 一、二次侧均采用双母线的总降压变电所主接线

5.2.3 独立变电所主接线

独立变电所主接线适合于只有一级变电所的中小型企业，通常将 6～10 kV 的高压直接降为一般用电设备所需的 220/380 V 的低压，由变配电所低压向各个车间分配电能。下面介绍几种常见的主接线方案，为了简化，本小节图中均未绘出电能计量柜主电路。

1. 装设一台变压器的小型变电所主接线

只有一台主变压器的小型变电所其高压侧一般采用无母线的接线。通常有以下三种比较典型的接线方案。

（1）高压侧采用隔离开关-熔断器或跌开式熔断器的变电所主接线，如图 5-11 所示。这种主接线受隔离开关和跌开式熔断器切断空载变压器容量的限制，一般只用于 500 kV·A 及 500 kV·A 以下容量的变电所。这种变电所相对简单经济，但供电可靠性不高，当主变压器或高压侧停电检修或发生故障时，整个变电所要停电。由于隔离开关和跌开式熔断器不能带负荷操作，因此变电所停电和送电的操作程序比较麻烦，容易发生带负荷拉闸的严重事故，而且在熔断器熔断后，更换熔体需要一定时间，从而使得排除故障后恢复供电的时间延长，影响供电的可靠性。因此，这种接线仅适用于三级负荷的供配电系统。

（2）高压侧采用负荷开关-熔断器的变电所主接线，如图 5-12 所示。由于负荷开关能带负荷操作，因而变电所停电和送电的操作比上述接线简便灵活，也不存在带负荷拉闸的危险。当发生过负荷时，可利用负荷开关的热脱扣器来实现保护，使开关跳闸；当发生短路故障时，可由熔断器熔断来实现保护。因此，这种主接线较上述接线运行灵活性有所提高。但是，这种接线仍然存在着排除短路故障后恢复供电时间较长的缺点。这种主接线也比较简单经济，虽能带负荷操作，但供电可靠性仍然不高，一般也只用于三级负荷的变电所。

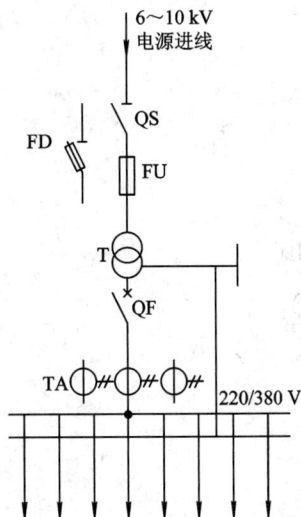

图 5-11　高压侧采用隔离开关-熔断器或跌开式熔断器的变电所主接线

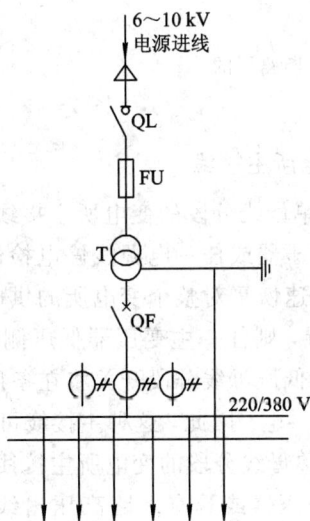

图 5-12　高压侧采用负荷开关-熔断器的变电所主接线

　　(3) 高压侧采用隔离开关-断路器的变电所主接线，如图 5-13 所示。这种主接线由于采用了高压断路器，因此变电所的停、送电操作十分灵活方便，同时高压断路器都配有继电保护装置，在变电所发生短路和过负荷时均能自动跳闸，而且在短路故障和过负荷情况消除后，又可直接迅速合闸，从而使恢复供电的时间大大缩短。但是如果变电所只此一路电源进线时，一般只用于三级负荷。当变电所低压侧有联络线与其他变电所相连时，可用于二级负荷。当变电所采用两路电源进线，供电可靠性得到相应提高时，可供电给二级负荷或少量一级负荷。高压双电源进线的变电所主接线如图 5 - 14 所示。

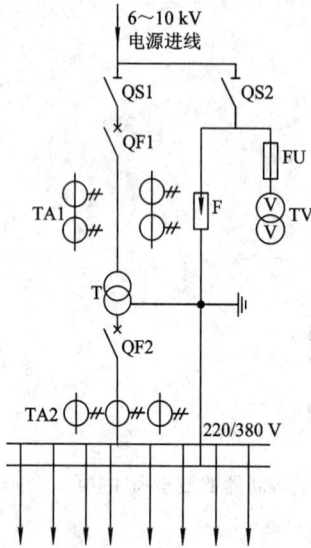

图 5 - 13　高压侧采用隔离开关-断路器的
变电所主接线

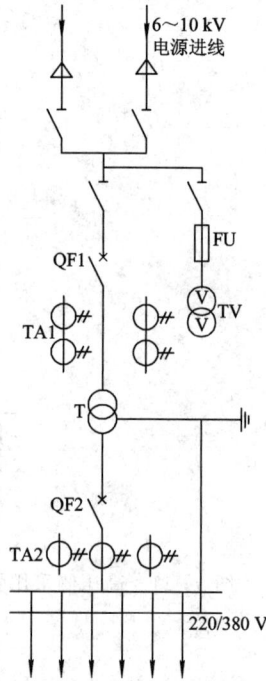

图 5 - 14　高压双电源进线的变电所主接线

2. 装设两台主变压器的变电所主接线

（1）高压侧无母线、低压侧单母线分段的变电所主接线，如图 5 - 15 所示。这种主接线的供电可靠性较高。当任一主变压器或任一电源线停电检修或发生故障时，该变电所通过闭合低压母线分段开关，即可迅速恢复对整个变电所的供电。如果两台主变压器低压侧主开关装设备用电源自动投入装置，则任一主变压器低压侧的主开关因电源断电而跳闸时，另一主变压器低压侧的主开关和低压母线分段开关将在备用电源自动投入装置的作用下自动合闸，恢复整个变电所的正常供电。因此，这种主接线可供一、二级负荷。

（2）高压侧单母线、低压侧单母线分段的变电所主接线，如图 5 - 16 所示。这种主接线适用于装有两台及两台以上主变压器或具有多路高压出线的变电所，其供电可靠性也较高。任一主变压器检修或发生故障时，通过切换操作，可迅速恢复整个变电所的供电，但在高压母线或电源进线检修或者发生故障时，整个变电所都要停电。若有与其他变电所相连的低压或高压联络线，则供电可靠性将得到大大提高。无联络线时，这种主接线可供二、三级负荷；有联络线时，可供一、二级负荷。

（3）高低压侧均为单母线分段的变电所主接线，如图 5 - 17 所示。这种变电所的两段高压母线在正常时可以并列运行，也可以分段运行。一台主变压器或一路电源进线停电检修或发生故障时,通过切换操作,可迅速恢复整个变电所的供电,因此供电可靠性相当高,可供一、二级负荷。

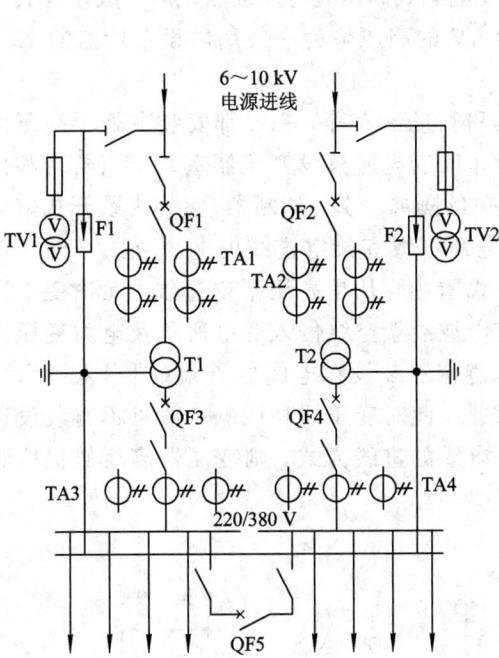

图 5-15　高压侧无母线、低压侧单母线分段的
　　　　　变电所主接线

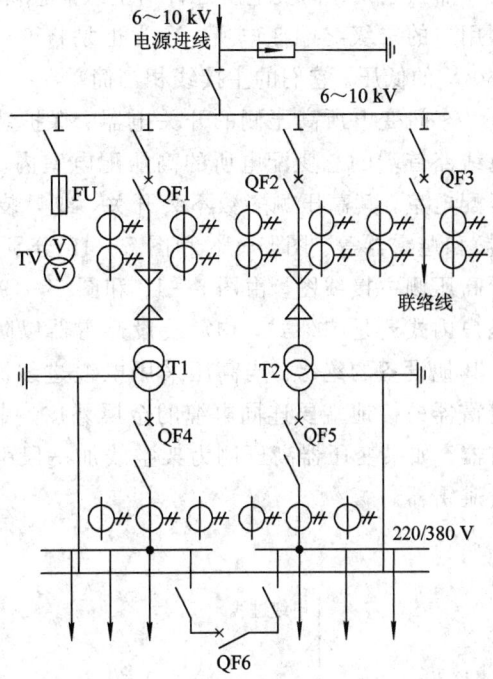

图 5-16　高压侧单母线、低压侧单母线分段的
　　　　　变电所主接线

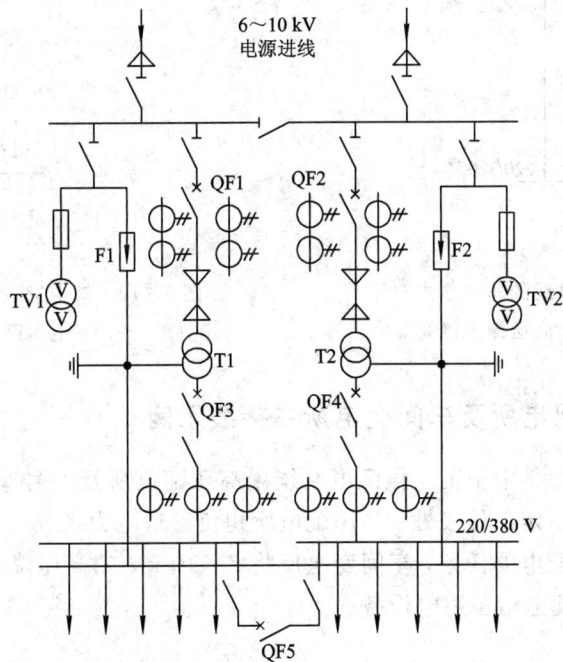

图 5-17　高低压侧均为单母线分段的变电所主接线

5.2.4　非独立式车间变电所主接线

非独立式车间变电所是针对上级有总降压变电所或高压配电所而言的，一般作为大中型用户的二级终端变电所，通常也是将 6～10 kV 的高压降为一般用电设备所需的 220/380 V 的低压。它们的主接线相当简单。

车间变电所高压侧的开关电器、保护装置和测量仪表等，一般都安装在处于高压配电线路首端的总变配电所的高压配电室内。而车间变电所只设变压器室或变压器台和低压配电室，其高压侧多数不装开关，或只装简单的隔离开关、熔断器（室外为跌开式熔断器）和避雷器等。图 5-18 和图 5-19 分别是电缆进线和架空进线的非独立式车间变电所高压侧主接线图。由图 5-18 和图 5-19 可以看出，凡是高压架空进线，无论变电所是户内式还是户外式，均需装设避雷器以防雷电波沿架空线侵入变电所危及电力变压器及其他设备的绝缘。当高压采用电缆进线时，避雷器装设在电缆的首端（图中未画出），避雷器的接地端要连同电缆的金属外皮一起接地。此时变压器高压侧一般可不再装设避雷器。如果变压器高压侧为架空线加一段引入电缆的进线方式，则变压器高压侧仍应装设避雷器。

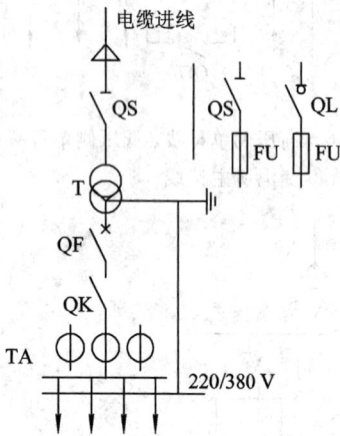

图 5-18　电缆进线的非独立式车间
变电所高压侧主接线

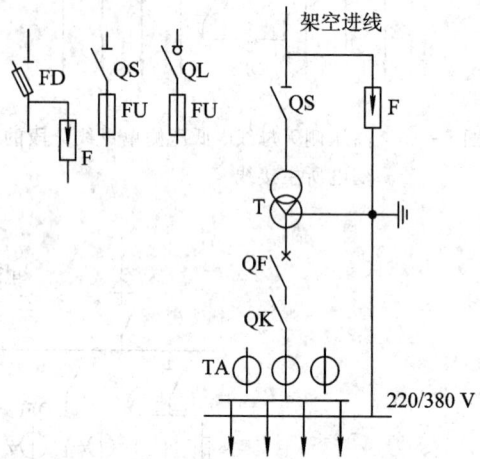

图 5-19　架空进线的非独立式车间
变电所高压侧主接线

5.2.5　工厂高压配电所及车间变电所主接线示例

如图 5-20 所示为某中型工厂供配电系统中高压配电所及 2 号车间变电所的主接线。这一主接线方案具有一定的代表性。高压配电所担负着从电力系统接受电能并向各车间变电所及高压用电设备配电的任务，车间变电所将 6～10 kV 的高压降为一般用电设备所需的低压，然后由低压配电给各用电设备。

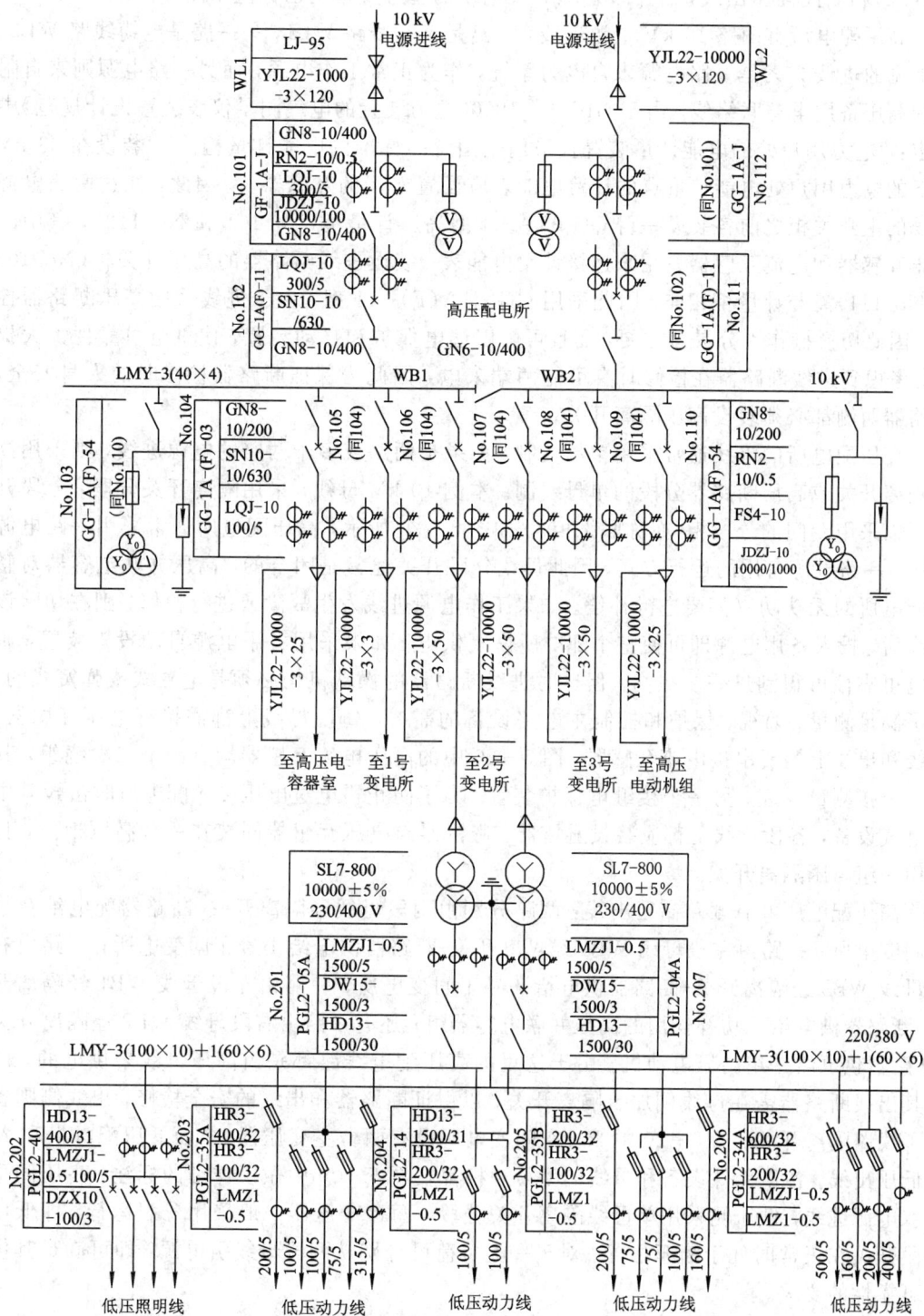

图 5-20　高压配电所及 2 号车间变电所的主接线

图 5-20 中高压配电所共设有 12 面高压开关柜(No.101~112)、两路电源进线(WL1~WL2)和 6 路高压出线,各个设备和导线电缆的型号规格均已标注于图中。

高压配电所有两路 10 kV 电源进线,一路是架空线路 WL1,另一路是电缆线路 WL2。最常见的进线方案是一路电源来自电力系统,作为正常工作电源,而另一路电源则来自附近的高压备用电源联络线。由于 GBJ63—1990《电力装置的电气测量仪表装置设计规范》中规定:"电力用户处的电能计量装置宜采用全国统一标准的电能计量柜。""装设在 63 kV以下的电力用户处电能计量点的计费电能表应设置专用的互感器。"因此,在这两路电源进线的主开关柜之前各装设一台 GG-1A-J 型高压计量柜(No.101 和 No.112),其中的电压互感器和电流互感器只用来连接计费电能表。装设进线断路器的高压开关柜(No.102和 No.111)需与计量柜相连,因此采用 GG-1A(F)-11 型。由于进线采用高压断路器控制,因此切换操作十分灵活方便,而且可配以继电保护和自动装置,使供电可靠性大大提高。考虑到进线断路器在检修时有可能两端来电,因此为保证断路器检修时的人身安全,断路器两侧都必须装设高压隔离开关。

高压配电所的母线通常采用单母线制。如果是两路或多于两路的电源进线,则采用高压隔离开关或高压断路器分段的单母线制。本例 10 kV 母线,采用隔离开关分段,分段开关可以采用专门的分段柜(亦称联络柜)。如图 5-20 所示,高压配电所通常采用一路电源工作、一路电源备用的运行方式,因此母线分段开关通常是闭合的,高压并联电容器对整个配电所的无功功率都要进行补偿。如果工作电源进线发生故障或进行检修,则在切除该进线后,投入备用电源即可使整个配电所恢复供电。如果采用备用电源自动投入装置,则供电可靠性可得到进一步提高,但这时进线断路器的操动机构必须是电磁式或弹簧式的。为了满足测量、监视、保护和控制主电路设备的需要,每段母线上都需接有电压互感器,进线和出线上均要串接电流互感器。图 5-20 中的高压电流互感器均有两个二次绕组,其中一个接测量仪表,另一个接继电保护装置。为了防止雷电过电压侵入配电所时击毁其中的电气设备,各段母线上都应装设避雷器。避雷器与电压互感器同装在一个高压柜内,且共用一组高压隔离开关。

高压配电所共有 6 路高压出线:两路分别由两段母线经隔离开关-断路器配电给 2 号车间变电所;一路由左段母线 WB1 经隔离开关-断路器供电给 1 号车间变电所;一路由右段母线 WB2 经隔离开关-断路器供电给 3 号车间变电所;一路由左段母线 WB1 经隔离开关-断路器供电给无功补偿用的高压并联电容器组;还有一路由右段母线 WB2 经隔离开关-断路器供电给一组高压电动机。由于这里的高压配电线路都是由高压母线来供电的,因此其出线断路器需在母线侧加装隔离开关,以保证断路器和出线的安全检修,出线侧则省掉了线路隔离开关。图 5-20 中 2 号车间变电所设有两台主变压器、7 面低压配电柜和 20路低压出线。各个元件设备和母线的型号规格都在图 5-20 中做了详细的标注。高压侧采用双电源进线,低压侧采用单母线隔离开关分段,两台变压器一般采用分裂运行,即低压分段开关在正常时处于断开位置。对于一类负荷可分别从两段母线引电源,即可满足其供电可靠性的要求。

5.3　电气主接线的运行方式

电气主接线的运行方式是指电气主接线中各电气设备实际所处的工作状态(运行、备用和检修)及其连接方式。电气主接线的运行方式直接影响变配电所的安全和经济运行。电气主接线的运行方式分为正常运行方式和非正常运行方式。

5.3.1　正常运行方式和非正常运行方式

正常运行方式是指正常情况下全部设备投入运行时电气主接线经常采用的运行方式。主接线的正常运行方式一经确定,其母线运行方式、变压器中性点的运行方式也随之确定,相应地继电保护和自动装置的投入也随之确定。电气主接线的正常运行方式只有一种,一般不得随意改变。

非正常运行方式是指在事故处理、设备故障或检修时电气主接线所采用的运行方式。由于事故处理和设备检修具有随机性,因此电气主接线的非正常运行方式一般有多种。

5.3.2　电气主接线运行方式举例

图 5 - 21 为某企业变电所电气主接线图,其中 35 kV 系统采用双母线接线,母线断路器为 QF1；10 kV 系统采用单母分段带旁母接线,分段断路器 QF2 兼作旁路断路器；35 kV 与 10 kV 系统通过两台三绕组变压器 T1、T2 相连,之间有大量的穿越功率；220/380 V 系统由 T1、T2 供电,采用单母分段接线,分段断路器为 QF3。下面分析该系统的运行方式。

1. 正常运行方式

1) 35 kV 系统

两组母线同时运行,母线断路器 QF1 及两侧隔离开关均闭合,电源Ⅰ与 T1 接至母线Ⅰ段,电源Ⅱ与 T2 接至母线Ⅱ段,即进出线平均分配于两组母线上运行,运行方式具有单母线分段的特点,线路、主变压器及母线的继电保护装置均投入。

2) 10 kV 系统

正常状态下,母线Ⅰ、Ⅱ段均带电运行,分段断路器 QF2 及两侧隔离开关 QS8、QS9 闭合,相当于单母线运行,分段隔离开关 QS7 断开备用,旁母 WBₚ 相连的隔离开关 QS3 ~QS6 均断开备用；线路 WL1 及 T1 接入母线Ⅰ段运行,WL2 及 T2 接入母线Ⅱ段运行；各线路和主变压器 T1、T2 以及母线的继电保护均按规定投入。

3) 220/380 V 系统

正常状态下,分段断路器 QF3 及两侧隔离开关均闭合,T1 接于母线Ⅰ段,T2 接于母线Ⅱ段,10 回出线平均分配于Ⅰ、Ⅱ上运行,各线路及母线的保护均按规定投入。

2. 非正常运行方式

1) 35 kV 系统

(1) 变压器 T1(或 T2)停电检修运行方式。当 T1 检修时,断开 T1 的各侧断路器和隔离开关,T2 正常运行,二回电源进线经 T2 向 10 kV 系统及 220/380 V 系统供电。

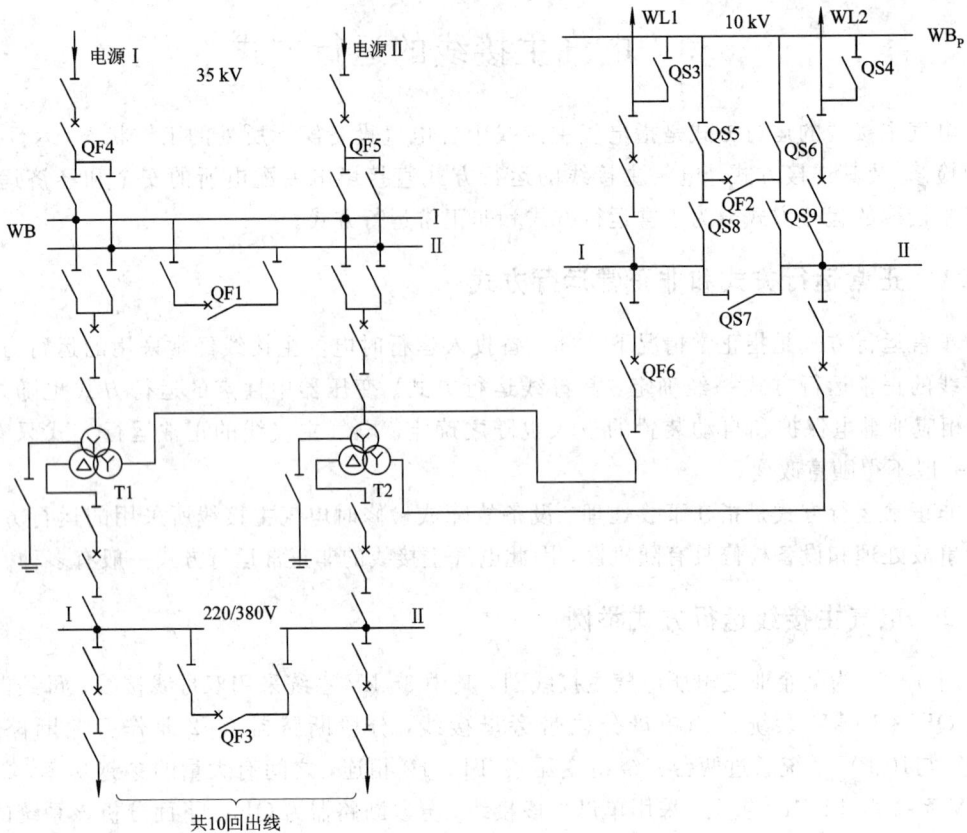

图 5-21 某企业变电所电气主接线图

(2) 母线Ⅰ段(或Ⅱ段)停电检修运行方式。母线Ⅰ段停电检修时,其上的所有进、出线回路全部切换到母线Ⅱ段上运行,母线断路器 QF1 及两侧的隔离开关均断开,母线保护改为单母线运行方式,其他保护同正常运行方式。同理,母线Ⅱ段停电检修时的运行方式与母线Ⅰ段情况相似。

(3) 进线断路器 QF4(或 QF5)停电检修运行方式。进线断路器 QF4 停电检修时,断开 QF4 及两侧隔离开关,仍由母线Ⅰ、Ⅱ段向 T1、T2 供电,继电保护同正常运行方式。同理,进线断路器 QF5 停电检修的运行方式与 QF4 相似。

2) 10 kV 系统

(1) 10 kV 侧断路器 QF6 停电检修运行方式。断路器 QF6 断开,再断开两侧的隔离开关,其他操作同正常运行方式。

(2) 10 kV 母线Ⅰ段(或Ⅱ段)停电检修运行方式。采用"先通后断"原则,闭合 QS7,使该回路与分段断路器 QF2 并联,断开 QF2、QS8;合上 QS5、QF2,断开 QS7,由母线Ⅱ段经 QS9、QF2、QS5 向旁母充电;闭合 QS3,断开母线Ⅰ段两侧的断路器及隔离开关,其他操作同正常运行方式。

(3) 分段断路器兼旁路断路器 QF2 检修运行方式。电源进线及负荷出线均平衡分布于母线Ⅱ段上,使流过 QF2 的电流很小,断开 QF2 及两侧的隔离开关,在开关两侧加设接地线,其余操作同正常运行方式。

3）220/380 V 系统

（1）分段断路器 QF3 检修运行方式。该方式与上述 10 kV 侧断路器 QF2 停电检修运行方式相同。

（2）母线Ⅰ段（或Ⅱ段）停电检修运行方式。断开与母线Ⅰ段相接的所有进出线（包括分段断路器支路）。

5.4　变配电所所址选择

变配电所是电能供应、分配的中心，正确选择变电所的位置对保证供电系统的质量，减少系统电能损耗，降低运行费用是十分重要的。

5.4.1　变配电所所址选择的一般原则

根据 10 kV 及 10 kV 以下变电所设计规范（GB50053—94）规定，变配电所所址的选择应综合考虑以下因素：

（1）尽量接近或深入负荷中心，以降低线路的电能损耗和有色金属的消耗量，提高电能质量。

（2）进出线方便，尽量靠近电源侧，避免高压线路跨越其他设备和建筑物。

（3）设备运输方便，特别是大型设备，如电力变压器、高低压开关柜的运输要方便。

（4）不应设在有剧烈震动或高温的场所，不应设在多尘或有腐蚀性气体的场所，不应设在正常积水场所的正下方，且不宜和浴室、厕所或其他经常积水的场所相邻，不应设在有爆炸危险环境的正上方或正下方。

（5）高层建筑的变配电所宜设置在地下层或首层。设在地下层时，宜选择在通风、散热条件较好的场所。

（6）在无特殊防火要求的多层建筑中，装有可燃性油的电气设备的变配电所，可设置在底层靠外墙部位，但不应设在人员密集场所的上方、下方、贴邻或疏散出口的两旁。

（7）不应防碍工厂或车间的发展，并应适当考虑今后扩建的可能。

5.4.2　变配电所所址选择的方法

负荷中心是选择变配电所所址的重要条件，当负荷中心的位置确定后，变电所的位置相应地就容易确定了。可用下面所讲方法近似确定负荷中心。

1. 负荷指示图法

负荷指示图是将电力负荷按一定的比例，以负荷圆的形式表示在用户的平面图上。各建筑（或车间）负荷圆的圆心应与建筑（或车间）的负荷中心大致相符。负荷圆的半径为

$$r = \sqrt{\frac{P_{30}}{k\pi}} \tag{5-1}$$

式中，k 为负荷圆的比例系数，单位为 kW/mm²。

图 5-22 是某企业的负荷指示图，由此负荷指示图可以直观地确定企业用户的负荷中心，再结合变电所所址选择的其他条件，拟定几个方案，择优选定变电所的位置。

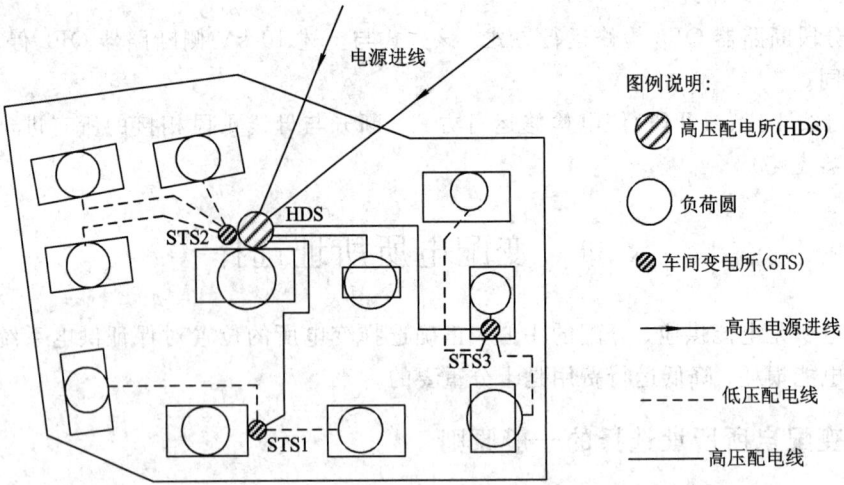

图 5-22　某企业的负荷指示图

2. 负荷矩法

这是一种近似定量的计算方法,以负荷圆的圆心为负荷点,用求物体重心的方法来确定负荷中心。

图 5-23 为 3 个负荷点的负荷矩示意图。有功功率 $P_1 \sim P_3$ 分布于直角坐标系中,一般负荷中心为

$$x \sum P_i = \sum (P_i x_i)$$

$$y \sum P_i = \sum (P_i y_i)$$

$$x = \frac{\sum (P_i x_i)}{\sum P_i} \tag{5-2}$$

$$y = \frac{\sum (P_i y_i)}{\sum P_i} \tag{5-3}$$

因此,总负荷中心为 $P(x,y)$。

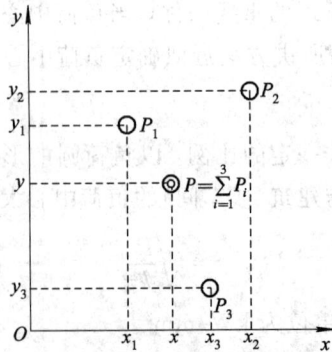

图 5-23　按负荷矩法确定负荷中心

3. 按负荷电能矩确定负荷中心

负荷中心不仅与各负荷的功率有关，而且还与各负荷的工作时间有关。也就是说，负荷中心的位置是变化的。负荷矩法是静态负荷中心计算法，它只考虑负荷的容量和位置，如再考虑各负荷点的工作时间，则为按负荷电能矩确定负荷中心的方法：

$$x = \frac{\sum (P_i T_{Mi} x_i)}{\sum (P_i t_i)} = \frac{\sum (W_{Ni} x_i)}{\sum (W_{Ni})} \qquad (5-4)$$

$$y = \frac{\sum (P_i T_{Mi} y_i)}{\sum (P_i t_i)} = \frac{\sum (W_{Ni} y_i)}{\sum (W_{Ni})} \qquad (5-5)$$

式中，$W_{Ni} = P_i T_{Mi}$ 为负荷点的电能消耗量；T_{Mi} 为最大负荷利用小时数。

实际上，影响变电所位置选择的因素有很多，如厂区建筑、车间布置、供电部门的要求等，都可能制约变电所位置的选择，因此，应结合实际情况，进行技术、经济比较，才能选出较为理想的变电所位置。

5.5　变配电所的布置与结构

5.5.1　变配电所的总体布置

1. 变配电所布置的总体要求

（1）室内布置应合理紧凑，便于值班人员运行、维护和检修，所有带电部分离墙和离地的尺寸以及各室维护操作通道的宽度均应符合有关规程，以确保运行安全。值班室应尽量靠近高低压配电室，且有门直通。

（2）应尽量利用自然采光和通风，电力变压器室和电容器室应避免西晒，控制室和值班室应尽量朝南。

（3）应合理布置变电所内各室的相对位置，高压配电室与电容器室、低压配电室与电力变压器室应相互邻近，且便于进出线，控制室、值班室及辅助房间的位置应便于值班人员的工作管理。

（4）变电所内不允许采用可燃材料装修，不允许各种水管、热力管道和可燃气体管道从变电所内通过。高低压配电室和电容器室的门应朝值班室开或朝外开，变压器室的大门应朝马路开，但应避免朝西开门。高压电容器组一般应装设在单独的房间内，低压电容器组在数量较少时可装设在低压配电室内。

（5）高低压配电室和电容器室均应设置防止雨、雪以及蛇、鼠类小动物从采光窗、通风窗、门和电缆沟等进入室内的设施。

（6）室内布置应经济合理，电气设备用量少，节省有色金属和电气绝缘材料，节约土地和建筑费用，降低工程造价。另外，还应考虑以后发展和扩建的可能。高低压配电室内均应留有适当数量开关柜（屏）的备用位置。

2. 变配电所的布置方案

变电所的布置形式有户内式、户外式和混合式三种。户内式变电所将变压器、配电装置安装在室内，工作条件好，运行管理方便；户外式变电所将变压器、配电装置全部安装在室外；混合式则部分安装在室内，部分安装在室外。供配电系统的变电所一般采用户内式。户内式又分为单层布置和双层布置，视投资和土地情况而定。供配电系统的变电所通常由高压配电室、电力变压器室和低压配电室等组成。有的还设有控制室、值班室，需要进行高压侧功率因数补偿时，还应设置高压电容器室。

(1) 35/10 kV 总降压变电所布置方案。图 5-24 是其单层布置的典型方案示意图；图 5-25 是其双层布置的典型方案示意图。

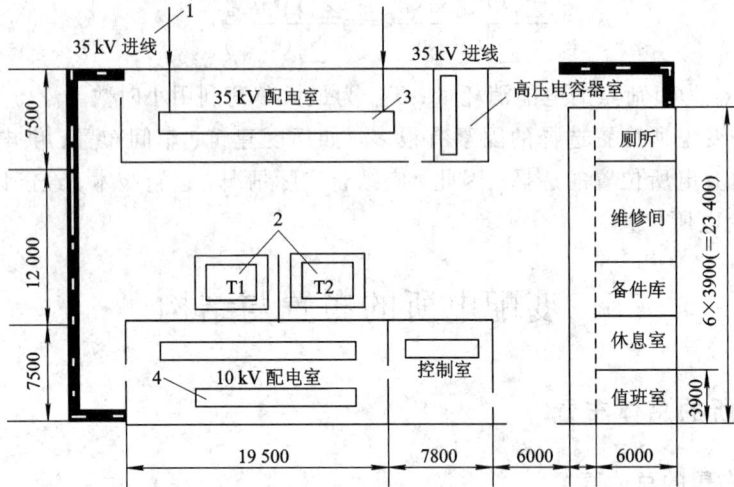

1—35 kV 架空进线；2—主变压器(4000 kV·A)；3—35 kV 高压开关柜；4—10 kV 高压开关柜

图 5-24 35/10 kV 总降压变电所单层布置方案示意图

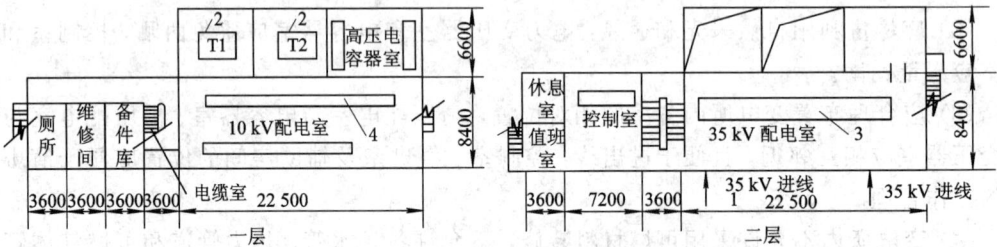

1—35 kV 架空进线；2—主变压器(6300 kV·A)；3—35 kV 高压开关柜；4—10 kV 高压开关柜

图 5-25 35/10 kV 总降压变电所双层布置方案示意图

(2) 10 kV 高压配电所和附设车间变电所的布置方案。图 5-26 是一个 10 kV 高压配电所和附设车间变电所的布置方案示意图。

(3) 6~10/0.4 kV 变电所的布置方案。图 5-27(a)是一个户内式装有两台变压器的独立式变电所布置方案示意图；图 5-27(b)是一个户外式装有两台变压器的独立式变电所布置方案示意图；图 5-27(c)是装有两台变压器的附设式变电所布置方案示意图；图 5-27(d)是装有一台变压器的附设式变电所布置方案示意图；图 5-27(e)、(f)是露天或半露天式设有两台和一台变压器的变电所布置方案示意图。

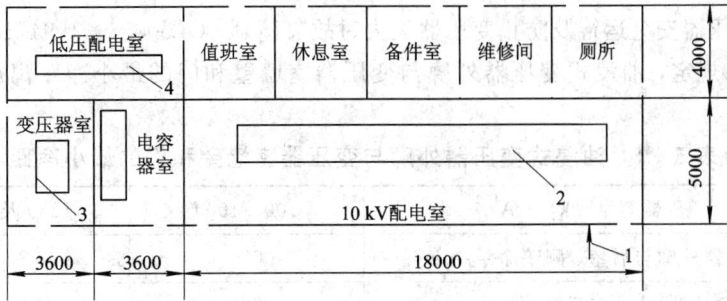

1—10 kV电缆进线；2—10 kV高压开关柜；3—10/0.4 kV变压器；4—380 V低压配电屏

图 5-26　10 kV 高压配电所和附设车间变电所的布置方案示意图

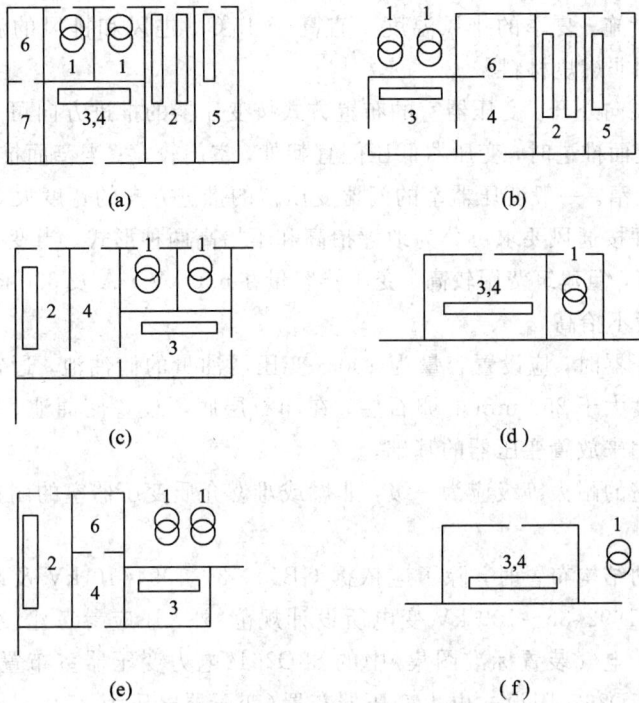

1—变压器室或露天(或半露天)变压器装置；2—高压配电室；3—低压配电室；
4—值班室；5—高压电容器室；6—维修间或工具间；7—休息室或生活间

图 5-27　6～10/0.4 kV 变电所的布置方案示意图
(a) 户内式(变压器在室内)；(b) 户外式(变压器在室外)；(c) 附设式(有两台变压器)；
(d) 附设式(有一台变压器)；(e) 露天或半露天式(有两台变压器)；
(f) 露天或半露天式(有一台变压器)

5.5.2　变配电所的结构

1. 变压器室的结构

变压器室的结构形式取决于变压器的形式、容量、放置方式、主接线方案及进出线方式和方向等诸多因素，并且还应考虑运行维护的安全以及通风、放火等问题。另外，考虑到发展，变压器室宜有更换大一级容量的可能性。

为保证变压器安全运行及防止变压器失火时故障蔓延，GB50053—1994《10 kV 及以下变电所设计规范》规定，油浸式变压器外廓与变压器室墙壁和门的最小净距离应符合表 5 - 1 规定。

表 5 - 1　油浸式变压器外廓与变压器室墙壁和门的最小净距

变压器容量/(kV·A)	100～1000	1250 及以上
变压器外廓与后壁、侧壁净距/mm	600	800
变压器外廓与门净距/mm	800	1000

变压器室一般采用自然通风，室内只设通风窗而不设采光窗。进风窗设在变压器室前门的下方，出风窗设在变压器室的上方，并应有防雨、雪以及蛇、鼠等小动物从门、窗和电缆沟等进入室内的设施。夏季的排风温度不宜高于 45℃，进风和排风的温度差不宜大于 15℃。通风窗应采用非燃烧材料。

变压器室的门要向外开。变压器室的布置方式按变压器的推进方向可分为宽面推进式和窄面推进式。当宽面推进时，变压器低压侧宜朝外，室门较宽；当窄面推进时，变压器的油枕宜朝外，室门较窄。一般变压器室的门比变压器的推进方向的宽度大 0.5 m。

变压器室的地坪按通风要求可分为地坪抬高和不抬高两种形式。当变压器室的地坪抬高时，通风散热更好，但建筑费用较高。变压器容量在 630 kV·A 及 630 kV·A 以下的变压器室地坪时，一般不抬高。

选用油浸式变压器时，应设置容量为 100％变压器油量的储油池，通常的做法是在变压器油坑内设置厚度大于 250 mm 的卵石层，在卵石层底下设置储油池。在储油池中，砌有两道高出池面的用来放置变压器的基础。

油浸式变压器室的耐火等级应为一级，非燃或难燃介质变压器室的耐火等级不应低于二级。

设计变压器室的结构布置时，除了应依据 GB50053—1994《10 kV 及以下变电所设计规范》和 GB50059—1992《35～100 kV 变电所设计规范》外，还应参考建设部批准的《全国通用建筑标准设计·电气装置标准图集》中的 88D264《电力变压器室布置（变压器电压为 6～10/0.4 kV）》、97D267《附设式电力变压器布置（变压器电压为 35/0.4 kV）》和 99D268《干式变压器安装》等。

2. 高压配电室的结构

高压配电室的结构形式主要取决于高压开关柜（屏）的形式、尺寸和数量，同时还要考虑运行维护的方便和安全，留有足够的操作维护通道；并且要为今后的发展留有适当数量的备用开关柜（屏）的位置；但占地面积不宜过大，建筑费用不宜过高。

高压配电室的高度与开关柜的形式及进出线的情况有关。采用架空进出线时，高度为 4.2 m 以上，采用电缆进出线时，高压开关室高度为 3.5 m。为了布线和检修的需要，高压开关柜下面应设电缆沟，柜前或柜后也应设电缆沟。

高压配电室的门应向外开。相邻配电室间有门时，其门应能双向开启。长度大于 7 m 的配电室应设两个出口，并应布置在配电室的两端。高压配电室的耐火等级不应低于二级。

高压配电室内各种通道的最小宽度应按 GB50053—1994 规定选取，如表 5-2 所示。

表 5-2　高压配电室内各种通道的最小宽度　　　　　mm

开关柜布置方式	柜后维护通道	柜前操作通道	
		固定式柜	手车式柜
单列布置	800	1500	单车长度＋1200
双列面对面布置	800	2000	双车长度＋900
双列背对背布置	1000	1500	单车长度＋1200

3. 低压配电室的结构

低压配电室的结构主要取决于低压开关柜（屏）的形式、数量、安装方式及布置方式等因素。低压配电室内成列布置的配电屏，其屏前、屏后的通道最小宽度应按 GB50053—1994 规定选取，如表 5-3 所示。

表 5-3　低压配电室内屏前后通道最小宽度　　　　　mm

配电屏形式	配电屏布置方式	屏前通道	屏后通道
固定式	单列布置	1500	1000
	双列面对面布置	2000	1000
	双列背对背布置	1500	1500
抽屉式	单列布置	1800	1000
	双列面对面布置	2300	1000
	双列背对背布置	1800	1000

低压配电室的高度应与变压器室综合考虑，以便变压器低压出线。当配电室与抬高地坪的变压器室相邻时，低压配电室的高度不应低于 4 m；与不抬高地坪的变压器室相邻时，配电室的高度不应低于 3.5 m。为了布线需要，低压配电屏下面也应设电缆沟。

低压配电室的耐火等级不应低于三级。

4. 高压电容器室的结构

高压电容器室采用的电容器柜通常都是成套型的。按 GB50053—1994 规定，成套电容器柜单列布置时，柜正面与墙面距离不应小于 1.5 m；当双列布置时，柜面之间距离不应小于 2.0 m。电容器室应有良好的自然通风。当自然通风不能满足排热要求时，可增设机械排风。电容器室应设温度指示装置。

高压电容器室的耐火等级不应低于二级。

5. 值班室的结构

值班室的结构形式要结合变配电所的总体布置和值班工作要求全盘考虑，以利于运行值班工作。值班室要有良好的自然采光，采光窗宜朝南。在采暖地区，值班室应采暖，采暖计算温度为 18℃，采暖装置宜采用排管焊接。在蚊子和其他昆虫较多的地区，值班室应装纱窗、纱门，通往外边的门应向外开。

5.5.3　变配电所的布置及结构示例

图 5-28 是图 5-20 所示高压配电所及其附设 2 号车间变电所的平面图和剖面图。高

压配电室中的开关柜为双列布置时，按 GB50060－1992《3～110 kV 高压配电装置设计规范》规定，操作通道的最小宽度为 2 m，这里取为 2.5 m，这样运行维护更为安全方便。这里变压器室的尺寸按所装设变压器容量增大一级来考虑，以适应变电所在负荷增长时需改换大一级容量变压器的要求。高低压配电室也都留有一定的余地，供将来添设高低压开关柜之用。

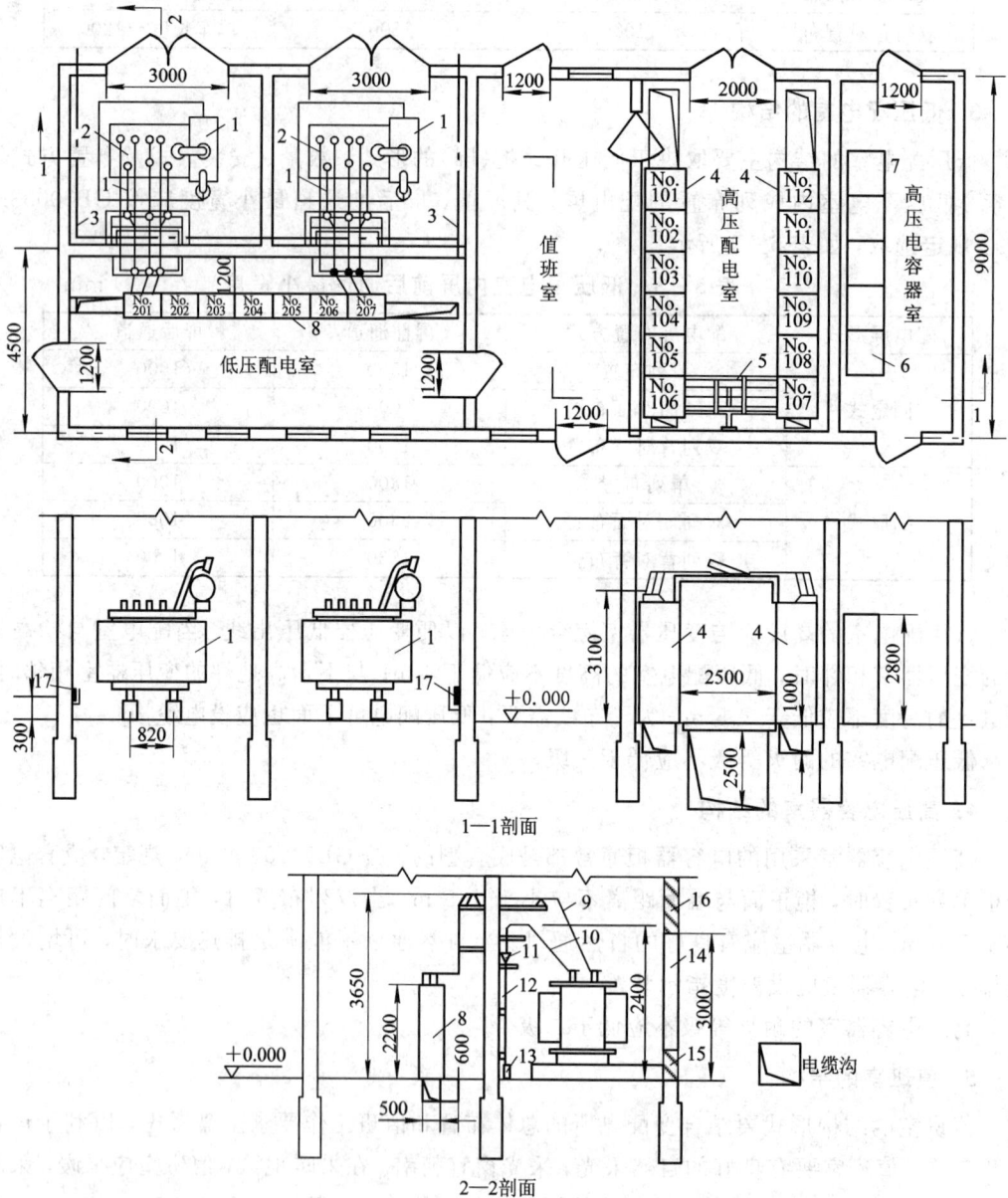

1—SL7-800/10型变压器；2—PEN线；3—接地线；4—GG-1A(F)高压开关柜；5—GN6型高压隔离开关；
6—GR-1型高压电容器柜；7—GR-1型高压电容器的放电互感器柜；8—PGL2型低压配电屏；
9—低压母线及支架；10—高压母线及支架；11—电缆头；12—电缆；13—电缆保护管；
14—大门；15—进风口(百叶窗)；16—出风口(百叶窗)；17—接地线及固定钩

图 5-28　图 5-20 所示高压配电所及其附设 2 号车间变电所的平面图和剖面图

由图 5-28 所示变电所平面布置方案可以看出：

(1) 值班室紧靠高低压配电室，而且有门直通，因此运行维护方便；

(2) 高、低压配电室和变压器室的进出线都较方便；

(3) 所有大门都按要求开设，保证运行安全；

(4) 高压电容器室与高压配电室相邻，既安全又配线方便；

(5) 各室都留有一定的余地，以适应发展的要求。

基本技能训练　变配电所的电气操作

1. 变配电所送电和停电操作的顺序

1）变配电所的送电操作

当变配电所送电时，一般应从电源侧的开关合起，依次合到负荷侧的开关。按这种程序操作可使开关的闭合电流减至最小，比较安全，万一某部分存在故障，也容易发现。但是在有高压隔离开关-高压断路器及有低压刀开关-低压断路器的电路中，送电时一定要按下列程序进行操作：

(1) 合母线侧隔离开关或刀开关；

(2) 合负荷侧隔离开关或刀开关；

(3) 合高压或低压断路器。

如果变配电所是在事故停电以后恢复送电，则操作程序应视变配电所装设的开关类型而定。如果电源进线装设的是高压断路器，则当高压母线发生短路故障时，断路器自动跳闸；在故障消除后，可直接合上断路器来恢复送电。如果电源进线装设的是高压负荷开关，则在故障消除后，先更换熔断器的熔管，然后合上负荷开关即可恢复送电。如果电源进线装设的是高压隔离开关-熔断器，则在故障消除后，先更换熔断器的熔管，并断开所有出线开关，然后合上隔离开关，最后合上所有出线开关以恢复送电。如果电源进线装设的是跌开式熔断器，则送电操作的程序与进线装设隔离开关-熔断器的操作程序相同。

2）变配电所的停电操作

当变配电所停电时，一般应从负荷侧的开关拉起，依次拉到电源侧的开关。按这种程序操作可使开关的开断电流减至最小，也比较安全。但是在有高压隔离开关-高压断路器及有低压刀开关-低压断路器的电路中，停电时一定要按下列程序进行操作：

(1) 拉高压或低压断路器；

(2) 拉负荷侧隔离开关或刀开关；

(3) 拉母线侧隔离开关或刀开关。

2. 倒闸操作

电气设备通常有三种状态，分别为运行、备用（包括冷备用及热备用）和检修。电气设备由于周期性检查、试验或处理事故等原因，需操作断路器、隔离开关等电气设备来改变电气设备的运行状态，这种将设备由一种状态转变为另一种状态的过程就叫倒闸，所进行的操作称为倒闸操作。

倒闸操作是电气值班人员及电工的一项经常性的重要工作，其操作、验电和挂地线是倒闸操作的基本功。倒闸操作有正常情况下的操作和有事故情况下的操作两种。在正常情况下应严格执行"倒闸操作票"制度。

1) 倒闸操作步骤

（1）接受主管人员的预发命令。在接受预发命令时，要停止其他工作，并将记录内容向主管人员复诵，核对其正确性。对枢纽变电所等处的重要倒闸操作应有两个人同时听取和接受主管人员的命令。

（2）填写操作票。值班人员根据主管人员的预发令，核对模拟图和实际设备，参照典型操作票在操作票上逐项认真填写操作项目。操作票里应填入如下内容：应拉合的开关和刀闸；检查开关和刀闸的位置；检查负载分配；装拆接地线；安装或拆除控制回路、电压互感器回路的熔断器；切换保护回路并检验是否确实没有电压。

（3）审查操作票。操作票填写完毕后，写票人自己应进行核对，认为确定无误后，再交监护人审查。监护人应对操作票的内容逐项审查，对上一班预填的操作票，即使不是在本班执行，也要按规定进行审查。审查中若发现错误，应由操作人重新填写。

（4）接受操作命令。在主管人员发布操作任务或命令时，监护人和操作人应同时在场，仔细听清主管人员发布的命令，同时要核对操作票上的任务与主管人员所发布的是否完全一致，并由监护人按照填写好的操作票向发令人复诵，经双方核对无误后，在操作票上填写发令时间，并由操作人和监护人签名。这样，这份操作票才合格可用。

（5）预演。操作前，操作人和监护人应先在模拟图上按照操作票所列的顺序逐项唱票预演，再次对操作票的正确性进行核对，并相互提醒操作的注意事项。

（6）核对设备。到达操作现场后，操作人应先站准位置，核对设备名称和编号，监护人核对操作人所站的位置、操作设备名称及编号是否正确无误。检查核对后，操作人穿戴好安全用具，眼看编号，准备操作。

（7）唱票操作。当操作人准备就绪时，监护人按照操作票上的顺序高声唱票，每次只准唱一步。严禁凭记忆不看操作票唱票，严禁看编号唱票。此时操作人应仔细听监护人唱票并看准编号，核对监护人所发命令的正确性。当操作人认为无误时，开始高声复诵并用手指向编号，做出操作手势。在监护人认为操作人复诵正确，两人一致认为无误后，监护人发出"对，执行"的命令，操作人方可进行操作并记录操作开始时间。

（8）检查。每一步操作完毕后，应由监护人在操作票上打一个"√"号，同时两个人应到现场检查操作的正确性，如设备的机械指示、信号指示灯、表计变化情况等，用以确定设备的实际分合位置。监护人勾票后，应告诉操作人下一步的操作内容。

（9）汇报。操作结束后，应检查所有操作步骤是否全部执行，然后由监护人在操作票上填写操作的结束时间，并向主管人员汇报。对已执行的操作票，在工作日志和操作记录本上做好记录，并将操作票归档保存。

（10）复查评价。变配电所值班负责人要召集全班，对本班已执行完毕的各项操作进行复查，评价总结经验。

2) 倒闸操作实例

执行某一操作任务时，首先要掌握电气接线的运行方式、保护的配置、电源及负荷的功率分布情况，然后依据命令的内容填写操作票。操作项目要全面，顺序要合理，以保证操作的正确和安全。

下面是某 66/10 kV 变配电所部分倒闸操作实例。

例 1 图 5-29 为该变配电所的电气接线图。

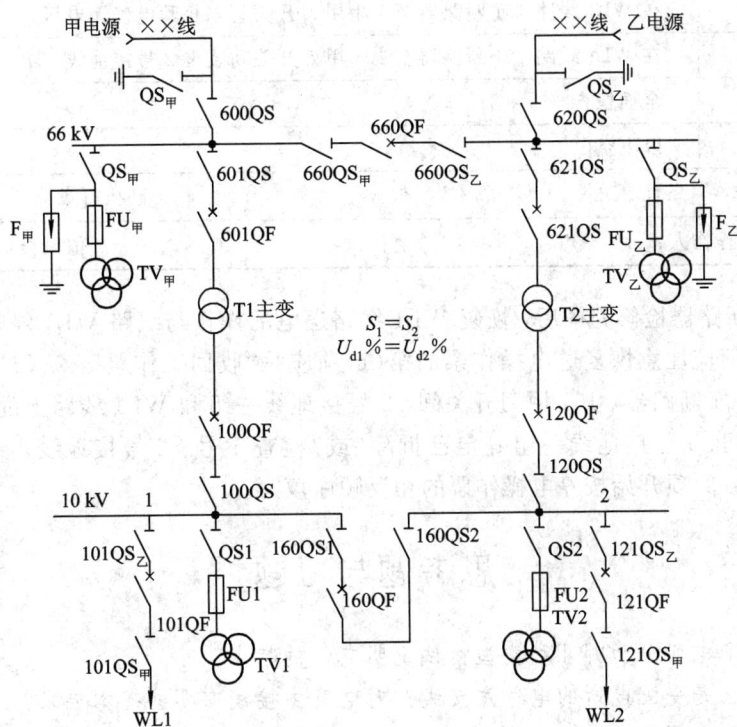

图 5-29 66/10 kV 某工厂变配电所电气主接线运行方式图

任务：填写线路 WL1 的停电操作票。

（1）图 5-29 为电气主接线运行方式。欲停电检修 101 断路器，填写 WL1 停电倒闸操作票，其停电操作详见表 5-4。

表 5-4 变配电所倒闸操作票　　　　编号：04～05

操作开始时间：2004 年 5 月 15 日 8 时 30 分；结束时间：15 日 8 时 49 分	
操作任务：10 kV Ⅰ 段 WL1 线路停电	
顺序	操 作 项 目
（1）	拉开 WL1 线路 101 断路器
（2）	检查 WL1 线路 101 断路器确在开位，开关盘表计指示正确 0A
（3）	取下 WL1 线路 101 断路器操作直流保险
（4）	拉开 WL1 线路 101 甲刀开关
（5）	检查 WL1 线路 101 甲刀开关确在开位
（6）	拉开 WL1 线路 101 乙刀开关
（7）	检查 WL1 线路 101 乙刀开关确在开位
（8）	停用 101 线路保护跳闸压板
（9）	在 WL1 线路 101 断路器至 101 乙刀开关间三相验电确无电压

(10)	在 WL1 线路 101 断路器至 101 乙刀开关间装设 1 号接地线一组
(11)	在 WL1 线路 101 断路器至 101 甲刀开关间三相验电确无电压
(12)	在 WL1 线路 101 断路器至 101 甲刀开关间装设 2 号接地线一组
(13)	全面检查
	以下空白

备注：		已执行章	
操作人：	监护人：		值班长：

(2) 101 断路器检修完毕后，恢复 WL1 线路送电的操作与线路 WL1 停电操作票的操作顺序相反，但应注意恢复送电操作票的第(1)项应是"收回工作票"，第(2)项应是"检查 WL1 线路上 101 断路器、101 甲刀开关间、2 号接地线一组和 WL1 线路上的 101 断路器、101 乙刀开关间、1 号接地线一组确定已拆除"或"检查 1 号、2 号接地线，共两组确已拆除"，之后从第(3)项开始按停电操作票的相反顺序填写。

思考题与习题

5-1　变配电所分为哪几种类型？试说明它们的特点。

5-2　什么是变配电所的电气主接线？对电气主接线有哪些基本要求？

5-3　变配电所的电气主接线有哪些常用的基本接线方式？分析说明其优缺点和适用范围。

5-4　什么是内桥接线和外桥接线？各适用于什么场合？

5-5　在采用高压隔离开关-断路器的电路中，送电操作时应如何操作？停电时又应如何操作？

5-6　在什么情况下断路器两侧需要装设隔离开关？在什么情况下断路器可只在一侧装设隔离开关？

5-7　变配电所选址应考虑哪些条件？变电所为何要靠近负荷中心？如何确定负荷中心？

5-8　变配电所总体布置应考虑哪些要求？变压器室、低压配电室、高压配电室、高压电容器室和值班室相互之间的位置通常是如何考虑的？

5-9　倒闸操作的步骤有哪些？

5-10　35/10 kV 总降压变电所和 10/0.4 kV 独立变电所常用的电气主接线有哪些？说明其优缺点和适用范围。

5-11　某工厂总计算负荷为 6000 kV·A，约 45% 为二级负荷，其余的为三级负荷，拟采用两台变压器供电，可从附近取得二回 35 kV 电源，假设变压器采用并联运行方式，试确定两台变压器的型号和容量，并画出主接线方案草图。

第 6 章　供配电线路

> **内容提要**　供配电线路是供配电系统的重要组成部分，担负着电源与用电负荷之间电能输送与分配的任务。本章首先介绍高低压供配电线路的接线方式，其次讲述架空线路、电缆线路和低压配电线路的结构与敷设，最后讲述供配电线路中导线和电缆的选择方法。

6.1　供配电线路的接线方式

供配电线路的主要作用是将变配电所与电能用户或用电设备连接起来，以实现电能的输送与分配。其接线方式是指由电源端向负荷端输送电能时所采用的网络形式。

按电压等级的不同，供配电线路可分为高压线路(1 kV 以上)和低压线路(1 kV 以下)。

6.1.1　高压供配电线路的接线方式

高压供配电线路有放射式、树干式、环形三种基本接线形式。

1. 高压放射式接线

高压放射式接线是指从变配电所高压母线上引出一回线路直接向一个车间变电所或高压用电设备供电，沿线不接其他负荷。

图 6-1(a)所示为单回路放射式接线。这种接线方式的优点是接线清晰，操作维护方便，各供电线路互不影响，供电可靠性较高，便于装设自动装置，保护装置也较简单；但高压开关设备用得较多，投资大，而且当某一线路发生故障或需要检修时，该线路供电的全部负荷都要停电。因此，单回路放射式接线只能用于二、三级负荷或容量较大以及较重要的专用设备。

对二级负荷供电时，为提高供电的可靠性，可根据具体情况增加公共备用线路，图 6-1(b)所示为采用公共备用干线的放射式接线。该接线方式的供电可靠性得到了提高，但开关设备的数量和导线材料的消耗量也有所增加。如果备用干线采用独立电源供电且分支较少，则可用于一级负荷。

图 6-1(c)所示为双回路放射式接线。该接线方式采用两路电源进线，然后经分段母线用双回路对用户进行交叉供电。其供电可靠性高，可供电给一、二级的重要负荷，但投资相对较大。

图 6-1(d)所示为采用低压联络线作备用干线的放射式接线。该接线方式比较经济、

灵活，除了可提高供电可靠性以外，还可实现变压器的经济运行。

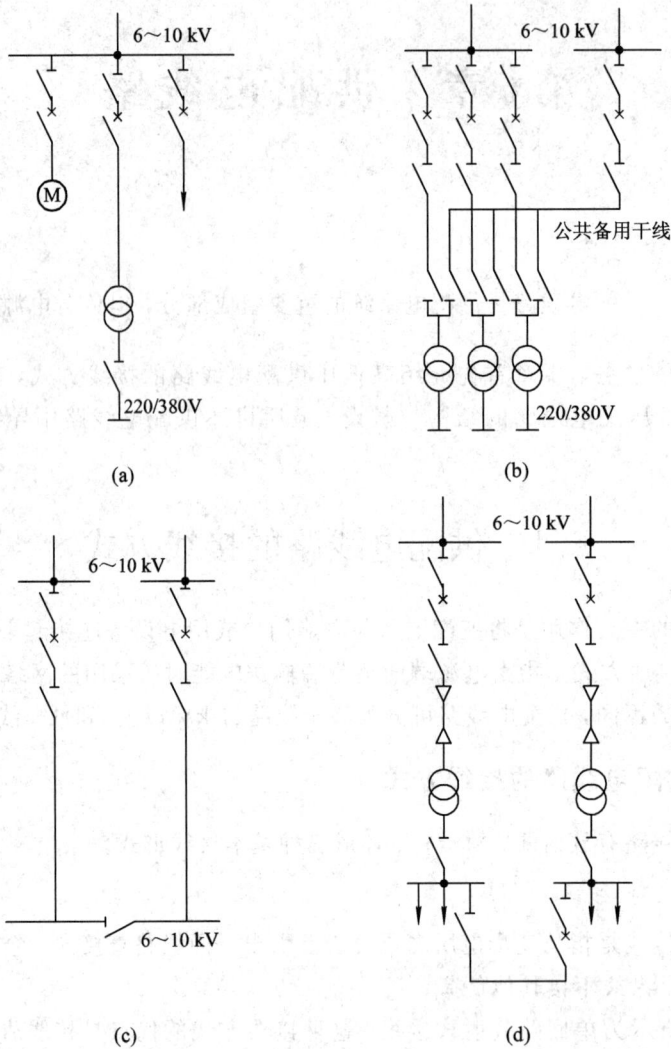

图 6-1 高压放射式接线

(a) 单回路放射式接线；(b) 采用公共备用干线的放射式接线；

(c) 双回路放射式接线；(d) 采用低压联络线作备用干线的放射式接线

2. 高压树干式接线

高压树干式接线是指由变配电所高压母线上引出的每路高压配电干线上沿线均连接了数个负荷点的接线方式，如图 6-2 所示。

图 6-2(a)为单回路树干式接线。该接线方式较之单回路放射式接线，变配电所的出线数量大大减少，高压开关柜的数量也相应减少，同时可节约有色金属的消耗量。但因多个用户采用一条公用干线供电，各用户之间互相影响，故当某条干线发生故障或需要检修时，将引起干线上的全部用户停电，所以这种接线方式供电可靠性差，且不容易实现自动化控制。单回路树干式接线一般用于对三级负荷配电，而且干线上连接的变压器不得超过

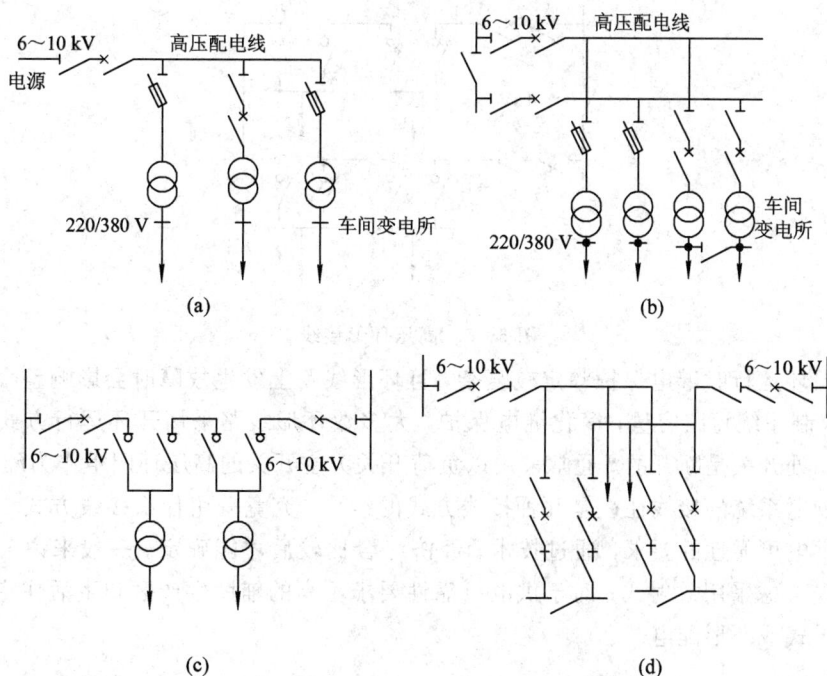

图 6-2　高压树干式接线

(a) 单回路树干式接线；(b) 单侧供电的双回路树干式接线；

(c) 两端供电的单回路树干式接线；(d) 两端供电的双回路树干式接线

5 台，总容量不应大于 2300 kV·A。这种接线方式在城镇街道应用较多。

　　为提高供电可靠性，可采用如图 6-2(b) 所示的单侧供电的双回路树干式接线方式。该接线方式可供电给二、三级负荷，但投资也相应地会有所增加。

　　图 6-2(c) 为两端供电的单回路树干式接线。若一侧干线发生故障，则可采用另一侧干线供电，因此供电可靠性也较高，与单侧供电的双回路树干式接线相当。当正常运行时，由一侧供电或在线路的负荷分界处断开，当发生故障时要手动切换，但寻查故障时也需中断供电。所以，两端供电的单回路树干式接线只可用于对二、三级负荷供电。

　　图 6-2(d) 是两端供电的双回路树干式接线。这种接线方式比单侧供电的双回路树干式接线的供电可靠性有所提高，主要用于对二级负荷供电；当供电电源足够可靠时，亦可用于一级负荷。这种接线方式的投资不比单侧供电的双回路树干式接线增加很多，关键是要有双电源供电的条件。

3. 高压环形接线

　　高压环形接线实际上是两端供电的树干式接线，如图 6-3 所示，两路树干式接线连接起来就构成了环形接线。

　　这种接线运行灵活，供电可靠性高。线路检修时可切换电源，故障时可切除故障线段，从而缩短了停电时间。高压环形接线可供电给二、三级负荷，且在现代化城市电网中应用较广泛。

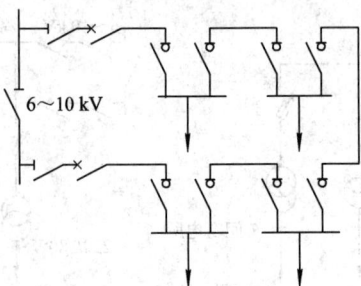

图 6-3 高压环形接线

由于闭环运行时继电保护整定较复杂，且环形线路上发生故障时会影响整个电网，因此，为了限制系统短路容量，简化继电保护，大多数环形线路采用开环运行方式，即环形线路中有一处开关是断开的。通常采用以负荷开关为主开关的高压环网柜作为配电设备。

高压配电系统的接线往往是几种接线方式的组合，究竟采用什么接线方式，应根据具体情况对供电可靠性的要求，通过技术、经济综合比较后才能确定。一般来说，高压配电系统宜优先考虑采用放射式；对于供电可靠性要求不高的辅助生产区和生活住宅区，可考虑采用树干式或环形配电。

6.1.2 低压供配电线路的接线方式

低压供配电线路的作用是从车间变电所或建筑物变电所以 220/380 V 的电压向车间或建筑物各用电设备或负荷点配电。低压配电线路也有放射式、树干式和环形等接线方式。

1. 低压放射式接线

图 6-4 所示为低压放射式接线。这种接线方式由变压器低压母线上引出若干条回路，由变配电所低压配电屏再分别配电给各配电箱或低压用电设备。放射式接线的特点是供电线路独立，引出线发生故障时互不影响，供电可靠性较高，但有色金属消耗量较多。放射式接线多用于设备容量大或对供电可靠性要求较高的场合，例如大型消防泵、电热器、生活水泵和中央空调的冷冻机组等。

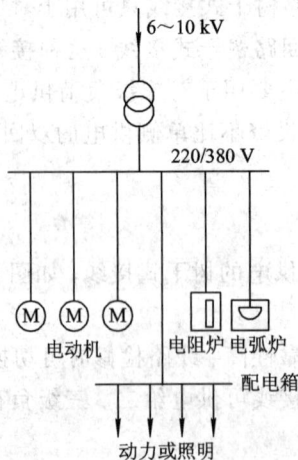

图 6-4 低压放射式接线

2. 低压树干式接线

这种接线方式从变配电所低压母线上引出干线,沿干线再引出若干条支线,然后再引至各用电设备。树干式接线的特点正好与放射式接线相反。树干式采用的开关设备较少,有色金属消耗量也较少,但当干线发生故障时,影响范围大,因此供电可靠性较低。

图 6-5(a)所示为母线放射式接线。这种接线方式多采用成套的封闭式母线槽,运行灵活方便,也比较安全,适用于用电容量较小且分布均匀的场所,如机械加工车间、工具车间和机修车间的中小型机床设备以及照明配电等。

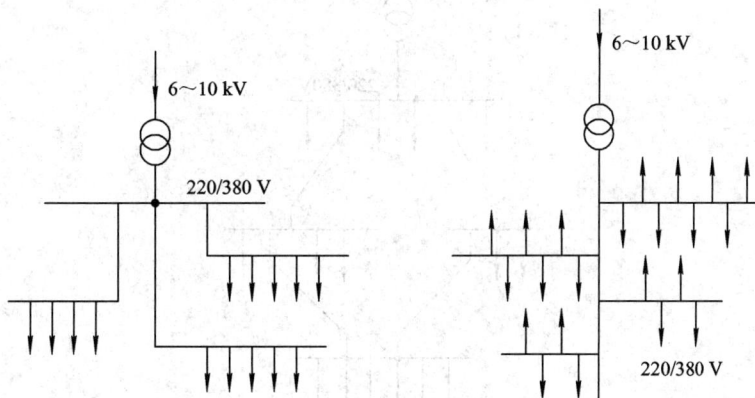

图 6-5 低压树干式接线
(a) 母线放射式;(b) "变压器-干线组"式

图 6-5(b)为"变压器-干线组"式接线,该接线方式省去了变电所低压侧的整套低压配电装置,简化了变电所的结构,大大减少了投资。为了提高母线的供电可靠性,该接线方式一般接出的分支回路数不宜超过 10 条,而且不适用于需频繁启动、容量较大的冲击性负荷和对电压质量要求高的设备。

图 6-6(a)和(b)是一种变形的树干式接线,通常称为链式接线。链式接线的特点与树干式接线基本相同,适用于用电设备彼此相距很近且容量均较小的次要用电设备,链式相连的设备一般不超过 5 台,链式相连的配电箱不宜超过 3 台,且总容量不宜超过 10 kW。

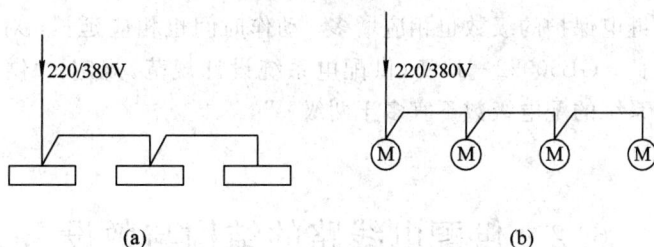

(a)   (b)

图 6-6 低压链式接线
(a) 连接配电箱;(b) 连接电动机

3. 低压环形接线

工厂内的一些车间变电所低压侧也可以通过低压联络线相互连接成为环形。图 6-7

所示为由一台变压器供电的低压环形接线。环形接线的供电可靠性较高，任一段上的线路发生故障或检修时，都不致造成供电中断，或只短时停电，一旦切换电源的操作完成，即可恢复供电。环形接线可使电能损耗和电压损耗减少，但是环形系统的保护装置及其整定配合比较复杂，如配合不当容易发生误动作，反而会扩大故障停电范围。因此，低压环形接线一般采用开环运行方式。

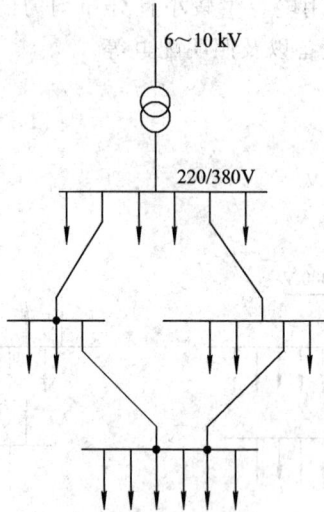

图 6-7　低压环形接线

　　在低压配电系统中，往往采用几种接线方式的组合，应根据具体情况而定。一般地，在正常环境的车间或建筑内，当大部分用电设备不是很大而又无特殊要求时，宜采用树干式配电。之所以采用这种接线方式，一方面是因为树干式配电较之放射式经济，另一方面是因为我国大多数供配电工作人员对采用树干式配电已积累了相当成熟的运行经验。实践证明，树干式配电在一般正常情况下是能够满足生产要求的。

　　总之，用户的供配电线路接线应力求简单。如果接线过于复杂，层次过多，不仅浪费投资，维护不便，而且由于电路中连接的元件过多，因操作错误或元件故障而发生事故的机率就会随之增多，处理事故和恢复供电的操作也比较麻烦，从而延长了停电时间。同时由于配电级数多，继电保护的级数也相应增多，动作时间也相应延长，对供电系统的故障保护十分不利，因此，GB50052—1995《供配电系统设计规范》规定："供电系统应简单可靠，同一电压供电系统的配电级数不宜多于两级。"

6.2　供配电线路的结构与敷设

　　供配电线路按结构形式可分为架空线路、电缆线路和低压配电线路。各种形式其使用环境、安装与敷设有很大的不同。

6.2.1　架空线路的结构与敷设

架空线路是指架设在室外电杆上用于输送电能的线路。其特点是：敷设比较容易，成本较低，投资较少，维修方便，易于发现和排除故障；但它要占用一定的地面位置，有碍交通和观瞻，且易受环境影响，安全可靠性较差。

1. 架空线路的结构

架空线路由导线、电杆、横担、绝缘子、线路金具等组成，如图 6-8 所示。有的架空线路为了加强电杆的稳定性，在电杆上还装有拉线或扳桩；也有的架空线路上装设有避雷线用来防止雷击。

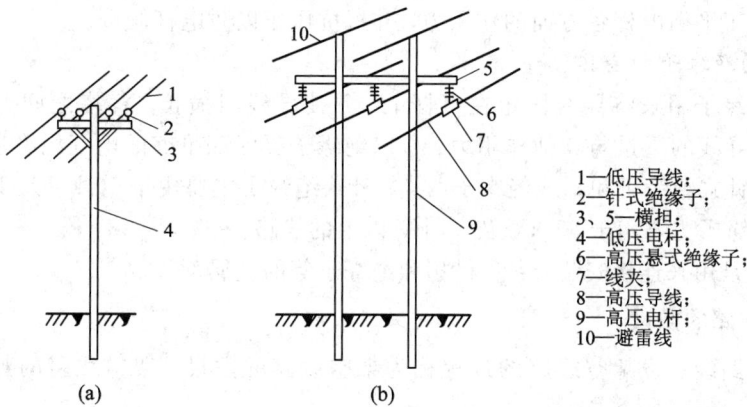

图 6-8　架空线路的结构
（a）低压架空线路；（b）高压架空线路

1—低压导线；
2—针式绝缘子；
3、5—横担；
4—低压电杆；
6—高压悬式绝缘子；
7—线夹；
8—高压导线；
9—高压电杆；
10—避雷线

1）架空线路的导线

导线是线路的主体，具有输送电能的功能。由于架空导线要经常承受自身重量和各种外力的作用，且需承受大气中有害物质的侵蚀，因此必须具有良好的导电性，同时要具有一定的机械强度和耐腐蚀性，而且要尽可能地做到质轻价廉。

导线材质有铜、铝和钢三种。铜导线的导电性能好，机械强度高，耐腐蚀，但价格贵。铝导线的导电性能、机械强度和耐腐蚀性虽比铜导线差，但它质轻价廉，因此在可以以铝代铜的场合，应优先采用铝导线。钢导线的机械强度很高，且价廉，但其导电性差，功率损耗大，并且易生锈，所以钢导线一般只用作避雷线，而且必须镀锌，其最小使用截面不得小于 25 mm²。

架空导线一般采用多股绞线，有铜绞线(TJ)、铝绞线(LJ)和钢芯铝绞线(LGJ)。架空线路的导线一般采用铝绞线，但对机械强度要求较高，35 kV 及 35 kV 以上的架空线路宜采用钢芯铝绞线(外层为铝线，作为载流部分；内层线芯为钢线，以增强机械强度)。在有烟雾或化学腐蚀气体存在的地区，宜采用防腐钢芯铝绞线(LGJF)或铜绞线。

架空线路在一般情况下都采用上述裸导线，但敷设在大、中城市市区主次干道、繁华街区、新建高层建筑群区及新建住宅区的中、低压架空配电线路以及有腐蚀性物质的环境中的架空线路，宜采用绝缘导线。

2) 电杆、横担和拉杆

电杆是支持导线的主体和支撑导线的支柱，它是架空线路的重要组成部分。对电杆的要求主要是要有足够的机械强度，同时尽可能地经久耐用，价廉，便于搬运和安装。电杆有水泥杆、钢杆和铁塔架等。铁塔架主要用于 220 kV 以上超高压、大跨度的线路；钢杆多用在城镇电网中。目前广泛应用的是水泥杆。一条架空线路要由许多电杆来支撑，这些电杆根据其在线路上所处的位置和所起的作用不同，可分为直线杆、终端杆、耐张杆、转角杆、分支杆和跨越杆等。

横担安装在电杆的上部，用来安装绝缘子以架设导线。常用的横担有铁横担和瓷横担。瓷横担具有良好的绝缘性能，兼有绝缘子和横担的双重功能，能节约大量的木材和钢材，降低线路造价，加快施工进度。但是瓷横担比较脆，在安装和使用中必须注意。

拉线是为了平衡电杆各方面的作用力，并抵抗风压以防电杆倾倒。

3) 线路的绝缘子和金具

线路的绝缘子用来将导线固定在电杆上，并使导线与横担、杆塔之间保持足够的绝缘，同时承受导线的重量与其他作用力，所以绝缘子要保证足够的电气绝缘强度与机械强度。绝缘子有针式绝缘子和悬式绝缘子两类。针式绝缘子主要用于 10 kV 及 10 kV 以下的线路；悬式绝缘子主要用于 35 kV 及 35 kV 以上的线路。

线路金具是用来连接安装导线、横担和绝缘子等的金属部件。

2. 架空线路的敷设

沿着规定路线装设架空线路的过程称为架空线路的敷设。架空线路的敷设原则如下所述。

(1) 敷设架空线路必须遵循有关技术规程的规定，以保证施工质量和线路安全运行。

(2) 合理选择路径，做到路径短，转角小，交通运输方便，与建筑物保持一定的安全距离。

(3) 三相四线制的导线在电杆上一般采用水平排列，中性线架设在靠近电杆的位置；三相三线制的导线可采用三角形排列，也可采用水平排列；多回路导线同杆架设时，可采用三角、水平混合排列，也可全部垂直排列。

(4) 不同电压等级线路的挡距（也称跨距，即同一线路上相邻两电杆之间的距离）不同。一般 380 V 线路的挡距为 50~60 m，6~10 kV 线路的挡距为 80~120 m。

(5) 同杆导线的线距与线路电压等级以及挡距等因素有关。380 V 线路的线距约为 0.3~0.5 m，10 kV 线路的线距约为 0.6~1 m。

(6) 弧垂（架空导线一个挡距内最低点与悬挂点间的垂直距离）要根据挡距、导线型号与截面积、导线所受拉力及气温条件等决定。垂弧过大易碰线，过小则易造成断线或倒杆。

架空线路的其他要求在有关的技术规程中都有规定，设计与安装时必须遵循。

6.2.2 电缆线路的结构与敷设

电缆线路是利用电力电缆敷设的线路。电缆线路一般敷设于地下，大多直接埋设于土壤中，也有的敷设于地下的电缆沟道中，有的采用电缆桥架明敷。电缆线路与架空线路相比，虽然具有成本高，投资大，维修不便，不易发现和排除故障等缺点，但是电缆线路同时具有运行可靠，不易受外界影响，不需架设电杆，不占地面，不阻碍交通和观瞻等优点。因此在现代城市和企业中，电缆线路已得到越来越广泛的应用，但农村电网不宜采用电缆线路。

1. 电缆线路的结构

电缆线路主要由电力电缆和电缆头组成。

电力电缆由导体、绝缘层和保护层三部分组成。如图 6-9 所示，导体一般由多股铜线或铝线绞合而成，便于弯曲。绝缘层用于将导体线芯之间或线芯与大地之间良好地绝缘。保护层则用来保护绝缘层，使其密封；保持一定的机械强度，以承受电缆在运输和敷设时所受的机械力；防止潮气进入。常用的电力电缆有油浸纸绝缘电缆和塑料绝缘电缆等。油浸纸绝缘电力电缆具有耐压强度高、耐热能力好、使用年限长等优点，可敷设在室内、电缆沟、隧道或土壤中；塑料绝缘电力电缆具有重量轻，抗酸碱，耐腐蚀，可敷设在有较大高度差或垂直、倾斜的环境中。塑料绝缘电力电缆有逐步取代油浸纸绝缘电缆的趋向。

电缆头指的是两条电缆的中间接头和电缆终端的封端头。图 6-10 所示是户内式环氧树脂终端头。环氧树脂浇注的电缆头具有绝缘性能好，体积小，重量轻，密封性好及成本低等优点，在 10 kV 系统中应用较广泛。

电缆线路的故障大部分发生在电缆接头处，所以电缆头是电缆线路中的薄弱环节。对电缆头的安装质量尤其要重视，要求密封性好，有足够的机械强度，耐压强度不低于电缆本身的耐压强度。

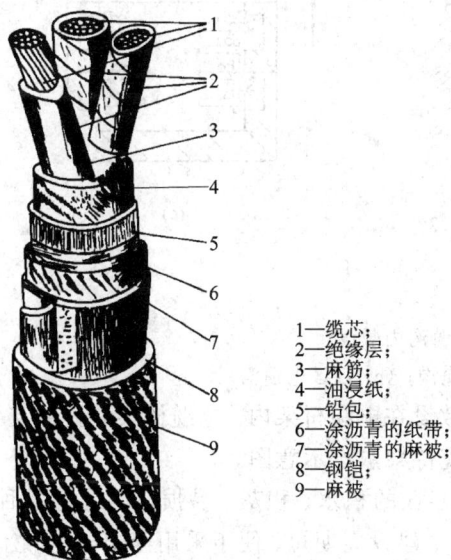

1—缆芯；
2—绝缘层；
3—麻筋；
4—油浸纸；
5—铅包；
6—涂沥青的纸带；
7—涂沥青的麻被；
8—钢铠；
9—麻被

图 6-9　油浸纸绝缘电力电缆的构造

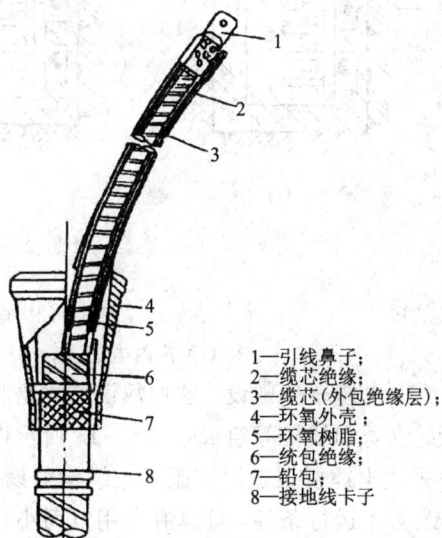

1—引线鼻子；
2—缆芯绝缘；
3—缆芯(外包绝缘层)；
4—环氧外壳；
5—环氧树脂；
6—统包绝缘；
7—铅包；
8—接地线卡子

图 6-10　户内式环氧树脂终端头

2. 电缆线路的敷设

电缆线路常用的敷设方式有以下几种。

(1) 直接埋地敷设。这种敷设方式首先挖好壕沟，然后把电缆埋在里面，在周围填入沙土，上加保护板，再回填土，如图 6-11 所示。这种方式施工简单，散热效果好，且投资少；但检修不便，易受机械损伤和土壤中酸性物质的腐蚀，因此，如果土壤有腐蚀性的话，需经过处理后再敷设。直接埋地敷设适用于电缆数量少、敷设途径较长的场合。

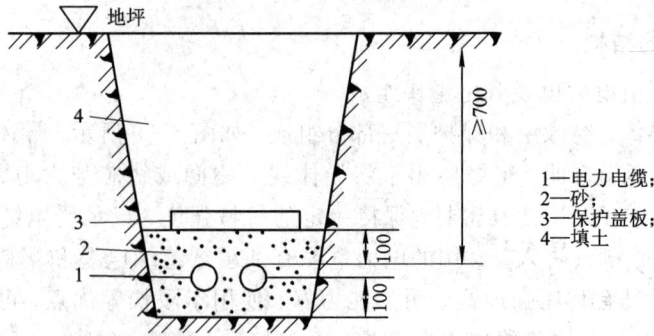

1—电力电缆；
2—砂；
3—保护盖板；
4—填土

图 6-11 直接埋地敷设

（2）电缆沟敷设。这种敷设方式将电缆敷设在电缆沟的电缆支架上。电缆沟由砖砌成或混凝土浇注而成，上加盖板，内侧有电缆架，如图 6-12 所示。其投资稍高，但检修方便，占地面积少，因此在配电系统中应用很广泛。

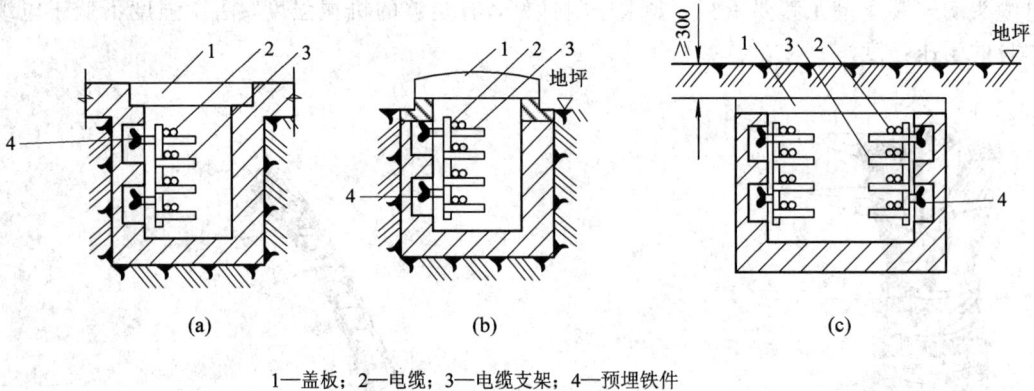

1—盖板；2—电缆；3—电缆支架；4—预埋铁件

图 6-12 电缆在电缆沟内敷设

（a）户内电缆沟；（b）户外电缆沟；（c）厂区电缆沟

（3）电缆桥架敷设。这种敷设方式是将电缆敷设在电缆桥架内。电缆桥架装置由支架、盖板、支臂和线槽等组成，图 6-13 所示即为电缆桥架敷设示意图。

采用电缆桥架敷设克服了电缆沟敷设电缆时存在的积水、积灰、易损坏电缆等多种弊病，改善了运行条件，且具有占用空间小、投资少、建设周期短、便于采用全塑电缆和工厂系列化生产等优点，因此在国外已被广泛应用，近年来国内也正在推广采用。

敷设电缆需遵循的原则如下所述。

（1）电缆类型要符合所选敷设方式的要求，例如采用直接埋地敷设的电缆应有铠装和防腐层保护。

（2）如果敷设条件允许，可给电缆考虑 1.5%～2% 的长度余量，作为检修时备用。

（3）电缆敷设的路径要力求少弯曲，弯曲半径与电缆外径的倍数关系应符合有关规定，以免弯曲扭伤。

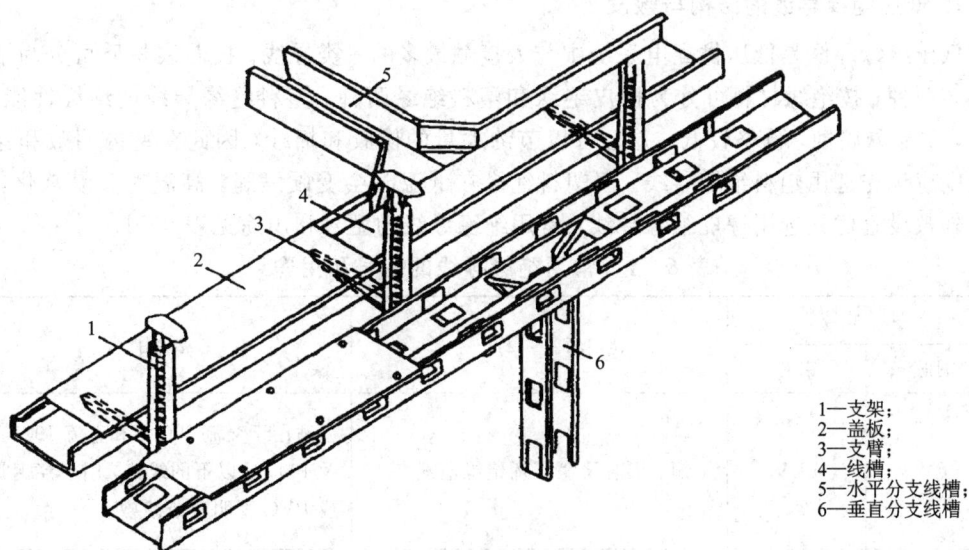

1—支架；
2—盖板；
3—支臂；
4—线槽；
5—水平分支线槽；
6—垂直分支线槽

图 6 - 13　电缆桥架敷设

(4) 垂直敷设的电缆和沿陡坡敷设的电缆，其最高点与最低点之间的最大允许高度差不应超过规定值。

(5) 以下地点的电缆应穿钢管保护(注意钢管内径不能小于电缆外径的两倍)：电缆从建筑物引入、引出或穿过楼板及主要墙壁处；从电缆沟引出到电杆，或沿墙敷设的电缆距地面 2 m 高度及埋入地下小于 0.25 m 深度的一段；电缆与道路、铁路交叉的一段。

(6) 直接埋地电缆其埋地深度不得小于 0.7 m，并列埋地电缆相互间的距离应符合规定(如 10 kV 电缆间不应小于 0.1 m)。电缆沟距建筑物基础应大于 0.6 m，距电杆基础应大于 1 m。

(7) 不允许在煤气管、天然气管及液体燃料管的沟道中敷设电缆；一般不要在热力管道的明沟或隧道中敷设电缆，在特殊情况下，可允许少数电缆放在热力管道沟道的另一侧或热力管道的下面，但必须保证不至于使电缆过热；允许在水管或通风管的明沟或隧道中敷设少数电缆，或电缆与这些明沟或隧道交叉。

(8) 户外电缆沟的盖板应高出地面(但注意厂区户外电缆沟的盖板应低于地面 0.3 m，上面铺以沙子或碎土)，户内电缆沟的盖板应与地板平齐。电缆沟从厂区进入厂房处应设防火隔板，沟底应有不小于 0.5% 的排水坡度。

(9) 电缆的金属外皮、金属电缆头及保护钢管和金属支架等均应可靠接地。

6.2.3　低压配电线路的结构与敷设

低压配电线路包括室内配电线路和室外配电线路。室内配电线路大多采用绝缘导线，但配电干线则多采用裸导线，少数采用电缆。室外配电线路指沿建筑物外墙或屋檐敷设的低压配电线路，以及建筑物之间用绝缘导线敷设的短距离的低压架空线路。室外配电线路一般也采用绝缘导线。

1. 低压绝缘导线的结构与敷设

低压绝缘导线是低压供配电系统中与人接触最多的一类导线。按芯线材质可分为铜芯和铝芯两种；按绝缘材料可分为橡皮绝缘和塑料绝缘两种。塑料绝缘导线的绝缘性能好，耐油，抗酸碱腐蚀，价格较低，并且可以节约大量的橡胶和棉纱，因此在室内明敷和穿管敷设中应优先选用塑料绝缘导线。但塑料绝缘在低温时会变硬发脆，高温时又易软化，因此室外敷设宜优先选用橡皮绝缘导线。常用绝缘导线的型号和用途见表 6-1。

表 6-1 常用绝缘导线的型号和用途

型号		名称	主要用途
铜芯	铝芯		
BV	BLV	铜、铝芯聚氯乙烯绝缘电线	适用于交流 500 V 和直流 1000 V 及 1000 V 以下的线路，用于穿钢管或 PVC 管明敷或暗敷
BVV	BLVV	铜、铝芯聚氯乙烯绝缘聚氯乙烯护套电线	适用于交流 500 V 和直流 1000 V 及 1000 V 以下的线路，供沿墙、沿屋顶卡钉明敷用
BXF	BLXF	铜、铝氯丁橡皮绝缘线	具有良好的耐老化性和不燃性，并具有一定的耐油、耐腐蚀性能，适用于户外敷设
BV-105	BLV-105	铜、铝耐 105℃ 聚氯乙烯绝缘电线	适用于交流 500 V 和直流 1000 V 及 1000 V 以下电力、照明、电工仪表及电子设备等温度较高的场所
RV		铜芯聚氯乙烯绝缘软线	供交流 250 V 及 250 V 以下各种移动电气接线用，大部分用于电话、广播、火灾报警等场合
RVS		铜芯聚氯乙烯绝缘绞型软线	
BVR		铜芯聚氯乙烯软线	适用于交流 500 V 和直流 1000 V 及 1000 V 以下的线路，用于安装要求软线的场合
RV-105		铜芯耐 105℃ 聚氯乙烯绝缘软线	适用于 250 V 及 250 V 以下的移动式设备和温度较高的场所

绝缘导线的敷设方式分明敷和暗敷两种。明敷时导线直接或在管子、线槽等保护体内，敷设于墙壁、顶棚的表面和支架等处。暗敷时导线在管子、线槽等保护体内，敷设于墙壁、顶棚、地坪及楼板等内部，或者在混凝土板孔内敷线等。

绝缘导线的敷设应符合有关规程的规定。

（1）线槽布线及穿管布线的导线中间不允许直接接头，接头必须经专门的接线盒。

（2）穿金属管或金属线槽的交流线路应将同一回路的所有相线和中性线穿于同一管槽内；否则，如果只穿部分导线，则由于线路电流不平衡而产生交流磁场作用于金属管槽时，在金属管槽内将会产生涡流损耗，钢管还将产生磁滞损耗，使管槽发热，进而导致其中导线过热甚至可能烧毁。

（3）电线管路与热水管、蒸汽管同侧敷设时，应敷设在热水管、蒸汽管的下方。当敷设在其下方有困难时，可敷设在其上方，但相互间距应适当增大，或采取隔热措施。

2. 低压裸导线的结构与敷设

室内的低压配电裸导线大多采用硬母线的结构，其截面形状有圆形、管形和矩形等，材质有铜、铝和钢。其中，以采用 LMY 型硬铝母线和 TMY 型硬铜母线最为普遍。铜母线电阻率很低，机械强度高，防腐性能好，便于接触连接，是优良的导电材料，因此可有选择地应用于重要的、有大电流接触连接的或含有腐蚀性气体的场所的母线装置中。铝的价格比铜低廉，且储量大，但铝的机械强度和耐腐蚀性能较低，接触连接性能较差，通常仅用于变配电装置的一次配电线路中。

为了识别裸导线的相序，以利于运行维护和检修，GB2681—1981《电工成套装置中的导线颜色》规定了交流三相系统中的裸导线应按表 6-2 所示进行涂色。裸导线涂色不仅能用来辨别相序及其用途，而且能防腐蚀并改善散热条件。在电气施工中，母线有不同的布置形式，其相序的排列有一定的要求，如表 6-3 所示。

表 6-2　交流三相系统中裸导线的涂色

裸导线的类型	A 相	B 相	C 相	N 线和 PEN 线	PE 线
涂漆颜色	黄	绿	红	淡蓝	黄绿双色

表 6-3　交流三相系统中裸导线的排列

布置形式	垂直布置	水平布置	引下线
A、B、C 相的排列次序	由上向下	由内向外	由左向右

3. 低压封闭式母线的结构与敷设

封闭式母线又称密集型母线、插接式母线或母线槽，是一种相间、相对地有绝缘层的低压母线，它将3～5条矩形截面的母线用绝缘材料隔开并嵌于封闭的金属壳体内，根据使用者的要求，可以在预定位置留出插接口。低压封闭式母线的特点是安全、灵活、美观，载流量大，便于分支；但耗用钢材较多，投资较大。封闭式母线通常作干线使用或向大容量设备提供电源。其敷设方式有：在电气竖井中垂直敷设，用吊杆在天棚下水平敷设，在电缆沟或电缆隧道内敷设。

现代化的生产车间大多采用封闭式母线布线，封闭式母线的外形图、横断面图及带分接装置的直线段外形如图 6-14 所示。

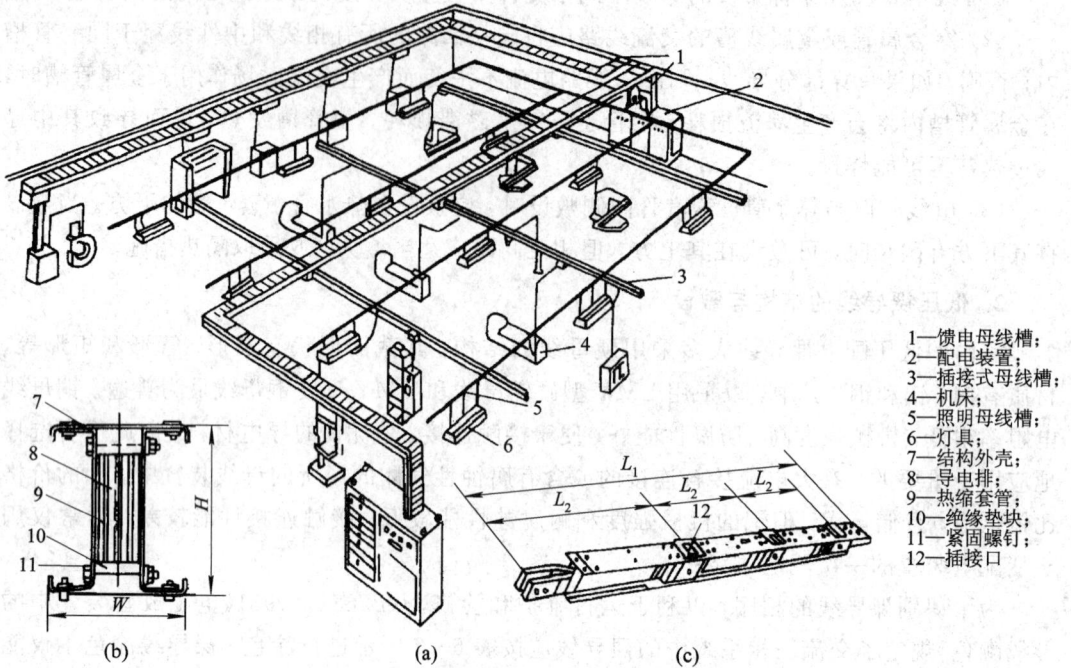

1—馈电母线槽；
2—配电装置；
3—插接式母线槽；
4—机床；
5—照明母线槽；
6—灯具；
7—结构外壳；
8—导电排；
9—热缩套管；
10—绝缘垫块；
11—紧固螺钉；
12—插接口

图 6-14 封闭式母线

(a) 外形图；(b) 横断面图；(c) 带分接装置的直线段外形

封闭式母线水平敷设时，到地面的距离不应小于 2.2 m；垂直敷设时，距地面 1.8 m 以下部分应采取防止机械损伤的措施，但敷设在电气专用房间内时除外。封闭式母线水平敷设的支持点间距不宜大于 2 m。垂直敷设时，应在通过楼板处采用专用附件支撑。垂直敷设的封闭式母线，当进线盒及末端悬空时，应采用支架固定。封闭式母线终端无引出、引入线时，端头应封闭。封闭式母线的插接分支点应设在安全且安装维护方便的地方。

6.3 导线和电缆截面的选择

导线和电缆截面的选择应满足发热条件、机械强度、电压损失和经济电流密度等要求。也就是说，从满足正常发热条件来看，要求通过导线或电缆的电流不应大于它的允许载流量；从满足机械强度条件来看，要求架空导线的截面不应小于它的最小允许截面。此外，还应保证电压质量，即线路电压损失不应大于正常运行时允许的电压损耗；满足所选截面具有年费用支出最小的经济要求。下面分别介绍按发热条件、允许电压损失、经济电流密度和机械强度选择计算导线和电缆截面的方法。

6.3.1 按发热条件选择导线和电缆的截面

电流通过导线时，会产生能耗使导线发热，而过高的温度将加速绝缘老化，甚至使导线受到损坏而引起火灾。因此，由一定截面的不同材料制成的导线规定有允许电流值，即允许载流量。在允许值范围内运行，导线温度不会超过允许值。

1. 三相系统中相线截面的选择

按发热条件选择导线截面，就是要求导线和电缆的允许载流量 I_{al} 不小于相线通过的计算电流 I_{30}，即

$$I_{al} \geqslant I_{30} \qquad\qquad (6-1)$$

所谓导线的允许载流量，就是在规定的环境条件下，导线或电缆能够连续承受而不会使其温度超过允许值的最大电流。附表 12 列出了常用裸绞线和矩形母线在环境温度为 $+25℃$ 时的允许载流量；附表 13 列出了绝缘导线在不同环境温度下明敷、穿钢管和穿塑料管时的允许载流量；附表 14 列出各类电力电缆的允许载流量及其在不同环境下的载流量校正系数值；其他导线和电缆的允许载流量可查阅相关设计手册。

按允许载流量选择截面时需注意以下几点。

(1) 如果导体敷设地点的实际环境温度 θ_0' 与导体允许载流量所采用的环境温度 θ_0 不同，则导体的允许载流量应加以修正。修正后的允许载流量为

$$I_{al}' = K_\theta I_{al} = \sqrt{\frac{\theta_{al} - \theta_0'}{\theta_{al} - \theta_0}} I_{al} \qquad\qquad (6-2)$$

式中，K_θ 为温度校正系数；θ_{al} 为导体额定负荷时的最高允许温度。

这里所说的环境温度是按发热条件选择的导线和电缆的特定温度。在室外，环境温度一般取当地最热月份的平均最高气温。在室内，则取当地最热月份的平均最高气温加 $5℃$。对土壤中直埋的电缆则取当地最热月份的地下 $0.8\sim1$ m 的土壤平均温度，也可近似地取为当地最热月份的平均气温。

(2) 按发热条件选择导线所用的计算电流 I_{30}。对降压变压器高压侧的导线应取为变压器额定一次电流 I_{1NT}；对电容器的引入线，由于电容器充电时有较大的涌流，因此 I_{30} 应取为电容器额定电流 I_{NC} 的 1.35 倍。

2. 三相系统中中性线、保护线和保护中性线截面的选择

1) 中性线（N 线）截面的选择

三相四线制中的 N 线要通过不平衡电流或零序电流，因此 N 线的允许载流量不应小于三相系统中的最大不平衡电流，同时还应考虑谐波电流的影响。

一般地，三相四线制的中性线截面 A_0 应不小于相线截面 A_φ 的 50%，即

$$A_0 \geqslant 0.5A_\varphi \qquad\qquad (6-3)$$

由三相四线制线路引出的两相三线线路和单相线路，由于其中性线电流与相线电流相等，因此其中性线截面 A_0 应与相线截面 A_φ 相同，即

$$A_0 = A_\varphi \qquad\qquad (6-4)$$

对于三次谐波电流相当突出的三相四线制线路，由于各相的三次谐波电流都要通过中性线，使得中性线电流可能接近甚至超过相电流，因此中性线截面 A_0 应等于或大于相线截面 A_φ，即

$$A_0 \geqslant A_\varphi \qquad\qquad (6-5)$$

2) 保护线（PE 线）截面的选择

PE 线要考虑三相线路在发生单相短路故障时的单相短路热稳定度。根据短路热稳定度的要求，GB50054—1995《低压配电设计规范》规定：

(1) 当 $A_\varphi \leqslant 16 \text{ mm}^2$ 时，

$$A_{PE} \geqslant A_\varphi \qquad (6-6)$$

(2) 当 $16 \text{ mm}^2 < A_\varphi \leqslant 35 \text{ mm}^2$ 时，

$$A_{PE} \geqslant 16 \text{ mm}^2 \qquad (6-7)$$

(3) 当 $A_\varphi > 35 \text{ mm}^2$ 时，

$$A_{PE} \geqslant 0.5A_\varphi \qquad (6-8)$$

3）保护中性线（PEN 线）截面的选择

PEN 线兼有 N 线和 PE 线的功能，因此其截面的选择应同时满足上述 N 线和 PE 线的选择条件，然后取其中的最大值即可。

6.3.2　按允许电压损失选择导线和电缆的截面

任何输电线路都存在着线路阻抗，当负荷电流通过线路时，必将在线路阻抗上产生电压损失。电压损失是指线路的始端电压 U_1 与终端电压 U_2 的代数差，即

$$\Delta U = U_1 - U_2 \qquad (6-9)$$

ΔU 是电压损失的绝对值。在实际应用中，常用相对值来表示电压损失的程度。工程上通常用 ΔU 与线路额定电压 U_N 的百分比来表示电压损失的程度，即

$$\Delta U\% = \frac{\Delta U}{U_N} \times 100\% \qquad (6-10)$$

按规定，高压配电线路的电压损失一般不超过线路额定电压的 5%；从变压器低压侧母线到用电设备受电端的低压线路的电压损耗一般不超过用电设备额定电压的 5%；对视觉要求较高的照明线路则为 2%～3%。如果线路的电压损耗值超过了允许值，则可以用增大导线截面的方法来解决。

1. 电压损失的计算

1）集中负荷的三相线路电压损耗的计算

以带有两个集中负荷的三相线路为例（见图 6-15），线路中的负荷电流都用 i 表示，各线段电流都用 I 表示，各线段的长度及每相电阻和电抗分别用 l、r 和 x 表示，各负荷点至线路首端的线路长度及每相电阻和电抗分别用 L、R 和 X 表示。

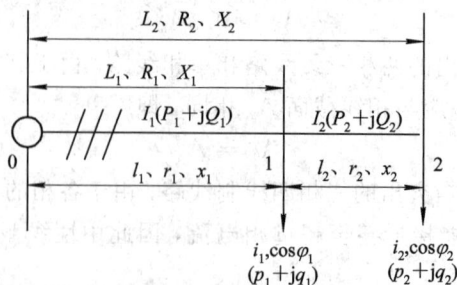

图 6-15　带有两个集中负荷的三相线路

（1）如果用各个负荷的功率 p、q 来计算，则电压损耗的计算公式为

$$\Delta U\% = \frac{1}{10U_N^2}\sum_{i=1}^{n}(p_i R_i + q_i X_i) \tag{6-11}$$

式中，U_N 为线路的额定电压；p_i、q_i 为各负荷的有功功率和无功功率；R_i、X_i 为各负荷点至线段首端的每相电阻和电抗。

（2）如果用线段功率 P、Q 来计算，则电压损耗的计算公式为

$$\Delta U\% = \frac{1}{10U_N^2}\sum_{i=1}^{n}(P_i r_i + Q_i x_i) \tag{6-12}$$

式中，U_N 为线路的额定电压；P_i、Q_i 为各线段的有功功率和无功功率；r_i、x_i 为各线段的每相电阻和电抗。

（3）如果全线导线型号规格一致，且不计感抗的电阻线路，则电压损耗的计算公式为

$$\Delta U\% = \frac{\sum p_i L_i}{\gamma A U_N^2} = \frac{\sum M}{CA} \tag{6-13}$$

式中，U_N 为线路的额定电压；p_i 为各负荷的有功功率；L_i 为各负荷点至线段首端的长度；A 为导线截面积；M 为线路的所有功率距之和（kW·m）；γ 为导线的电导率（m/(Ω·mm^2)）；C 为电压损失计算常数，视线路电压、供电系统及导线材料而定，其值如表 6-4 所示。

表 6-4　电压损失常数 C

线路额定电压/V	线路类别	C 的计算公式	计算系数 C/(kW·m·mm^{-2})	
			铝线	铜线
220/380	三相四线	$\gamma U_N^2/100$	46.2	76.5
	两相三线	$\gamma U_N^2/255$	20.5	34.0
220	单相及直流	$\gamma U_N^2/200$	7.74	12.8
110			1.94	3.21

2）均匀分布负荷的三相线路电压损耗的计算

如图 6-16 所示，对于均匀分布负荷的线路，单位长度线路上的负荷电流为 i_0，均匀分布负荷产生的电压损耗相当于全部负荷集中在线路的中点时产生的电压损耗，因此可用式(6-14)计算其电压损耗，即

$$\Delta U = \sqrt{3}\,i_0 L_2 R_0 \left(L_1 + \frac{L_2}{2}\right) = \sqrt{3}\,I R_0 \left(L_1 + \frac{L_2}{2}\right) \tag{6-14}$$

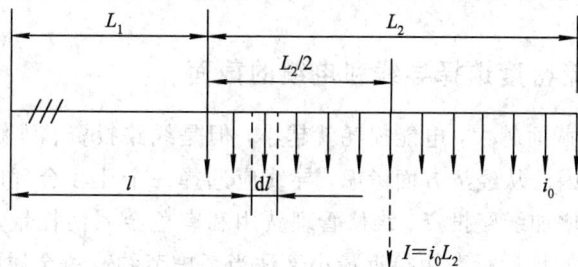

图 6-16　负荷均匀分布的线路

式中，$I=i_0 L_2$，为与均匀分布负荷等效的集中负荷；R_0 为导线单位长度的电阻值；L_2 为均匀分布负荷线路的长度。

2. 按电压损耗来选择导线和电缆的截面

一般情况下，当供电线路较短时常采用统一截面的导线。可直接计算线路的实际电压损耗百分值 $\Delta U\%$，然后根据允许电压损耗 $\Delta U_{al}\%$ 来校验其导线截面是否满足电压损耗的条件，即

$$\Delta U_{al}\% \geqslant \Delta U\% \tag{6-15}$$

当实际计算电压损失小于或等于线路允许电压损失时，即符合要求，否则应适当加大导线截面后重新校验。

如果是对于低压均匀电阻线路（照明线路），则可根据式（6-16），按允许电压损失条件来选择导线截面，即

$$A = \frac{\sum Pl}{C \Delta U_{al}\%} = \frac{\sum M}{C \Delta U_{al}\%} \tag{6-16}$$

式中，$\Delta U_{al}\%$ 为线路允许的电压损失，一般取 5。

6.3.3 按机械强度选择导线和电缆的截面

由于导线本身的重量以及风、雨、冰、雪等原因会使导线承受一定的压力，如果导线过细就容易拉断，将引起停电等事故，因此所选架空裸导线和不同敷设方式的绝缘导线其截面不应小于最小允许截面的要求。表 6-5 为我国规定的架空裸导线的最小截面。绝缘导线芯线的最小截面可查阅附表 15-2。对于母线和电缆的选择可不校验其机械强度，但需校验短路时的热稳定度。

表 6-5　架空裸导线的最小截面（机械强度要求的最小截面）

线　路　类　型		导线最小截面/mm²		
		铝及铝合金	钢芯铝线	铜绞线
35 kV 及以上线路		35	35	35
3~10 kV	居民区	35	25	25
	非居民区	25	16	16
低压线路	一般	16	16	16
	与铁路交叉跨越挡	35	16	16

6.3.4 按经济电流密度选择导线和电缆的截面

导线（或电缆）的截面越大，电能损耗就越小，但是线路投资、维修管理费用和有色金属消耗量却要增加。因此从经济方面考虑，导线应选择一个比较合理的截面，既使得电能损耗小，又不致过分增加线路投资、维修管理费用和有色金属消耗量。从全面的经济效益来考虑，既使得线路的年运行费用接近最小又适当考虑节约有色金属的导线截面，此时有色金属的导线截面称为经济截面，用符号 A_{ec} 表示。我国根据有色金属资源的情况，规定了

现行导线和电缆的经济电流密度，如表 6-6 所示。

表 6-6　导线和电缆的经济电流密度　　　　A/mm²

线路类型	导线材质	年最大负荷利用小时		
		3000 h 以下	3000~5000 h	5000 h
架空线路	铝	1.65	1.15	0.90
	铜	3.00	2.25	1.75
电缆线路	铝	1.92	1.73	1.54
	铜	2.50	2.25	2.00

用经济电流密度 j_{ec} 计算经济截面 A_{ec} 的公式为

$$A_{ec} = \frac{I_{30}}{j_{ec}} \tag{6-17}$$

式中，I_{30} 为线路的计算电流。按式(6-17)计算出 A_{ec} 后，应选最接近的标准截面。

6.3.5　选择导线和电缆截面的一般方法

根据设计经验，对 10 kV 以下的高压线路及低压动力线路，通常先按发热条件选择导线(包括母线)和电缆截面，再校验电压损失和机械强度。低压照明线路因其对电压水平要求较高，故通常先按允许电压损失进行选择，再校验发热条件和机械强度。对 35 kV 和 35 kV 以上的高压线路及 35 kV 以下的长距离大电流线路，则可先按经济电流密度确定经济截面，再校验其他条件。按以上经验进行选择，比较容易满足要求，较少返工。

【例6-1】　有一条用 LJ 型铝绞线架设的 5 km 长的 10 kV 架空线路，已知该线路导线按等边三角形排列，线间距离为 1 m。计算负荷为 $P_{30}=1380$ kW，$\cos\varphi=0.7$，$T_{max}=4800$ h。试选择其经济截面，并校验电压损失、发热条件和机械强度。

解：(1) 选择经济截面。由于线路的计算电流为

$$I_{30} = \frac{P_{30}}{\sqrt{3}U_N\cos\varphi}$$
$$= \frac{1380 \text{ kW}}{\sqrt{3}\times 10 \text{ kV}\times 0.7} = 114 \text{ A}$$

由表 6-6 查得 $j_{ec}=1.15$ A/mm²，因此

$$A_{ec} = \frac{114}{1.15} \text{ A/mm}^2 = 99 \text{ mm}^2$$

选标准截面为 95 mm²，即选 LJ-95 型铝绞线。

(2) 校验电压损失。10 kV 架空线路允许的电压损失一般为 5%。查附表 16-1 可知，10 kV 架空铝绞线的 $r_0=0.34$ Ω/km，$x_0=0.34$ Ω/km。

当 $\cos\varphi=0.7$，$\tan\varphi=1.02$ 时，

$$Q = P_{30}\tan\varphi = 1380\times 1.02 = 1408 \text{ kvar}$$

线路的电压损失为

$$\Delta U\% = \frac{1}{10U_N^2}(Pr + Qx)$$

$$= \frac{1}{10 \times 10^2} \times (1380 \times 0.34 \times 5 + 1408 \times 0.34 \times 5)$$

$$= 4.74 < 5$$

因此，所选 LJ-95 铝绞线满足电压损失的要求。

（3）校验发热条件。查附表 12-1 可得 LJ-95 的允许载流量（室外 25℃）$I_{al} = 325A > I_{30} = 114$ A，因此满足发热条件。

（4）校验机械强度。查表 6-5 得 10 kV 架空铝绞线的最小截面 $A_{min} = 35$ mm$^2 < A = 95$ mm^2，因此所选 LJ-95 型铝绞线也满足机械强度要求。

【例 6-2】 某 220/380 V 三相四线线路全长 100 m。在中点和末点分别接有 10 kW 和 30 kW 对称性三相纯电阻性负荷。若采用 BV-500-3×25+1×16 导线，试计算全线电压损失。

解：查表 6-4 得 $C = 76.5$ kW·m/mm^2，则

$$\sum M = 10 \times 50 + 30 \times 100 = 3500 \text{ kW·m}$$

根据式（6-13）可得全线电压损失为

$$\Delta U\% = \frac{\sum M}{CA} = \frac{3500}{76.5 \times 25} = 1.83$$

基本技能训练　供配电线路的运行与维护

1. 架空线路的运行与维护

架空线路的建设取材容易，施工方便，但其运行易受自然环境及外力等的影响，为了保证安全可靠的供电，应加强运行维护工作，及时发现缺陷并及早处理。

1）巡视的期限

对厂区或市区架空线路，一般要求每月进行一次巡视检查，郊区或农村每季度一次，低压架空线路每半年一次。如遇恶劣气候、自然灾害或发生故障等情况，则应临时增加巡视次数。

2）巡视内容

（1）检查线路负荷电流是否超过导线的允许电流。

（2）检查导线的温度是否超过允许的工作温度，导线接头是否接触良好，有无过热、严重氧化、腐蚀或断落现象。

（3）检查绝缘子及瓷横担是否清洁，有否破损及放电现象。

（4）检查线路弧垂是否正常，三相是否保持一致，导线是否有断股，上面是否有杂物。

（5）检查拉线有无松弛、锈蚀、断股现象，绝缘子是否拉紧，地锚有无变形。

（6）检查避雷装置及其接地是否完好，接地线有无断线、断股等现象。

（7）检查电杆（铁塔）有无歪斜、变形、腐朽、损坏及下陷现象。

（8）检查沿线周围是否堆放易燃、易爆、强腐蚀性物品以及是否有危险建筑物，并且要保证与架空线路有足够的安全距离。

2. 电缆线路的运行与维护

当架空线的走线或安全距离受到限制或输配电发生困难时，采用电缆线路就成为一种

较好的选择。由于电缆线路具有成本高、查找故障困难等缺点，因此必须做好线路的运行维护工作。

1）巡视期限

对电缆线路要做好定期巡视检查工作。敷设在土壤、隧道、沟道中的电缆，每三个月巡视一次；在竖井内敷设的电缆，至少每半年巡视一次；变电所、配电室的电缆及终端头的检查，应每月一次。如遇大雨、洪水及地震等特殊情况或发生故障时，需临时增加巡视次数。

2）巡视检查内容

（1）负荷电流不得超过电缆的允许电流。

（2）电缆、中间接头盒及终端温度正常，不超过允许值。

（3）引线与电缆头接触良好，无过热现象。

（4）电缆和接线盒清洁、完整，不漏油，不流绝缘膏，无破损及放电现象。

（5）电缆无受热、受压和受挤现象；直埋电缆线路，路面上无堆积物和临时建筑，无挖掘取土现象。

（6）电缆钢铠正常，无腐蚀现象。

（7）电缆保护管正常。

（8）充油电缆的油压、油位正常，辅助油系统不漏油。

（9）电缆隧道、电缆沟、电缆夹层的通风、照明良好，无积水；电缆井盖齐全并且完整无损。

（10）电缆的带电显示器及保护层过电压防护器均正常。

（11）电缆无鼠咬、白蚁蛀蚀的现象。

（12）接地线良好，外皮接地牢固。

3. 低压配电线路的运行与维护

低压配电线路是用电设备所在地，其维护显得尤其重要。要做好低压配电线路的维护，需全面了解低压配电线路的走向、敷设方式、导线型号规格以及配电箱和开关的位置等情况，还要了解用电负荷规律以及车间变电所的相关情况。

1）巡视期限

低压配电线路一般由车间维修电工每周巡视检查一次，对于多尘、潮湿、高温，有腐蚀性及易燃、易爆等物体的特殊场所应增加巡视次数。若线路停电超过一个月以上，则重新送电前也应作一次全面检查。

2）巡视项目

（1）检查导线发热情况。裸母线正常运行时最高允许温度一般为 70℃。若过高，则母线接头处的氧化加剧，接触电阻增大，电压损耗加大，供电质量下降，甚至可能引起接触不良或断线。

（2）检查线路负荷是否在允许范围内。负荷电流不得超过导线的允许载流量，否则导线过热会使绝缘层老化加剧，严重时甚至可能引起火灾。

（3）检查配电箱、开关电器、熔断器、二次回路仪表等的运行情况。着重检查导体连接处有无过热变色、氧化、腐蚀等情况，连线有无松脱、放电和烧毛现象。

（4）检查穿线铁管、封闭式母线槽的外壳接地是否良好。

（5）敷设在潮湿、有腐蚀性气体的场所的线路和设备，要定期检查绝缘。绝缘电阻值不得低于 0.5 MΩ。

（6）检查线路周围是否有不安全因素存在。

在巡视中若发现异常情况，应记入专用的记录本内，重要情况应及时汇报。

4. 线路运行中突遇停电的处理

电力线路在运行中，可能会突然停电，这时应按不同情况分别处理。

（1）电压突然降为零时，说明是电网暂时停电。这时总开关不必拉开，但各路出线开关应全部拉开，以免突然来电时用电设备同时启动，造成过负荷，从而导致电压骤降，影响供电系统的正常运行。

（2）双电源进线中的一路进线停电时，应立即进行切换操作（即倒闸操作），将负荷特别是重要负荷转移到另一路电源上。若备用电源线路上装有电源自动投入装置，则切换操作会自动完成。

（3）厂内架空线路发生故障使开关跳闸时，如开关的断流容量允许，可以试合一次。由于架空线路的多数故障是暂时性的，因此一次试合成功的可能性很大。但若试合失败，即开关再次跳开，则说明架空线路上的故障还未消除，并且可能是永久性故障，应进行停电隔离检修。

（4）放射式线路发生故障使开关跳闸时，应采用"分路合闸检查"的方法找出故障线路，并使其余线路恢复供电。如图 6-17 所示为分路合闸检查故障的说明图，假设故障出现在 WL8 线路上，由于保护装置失灵或选择性不好，使 WL1 线路的开关越级跳闸，分路合闸检查故障的具体步骤如下：

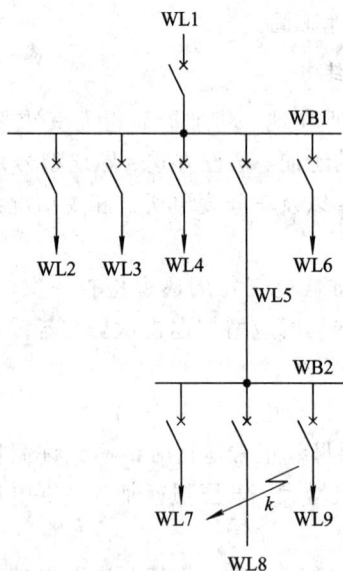

图 6-17　分路合闸检查故障说明图

① 将出线 WL2～WL6 开关全部断开，然后合上 WL1 的开关，由于母线 WB1 正常运行，因此合闸成功；

② 依次试合 WL2～WL6 的开关，当合到 WL5 的开关时，因其分支线 WL8 存在故

障，故再次跳闸，其余出线开关均试合成功，恢复供电；

③ 将分支线 WL7～WL9 的开关全部断开，然后合上 WL5 的开关；

④ 依次合 WL7～WL9 的开关，当合到 WL8 的开关时，因其线路上存在故障，故开关再次自动跳开，其余线路均恢复供电。

这种分路合闸检查故障的方法可将故障范围逐步缩小，并最终查出故障线路，同时恢复其他正常线路的供电。

思考题与习题

6-1　试比较说明放射式接线和树干式接线的特点。

6-2　试比较说明架空线路和电缆线路的优缺点。

6-3　三相系统中的保护线(PE线)和保护中性线(PEN线)的截面如何选择？

6-4　什么叫经济截面？在什么情况下要按经济电流密度选择导体截面？

6-5　铜、铝、钢三种材质的导线各有何优缺点？各适用于哪些场合？

6-6　LJ-95 和 LGJ-95 各表示什么导线？其中两个"95"各表示什么？

6-7　选择导线和电缆截面一般应满足哪些条件？一般动力线路的导线截面应先按什么条件进行选择？而照明线路的导线截面应先按什么条件选择？什么情况下的线路导线截面应先按经济电流密度选择？

6-9　试按发热条件选择 220/380 V 系统中的相线和中性线截面。已知线路的计算电流为 120 A，安装地点的环境温度为 25℃。拟用 BV 型铜芯塑料线穿钢管埋地敷设。

6-10　试选择一条供电给两台配电变压器的 10 kV 线路的 LJ 型铝绞线截面。全线截面一致，线路长度及变压器形式容量均如图 6-18 所示。设全线允许电压损失 5%，两台变压器的年最大负荷利用小时数均为 4500 h，$\cos\varphi=0.9$，当地环境温度为 35℃，线路的三相导线作水平等距排列，线距 1 m(注：变压器的功率损耗可按近似公式计算)。

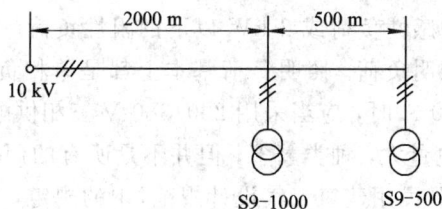

图 6-18　题 6-10 图

第7章　高层建筑的供配电系统

内容提要　高层建筑供配电知识是供配电技术的一部分内容。本章首先介绍高层建筑负荷的特点及计算方法，接着讲述高层建筑的典型主接线方案及变电所类型，并对低压配电系统的配电方式、照明供电系统作了介绍，最后介绍高层建筑供配电系统中的应急电源——柴油发电机。

7.1　高层建筑负荷的特点及计算

7.1.1　高层建筑负荷的特点

高层建筑用电负荷主要是动力负荷与照明负荷。

动力负荷主要有电梯、自动扶梯、冷库、风机、水泵、医院动力设备和厨房动力设备等。其中绝大部分属于三相负荷，少部分容量较大的电热用电设备(如空调机、干燥箱、电炉等)虽是单相用电负荷，但也归于动力用电负荷。对于动力负荷，一般采用三相制供电线路，对于较大容量的单相动力负荷，应当尽量平衡地接到三相线路上。

照明负荷主要有供给工作照明、事故照明和生活照明的各种灯具，此外还有计算机、电视机、窗式空调机、电风扇、电冰箱、家用洗衣机以及日用电热电器等。它们的容量都较小，一般为 0.5 kW 以下的感性负荷或 2 kW 以下的阻性负荷。照明用电负荷都是由照明线路供电的，所以统归为照明负荷。照明负荷基本上都是单相负荷，一般用单相交流 220 V 供电，当负荷电流超过 30 A 时，应当采用 220/380 V 三相供电线路。

高层建筑中的负荷用电量大，种类繁多，但并不是所有的用电负荷都必须在任何情况下都保证供电，根据建设部《民用建筑电气设计规范》中的规定，现代建筑内用电设备的负荷等级的划分如表 7-1 所示。

表 7-1　现代建筑内用电设备的负荷等级的划分

负荷性质	负荷等级	基本措施
主要用来管理业务的计算机及外部设备	一级	双电源末端自动切换及 UPS 供电
消防电梯等设备及消防用电	一级	双电源末端自动切换
重要机房的照明、营业大厅的应急照明、重要办公用房的照明及走道的疏散照明	一级	双电源末端自动切换及带蓄电池
客梯电源、生活水泵、主要通道照明	二级	双电源供电
空调设备	三级	

7.1.2　高层建筑负荷的计算

计算负荷是供配电系统中电气元件选择的依据，也是供配电系统设计的基础。在建筑供配电系统设计中常用的负荷计算方法有负荷密度法、单位指标法及需要系数法等。其选取原则如下所述。

在方案设计阶段可采用单位指标法或负荷密度法；在工程初步设计及施工图设计阶段，应采用需要系数法。而对于住宅，在设计的各个阶段均可采用单位指标法。

1. 负荷密度法

在民用建筑的方案设计阶段，必须对建筑内的电力负荷进行估算，估算得准确与否将直接关系到建筑的变配电系统方案和元件的选择以及投资预算。目前使用的负荷估算方法有负荷密度法和单位指标法。

所谓负荷密度法，就是根据单位面积功率(负荷密度)确定计算负荷的一种方法。其估算有功计算负荷 P_{30} 的公式为

$$P_{30} = \frac{P_0 S}{1000} \tag{7-1}$$

式中：P_0 为单位面积功率(负荷密度)，单位为 W/m^2；S 为建筑面积，单位为 m^2。

由式(7-1)可以看出，使用负荷密度法估算的计算负荷是否准确，完全取决于单位面积功率 P_0 的准确程度。因此，在确定单位面积功率时，应综合考虑多方面的因素。建筑物的性质不同，标准不同，用电负荷的单位面积功率就不同。表 7-2 给出了建设部 1999 年颁发的《住宅设计规范》中规定的用电负荷标准及电能表规格。

表 7-2　用电负荷标准及电能表规格

套型	居住房间个数/个	使用面积/m²	用电负荷标准/kW	电能表规格/A
一类	2	34	2.5	5(20)
二类	3	45	2.5	5(20)
三类	3	56	4.0	10(40)
四类	4	68	4.0	10(40)

2. 单位指标法

单位指标法与负荷密度法基本相同，是根据已有的单位用电指标来估算计算负荷的一种方法。有功计算负荷 P_{30} 的计算公式为

$$P_{30} = \frac{P_e N}{1000} \tag{7-2}$$

式中，P_e 为单位用电指标，如 W/户、W/人等；N 为单位数量，如户数、人数等。

由于单位用电指标的确定与国家经济形势的发展、电力政策以及人民消费水平的高低有直接的关系，因此，这一数据变化很频繁。另外，由于我国地域辽阔，经济发展不平衡，人民的消费水平差别也很大，因此单位用电指标的确定也有很大的差距。例如，上海普通住宅的单位指标为 4~6 kW/户，高级商住楼的单位指标为 10~15 kW/户。由于单位用电指标其数据的确定有很大的难度，而且目前可供选择和使用的数据不多，因此使得这种估

算方法在使用上受到了一定的限制。

3. 需要系数法

在工程初步设计和施工图设计阶段,一般采用需要系数法来确定动力负荷和照明负荷。其具体计算方法可参照本书第 2 章内容。

用需要系数法确定计算负荷需要注意以下几点。

(1) 下列用电设备在进行负荷计算时,不列入设备容量之内。

① 备用生活水泵、备用电热水器、备用空调制冷设备及其他备用设备;

② 消防水泵,专用消防电梯,在消防状态下才使用的送风机、排烟机等以及在非正常状态下投入使用的用电设备;

③ 当夏季有吸收式制冷空调系统,而冬季利用锅炉取暖时,在后者容量小于前者的情况下的锅炉设备。

(2) 需要系数值是在一定的范围内按统计方法来确定的,其准确性对负荷计算有重要意义。但是,由于许多因素的影响,需要系数表中所给出的只能是推荐值,这就要求设计者应根据设计经验和具体情况从中选取一个比较恰当的值。例如,一些高层建筑往往设置多部电梯。电梯样本上给出的功率是在额定载重量和额定速度时的值,但实际上每部电梯不可能长期在额定值下工作,特别是多台电梯的情况。因此,在计算电梯总负荷时,要考虑其运行特点,需要系数应取较小值。高层建筑的水泵房内一般设置多台生活水泵,某些大楼内还设有排水泵、排污泵等,它们是根据大楼的中、上部水箱水位和集水井水位自动控制的,因此需要系数的取值应较工业水泵小。一般来说,当用电设备组的设备台数多时应选取较小值,否则应选取较大值;当设备使用率高时应选取较大值,否则应选取较小值。

7.2 高层建筑变电所的主接线

高层建筑变电所一般采用 6~10 kV 进线,经变压器降至 220/380 V 的低压后再分配到各配电装置和用电设备。根据建筑物的规模不同,变电所主接线也存在很大的区别。

1. 一般高层民用建筑变电所主接线

一般高层民用建筑指九层及九层以下的多层住宅楼及一般负荷的办公楼等,其负荷等级大多为三级。通常多栋一般高层民用建筑共用 1 个变电所,且变电所内仅设置 1 台变压器,由电网引入单回电源。其主接线如图 5-11 和图 5-12 所示。由于总用电负荷较小,变压器容量不大,因此高压侧无需设置高压开关柜,只在低压侧设置低压配电屏,采用放射式或树干式配电方式对各建筑物供电。对于变压器容量小于或等于 630 kV·A 的露天变电所,其电源进线一般经跌落式熔断器接入变压器。对于室内变电所,当变压器容量在 320 kV·A 及 320 kV·A 以下且变压器不经常进行投切操作时,高压侧采用隔离开关和户内式高压熔断器(见图 5-11)。如根据经济运行需要,变压器需经常进行投切操作或变压器容量在 320 kV·A 以上时,则高压侧应采用负荷开关和高压熔断器(见图 5-12)。

2. 高层民用建筑变电所主接线

九层以上高层民用住宅楼、十层及十层以上高层科研办公楼均属于高层民用建筑。其用电负荷的特点是:十九层及十九层以上高层住宅的消防泵、排烟机、消防电梯、事故照明及疏散诱导标志灯等消防用电设备为一级负荷，十九层以下的消防用电设备及客梯为二级负荷，照明、空调机等各种家用电器为三级负荷。对于一级负荷应由双路独立电源供电，这两个电源可取自系统，也可一个取自系统，另一个为自备电源。当一个电源发生故障或检修时，由另一个电源继续供电。二级负荷也应由两个电源供电，这两个电源应取自系统 10 kV 变电所的两段母线，或引自两台配电变压器的 0.4 kV 低压母线。在双电源的基础上若再增设一个自备发电机，

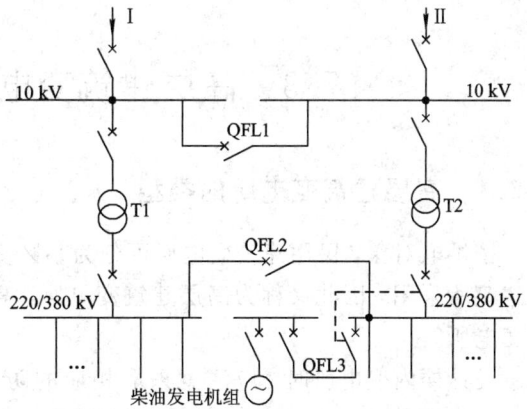

图 7-1　高层民用建筑变电所的典型主接线

则供电可靠性将会得到充分保证。高层民用建筑变电所的典型主接线如图 7-1 所示。图 7-1 中高低压母线均采用单母线断路器分段，并增设一个柴油发电机组和相应的母联转换开关 QFL3，从而大大提高了运行的灵活性和可靠性，因此，这种接线方式适用于高层民用建筑的各级负荷。

　　现代高层宾馆、饭店等旅游性建筑与一般高层民用建筑不同，其内部设施齐全，集居住、商业、办公、娱乐等功能于一身，具备高标准的多元化功能。这类建筑内部配套电气设备多，以满足现代化办公、管理、娱乐和生活的需要，同时还具有人员密度大，火灾隐患多，对消防保安要求高等特点。因此，建筑内多为一、二级负荷，应设置两个及两个以上独立电源同时供电。图 7-2 为某现代高层宾馆变电所的典型主接线。图 7-2 中为两路独立电源同时引入，每路独立电源均由两根电力电缆组成，一用一备。高低压侧为单母线分段；低压侧设置有多段母线，各段母线均采用断路器分段；在低压侧设有两台互为备用的柴油发电机组，发电机组母线与低压母线间设有联络断路器。这种接线可以充分保证供电的可靠性。

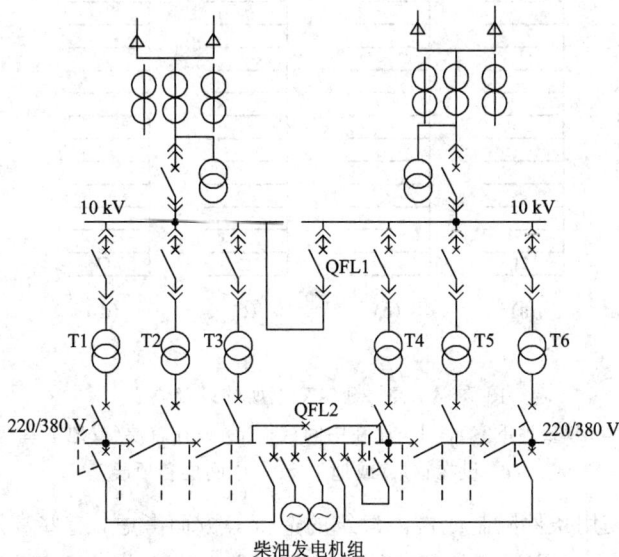

图 7-2　现代高层宾馆变电所的典型主接线

7.3 高层建筑变电所的类型及布置

7.3.1 高层建筑变电所的类型

按供电对象,民用建筑变电所可分为小区变电所和楼宇变电所。楼宇变电所为一般高层建筑所采用,因此又称为高层建筑变电所,高层建筑变电所可分为楼内变电所和辅助建筑变电所。

设计楼内变电所时,应注意采取相应的防火和通风散热措施。根据建筑消防规范要求,在高层建筑主体内不允许设置有可燃性油的电气设施,特别是不得采用油浸式电力变压器,应选用具有防尘、耐潮湿和难燃性能的环氧树脂浇注的干式电力变压器,并且应使变电所避开高温、多尘和有剧烈振动的环境。高层建筑层数多,用电负荷大且分散,对供电可靠性要求高,因此,高层建筑多采用楼内变电所。当楼内变电所只有一个时,可设在首层(或地下室),如图 7-3(a)所示,也可设在中间层,如图 7-3(b)所示;当楼内变电所有两个时,可分别设在首层(或地下室)和顶层,如图 7-3(c)所示;当层数较多时,也可在首层(或地下室)、中间层和顶层各设一个变电所,如图 7-3(d)所示。

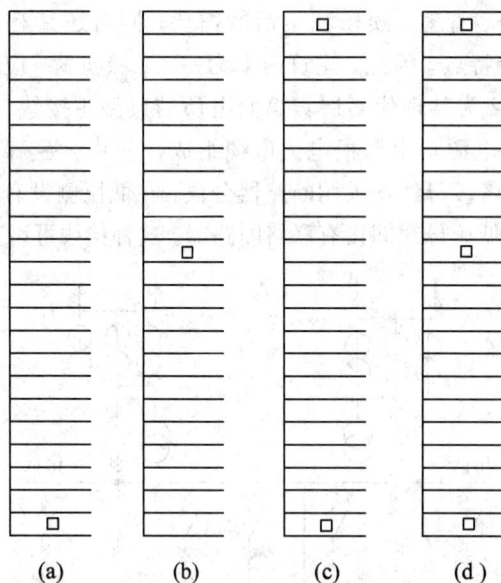

图 7-3　高层建筑变电所的设置位置
(a) 设在首层(或地下室);(b) 设在中间层;(c) 设在首层(或地下室)和顶层;
(d) 设在首层(或地下室)、中间层和顶层

从电气设备的使用条件限制或楼内建筑的造价等方面考虑,有些高层建筑在邻近的辅助建筑内设置变电所。在高层建筑邻近的辅助建筑内设置的变电所可采用油浸式电力变压

器。根据变电所应尽量靠近负荷中心的供电设计原则，通常将辅助建筑变电所与用电量大的冷冻机房、锅炉房、水泵房等相邻设计；为了便于巡视、操作和管理，一般将 6～10 kV 的辅助建筑变电所设计成 1～2 层的建筑物。

7.3.2　高层建筑变电所的布置

建筑群或建筑小区变电所的布置与工厂变电所的布置没有本质的区别，具体要求可参见本书 5.5.1 节变电所布置的总体要求。

这里主要根据高层建筑的特点和有关设计规范，对高层建筑变电所的布置提出两点特殊要求。

(1) 在高层建筑主体内设置变电所、布置变压器时不允许使用油浸式，而应采用环氧树脂浇注的干式电力变压器。例如，常用的 SGZ 型干式电力变压器为 H 级绝缘防潮型，具有低损耗，有载自动调压，在高温下可长期稳定工作等性能。

(2) 为了便于检修和有利于防火，高压开关柜宜采用手车式真空断路器开关柜，低压配电屏多采用抽屉式或手车式配电屏，所装设的开关多为自动空气开关。移相电容器柜也应采用具有防火、防爆性能的电容器。

7.3.3　成套变电所

近年来，随着电气设备及配电装置的发展，成套变电所在建筑供配电系统中得到了广泛的应用。

成套变电所是指将高低压开关柜和电力变压器等按一定的接线方案组合成为一体形式的变电所。成套变电所按安装场所的不同可分为两种：一种是室内安装，称为室内组合式成套变电所或户内成套变电所，简称户内式；另一种是户外安装，称为户外箱式变电所或户外成套变电所，简称户外式。户内式主要用于高层建筑和民用建筑的供电，户外式则多用于工矿企业、公共建筑和住宅小区的供电。户内成套变电所的变压器为柜式，高低压开关柜均为封闭式结构。户外成套变电所通常由高压室、变压器室和低压室三部分组成，组装于由金属构件及钢板焊接的可移动的箱体内，机电一体化，全封闭运行。

成套变电所具有噪声低、电气绝缘性能好、安全可靠、操作简便、方案组合灵活等优点，同时具有防火、防爆、防尘、防湿等功能。成套变电所可不受场地环境的限制而直接安装于负荷中心或接近负荷中心的场所，从而缩短了低压馈电线路，降低了电能损耗。另外，这种变电所不需要专门建造变压器室、高低压配电室，从而节省了建筑材料和土建投资，此外还具有占地少、施工工期短等优点。近十几年来，我国成套变电所的研制及生产发展很快，目前在住宅小区、高层建筑、中小型企业以及临时供电等场所均得到了越来越广泛的应用。图 7-4 所示为两种典型的成套变电所的构成与接线。应该指出，在成套变电所的设计中，如采用干式电力变压器和真空负荷开关，则由于其对操作和励磁产生的内部过电压承受能力较差，因此应选用有过电压吸收装置的接线方案，在变压器高压进线之前也应增设过电压吸收装置。

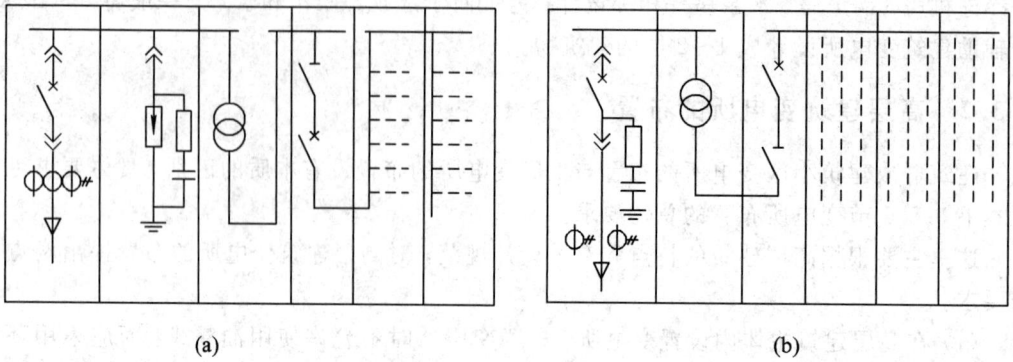

图 7-4　典型组合式成套变电所主接线
(a) 户内式；(b) 户外式

7.4　高层建筑低压配电系统

　　低压配电系统为 220/380 V 系统，主要有动力线路和照明线路。根据供电负荷的要求，低压配电系统首先应满足用电负荷对供电可靠性的要求，并满足用电设备对电能质量的要求，其次应力求接线简单，操作方便、安全，具有一定的灵活性，并能适应用电负荷的发展需要。

7.4.1　低压配电系统的配电方式

　　民用建筑低压配电线路的接线方式主要有放射式、树干式和环形三种，应根据用电负荷的特点、实际分布及供电要求，在线路设计中，按照安全、可靠、经济、合理的原则进行优化组合。

　　(1) 在高层民用建筑中，对于容量较大的或较重要的负荷应从配电室进行放射式配电，而向各层配电间或配电箱配电则应采用树干式或分区树干式。

　　(2) 在高层民用建筑配电系统中，应将照明与电力负荷分成不同的配电系统，消防及其他防灾用电设施的配电应自成体系。

　　(3) 对于居住小区的配电，应合理采用放射式和树干式或两者相结合的方式。为提高小区配电系统的供电可靠性，也可采用环形供电方式。

　　图 7-5 是高层建筑中低压配电的几种典型接线方案。其中，图 7-5(a) 是分区树干式（链式）接线，每回干线配电给几层楼。图 7-5(b) 是在图 7-5(a) 的基础上增加了一回备用干线，以提高供电可靠性。图 7-5(c) 是在图 7-5(a) 的每回干线末端各增设了一个配电箱。图 7-5(d) 则是采用电气竖井内的母线配电，各层配电箱均装在竖井内，适于楼层多、负荷大的大型商务楼。

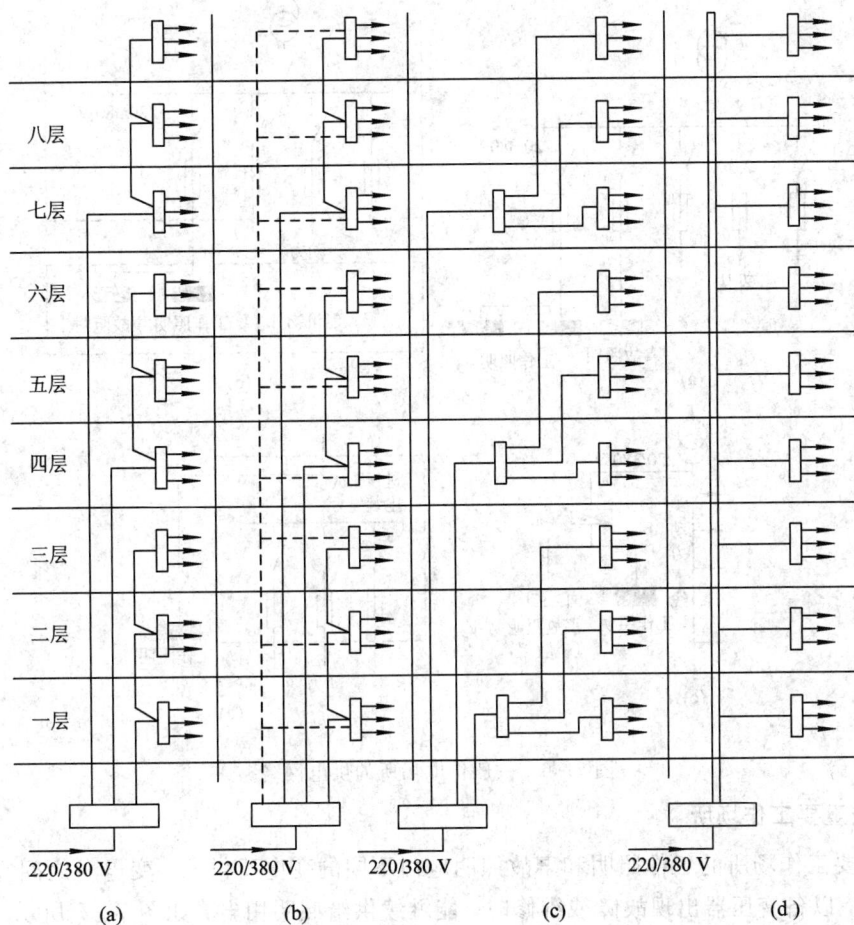

八层
七层
六层
五层
四层
三层
二层
一层

220/380 V　　　220/380 V　　　220/380 V　　　　　220/380 V

(a)　　　　　　(b)　　　　　　(c)　　　　　　　　(d)

图 7-5　高层建筑中低压配电的典型接线方案

7.4.2　照明供电系统

电气照明按用途可分为正常照明、应急照明、值班照明、警卫照明和障碍照明等。我国照明一般采用 220/380 V 三相四线(或三相五线)中性点直接接地交流网络供电。具体的供电方式与照明工作场所的重要程度和负荷等级有关。

1. 一般工作场所

一般工作场所的照明负荷由一个变电所供电。工作照明和疏散用事故照明应从变电所低压电屏(图 7-6(a))或从厂房、建筑物入口处(图 7-6(b))分开供电。

当动力与照明合用且采用"变压器-干线"式供电时,工作照明和疏散用事故照明电源应接在变压器低压侧总开关之前(图 7-6(c))。

当厂房或建筑物为动力与照明合用供电线路时,工作照明和疏散用事故照明应从厂房或建筑物电源入口处分开供电(图 7-6(d))。

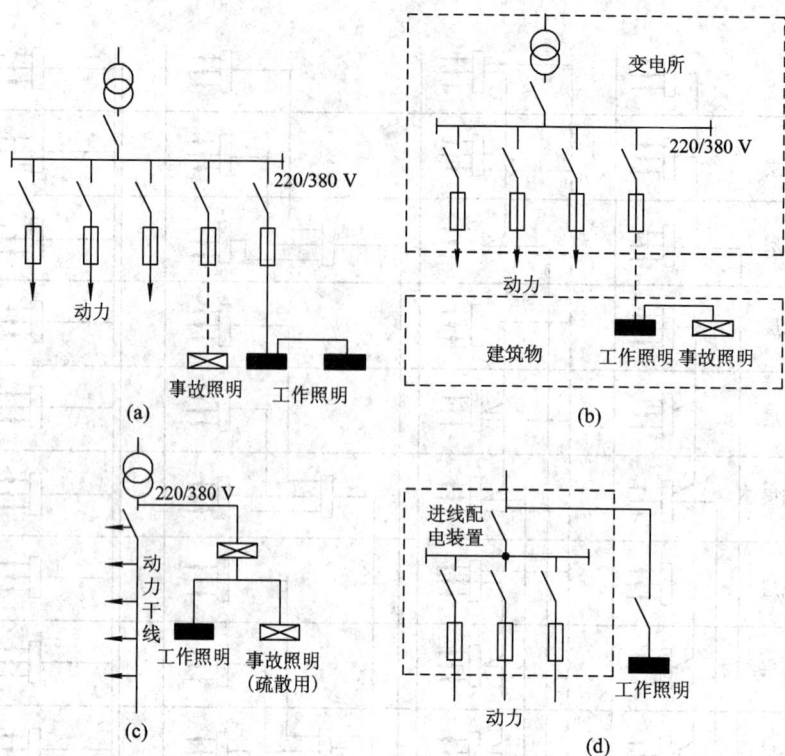

图 7-6 一般供电场所的供电网络

2. 较重要工作场所

较重要工作场所的工作照明和事故照明应由不同的变电所供电。变电所之间宜装设低压联络线,以备变压器出现故障或维修时,能继续供给照明用电,如图 7-7 所示。事故照明电源也可采用蓄电池组、柴油或汽油发电机组等小型电源或由附近引来的另一电源线路供电。

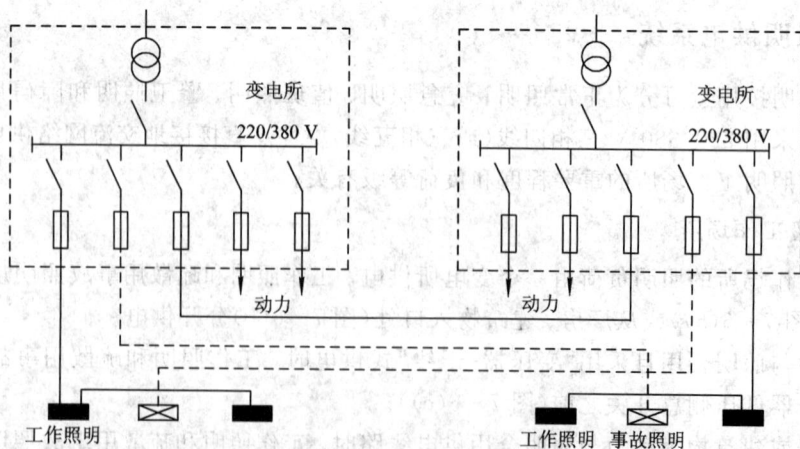

图 7-7 较重要工作场所的供电网络

3. 重要工作场所

重要工作场所的照明负荷由两个变电所供电，且各变压器的电源是互相独立的，如图 7-8 所示。

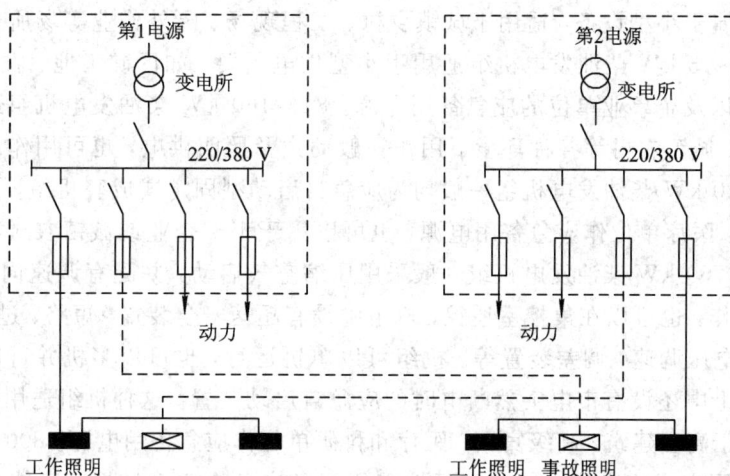

图 7-8　重要照明负荷的供电网络

7.5　自备应急柴油发电机组

在高层建筑供配电系统的设计中，对于重要的负荷，一般要求在正常供电电源之外设置应急的自备电源。最常用的自备电源是柴油发电机组。

1. 柴油发电机组的分类

柴油发电机组按功能可分为普通型、自启动型和自动化型三种。普通型机组需要人工操作控制启动。自启动型机组能够在市电中断供电时单台机组自动启动，并在 15 s 内向负荷供电，而当市电恢复正常后自动切换到市电并自动延时停机。自动化型机组按国家标准规定可以分为 1、2、3 三个等级，1 级具有自启动、自投入、自保护和自动停机功能，并可无人值守连续工作 4 小时；2 级除能达到 1 级的全部要求外，还能自动补给，实现无人值守240 小时；3 级除能达到 2 级的全部要求外，还能自动转移启动命令，具有自动并列、自动解列功能，并能够实现自动调频调载。

作为建筑供配电系统的应急自备电源，应选自启动型或自动化型。

2. 柴油发电机组的选用

柴油发电机组的容量与台数应根据应急负荷的大小和投入顺序以及单台电动机的最大启动容量等因素综合考虑确定，但机组总台数不宜超过两台。

单台发电机容量的选择一般应满足如下条件。

(1) 在柴油发电机组供电的起始阶段，由于它只能带 25% 的负荷，因此此时的供电应能满足应急负荷中自启动设备所需功率的总和。

(2) 在柴油发电机组稳定供电时，应能满足所有应急负荷的供电要求。

（3）在启动单台大容量电动机或成组电动机时，应保证母线电压偏差不超过允许值。在全压启动电动机时，发电机母线电压不应低于额定电压的 80%；当无电梯负荷时，其母线电压不应低于额定电压的 75%。

目前，国内的柴油发电机组已经形成系列化，2～1250 kW 规格较为齐全。2～30 kW 柴油发电机组属于小型设备，适用于城镇乡村、工程现场、野外作业等场所作应急电源或备用电源。40～75 kW 柴油发电机组适用于小型供电需要，如厂矿工地、农业生产、野外作业等的照明以及企事业单位的应急备用电源。84～160 kW 柴油发电机组适用于小型电站、厂矿工地、城镇农村等各种环境下用作一般动力及照明供电，也可用作应急备用电源设施。200～320 kW 柴油发电机组一般均为应急自启动型固定式成套机组，适用于高级宾馆、科研机构、医疗单位作应急备用电源，也可以用于工矿企业或城镇农村等场所作电力及电源。400～750 kW 柴油发电机组一般采用压缩空气启动，并配有调速伺服电机，可以在机旁原地操作，也可以在集控室遥控，机组中设有超速安全装置，短路、过流、逆功率保护环节，自动电压调速、调差装置等。机组可以单机运行，也可以多机并行以及与电网并网运行，在机组中还设有市电突然断电时的应急自启动装置。这种机组适用于工矿等小型电站，也适用于高层建筑、高级宾馆、医疗和科研单位作应急备用电源。800～1250 kW 柴油发电机组为固定式成套发电设备，可按需要配备应急自启动装置，当外电源突然断电后，机组能够立即自启动并供电，当外电源恢复供电后，机组能自动退出和停机。

基本技能训练　建筑电气工程图

照明和动力电气工程图是建筑电气工程图最基本的图纸之一，一般由系统图、平面图、安装图等组成。其图纸的画法应认真执行国家的相关规范与标准，采用国标规定的图例及符号，既详细而又不繁琐地表达设计者的意图，同时要主次分明、方便施工。

1. 照明和动力系统图

照明和动力系统图是用来表述照明及动力供配电的图纸，一般仅用单线表示法绘制。图中应标出配电箱、开关、熔断器、导线和电缆的型号规格、保护管径、敷设方式，用电设备的名称、容量及配电方式等。

图 7-9 所示为某动力系统工程图，从图中可以得到以下信息。

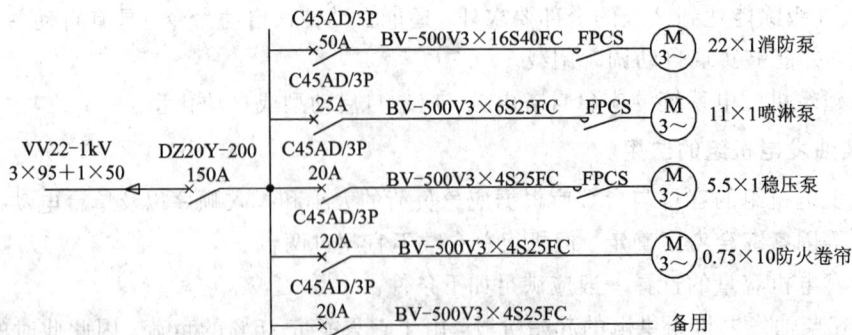

图 7-9　某动力系统工程图

图 7-9 中标注的 VV22-1kV3×95+1×50 意为聚氯乙烯绝缘铠装铜芯电力电缆，1 kV 电压等级；总开关为 DZ20Y 型空气断路器，四级，整定电流为 150 A；分支开关为 C45AD 型断路器，三极整定值分别为 50 A、25 A、20 A；线路导线为 BV 型聚氯乙烯塑料铜芯导线，绝缘等级为 500 V，截面分别为 16 mm²、6 mm²、4 mm²；启动设备为 FPCS 型控制箱；电动机 3 台，分别为消防泵、喷淋泵和稳压泵；防火卷帘门电机为 0.75 kW，共 10 台；有一个备用回路。

图 7-10 所示为常用照明系统工程图。由图 7-10 中的标注可知，电源为单电源，进线为 BV 型塑料铜芯导线，绝缘等级为 500 V，5 根 10 mm²；总开关为 C45N 型断路器，三级，整定电流值为 32 A；照明配电箱分 6 个回路，3 个照明回路，2 个插座回路，1 个备用回路，线路敷设方式均为 PVC 阻燃塑料管，在吊顶内敷设。

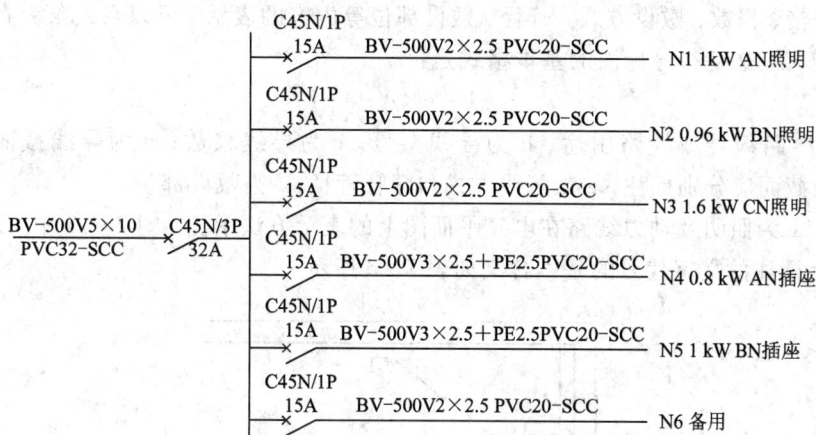

图 7-10　常用照明系统工程图

2. 照明和动力平面图

1）照明和动力平面图线路的表示方法

照明和动力线路可在平面图上采用图形符号与文字标注相结合的方法来表示走向，导线的型号、规格、根数、用途，配线方式和敷设部位等。

（1）线路用途、配线方式及敷设部位的文字代号。为使图面简洁明了，对线路用途、配线方式及敷设部位一般不标注汉字，而以文字代号来标注。关于这方面的文字代号，国标中没有规定，在实际执行中多用汉字的汉语拼音或英语的缩写来表示，如表 7-3 和表 7-4 所示。

表 7-3　表示线路用途的文字代号

线路用途	文字代号	线路用途	文字代号
配电干线	PG		
照明干线	MG	照明分干线	MFG
动力干线	LG	电力分干线	LFG
配电分干线	PFG	控制线	KE

表 7-4　线路敷设方式和敷设部位的文字代号

线路敷设方式的文字代号				导线敷设部位的文字代号	
敷设方式	代号	敷设方式	代号	敷设部位	代号
穿焊接钢管敷设	SC	金属线槽敷设	MR	暗敷在墙内	WC
穿电线管敷设	MT	塑料线槽敷设	PR	吊顶内暗敷	SCC
穿硬塑料管敷设	PC	钢索敷设	M	地板或地面下暗敷	PC
穿阻燃聚氯乙烯管敷设	FPC	直接埋设	DB	暗敷在柱内	CLC
电缆桥架敷设	CT	电缆沟敷设	TC	沿墙面敷设	WS

（2）线路敷设文字代号的标注格式。对于照明线路或动力线路在平面图上的编号、导线型号、规格、根数、敷设方式、管径、敷设部位等内容的表示，可以在线条旁直接标注一定的文字符号，文字符号标注的基本格式是：

$$a-b-c\times d-e-f$$

式中，a 为线路编号或线路用途；b 为导线型号；c 为导线根数；d 为导线截面，单位为 mm^2，不同截面应分别标注；e 为配线方式和穿管管径；f 为敷设部位。

图 7-11 为照明及动力线路在电气平面图上的表示方法示例。图 7-11 中有三条线路，每条线路上标注的文字代号的基本含义如表 7-5 所示。

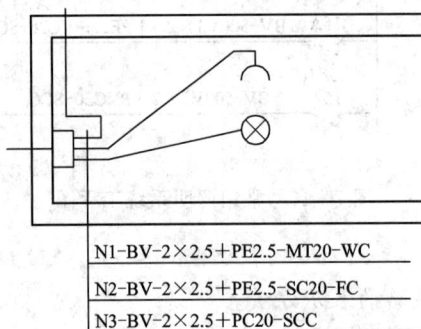

N1-BV-2×2.5+PE2.5-MT20-WC
N2-BV-2×2.5+PE2.5-SC20-FC
N3-BV-2×2.5+PC20-SCC

图 7-11　照明及动力线路在电气平面图上的表示方法示例

表 7-5　图 7-11 上标注的文字代号的基本含义

文字代号	含义
N1-BV-2×2.5+PE2.5-MT20-WC	表示 N1 回路；导线型号为 BV 型聚氯乙烯绝缘铜芯线；2 根导线，截面为 2.5 mm^2；1 根保护接地线，截面为 2.5 mm^2；穿电线管敷设，管径为 20 mm；沿墙暗敷
N2-BV-2×2.5+PE2.5-SC20-FC	表示 N2 回路；导线型号为 BV 型聚氯乙烯绝缘铜芯线；2 根导线，截面为 2.5 mm^2；1 根保护接地线，截面为 2.5 mm^2；穿铜管敷设，管径为 20 mm；地面下暗敷
N3-BV-2×2.5+PC20-SCC20	表示 N3 回路；导线型号为 BV 型聚氯乙烯绝缘铜芯线；2 根导线，截面为 2.5 mm^2；穿塑料管敷设，管径为 20 mm；在吊顶内暗敷

　　2）照明平面图

　　照明平面图可清楚地表现灯具、开关、插座、线路的具体位置和安装方法，但对同一方向同一档次的导线只用一根线表示。灯具和插座都是并联接于电源进线的两端，相线必须经过开关后再进入灯座。中性线直接接灯座，保护接地线与灯具的金属外壳相连接。在一个建筑物内，有许多灯具和插座，一般有两种连接方法：一种是直接接线法，灯具、插座和开关直接从电源干线上引线，导线中间允许有接头；另一种是共头接线法，导线的连接只能在开关盒、灯头盒和接线盒引线，导线中间不允许有接头，这种接线法耗用导线多，但接线可靠，是目前工程中广泛采用的安装接线方法。当灯具和开关的位置改变、进线方向改变时，都会使导线根数发生变化。因此，要真正看懂照明平面图，就必须了解导线的根数变化，掌握照明线路的基本环节。

　　图 7 - 12 所示为两个房间的照明平面图。图 7 - 12 中有三盏灯，一个单极开关，一个双极开关，采用共头接线法。

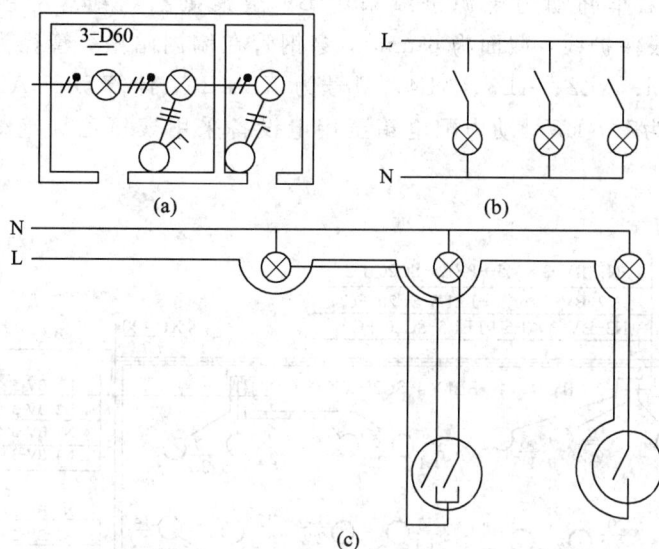

图 7 - 12　照明平面图示例
(a) 平面图；(b) 电路图；(c) 透视图

　　图 7 - 12(a)为平面图，在平面图上可以看出灯具、开关和线路的布置。一根相线和一根中性线进入房间后，中性线全部接于三盏灯的灯座上，相线经过灯座盒 2 进入左面房间墙上的开关盒，此开关为双极开关，可以控制两盏灯，从开关盒出来两根相线接于灯座 2 和灯座 1。相线经过灯座盒 2 同时进入右面房间，通过灯座盒 3 进入开关盒，再由开关盒出来进入灯座 3。因此，在两盏灯之间出现三根线，在灯座 2 与开关之间也是三根线，其余是两根线。由灯的图形符号和文字代号可以知道，这三盏灯为一般灯具，灯泡功率为 60W，吸顶安装，开关为跷板开关，暗装。图 7 - 12(b)为电路图，图 7 - 12(c)为透视图。从图 7 - 12(c)可以看出接线头放在灯座盒内或开关盒内，因为共头接线，导线中间不允许有接头。

电气照明平面图上导线较多，显然在图面上是不能一一表示清楚的。为了读懂电气照明平面图，在读图过程中可以画出灯具、开关、插座的电路图或透视图。弄懂平面图、电路图、透视图的共同点和区别，再看复杂的照明电气平面图就会容易一些。

3）动力平面图

车间动力平面图是用图形符号和文字代号表示车间内各种动力设备平面布置、安装和接线的一种简图。这种简图主要用来表现电动机的型号、规格、安装位置，配电线路的敷设方式、路径、导线与根数、穿管类型及管径，动力配电箱的型号、规格、安装位置与标高，动力系统图以及接线图。

在一个工程中，动力设备比照明设备数量要少，且大多布置在地坪或楼层地面上，供电线路多采用三相供电，配电方式一般采用穿管配线。因而动力平面图比照明平面图简单，但动力设备的控制比照明设备的控制要复杂得多。

图 7-13 为某机械加工车间的动力平面图。表 7-6 为机械加工车间的主要用电设备清单。机械加工车间动力电源进线采用 BV 型聚氯乙烯绝缘导线，导线截面为 6 mm²，4 根，1 根保护线，截面为 6 mm²，穿钢管在墙内暗敷，管径为 32 mm。四个动力配电箱为 AL1、AL2、AL3、AL4，型号为 XL-20，计算负荷 AL1、AL3 为 4.8 kW，AL2、AL4 为 7.7 kW，动力配电箱至用电设备采用聚氯乙烯绝缘导线，穿钢管沿地坪暗敷。

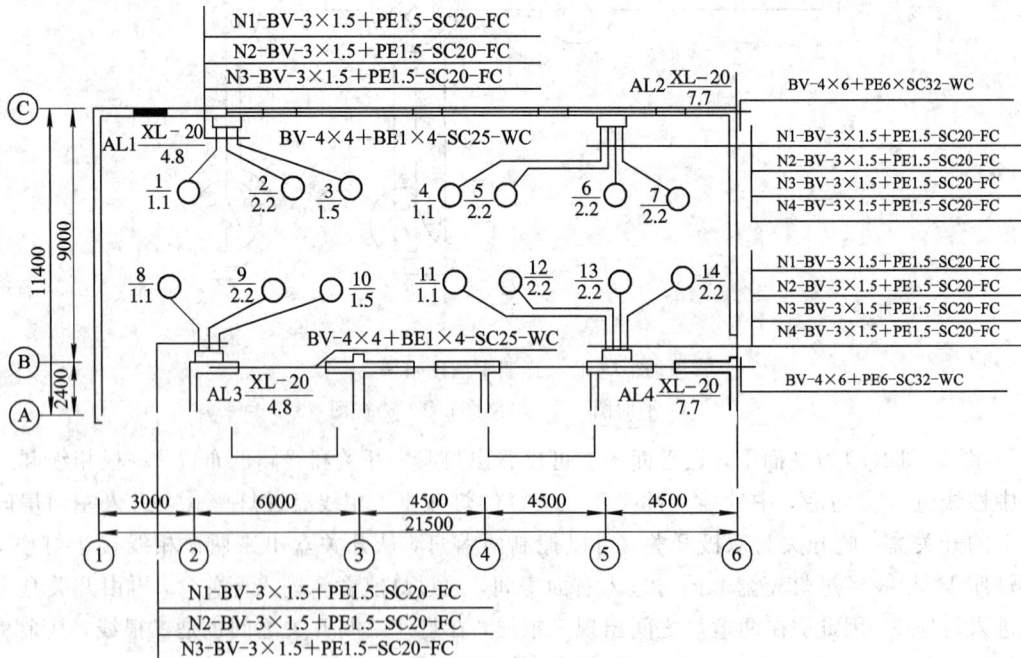

图 7-13 某机械加工车间的动力平面图

表 7-6 机械加工车间的主要用电设备

动力设备编号	动力设备名称	台数	额定电压/V	相数
1、8	麻床	2	380	3
2、9	台钻	2	380	3
3、10	砂轮机	2	380	3
4、11	车床	2	380	3
5、12	车床	2	380	3
6、7、13、14	电钻	4	380	3

思考题及习题

7-1 简述建筑负荷的特点。

7-2 高层建筑常用的负荷计算方法有几种？各适用于什么场合？

7-3 用单位指标法估算负荷，其单位用电指标 P_e 由什么因素决定？

7-4 高层民用建筑变电所的典型主接线适合于几级负荷？供电电源如何保证？

7-5 简述成套变电所的类型及特点。

7-6 对较重要工作场所的工作照明与事故照明，应如何进行供电接线？

7-7 柴油发电机组按功能可分为几种？其容量选择应满足哪些条件？

7-8 某低压线路表示为 BV-500-(3×95+1×50+PE50)-SC70，其中符号和数字各代表什么含义？

7-9 绘制配电系统图和电气平面图各应注意什么？系统图上的线路绘制与平面图上的线路绘制有什么不同？

第8章 供配电系统的保护

内容提要 当供电系统发生故障时，必须有相应的保护装置将故障部分从系统中切除，以保证非故障部分继续工作，或者发出报警信号，以提醒值班人员检查并采取相应措施。高压供电系统的保护采用继电保护装置或高压熔断器；低压供电系统的保护采用低压断路器或低压熔断器。本章首先讨论继电保护的任务和基本要求，接着介绍常用的保护继电器及其接线方式，然后重点讲述电力线路和电力变压器的各种继电保护的接线、整定以及计算等，最后介绍熔断器保护、低压断路器保护及微机保护。

8.1 继电保护的任务和要求

1. 继电保护装置的任务

供配电系统在运行中可能会发生一些故障或处于不正常运行状态。故障中最常见、危害最大的是各种类型的短路，如系统相间短路、接地短路以及变压器和电动机等设备发生的匝间或层间局部短路。不正常运行状态主要指过负荷、温度过高等。

故障和不正常运行状态若得不到及时处理或处理不当，就可能引起事故。为了保证能安全可靠地供电，供配电系统的主要电气设备及线路都要装设保护装置。继电保护的基本任务如下所述。

(1) 故障时动作于跳闸。当被保护设备或线路发生故障时，保护装置能自动、迅速、有选择地将故障元件从电力系统中切除，并保证该系统中非故障元件迅速恢复正常运行。

(2) 不正常状态时发出报警信号。当线路及设备出现不正常运行状态时，保护装置能根据运行维护的具体条件和设备的承受能力发出信号、减小负荷或延时跳闸。

2. 对继电保护的基本要求

1) 选择性

选择性指的是当供配电系统发生故障时，离故障点最近的保护装置将动作，切除故障，以保证无故障设备继续运行。例如，图 8-1 中 k_2 点发生短路故障时，按照选择性的要求，应由距短路点最近的保护动作，使断路器 QF6 跳闸以切除故障，变电所 A、B、C 及其用户仍照常运行。如果 QF6 不动作，其他断路器跳闸，则称为失去选择性动作。

2) 速动性

速动性是指过电流保护装置的动作速度要快。快速切除故障可以提高供配电系统并列运行的稳定性；加速系统电压的恢复，为电动机自启动创造条件；避免扩大事故，减轻故

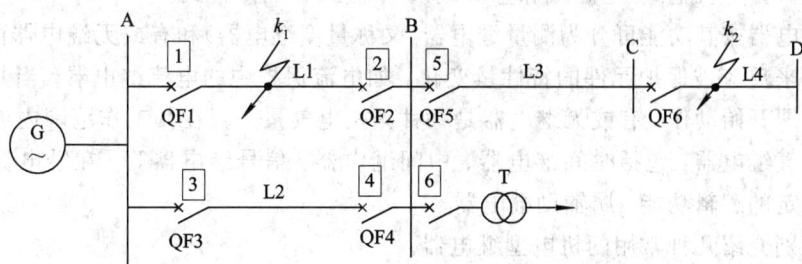

图 8-1　单侧电源网络中继电保护选择性动作说明图

障组件的损坏程度。

3）灵敏性

灵敏性是指保护装置对其保护范围内的故障或不正常运行状态的反映能力。如果保护装置对其保护区内极轻微的故障都能及时地反应动作，则说明保护装置的灵敏性高。灵敏性通常用灵敏系数 K_{sen} 来衡量。灵敏系数应按实际可能出现的最不利于保护装置动作的运行方式和故障类型来计算。

对于反应故障时参数上升而动作的保护装置来说，其灵敏系数为

$$K_{sen} = \frac{保护区末端金属性短路时故障参数的最小计算值}{保护装置的动作参数}$$

对于反应故障时参数下降而动作的保护装置来说，其灵敏系数为

$$K_{sen} = \frac{保护装置的动作参数}{保护区末端金属性短路时故障参数的最大计算值}$$

无论是反映故障参数上升还是下降的保护装置，对灵敏系数的要求均大于 1，一般要求不小于 1.2～2。

4）可靠性

可靠性是指在规定的保护范围内发生故障时，保护装置应可靠动作，不应拒动；而在保护范围外发生故障以及在正常运行时，保护装置不应误动。保护装置的可靠程度与保护装置的元件质量、接线方案以及安装、整定和运行维护等多种因素有关。

以上四项基本要求是研究继电保护的基础，它们之间既相互联系又相互矛盾，应根据电力系统的接线和运行的特点以及实际情况，合理地确定被保护线路及电气设备的保护方案，在选择保护装置时应力求技术先进、经济且合理。

8.2　常用的保护继电器及其接线方式

8.2.1　常用的保护继电器

继电器是一种在输入的物理量（电量或非电量）达到规定值时，其电气输出电路被接通（导通）或分断（阻断）的自动电器。

供配电系统的继电保护装置由各种保护继电器构成。继电器的分类方法很多，按其输入量的性质可分为电气量继电器（如电流继电器等）和非电气量继电器（如气体继电器）；按

其工作原理可分为机电式(电磁式和感应式)、整流式和晶体管式。

保护继电器按其功能可分为测量继电器(又称量度继电器)和有或无继电器两大类。测量继电器用来反应被保护元件的特性量变化,如电流保护中的电流继电器,当其特性量达到动作值时即开始动作。有或无继电器是一种只按电气量是否在其工作范围内或者为零时而动作的电气继电器,包括时间继电器、中间继电器、信号继电器等,在继电保护装置中用来实现特定的逻辑功能,属辅助继电器。

下面分别介绍几种常用的机电型继电器。

1. 电磁式电流继电器和电压继电器

电磁式电流继电器和电压继电器在继电保护装置中均为启动组件,属于测量继电器。电流继电器的文字符号为 KA,电压继电器为 KV。

DL-10 系列电磁式电流继电器的基本结构如图 8-2 所示。当继电器的线圈 1 通过电流时,电磁铁 2 中将产生磁通,力图使 Z 形钢舌片 3 向凸出磁极方向偏转。与此同时,轴 10 上的反作用弹簧 9 又力图阻止钢舌片偏转。当继电器线圈中的电流增大到使钢舌片所受的转矩大于弹簧的反作用力矩时,钢舌片将被吸近磁极,使得动合触点闭合,动断触点断开,这个过程叫做继电器动作。过电流继电器动作后,减小线圈电流到一定值时,钢舌片在弹簧作用下将返回起始位置,该过程叫做继电器返回。

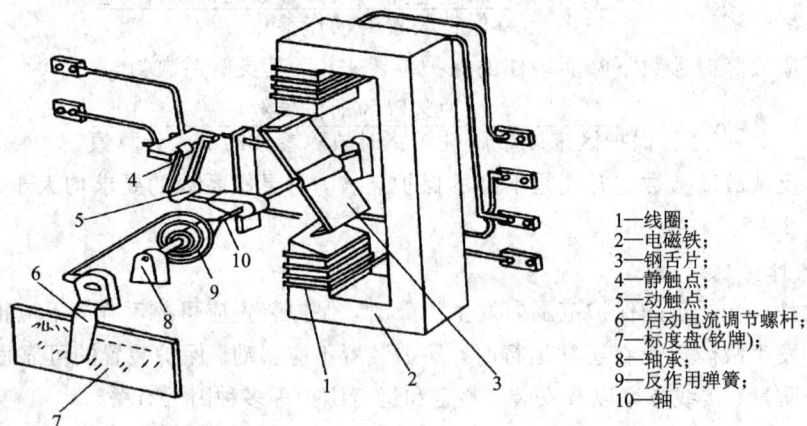

1—线圈;
2—电磁铁;
3—钢舌片;
4—静触点;
5—动触点;
6—启动电流调节螺杆;
7—标度盘(铭牌);
8—轴承;
9—反作用弹簧;
10—轴

图 8-2 DL-10 系列电磁式电流继电器的基本结构

使继电器动作的最小电流称为继电器的动作电流,用 I_{op} 表示。使继电器由动作状态返回到起始位置的最大电流称为继电器的返回电流,用 I_{re} 表示。继电器的返回电流与动作电流的比值称为继电器的返回系数,用 K_{re} 表示,即

$$K_{re} = \frac{I_{re}}{I_{op}} \tag{8-1}$$

DL-10 系列电磁式电流继电器的内部接线和图形符号如图 8-3 所示。当继电器的线圈不带电时,动合触点将断开,动断触点将闭合。

对于过量继电器(例如过电流继电器),K_{re} 总小于 1,一般为 0.85。K_{re} 越接近于 1,说明继电器越灵敏。

DL-10 系列电磁型电流继电器其动作电流的调整可采用以下两种办法。

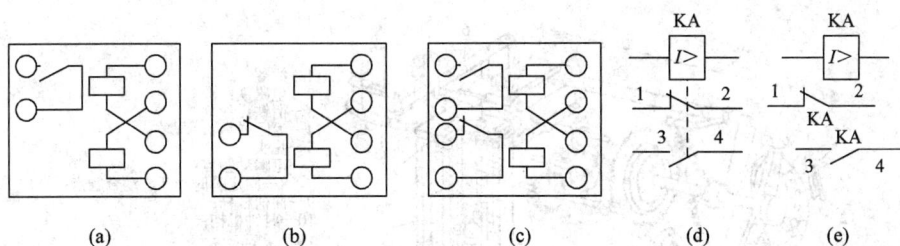

图 8 - 3　DL - 10 系列电磁式电流继电器的内部接线和图形符号

(a) DL - 11 型；(b) DL - 12 型；(c) DL - 13 型；(d) 集中表示的图形；(e) 分开表示的图形

(1) 改变线圈的连接方式。利用连接片可以将继电器的两个线圈接成串联或并联，由于继电器的动作磁动势是一定的，因此当线圈串联时，流入继电器的电流与通过线圈的电流相等，当改为并联时，通过线圈的电流是流入继电器电流的 1/2，所以必须使流入继电器的电流增加一倍才能获得与串联时相同的磁动势。

(2) 通过调整把手来改变弹簧的反作用力矩。要注意的是：调整把手的刻度盘的标度不一定准确，需要进行实测；同时当采用并联接法时，刻度盘的数值应该乘以 2。

附表 18 - 1 列出了 DL 型电磁式电流继电器的主要技术数据，供参考。

电磁型电压继电器的基本结构与 DL - 10 相同。当在线圈上加电压 U_r 时，电流 $I_r = U_r/Z$（Z 是线圈阻抗），继电器的电磁力矩为

$$M = K_1 I_r^2 = K_1 \left(\frac{U_r}{Z}\right)^2 = K_2 U_r^2 \qquad (8-2)$$

即在线圈阻抗不变的情况下，M 与 U_r^2 成正比。当 U_r 足够大，达到启动所需的最小动作电压时，电压继电器动作。

电压继电器分为低电压继电器和过电压继电器两种。过电压继电器的动作电压、返回电压和返回系数的概念同过电流继电器相似。

低电压继电器是一种欠量继电器，它与过电流继电器和过电压继电器等过量继电器在许多方面不同。DJ - 122 是典型的低电压继电器，具有一对动断触点，在正常情况下，继电器加的是电网的工作电压（电压互感器二次电压），触点断开。当电压降低到动作电压时，继电器动作，触点闭合，使继电器动作的最大电压称为继电器的动作电压，当电压再继续增大时，使继电器触点重新打开的最小电压称为继电器的返回电压。显然，此时低电压继电器的返回系数大于 1，一般为 1.25。

2. 电磁式时间继电器

在继电保护装置中，电磁式时间继电器用来使保护装置获得所要求的延时（时限）。时间继电器的文字符号为 KT。

电磁式时间继电器的内部结构如图 8 - 4 所示，其图形符号如图 8 - 5 所示。电磁式时间继电器主要由电磁部分、时钟部分和触点组成。当继电器的线圈 1 通电时，电磁铁 2 产生磁场，衔铁 3 在磁场作用下向下运动，时钟机构 10 开始计时，动触点 11 随时钟机构而旋转，延时的大小取决于动触点 11 旋转至静触点 12 所转过的角度，这一延时可从刻度盘 13 上粗略地估计。图 8 - 4 中 4 为返回弹簧，当线圈 1 失压时，时钟机构将在返回弹簧 4 的作用下返回。

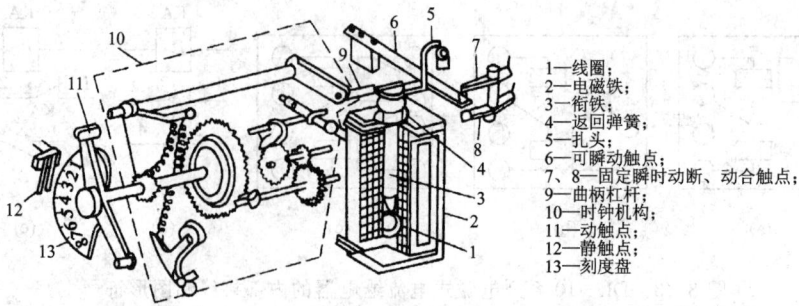

1—线圈；
2—电磁铁；
3—衔铁；
4—返回弹簧；
5—扎头；
6—可瞬动触点；
7、8—固定瞬时动断、动合触点；
9—曲柄杠杆；
10—时钟机构；
11—动触点；
12—静触点；
13—刻度盘

图 8-4　电磁式时间继电器的内部结构

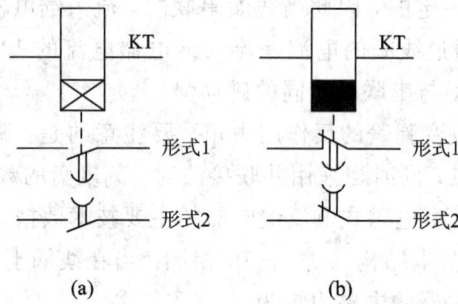

图 8-5　电磁式时间继电器的图形符号
（a）时间继电器的缓吸线圈及延时闭合触点；（b）时间继电器的缓放线圈及延时断开触点

3. 电磁式信号继电器

信号继电器在保护装置中用来发出指示信号，以提醒值班人员注意。接通的回路可能是灯光信号，也可能是音响信号。信号继电器的触点为自保持，应由值班人员手动复归或电动复归。信号继电器的文字符号为 KS。

供配电系统常用的 DX-11 型电磁式信号继电器有电流型和电压型两种。电流型信号继电器的线圈为电流线圈，阻抗小，串联在二次回路中，不影响其他二次组件的动作；电压型信号继电器的线圈为电压线圈，阻抗大，必须并联使用。该信号继电器的内部结构如图 8-6 所示，在正常状态时，其信号牌是被衔铁支持住的。当继电器线圈通电时，衔铁 3 克服弹簧 6 的拉力而被吸引，信

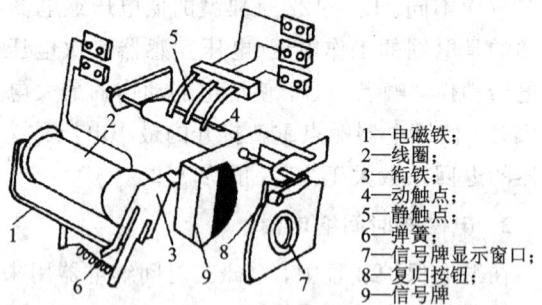

1—电磁铁；
2—线圈；
3—衔铁；
4—动触点；
5—静触点；
6—弹簧；
7—信号牌显示窗口；
8—复归按钮；
9—信号牌

图 8-6　DX-11 型电磁式信号继电器的内部结构

号牌 9 失去支撑而落下，并保持在垂直位置，动静触点闭合，从信号牌显示窗口可以看到掉牌。信号继电器的触点自保持，手动旋转复归按钮后才能将信号牌和触点复归。信号牌恢复到水平位置后由衔铁 3 支持，准备下一次动作。DX-11 型信号继电器的图形符号如图 8-7 所示。

4. 电磁式中间继电器

中间继电器在继电保护装置中用作辅助继电器，起中间桥梁的作用，以弥补主继电器触点数量和触点容量的不足。中间继电器通常在保护装置的出口回路中，用来接通断路器的跳闸线圈，所以又称为出口断路器。其文字符号建议采用 KM。

供配电系统中常用的 DZ - 10 系列中间继电器一般采用吸引衔铁结构，其工作原理与电流继电器基本相同。中间继电器的图形符号如图 8-8 所示。

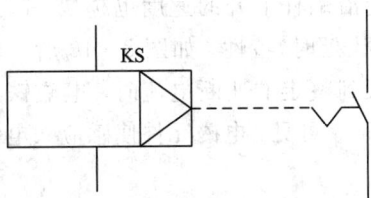

图 8-7 DX-11 型信号继电器的图形符号

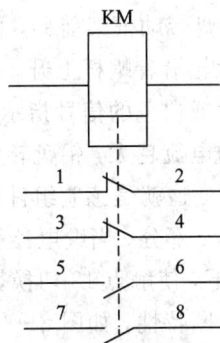

图 8-8 中间继电器的图形符号

5. 感应式电流继电器

供配电系统中常用的 GL - 10、20 系列感应式电流继电器的内部结构如图 8-9 所示。这种电流继电器由两组元件构成：一组为感应元件，另一组为电磁元件。感应元件主要包括线圈 1、带短路环 3 的电磁铁 2 以及装在可偏转铝框架 6 上的转动铝盘 4。电磁元件主要包括线圈 1、电磁铁 2 和衔铁 15。线圈 1 和电磁铁 2 在两组元件中共用。

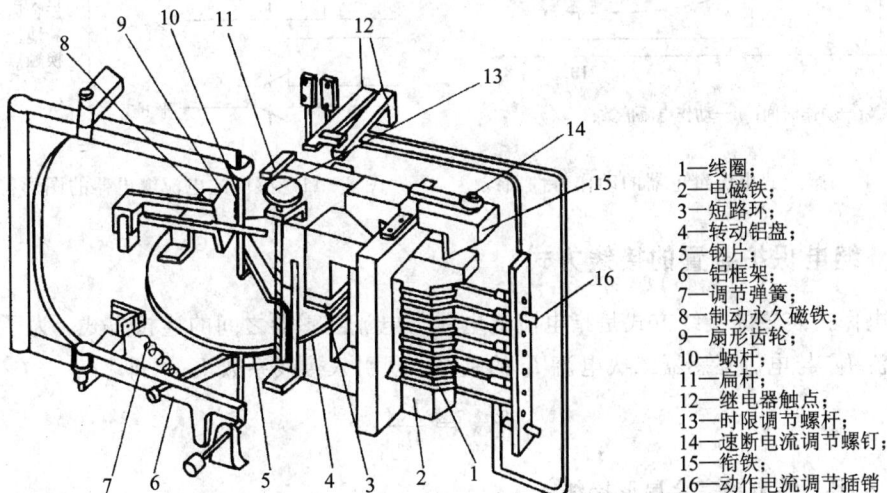

1—线圈；
2—电磁铁；
3—短路环；
4—转动铝盘；
5—钢片；
6—铝框架；
7—调节弹簧；
8—制动永久磁铁；
9—扇形齿轮；
10—蜗杆；
11—扁杆；
12—继电器触点；
13—时限调节螺杆；
14—速断电流调节螺钉；
15—衔铁；
16—动作电流调节插销

图 8-9 GL-10、20 系列感应式电流继电器的内部结构

当线圈 1 有电流通过时，电磁铁 2 在短路环 3 的作用下，产生相位一前一后两个磁通

Φ_1、Φ_2（它们的相位差为 φ），穿过转动铝盘 4。这时作用于铝盘上的转矩 M_1 为

$$M_1 = K_1 \Phi_1 \Phi_2 \sin\varphi \qquad (8-3)$$

铝盘在该转矩的作用下转动后，铝盘切割制动永久磁铁 8 的磁通，在铝盘上产生涡流，该涡流又与永久磁铁的磁通作用，产生一个与 M_1 反向的制动力矩 M_2，M_2 与铝盘转速 n 成正比。当铝盘转速 n 增大到某一定值时，$M_1 = M_2$，这时铝盘匀速转动。铝盘受力时有使铝框架 6 绕轴顺时针方向偏转的趋势，但会受到调节弹簧 7 的阻力。

当线圈电流增大到继电器的动作电流时，铝盘受到的力也将增大到可克服弹簧阻力的程度，这时铝盘带动框架前移，使蜗杆 10 与扇形齿轮 9 啮合，即继电器动作。铝盘继续转动使得扇形齿轮沿着蜗杆上升，最后使继电器触点 12 切换，同时使信号牌掉下，从观察孔内可看到红色或白色的信号指示，表示继电器已经动作。

线圈中的电流越大，铝盘转动得越快，扇形齿轮沿蜗杆上升的速度也越快，因此动作时间也就越短，这就是感应组件产生的反时限（或反比延时）特性，如图 8-10 所示动作特性曲线中的 abc 部分。当继电器线圈电流进一步增大到整定的速断电流时，电磁铁 2 瞬时将衔铁 15 吸下，使触点 12 切换，同时也使信号牌掉下。可见，电磁元件使感应式电流继电器兼有电流速断特性，如图 8-10 所示 $bb'd$ 部分。

GL-11、15、21、25 型电流继电器的图形符号如图 8-11 所示。

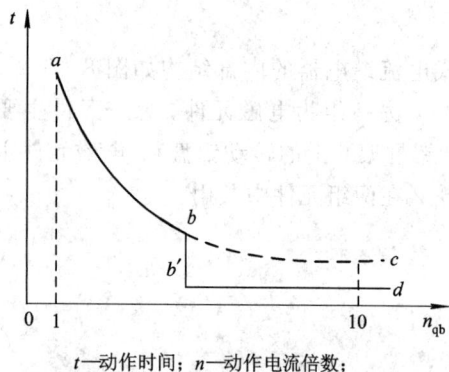

t—动作时间；n—动作电流倍数；

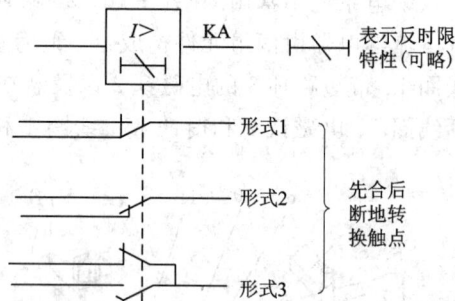

图 8-10 感应式电流继电器的动作特性曲线　　图 8-11 感应式电流继电器的图形符号

8.2.2 继电保护装置的接线方式

继电保护装置的接线方式是指电流继电器与电流互感器之间的连接方式，为了表示继电器电流 I_{KA} 与电流互感器二次电流 I_2 的关系，现引入接线系数 K_w，即

$$K_w = \frac{I_{KA}}{I_2} \qquad (8-4)$$

1. 三相三继电器完全星形接线

如图 8-12 所示为三相三继电器完全星形接线。在被保护线路的每一相上都装有电流互感器和电流继电器，三个电流继电器的触点并联，相当于逻辑回路中的任何一个电流继电器动作均可使下面的时间继电器或中间继电器动作。这种接线方式对各种形式的短路都

可起到保护作用。当发生任何形式的相间短路时,有两相流过短路电流,使两个继电器动作。在中性点直接接地系统中,当发生单相接地时,有一相流过短路电流,对应相的继电器动作。这种接线方式的接线系数 $K_w = 1$。

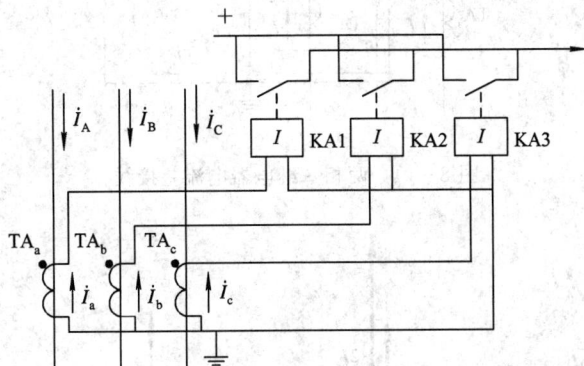

图 8 - 12 三相三继电器完全星形接线

三相三继电器完全星形接线方式有设备多、接线杂、投资大等缺点,但其灵敏度不会因故障类别不同而变化,故这种接线方式主要用于大接地电流系统的相间短路保护及发电机、变压器的保护接线。

2. 两相两继电器不完全星形接线

如图 8 - 13 所示,一般电流互感器与继电器都装在 A、C 两相上,可反应 A 相和 C 相电流的变化。当相间短路时,接线系数 $K_w = 1$。由于 B 相没有装设电流互感器和电流继电器,因此它不能反应 B 相的单相短路。这种接线方式主要用于小接地电流系统的相间短路保护。

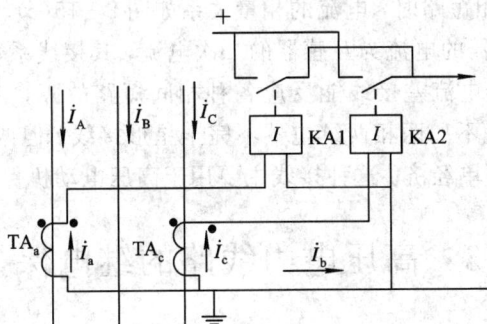

图 8 - 13 两相两继电器不完全星形接线

3. 两相一继电器电流差接线

如图 8 - 14 所示,流入继电器的电流等于 A、C 两相电流互感器二次电流之差,即 $\dot{I}_{KA} = |\dot{I}_a - \dot{I}_c|$。在不同的短路类型中,流过继电器的电流与互感器二次电流不同,因此其接线系数也不同,不同相间短路时的向量分析如图 8 - 15 所示。

在正常运行和三相短路时,因为三相对称,各相电流的相量关系如图 8 - 15(a)所示,所以流入继电器的电流为电流互感器二次电流的 $\sqrt{3}$ 倍,其接线系数 $K_w = \sqrt{3}$。

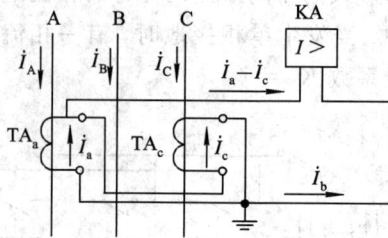

图 8-14　两相一继电器电流差接线

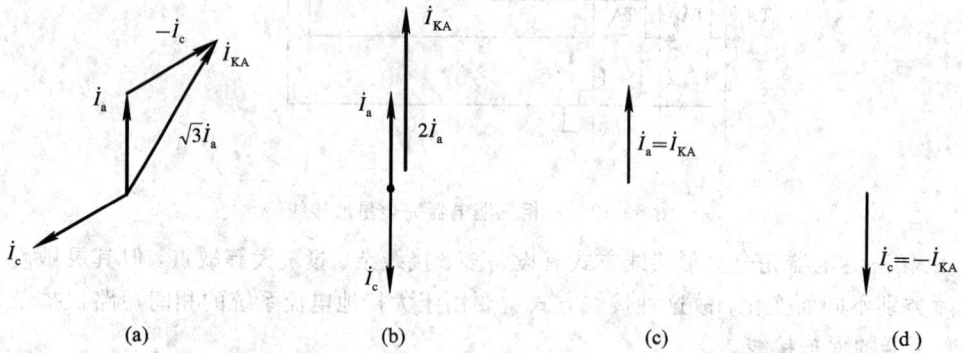

图 8-15　两相一继电器电流差接线在不同相间短路时的相量分析

(a) 三相短路；(b) A、C 两相短路；(c) A、B 两相短路；(d) B、C 两相短路

　　当 A、C 两相短路时，电流的相量图如图 8-15(b)所示，$\dot{I}_{KA}=|\dot{I}_a-\dot{I}_c|=2\dot{I}_a$，此时，流入继电器的电流为互感器二次电流的 2 倍，故 $K_w=2$。

　　当 A、B 或 B、C 两相短路时，电流的相量关系如图 8-15(c)、(d)所示，$\dot{I}_{KA}=\dot{I}_a$ 或 $\dot{I}_{KA}=-\dot{I}_c$，此时，流入继电器的电流为互感器的二次电流，其接线系数 $K_w=1$。

　　可见，两相一继电器电流差接线能反应各种相间短路故障，但保护灵敏度有所不同，有的甚至相差一倍，因此不如两相两继电器不完全星形接线。但两相一继电器电流差接线少用一个继电器，较为简单经济。这种接线主要用于高压电动机保护。

8.3　高压电力线路的继电保护

8.3.1　电力线路保护的配置

　　供配电系统的电力线路其电压等级一般为 6~35 kV。由于线路较短，容量不是很大，因此继电保护装置通常比较简单。GB50062—1992《电力装置的继电保护和自动装置设计规范》规定：对 3~66 kV 电力线路，应装设相间短路保护、单相接地保护和过负荷保护。

　　作为线路的相间短路保护，电力线路保护主要采用带时限的过电流保护和瞬时动作的电流速断保护。如过电流保护的时限不大于 0.5~0.7 s，则可不装设电流速断保护。相间短路保护应动作于跳闸，以切除短路故障。

　　作为线路的单相接地保护，电力线路保护有两种方式：

（1）绝缘监视装置，装设在变配电所的高压母线上，动作于信号。

（2）有选择性的单相接地保护（也称零序电流保护），一般动作于信号，但当单相接地危及人身和设备安全时，则应动作于跳闸。

8.3.2 带时限的过电流保护

带时限的过电流保护按其动作时间特性可分为定时限过电流保护和反时限过电流保护两种。定时限过电流保护是指保护装置的动作时间按整定的动作时间固定不变，与故障电流大小无关；反时限过电流保护是指保护装置的动作时间与故障电流的大小成反比关系，故障电流越大，动作时间越短。

1. 定时限过电流保护

1）保护装置的原理

定时限过电流保护装置的原理电路如图 8-16 所示，其中图（a）为接线图，图（b）为展开式原理电路图（展开图）。

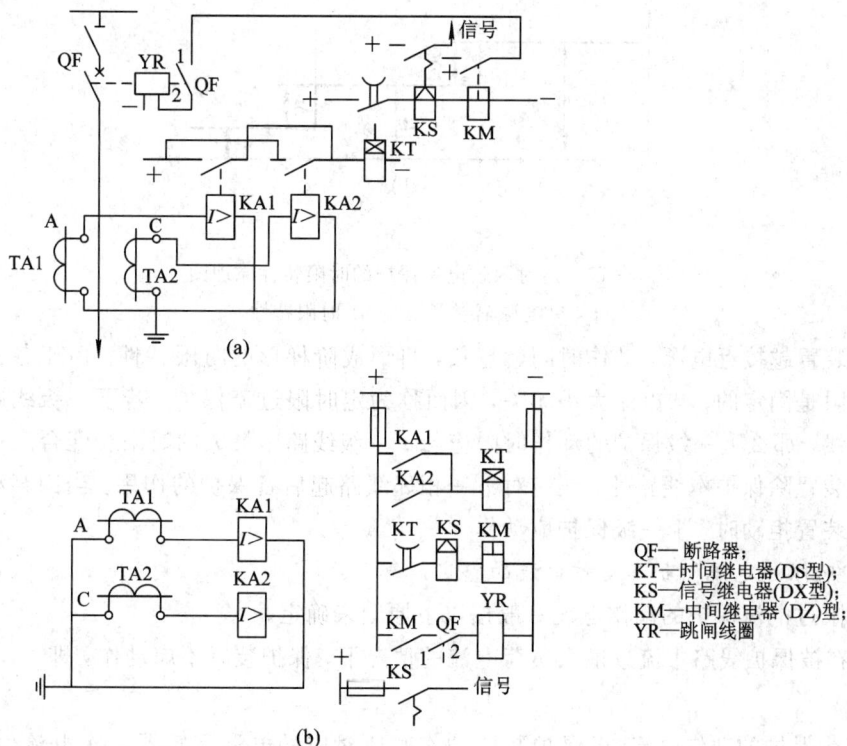

图 8-16 定时限过电流保护的原理电路图
（a）接线图（按集中表示绘制）；（b）展开图（按分开表示法绘制）

当线路过电流保护范围内发生相间短路时，电流继电器 KA 瞬时动作，触点闭合，接通时间继电器 KT，经过整定的时限后，其延时触点闭合，使串联的信号继电器（电流型）KS 和中间继电器 KM 动作。KS 动作后，其指示牌掉下或指示灯亮，同时接通信号回路，给出灯光信号和音响信号。KM 动作后，接通跳闸线圈 YR 回路，使断路器 QF 跳闸，切除短路故障。短路故障被切除后，继电保护装置除 KS 外的其他继电器均自动返回起始状态，而 KS 可手动或电动复位。

2）保护的时限特性

图 8-17 为定时限过电流保护的时限特性原理图。当线路上 k_2 点发生短路故障时，由于短路电流流经保护装置 1、2、3，且其值大于各保护装置的动作电流，因而上述各保护装置的电流继电器均启动；但按选择性要求，只应保护装置 3 动作，使 QF3 跳闸，故障切除后保护装置 1、2 返回，因此各保护装置的动作时限应满足 $t_1 > t_2 > t_3$。定时限过电流保护的选择性是依靠保护的时限特性来保证的，离电源较近的上一级保护的动作时限比离电源较远的下一级保护的动作时限要长，即

$$t_n = t_{(n-1).\max} + \Delta t \tag{8-5}$$

式中，Δt 为时限级差，通常取为 0.5 s。

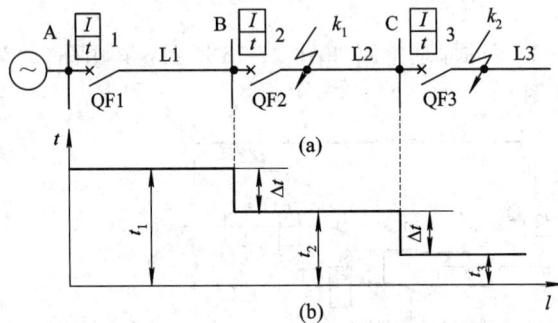

图 8-17 定时限过电流保护的时限特性原理图

(a) 单电源辐射网络；(b) 时限特性

保护装置越接近电源，动作时间就越长，将形成阶梯形的时限特性。由于各保护装置的动作时限是固定的，与电流大小无关，因而称为定时限过流保护。若下一级线路有 n 条并行的出线，那么上一级保护的动作时限应与下一级线路中最大的时限相配合。

保护装置除保护本线路外，还应对下一相邻线路起后备保护的作用。当因某种原因下一级保护装置拒动时，上一级保护应动作。

3）定时限过电流保护其动作电流的整定计算

定时限过电流保护的动作电流一般按以下原则来确定。

(1) 在被保护线路中流过最大负荷电流的情况下，保护装置不应动作，即

$$I_{opl} > I_{L.\max} \tag{8-6}$$

式中，I_{opl} 为保护的动作电流(指保护装置动作时所对应的电流互感器一次电流值)；$I_{L.\max}$ 为被保护线路的最大负荷电流。

$I_{L.\max}$ 要考虑电动机的自启动电流，如图 8-17 所示，为 k_1 点故障时，保护装置 1、2 中的电流继电器都要启动，应首先由保护装置 2 动作切除故障线路，保护装置 1 的电流继电器立即返回。此时通过保护装置 1 的电流继电器的最大电流不再是正常运行时的最大电流，这是因为短路时母线电压将降低，B 母线上所接电动机(图 8-17 中未画)转速将降低或停转。k_1 点故障由保护装置 2 切除后，当电压恢复时，仍接于电网中的电动机将出现自启动过程。电动机自启动电流大于正常运行时的额定电流，其前方线路的最大负荷电流也

大于正常值 I_R，即

$$I_{L.\,max} = K_{ast} I_R \qquad (8-7)$$

式中，K_{ast} 为电动机自启动系数，一般取 $1.5\sim3$；I_R 为线路正常运行时的额定电流，可取计算电流 I_{30}。

（2）为保证相邻线路上的短路故障在切除后，保护装置能可靠地返回，则返回电流 I_{re} 应大于外部短路故障切除后流过保护装置的最大自启动电流，即

$$I_{re} > K_{ast} I_R \qquad (8-8)$$

$$I_{re} = K_{rel} K_{ast} I_R \qquad (8-9)$$

又因

$$K_{re} = \frac{I_{re}}{I_{opl}}$$

故

$$I_{opl} = \frac{K_{rel} K_{ast}}{K_{re}} I_R$$

继电器的动作电流为

$$I_{op} = \frac{K_{rel} K_{ast} K_W}{K_{re} K_i} = I_R \qquad (8-10)$$

式中，K_{rel} 为可靠系数，一般 DL 型继电器取 1.2，GL 型继电器取 1.3；K_W 为保护装置的接线系数；K_{ast} 为自启动系数，可取 $1.5\sim3$；K_{re} 为继电器的返回系数，一般 DL 型继电器的返回系数取 0.85，GL 型继电器取 0.8；K_i 为电流互感器的变流比。

保护装置灵敏系数的校验公式为

$$K_{sen} = \frac{I_{k.\,min}^{(2)}}{I_{opl}} \qquad (8-11)$$

式中，K_{sen} 为灵敏系数，作为主保护时要求 $K_{sen} \geqslant 1.5$，作为后备保护时要求 $K_{sen} \geqslant 1.2$；$I_{k.\,min}^{(2)}$ 作为主保护时，采用最小运行方式下本线路末端两相短路时的短路电流，作为相邻线路的后备保护时应采用最小运行方式下相邻线路末端两相短路时的短路电流。

2. 反时限过电流保护

1）保护装置的原理

图 8-18 为反时限过电流保护的原理电路图。当线路发生相间短路时，电流继电器 KA 动作，经过一定延时后其动合触点闭合，紧接着其动断触点断开。这时断路器因跳闸线圈 YR 分流而跳闸，从而切除了短路故障部分。在 GL 型继电器分流跳闸的同时，其信号牌将自动掉下，指示保护装置已经动作。在短路故障被切除后，继电器将自动返回，其信号牌可手动恢复。

感应式电流继电器兼有上述电磁式电流继电器、时间继电器、信号继电器和中间继电器的功能，可用于过电流保护以及电流速断保护，从而大大简化了继电保护的接线。

图 8-18 中的电流继电器增加了一对动合触点，与跳闸线圈串联，其目的是防止电流继电器的动断触点在一次电路正常运行时由于外界振动等偶然因素使之断开而导致断路器误跳闸的事故。增加这对动合触点后，即使动断触点偶然断开，也不会造成断路器误跳闸。但是，继电器的这两对触点的动作程序必须是动合触点先闭合，动断触点后断开，即采用

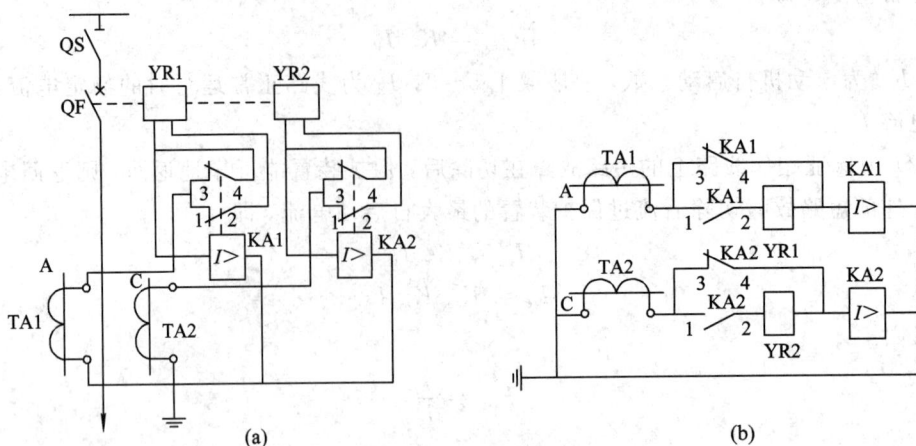

QF—断路器；TA—电流互感器；KA—电流继电器(GL-15、25型)；YR—跳闸线圈

图 8-18 反时限过电流保护的原理电路图

(a) 接线图(集中表示)；(b) 展开图

先合后断的转换触点。否则，动断触点先断开将造成电流互感器二次侧带负荷开路，这是不允许的，同时会使继电器失电返回，起不到保护作用。

2) 反时限过电流保护的时限配合

反时限过电流保护的原理特点是：保护装置的动作时间与故障电流的大小成反比。在同一条线路上，当靠近电源侧的始端发生短路时，短路电流大，其动作时限短；反之当末端发生短路时，短路电流较小，动作时限较长。

在反时限过电流保护中，由于 GL 型电流继电器的时限调节机构是按 10 倍动作电流的动作时间来标度的，因此反时限过电流保护的动作时间要根据前后两级保护的 GL 型继电器的动作特性曲线来整定。

由于反时限过电流保护的动作时限随电流大小的变化而变化，因此，整定的时间必须指出是某一电流值或动作电流的某一倍数下的动作时间。为了达到时限上的配合，整定时应首先选择配合点，在配合点上两套保护装置的动作时限级差最小。如图 8-19 所示的线路保护，保护 KA1、KA2 的配合点应选在 L_2 的始端 k 点，因为此点短路时，同时流过保护 KA1、KA2 的短路电流最大，动作时限的级差最小。此时保护装置的动作时限可满足 $t_1 = t_2 + \Delta t (\Delta t$ 可取 0.7 s)。

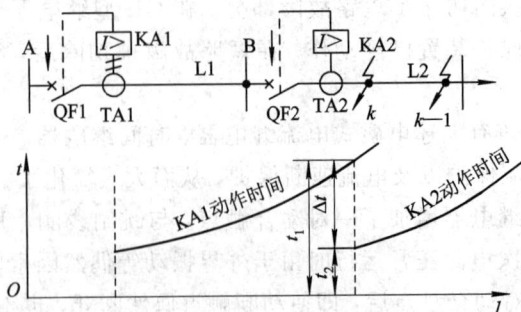

图 8-19 反时限过电流保护的时限整定说明

　　假设如图 8-19 所示的线路中，后一级保护 KA2 的 10 倍动作电流的动作时间已经整定为 t_2，现在要确定前一级保护 KA1 的 10 倍动作电流的动作时间 t_1，如图 8-20 所示。整定计算的步骤如下所述。

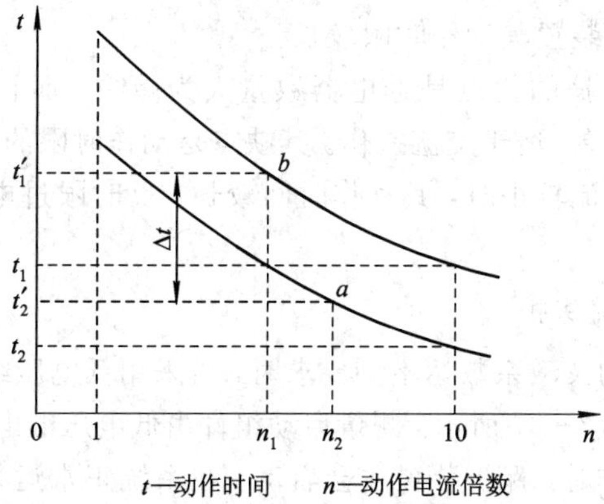

t—动作时间　n—动作电流倍数

图 8-20　反时限过电流保护的动作特性曲线

　　(1) 计算 L2 始端的三相短路电流 I_k 反应到 KA2 中的电流值，即

$$I'_{k(2)} = \frac{I_k K_{W(2)}}{K_{i(2)}} \qquad (8-12)$$

式中，$K_{W(2)}$ 为 KA2 与电流互感器相连的接线系数；$K_{i(2)}$ 为电流互感器 TA2 的变流比。

　　(2) 计算 $I'_{k(2)}$ 对 KA2 的动作电流 $I_{op(2)}$ 的倍数，即

$$n_2 = \frac{I'_{k(2)}}{I_{op(2)}} \qquad (8-13)$$

　　(3) 确定 KA2 的实际动作时间。在如图 8-20 所示 KA2 的动作特性曲线的横坐标轴上，找出 n_2，然后向上找到该曲线上的 a 点，该点所对应的动作时间 t'_2 就是 KA2 在通过 $I'_{k(2)}$ 时的实际动作时间。

　　(4) 计算 KA1 的实际动作时间。根据保护装置选择性的要求，KA1 的实际动作时间 $t'_1 = t'_2 + \Delta t$，Δt 取 0.7 s。

　　(5) 计算 L2 始端的三相短路电流 I_k 反应到 KA1 中的电流值，即

$$I'_{k(1)} = \frac{I_k K_{W(1)}}{K_{i(1)}} \qquad (8-14)$$

式中，$K_{W(1)}$ 为 KA1 与电流互感器相连的接线系数；$K_{i(1)}$ 为电流互感器 TA1 的变流比。

　　(6) 计算 $I'_{k(1)}$ 对 KA1 的动作电流 $I_{op(1)}$ 的倍数，即

$$n_1 = \frac{I'_{k(1)}}{I_{op(1)}} \qquad (8-15)$$

　　(7) 确定 KA1 的 10 倍动作电流的动作时间。从如图 8-20 所示 KA1 的动作特性曲线的横坐标轴上，找出 n_1，从纵坐标轴上找出 t'_1，然后找到 n_1 与 t'_1 相交的坐标 b 点。b 点所在曲线对应的 10 倍动作电流的动作时间 t_1 即为所求。

　　有时 n_1 与 t'_1 相交的坐标点不在给出的曲线上，而在两条曲线之间，这时可从上下两条曲线来粗略估计 10 倍动作电流的动作时间。

反时限过电流保护装置的动作电流及灵敏度的计算公式与定时限过电流保护的相同。

3）反时限过电流保护与定时限过电流保护比较

（1）定时限过电流保护的优点是保护装置的动作时间不受短路电流大小的影响，动作时限比较准确，整定计算简单。其缺点是所需继电器数量较多，接线复杂，且需直流操作电源；靠近电源处的保护装置其动作时限较长。

（2）反时限过电流保护的优点是继电器数量大为减少，而且可同时实现电流速断保护，因此投资少，接线简单，适于交流操作。其缺点是动作时限的整定比较麻烦，继电器动作的误差较大，当短路电流较小时，其动作时间较长。反时限过电流保护在中小型工厂供配电系统中应用广泛。

3. 低电压闭锁过电流保护

当过电流保护装置的灵敏系数达不到要求时，可采用低电压继电器闭锁的过电流保护装置来提高灵敏度，如图 8-21 所示。测量启动组件由低电压继电器和过电流继电器组成。只有当两种继电器都动作时，保护装置才会启动。在系统正常运行时，母线电压接近于额定电压，而低电压继电器 KV 的触点是断开的，即使电流继电器动作，使其触点闭合，保护装置也不会跳闸。因此，在整定电流继电器的动作电流时，只需按躲过线路的计算电流 I_{30} 来整定，当然保护装置的返回电流也应躲过 I_{30}。此时过电流保护其动作电流的整定计算公式为

$$I_{op} = \frac{K_{rel} K_W}{K_{re} K_i} I_{30} \qquad (8-16)$$

式中，各系数的取值与式（8-10）相同。可见，保护装置的动作电流较小，从而提高了灵敏度。

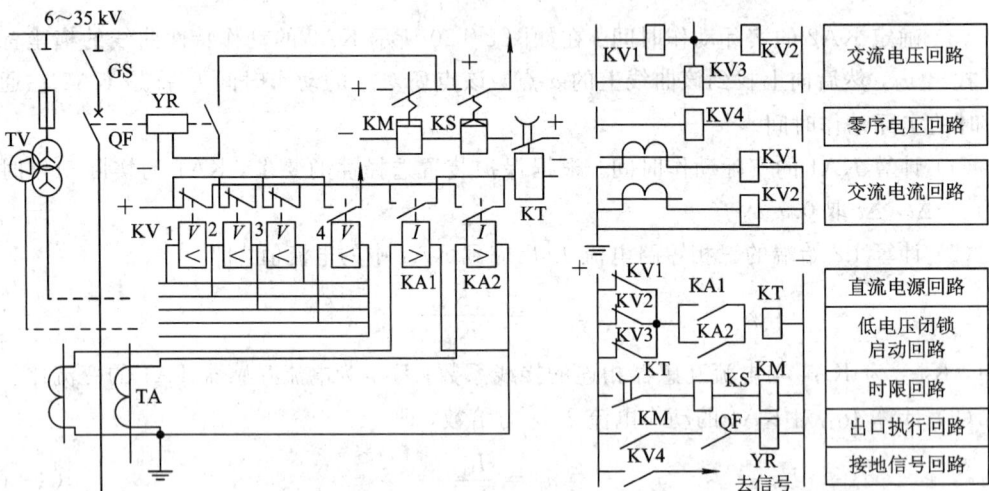

KV1～KV4—电压继电器；KA1、KA2—电流继电器；KT—时间继电器；
KS—信号继电器；KM—中间继电器；YR—跳闸线圈

图 8-21 具有低电压闭锁的过电流保护装置的原理电路图

上述低电压继电器 KV 的动作电压应按躲过母线正常最低工作电压 U_{min} 来整定，当然

其返回电压也应躲过 $U_{\min}$。因此低电压继电器其动作电压的整定计算公式为

$$U_{op} = \frac{U_{\min}}{K_{rel} K_{re} K_u} \approx 0.6 \frac{U_N}{K_u} \qquad (8-17)$$

式中，$U_{\min}$ 为母线最低工作电压，取 $(0.85 \sim 0.95) U_N$；U_N 为线路额定电压；K_{rel} 为保护装置的可靠系数，取为 1.2；K_{re} 为低电压继电器的返回系数，一般取 1.25；K_u 为电压互感器的变压比。

【例 8-1】　某 10 kV 电力线路如图 8-19 所示。已知 TA1 的变流比为 100 A/5 A，TA2 的变流比为 50 A/5 A。L1 和 L2 的过电流保护均采用两相两继电器接线，继电器均为 GL-15/10 型。KA1 已经整定，其动作电流为 7 A，10 倍动作电流的动作时间为 1 s。L2 的计算电流为 28 A，L2 首端 k 点的三相短路电流为 500 A，其末端 $k-1$ 的三相短路电流为 200 A。试整定 KA2 的动作电流和动作时间，并检验其灵敏度。已知 GL-15 型感应式电流继电器的电流时间特性曲线如图 8-22 所示。

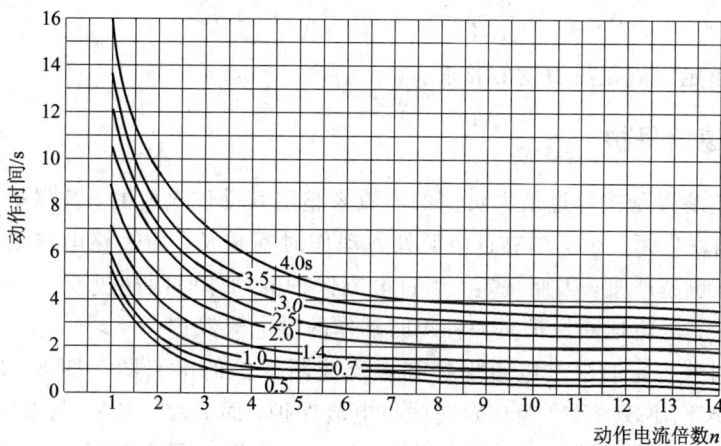

图 8-22　GL-15 型感应式电流继电器的电流时间特性曲线

解：(1) 整定 KA2 的动作电流。取 $K_{ast}=2$，$K_{rel}=1.3$，$K_{re}=0.8$，$K_i=50/5=10$，故

$$I_{op(2)} = \frac{K_{rel} K_{ast} K_W}{K_{re} K_i} I_R = \frac{1.3 \times 2 \times 1}{0.8 \times 10} \times 28 = 9.1 \text{ A}$$

根据 GL-15/10 型继电器的规格，动作电流整定为 9.1 A。

(2) 整定 KA2 的动作时间。先确定 KA1 的实际动作时间。由于 k 点发生三相短路时 KA1 中的电流为

$$I'_{k(1)} = \frac{I_k^{(3)} K_{W(1)}}{K_{i(1)}} = \frac{500 \times 1}{20} = 25 \text{ A}$$

故 $I'_{k(1)}$ 对 KA1 的动作电流倍数为

$$n_1 = \frac{I'_{k(1)}}{I_{op(1)}} = \frac{25}{7} = 3.6$$

利用 $n_1 = 3.6$ 和 KA1 整定时限 $t_1 = 1$ s，查图 8-22 的动作特性曲线，得 KA1 的实际动作时间为 $t'_1 \approx 1.6$ s。

KA2 的实际动作时间应为

$$t'_2 = t'_1 - \Delta t = 1.6 - 0.7 = 0.9 \text{ s}$$

由于 k 点发生三相短路时 KA2 中的电流为

$$I'_{k(2)} = \frac{I_k^{(3)} K_{W(2)}}{K_{i(2)}} = 500 \times \frac{1}{10} = 50 \text{ A}$$

故 $I'_{k(2)}$ 对 KA2 的动作电流倍数为

$$n_2 = \frac{I'_{k(2)}}{I_{op(2)}} = \frac{50}{9} = 5.6$$

利用 $n_2 = 5.6$ 和 KA2 的实际动作时间 $t'_2 = 0.9$ s，查附表 18-2 和图 8-22 的动作特性曲线，得 KA2 的 10 倍电流动作时间 $t_2 \approx 0.8$ s。

（3）KA2 的灵敏度检查。KA2 保护的线路 L2 末端 $k-1$ 点的两相最小短路电流为

$$I_{k.\min}^{(2)} = \frac{\sqrt{3}}{2} I_k^{(3)} = 0.866 \times 200 = 173 \text{ A}$$

因此，KA2 保护的灵敏度为

$$K_{sen(2)} = \frac{K_W I_{k.\min}^{(2)}}{K_i I_{op(2)}} = \frac{1 \times 173}{10 \times 9} = 1.92 > 1.5$$

可见，KA2 的整定值满足灵敏度的要求。

8.3.3 电流速断保护

过电流保护装置是按躲过最大负荷的电流来整定其动作电流的，其保护范围可延伸到下一条线路。当发生短路时，越靠近电源处其动作时间越长，而短路电流则是越靠近电源其值越大，危害也越严重。因而规定，当过电流保护的动作时限超过 $0.5 \sim 0.7$ s 时，应装设电流速断保护。电流速断保护是一种瞬时动作的过电流保护。

线路上同时装有定时限过电流保护和电流速断保护的电路图如图 8-23 所示，其中 KA1、KA2 与 KT、KS1、KM 组成定时限过电流保护，而 KA3、KA4 与 KS2、KM 组成电流速断保护。当电流速断保护范围内出现故障时，电流继电器启动后，将首先启动信号继电器和中间继电器，最后由中间继电器的触点接通继电器的跳闸回路。如果采用 GL 系列电流继电器，则可利用该继电器的电磁元件来实现电流速断保护，而其感应元件则用来作反时限过流保护。

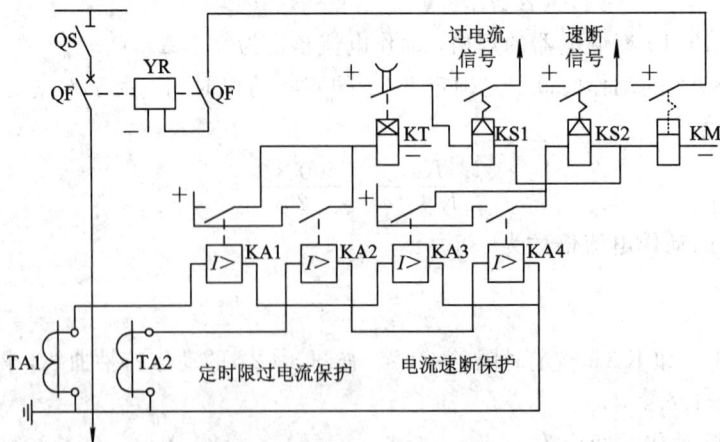

图 8-23 线路的定时限过电流保护和电流速断保护电路图

如图 8-24 所示，前一段线路 L1 末端 k_1 点的三相短路电流，实际上与后一段线路 L2 首端 k_2 点的三相短路电流是近乎相等的(因两点之间距离很短)。为了避免在后一级线路首端发生三相短路时前一级速断保护误动作，电流速断保护的动作电流 I_{qb} 应躲过其所保护线路末端的最大三相短路电流 $I_{k.max}$ 来整定，即

$$I_{qb1} > I_{k.max}$$

继电器的动作电流为

$$I_{qb} = \frac{K_{rel}K_W}{K_i}I_{k.max} \tag{8-18}$$

式中，K_{rel} 为可靠系数，DL 型继电器取 $1.2\sim1.3$，GL 型继电器取 $1.8\sim2$。

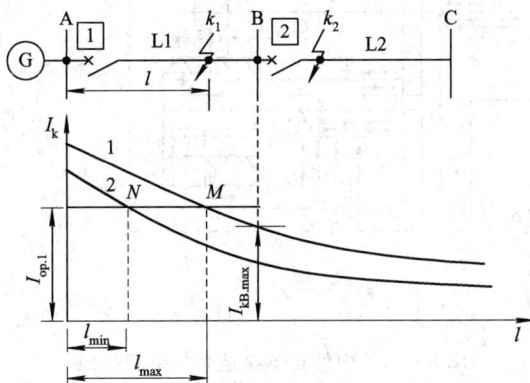

图 8-24 无时限电流速断保护的动作特性分析

图 8-24 中，曲线 1 表示在最大运行方式下流过保护安装处的三相短路电流随短路点变化的曲线，曲线 2 表示在最小运行方式下流过保护安装处的最小两相短路电流曲线。由于电流速断保护的动作电流躲过了线路末端的最大短路电流，因此电流速断保护一般不能保护线路全长，且在系统不同运行方式下其保护范围不同。电流速断保护不动作区，称为死区。为了弥补死区得不到保护的缺陷，一般装有电流速断保护的线路应配备带时限的过电流保护。

电流速断保护的灵敏系数应满足：

$$K_{sen} = \frac{K_W I_k^{(2)}}{K_i I_{qb}} \geqslant 1.5 \sim 2 \tag{8-19}$$

式中，$I_k^{(2)}$ 为保护安装处(即线路首端)在系统最小运行方式下的两相短路电流；I_{qb} 为电流速断保护继电器的动作电流值。

8.3.4 单相接地保护

当小接地电流系统发生单相接地时，只有很小的接地电容电流，但线电压仍然是对称的。由于非故障相的对地电压要升高为原来对地电压的 $\sqrt{3}$ 倍，因此对线路绝缘是一种威胁，如果长此下去，可能会引起非故障相的对地绝缘击穿，进而导致两相接地短路，这将引起开关跳闸，线路停电。因此，我国规程规定：当中性点不接地系统发生一相接地故障时，允许继续运行 $1\sim2$ h。在系统发生单相接地故障时，必须通过无选择性的绝缘监视装置或有选择性的单相接地保护装置发出报警信号，以便值班人员及时发现和处理。

1. 中性点不接地系统单相接地保护

中性点不接地系统单相接地保护如图 8-25 所示。若 L3 出线的 A 相发生了单相接地，则该相的对地电压为零，该相电容电流也为零。L1、L2、L3 出线 B、C 相的对地电容和电流都流过接地故障点，经分析可以得出以下几点结论。

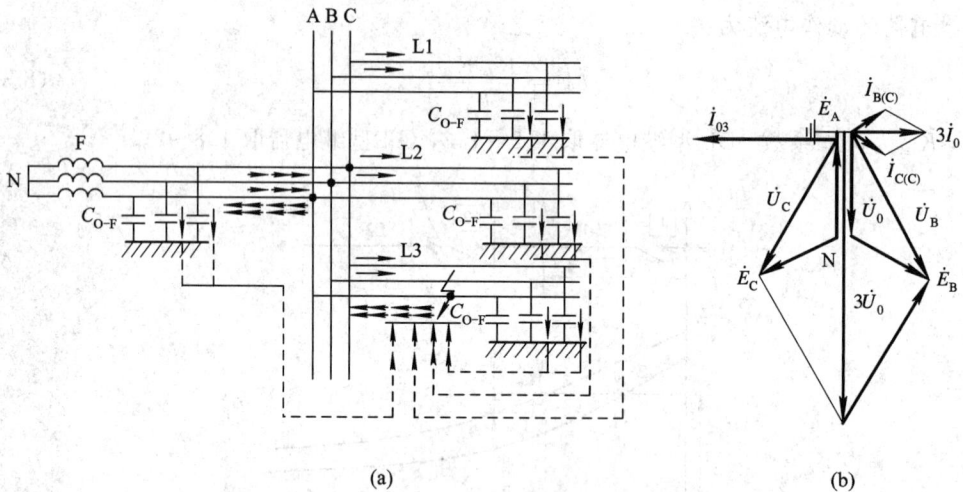

图 8-25　中性点不接地系统单相接地
(a) 电容电流的分布；(b) 电流电压相量图

(1) 当发生单相金属性接地故障时，故障相的对地电压为零，非故障相的对地电压为电网的线电压。电网将出现零序电压，其大小等于电网正常的相电压。

(2) 在非故障线路的保护安装处通过的零序电流等于非故障相的对地电容电流之和，方向从母线流向线路，其相位超前于零序电压 90°。

(3) 故障线路保护通过的零序电流等于全部非故障线路接地电容电流的总和，其方向从线路指向母线，相位落后于零序电压 90°。

(4) 接地故障处电流的大小等于全部线路接地电容电流的总和，其相位超前于零序电压 90°。

2. 中性点不接地系统单相接地保护

1) 绝缘监视装置

利用发生单相接地时系统会出现零序电压这一特征而组成的绝缘监视装置，是最简单实用的中性点不接地系统单相接地保护方式。

对于单相接地故障的检测，传统的方法是采用二次侧接成开口三角形的三相五芯电压互感器来进行检测。如图 8-26 所示，当系统发生单相接地故障时，开口三角形端将出现将近 100 V 的零序电压，使过电压继电器动作，启动中央信号回路的电铃和光字牌即可反映出电网上发生了单相接地故障。值班人员根据这个信号结合电压表的指示，就可以判定接地的相别。如要查寻接地线路，运行人员可依次断开线路，根据零序电压信号是否消失来找到故障线路。

2) 有选择的单相接地保护(零序电流保护)

利用故障线路零序电流大于非故障线路零序电流的特点，就可以构成有选择性的零序电流保护，并可动作于信号或跳闸。

零序电流可以从零序电流滤过器(见图 8 - 27)中取得，也可从零序电流互感器(见图8 - 28)中取得。

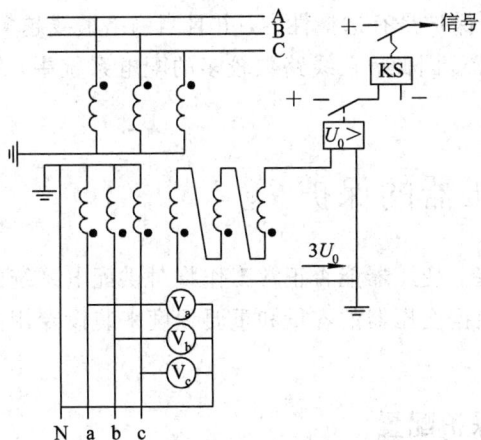

图 8 - 26　绝缘监视装置的原理接线图

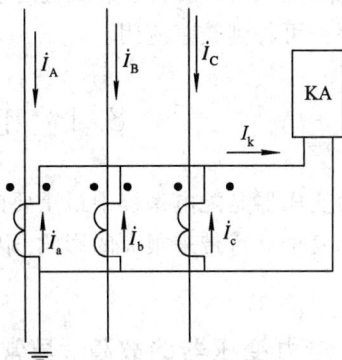

图 8 - 27　零序电流滤过器

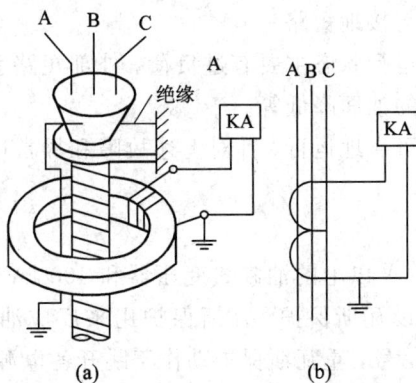

图 8 - 28　零序电流互感器

(a) 结构图；(b) 接线图

对于采用电缆引出的线路，可通过广泛采用零序电流互感器来取得零序电流。零序电流互感器套在电缆的外面，其一次绕组是从铁芯窗口穿过的电缆，二次侧输出零序电流信号，可接入零序电流继电器或其他测量部件。

保护动作电流在整定时要躲过其他线路上发生单相接地时在本线路上引起的电容电流，即

$$I_{op(E)} = \frac{K_{rel}}{K_i} I_C \qquad (8-20)$$

式中，K_{rel} 为可靠系数，保护装置带时限时取 1.5～2，保护装置不带时限时取 4～5；I_C 为本线路的零序电容电流；$I_{op(E)}$ 为继电器动作电流。

灵敏系数按本线路发生单相接地时，保护应可靠动作进行校验，即

$$K_{\text{sen}} = \frac{I_{C\Sigma} - I_C}{K_i I_{\text{op(E)}}} \qquad (8-21)$$

式中，$I_{C\Sigma}$ 为在最小运行方式下单相接地时网络总的电容电流。

当发生单相接地时，故障线路的零序电流较大，保护将动作并发出信号，非故障线路的零序电流较小，保护将不动作。因此零序电流保护是有选择性的，并且当网络馈线越多，总电容电流越大时，灵敏系数就越容易满足要求。因此，在线路数较多的配电系统中，零序电流保护可得到较多应用。

8.4 电力变压器的保护

电力变压器是配电系统中最重要的电气设备，变压器能否正常工作将对供配电系统的可靠性和安全运行带来很大的影响。因此必须根据变压器的容量和重要程度来装设专用的保护装置。

8.4.1 电力变压器的故障、异常状态及保护配置

变压器的故障可分为油箱内和油箱外两种。油箱内的故障主要有绕组的相间短路、绕组的匝间短路和绕组的接地短路及铁芯烧损等。变压器油箱外的故障最常见的是绝缘套管和引出线上发生的相间短路与接地短路。

变压器的异常（不正常）运行状态主要有过负荷、外部短路引起过电流、外部接地短路引起中性点过电压以及油箱的油面降低等。

为了保证电力系统安全可靠地运行，针对上述故障和异常运行状态，电力变压器应装设如下所述的保护。

1）瓦斯保护

800 kV·A 及 800 kV·A 以上的油浸式变压器和 400 kV·A 及 400 kV·A 以上的车间内油浸式变压器均应装设瓦斯保护。瓦斯保护用来反应油箱内部短路故障及油面降低，其中轻瓦斯保护动作于信号，重瓦斯保护动作于跳开各电源侧断路器。

2）过电流保护

400 kV·A 以下的变压器多采用高压熔断器保护，当 400 kV·A 以上的变压器高压侧装有高压断路器时，应装设带时限的过电流保护装置。对车间变压器来说，过电流可作为主保护。如果过电流保护的时限超过 0.5 s，而且容量不超过 800 kV·A，则应装设电流速断作为主保护，而过电流保护则作为电流速断的后备保护。电流速断与过电流保护均动作于跳闸。

3）纵差动保护或电流速断保护

纵差动保护或电流速断保护用来反应变压器内部绕组、绝缘套管以及引出线相间短路的主保护。较小容量的变压器可用电流速断保护来代替纵差动保护。保护动作于跳开各电源侧断路器。

纵差动保护适用于 6300 kV·A 及 6300 kV·A 以上并列运行的变压器、工业企业中的重要变压器、10 000 kV·A 及 10 000 kV·A 以上单独运行的变压器。低于上述容量的变压器，当其后备保护的动作时限大于 0.5 s 时，一般应采用电流速断保护。但是，对于

2000 kV·A 及 2000 kV·A 以上的变压器,当电流速断保护的灵敏度不满足要求时,也应装设纵差动保护。

4) 过负荷保护

对于 400 kV·A 及 400 kV·A 以上的变压器,当数台并列运行或单独运行并作为其他负荷的备用电源时,应装设过负荷保护。过负荷保护经延时动作于信号。在无人值班的变电所内,也可作用于跳闸或自动切除一部分负荷。

8.4.2　电力变压器的瓦斯保护

在油浸式变压器油箱内发生故障时,短路点电弧会使变压器油及其他绝缘材料分解,产生气体(含有瓦斯成分)并从油箱向油枕流动,反应这种气流与油流而动作的保护称为瓦斯保护。瓦斯保护的测量继电器为气体继电器。

气体继电器安装于变压器油箱和油枕的通道上,如图 8-29 所示。为了便于气体的排放,安装时需要有一定的倾斜度:变压器顶盖与水平面间应有 1%～1.5% 的坡度;连接管道应有 2%～4% 的坡度。

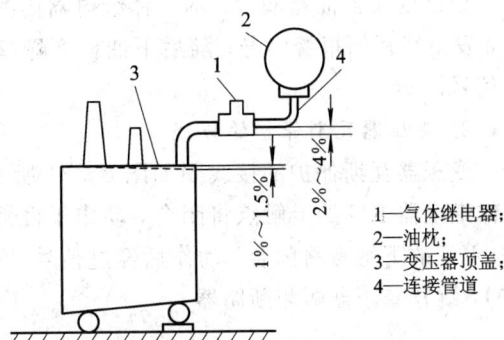

1—气体继电器;
2—油枕;
3—变压器顶盖;
4—连接管道

图 8-29　气体继电器安装示意图

1) 气体继电器的结构和工作原理

气体继电器主要有浮筒式和开口杯式两种类型。现在广泛应用的是开口杯式气体继电器,其内部结构如图 8-30 所示。

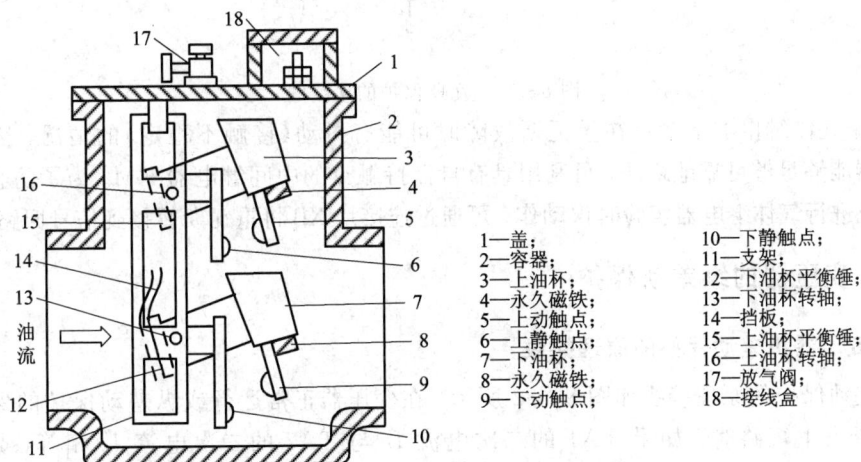

1—盖;　　　　　10—下静触点;
2—容器;　　　　11—支架;
3—上油杯;　　　12—下油杯平衡锤;
4—永久磁铁;　　13—下油杯转轴;
5—上动触点;　　14—挡板;
6—上静触点;　　15—上油杯平衡锤;
7—下油杯;　　　16—上油杯转轴;
8—永久磁铁;　　17—放气阀;
9—下动触点;　　18—接线盒

图 8-30　FJ-80 气体继电器结构示意图

在变压器正常运行时,气体继电器的容器内包括其中的上、下开口油杯都充满油,而上、下油杯因各自平衡锤的作用而升起,此时上、下两对触点都是断开的。

当变压器油箱内部发生轻微故障时,由于故障而产生的少量气体慢慢升起,进入气体继电器的容器,并由上而下地排除其中的油,使油面下降,上油杯因其中盛有残余的油使其力矩大于另一端平衡锤的力矩而降落，此时上触点接通信号回路，发出音响和灯光信号，这个过程称为轻瓦斯动作。

当变压器油箱内部发生严重故障时，由于故障产生的气体很多，因此这些气体会带动油流迅猛地由油箱通过连通管进入油枕。当大量的油气混合体在经过气体继电器时，冲击挡板，使下油杯下降，此时下触点接通跳闸回路（通过中间继电器），使断路器跳闸，同时发出音响和灯光信号（通过信号继电器），这个过程称为重瓦斯动作。

如果变压器油箱漏油，则气体继电器内的油也慢慢流尽，先是气体继电器的上油杯下降，发出轻瓦斯报警信号；随后下油杯下降，动作于跳闸，切除变压器，同时发出重瓦斯动作信号。

2）变压器瓦斯保护的接线

变压器瓦斯保护的接线图如图 8-31 所示。当变压器内部发生轻微故障（轻瓦斯）时，气体继电器 KG 的上触点将闭合，动作于报警信号。当变压器内部发生严重故障（重瓦斯）时，KG 的下触点将闭合，动作后经过信号继电器 KS 将发出跳闸信号，同时经中间继电器 KM，跳开变压器两侧断路器。

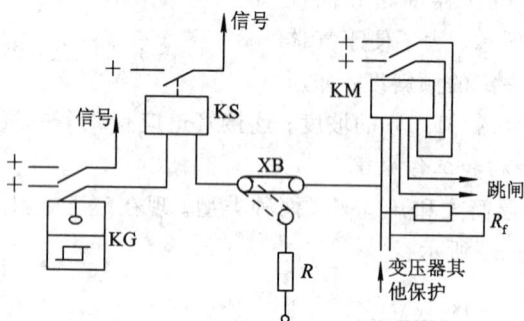

图 8-31　瓦斯保护的接线图

由于气体继电器下触点在重瓦斯故障时可能有抖动（接触不稳定）的情况，因此为了使断路器能够足够可靠地跳闸，可利用具有自保持触点的中间继电器 KM。为了防止变压器在换油或进行气体继电器实验时误动作，可通过连接片 XB 将重瓦斯暂接到信号回路运行。

8.4.3　变压器的纵差动保护

1. 变压器纵差动保护的原理接线

纵差动保护的原理接线如图 8-32 所示。在变压器正常运行或纵差动保护的保护区外 $k-1$ 点处发生短路时，如果 TA1 的二次电流 I_1'' 与 TA2 的二次电流 I_2'' 相等（或相差极小），则流入继电器 KA（或差动继电器 KD）的电流 $I_{KA}=I_1'-I_2'=0$ 或差流值极小，一般称此电流为不平衡电流 I_{dsq}，此时继电器 KA（或 KD）不动作。而在纵差动保护的保护区内 $k-2$ 点处发生短路时，对于单端供电的变压器来说，$I_2''=0$，所以 $I_{KA}=I_1''$，超过继电器 KA（或 KD）所整定的动作电流 $I_{op(d)}$，使 KA（或 KD）瞬时动作，然后通过出口继电器 KM 使断路器 QF 跳闸，同时由信号继电器 KS 发出信号。

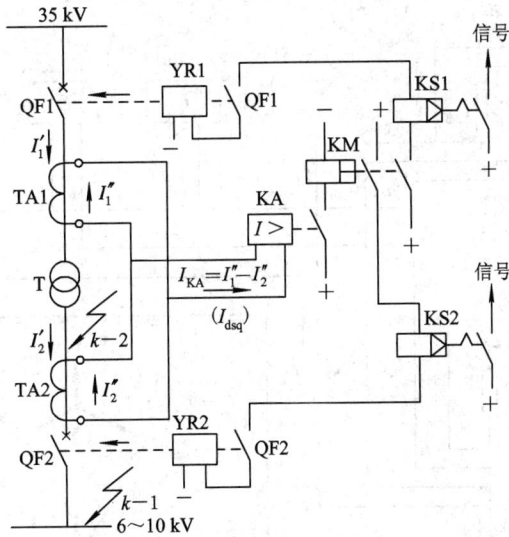

图 8-32 变压器纵差动保护的单相原理电路

可见，为了保证纵差动保护的选择性，变压器纵差动保护的动作电流必须大于 I_{dsq}，为了使保护范围内部发生故障时纵差动保护具有足够的灵敏度，应使变压器在正常运行或保护区外部短路时流过差动回路的 I_{dsq} 尽可能得小。由于形成不平衡电流的因素比较多，因此必须采取措施躲开不平衡电流或设法减小不平衡电流的影响。下面简述不平衡电流产生的原因以及减小或消除不平衡电流的措施。

2. 变压器纵差动保护中的不平衡电流及其减小措施

1) 变压器两侧电流相位不同

变压器的接线组别有多种，采用 Ydll 联结组，在正常运行时，Y 侧电流滞后 d 侧 30°且电流大小不相等。如不采取措施，则在差动回路中就会有相当大的不平衡电流。为了使正常运行时纵差动保护两臂中的电流同相，必须对纵差动保护进行相位补偿和数值补偿。

相位补偿需要将变压器 Y 侧的电流互感器二次侧接成△形，而将变压器△侧的电流互感器二次侧接成 Y 形，如图 8-33 所示。由图 8-33(b)的相量图可知，这样即可消除差动回路中因变压器两侧电流相位不同而引起的不平衡电流。数值补偿需要恰当地选择变压器高低压两侧电流互感器的变流比，使高低压两侧电流互感器二次侧电流的大小相等。

2) 电流互感器的实际变流比与计算变流比不等

由于电流互感器都是标准化的定型产品，而选择的电流互感器的变流比与计算所得的变流比往往不相等，因此在差动回路中又会引起不平衡电流。为了消除这一不平衡电流，可以在互感器二次回路接入自耦电流互感器来进行平衡，也可利用速饱和电流互感器中或专门的差动继电器中的平衡线圈来实现平衡，以消除不平衡电流。

3) 变压器励磁涌流

变压器在正常运行时，励磁电流很小，一般不超过额定电流的 2%～10%。当发生外部短路时，由于电压降低，励磁电流更小，因此在这些情况下对差动保护的影响一般可以不考虑。当变压器空载合闸或外部故障切除后电压恢复时，励磁电流将大大增加，其值可

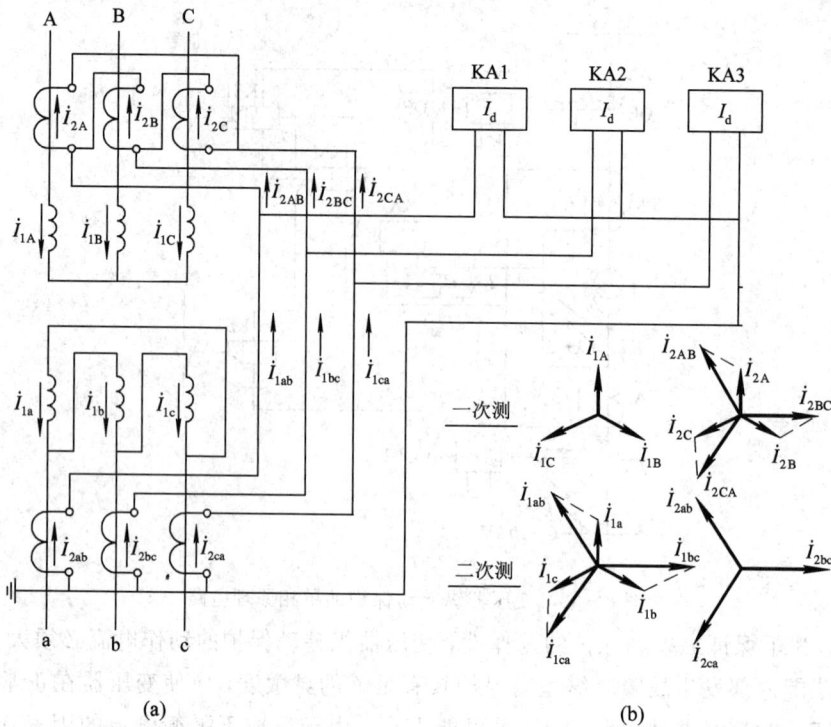

图 8-33　Ydll 联结变压器的纵差动保护接线

(a) 两侧电流互感器的接线；(b) 电流相量分析(设变压器和互感器的匝数比均为 1)

达到变压器额定电流的 6～8 倍，称为励磁涌流。变压器的励磁电流只通过变压器的一次侧绕组，它通过电流互感器进入差动回路形成不平衡电流。

可以采用具有速饱和铁芯的差动继电器或速饱和电流互感器来减小励磁涌流引起的不平衡电流。

4) 变压器各侧电流互感器的型号不同

由于变压器各侧的电压等级和额定电流不同，因而采用的电流互感器的型号不同，其饱和特性和励磁电流(归算至同一侧)也就不同，所以会在差动回路中引起较大的不平衡电流。电流互感器同型系数可用 K_{ss} 来表示，若同型，K_{ss} 取 0.5，若不同型，K_{ss} 取 1。

5) 变压器的调压分接头改变

当电力系统的运行方式发生变化时，往往需要调节变压器的调压分接头，以保证系统的电压水平。调压分接头的改变将引起新的不平衡电流，在保护动作值的计算时应予以考虑。

8.4.4　变压器的过电流保护、电流速断保护以及过负荷保护

1. 变压器的过电流保护

变压器过电流保护的组成和原理与线路过电流保护的组成和原理相同。

为了得到较高的灵敏度，变压器过电流保护的电流互感器及继电器通常采用三相星形接线方式。

单电源供电的双绕组变压器的过电流保护中，电流互感器装设在电源侧，这样可使变压器也包括在保护范围之内。三绕组变压器过电流保护的原理是：当外部短路时，过电流保护应保证有选择性地只断开直接供给故障点短路电流那一侧的断路器，从而使另外两侧绕组仍然可以继续运行。对于两侧电源或三侧电源的三绕组变压器，为了确保保护的选择性，应在三侧绕组上都装设过电流保护，而动作时间最小的那一侧还应加装方向元件。

变压器过电流保护其动作电流的整定计算公式与线路过电流保护的基本相同，即

$$I_{op} = \frac{K_{rel} K_W}{K_{re} K_i} I_{L.max} \tag{8-22}$$

$$I_{L.max} = (1.5 \sim 3) I_{1N·T}$$

式中，$I_{1N.T}$ 为变压器的额定一次电流，其他参数的含义同线路过电流保护。

灵敏系数的校验公式为

$$K_{sen} = \frac{K_W I_{k.min}^{(2)}}{K_i I_{op}} \tag{8-23}$$

式中，$I_{k.min}^{(2)}$ 为变压器低压侧母线在系统最小运行方式下发生两相短路时的高压侧穿越电流。要求灵敏系数 $K_{sen} \geqslant 1.5$，如不满足要求，可采用低电压闭锁的过电流保护。

2. 变压器的电流速断保护

小容量的变压器可以在其电源侧装设电流速断保护来代替纵差动保护。电源侧为中性点直接接地系统时，保护采用完全星形接线方式。电源侧为中性点不接地或经消弧线圈接地系统时，则采用两相不完全星形接线方式。其组成原理与线路的电流速断保护完全相同。其电流速断保护的动作电流为

$$I_{qb} = \frac{K_{rel} K_W}{K_i} I_{k.max} \tag{8-24}$$

式中，$I_{k.max}$ 为低压侧母线的三相短路电流周期分量的有效值换算到高压侧的穿越电流值；K_{rel} 为可靠系数，取为 1.2～1.3；K_W 为保护装置的接线系数；K_{ast} 为自启动系数，可取 1.5～3；

电流速断保护的启动电流还应躲过变压器空载合闸时的励磁涌流，按式(8-24)整定的启动电流可以满足这一要求。

保护灵敏度应按保护安装处(高压侧)在系统最小运行方式下发生两相短路的短路电流来校验，要求 $K_{sen} \geqslant 1.5$。

3. 变压器的过负荷保护

变压器过负荷大多数都是三相对称的，因而过负荷保护只要在一相上用一个电流继电器即可实现。过负荷保护通常经过延时作用于信号。为防止外部短路时误发信号，过负荷保护的动作时间应大于变压器的过电流保护时间。在实际运行中，过负荷保护的动作时间通常为 10 s。同时，时间继电器的线圈应允许有较长时间通过电流，应选用线圈中串有限流电阻的时间继电器。

对于单侧电源的三绕组变压器，当三侧绕组容量相同时，只装在电源侧；当三侧绕组容量不同时，装在电源侧和容量较小的一侧。两侧电源的三绕组变压器则装在所有的三侧。

变压器的过负荷保护其组成原理与线路的过负荷保护基本相同。过负荷保护的动作电

流应为

$$I_{op} = \frac{K_{rel}I_{NT}}{K_i} \qquad (8-25)$$

式中，K_{rel} 为可靠系数，取值范围为 $1.2\sim1.3$；I_{NT} 为变压器的额定电流。

变压器的定时限过电流保护、电流速断保护和过负荷保护的综合电路图如图 8-34 所示。

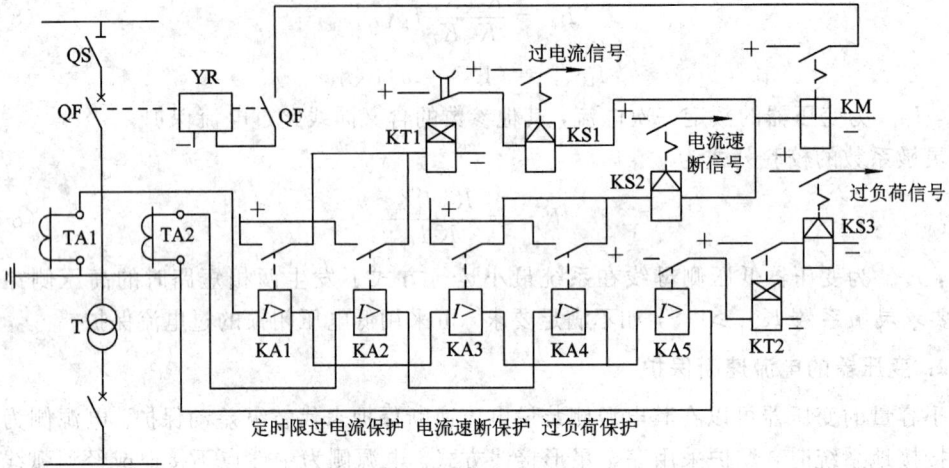

图 8-34　变压器的定时限过电流保护、电流速断保护和过负荷保护的综合电路图

8.4.5　变压器低压侧的单相短路保护

对变压器低压侧的单相短路，可采取下列措施：

(1) 当变压器低压侧装设三相都带过流脱扣器的低压断路器时，此处低压断路器既可用作低压主开关，又可用来保护低压侧的相间短路和单相短路。

(2) 在变压器低压侧装设熔断器时，熔断器可用来保护低压侧的相间短路和单相短路。但熔断器熔断后需更换熔体才能恢复供电，因此只用于不重要负荷的变压器。

(3) 在变压器低压侧中性点引出线上装设零序电流保护。这种零序电流保护的动作电流 I_{op} 可按躲过变压器低压侧最大不平衡电流来整定。

(4) 采用两相三继电器接线或三相三继电器接线的过电流保护，这种保护可使低压侧发生单相短路时其保护灵敏度大大提高。

以上四项措施中，第一项措施应用最广泛，因为这项措施既可满足低压侧单相短路的保护要求，又操作方便，且适于实现自动化。

8.5　高压电动机的继电保护

8.5.1　高压电动机的故障及其保护的配置

企业中大量采用高压电动机，它们在运行中发生的常见短路故障和不正常工作状态主要有：定子绕组相间短路、定子绕组单相接地、定子绕组过负荷、定子绕组低电压、同步电动机失步、同步电动机失磁、同步电动机出现异步冲击电流等。

按照 GB50062—1992《电力装置的继电保护和自动装置设计规范》的规定：对于 3～10 kV 的高压电动机，当容量低于 2000 kW 时，应装设电流速断保护；对于 2000 kW 及 2000 kW 以上的电动机和电流速断保护的灵敏度不能满足要求的 2000 kW 以下的电动机，则应装设纵差动保护。

当接地电容电流大于 5 A 时，应装设单相接地保护。单相接地电流为 10 A 及 10 A 以下时，保护装置可动作于跳闸或信号；当接地电流为 10 A 以上时，保护装置一般动作于跳闸。

电动机的不正常工作状态主要是过负荷。过负荷保护应根据负荷特性带时限动作于信号、跳闸或自动减负荷。

8.5.2　高压电动机的过负荷保护和电流速断保护

目前，电动机的过负荷与瞬时电流速断保护的构成大多采用 GL-13(23)、CL-14(24) 以及 GL-16(26)型感应式电流继电器。通常利用反时限特性的感应系统作过负荷保护，利用瞬动的电磁系统实现瞬时电流速断保护，其接线多采用两相差式，如图 8-35(a)所示。当灵敏度不够时，可改用两相式接线，如图 8-35(b)所示。所用电流互感器应尽可能靠近高压断路器安装。

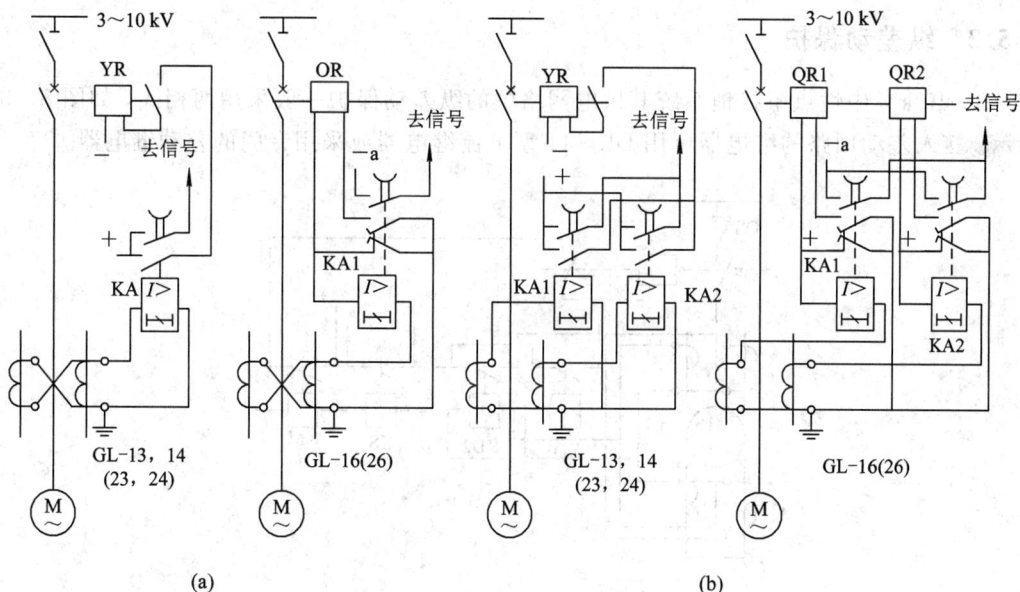

图 8-35　高压电动机的过负荷保护与瞬时电流速断保护的电路图
(a) 两相差式接线；(b) 两相式接线

当采用直流操作电源时，应选用 GL-13、14 型电流继电器。若采用去分流方式交流操作时，则应选用 GL-16(26)型电流继电器，因为 GL-16(26)型电流继电器除了感应系统带动的延时闭合的触点外，还有两对常开常闭的转换触点，这种转换触点能可靠地通断

150 A 以下的电流,且保证触点切换时电流互感器二次回路不致开路。图 8 - 35 中由电磁系统所带动的瞬动触点去接通跳闸线圈 YR 或过流脱扣器 OR,使得高压断路器跳闸,从而将故障电动机切除;而由感应系统控制的延时闭合的触点去发出预告信号,从而实现过负荷保护。如果采用直流操作电源且不需要过负荷保护时,也可以采用 DL - 11 型电磁式电流继电器组成瞬时电流速断保护装置。

电流速断保护的动作电流 I_{qb} 可按躲过电动机的最大启动电流 $I_{st.\,max}$ 来整定,整定计算公式为

$$I_{qb} = \frac{K_{rel}K_W}{K_i}I_{st.\,max} \qquad (8-26)$$

式中,K_{rel} 为保护装置的可靠系数,采用 DL 型电流继电器时取 1.4~1.6,采用 GL 型电流继电器时取 1.8~2。

过负荷保护的动作电流 $I_{op(oL)}$ 可按躲过电动机的额定电流 $I_{N.\,M}$ 来整定,整定计算的公式为

$$I_{op(oL)} = \frac{K_{rel}K_W}{K_{re}K_i}I_{N.\,M} \qquad (8-27)$$

式中,K_{rel} 为保护装置的可靠系数,GL 型继电器 K_{rel} 取 1.3;K_{re} 为继电器的返回系数,一般为 0.8。

过负荷保护的动作时间应大于电动机启动所需的时间,一般取为 10~16 s。对于启动困难的电动机,可按躲过实测的启动时间来整定。

8.5.3　纵差动保护

3~10 kV 中性点不接地系统其供电网络中的纵差动保护一般采用两相式,如图 8 - 36 所示。接入差动回路的继电器可用 DL - 11 型电流继电器或采用专门的差动继电器。

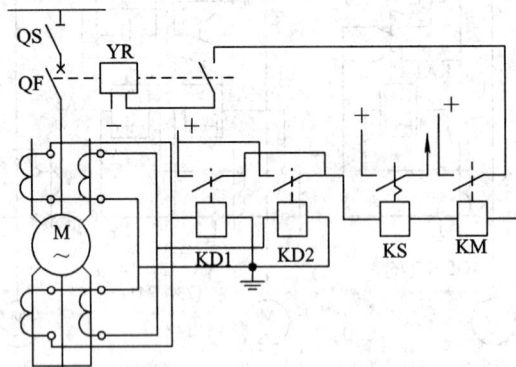

图 8 - 36　高压电动机纵差动保护原理电路图

为防止二次回路断线时保护误动作,保护的动作电流 I_{op} 应按躲过电动机额定电流 $I_{N.\,M}$ 来整定,即

$$I_{op(d)} = \frac{K_{rel}}{K_i}I_{N.\,M} \qquad (8-28)$$

式中,K_{rel} 为保护装置的可靠系数,采用 DL 型继电器时 K_{rel} 取 1.5~2,采用 BCH - 2 时

K_{rel}取 1.3。

灵敏度校验为

$$K_{sen} = \frac{I_{d.\,min}^{(2)}}{K_i I_{op(d)}} \geqslant 2 \tag{8-29}$$

式中，$I_{d.\,min}^{(2)}$为电动机出口的最小两相短路电流。

8.5.4　单相接地保护

高压电动机单相接地保护的接线如图 8-37 所示。保护装置由一个零序电流互感器 TAN 和一个电流继电器构成。

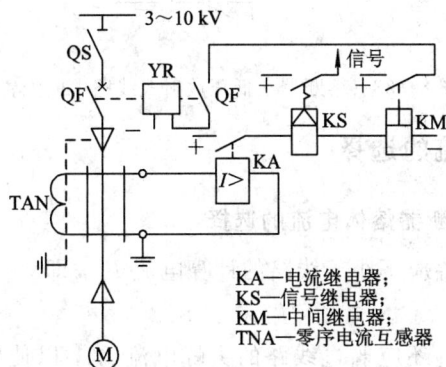

图 8-37　高压电动机的单相接地保护

保护装置的动作电流按大于电动机本身的电容电流来整定，因为在保护区外发生单相接地故障时，电动机的电容电流将流过 TAN，保护应不动作，即

$$I_{op(E)} = \frac{K_{rel} I_{C.M}}{K_i} \tag{8-30}$$

式中，K_{rel}为保护装置的可靠系数，取 4～5；K_i为 TAN 的变比；$I_{C.M}$为电动机外部发生单相接地故障时，流经 TAN 的被保护电动机及电缆的最大接地电容电流。

8.6　熔断器保护

熔断器保护适用于高低压供配电系统，因其装置简单经济，故应用非常广泛。尤其在低压为 500 V 以下的电路中常作为电力线路、电动机及其他电器的过负荷及短路保护。

熔断器保护能在过负荷和短路时动作，切除过负荷和短路部分，保证系统的其他部分恢复正常运行。

8.6.1　熔断器在供配电系统中的配置

熔断器在供配电系统中的配置应符合过电流保护的选择性要求，即熔断器要配置得使故障范围最小。考虑到经济性，应使供配电系统中配置的熔断器数量尽量少。

图 8-38 是车间低压放射式配电系统中熔断器配置的合理方案，这种方案既可满足保护的选择性要求，其配置的数量又较少。图 8-38 中，熔断器 FU5 用来保护电动机及其支

线，当 $k-5$ 处短路时，FU5 熔断。熔断器 FU4 主要用来保护动力配电箱母线，当 $k-4$ 处短路时，FU4 熔断。同理，熔断器 FU3 主要用来保护配电干线，FU2 主要用来保护低压配电屏母线，FU1 主要用来保护电力变压器。当 $k-1\sim k-3$ 处短路时，也都是靠近短路点的熔断器熔断。

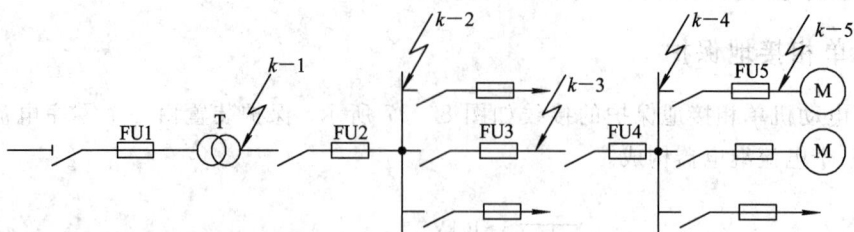

图 8-38　熔断器在低压放射式线路中的配置

8.6.2　熔断器熔体电流的选择

1. 保护电力线路的熔断器熔体电流的选择

（1）熔体额定电流 $I_{\rm N.FE}$ 应不小于线路的计算电流 I_{30}，即

$$I_{\rm N.FE} \geqslant I_{30} \tag{8-31}$$

（2）熔体额定电流 $I_{\rm N.EF}$ 还应躲过线路的尖峰电流 $I_{\rm pk}$，以使熔体在线路出现正常尖峰电流时也不致熔断。由于尖峰电流是短时最大电流，而熔体加热熔断需要一定的时间，因此熔体额定电流应满足的条件为

$$I_{\rm N.FE} \geqslant KI_{\rm pk} \tag{8-32}$$

式中，K 为小于 1 的计算系数。对供单台电动机的线路来说，电动机的启动时间 $t<3$ s（轻载启动）时，宜取 $K=0.25\sim0.35$；$t=3\sim8$ s（重载启动）时，宜取 $K=0.35\sim0.5$；$t>8$ s 或频繁启动、反接制动时，宜取 $K=0.5\sim0.6$。

（3）熔断器保护还应与被保护的线路相配合，当由于过负荷和短路引起绝缘导线或电缆过热时，熔断器应保证熔断，因此还应满足条件：

$$I_{\rm N.FE} \leqslant K_{\rm OL}I_{\rm al} \tag{8-33}$$

式中，$I_{\rm al}$ 为绝缘导线和电缆的允许载流量；$K_{\rm OL}$ 为绝缘导线和电缆的允许短时过负荷系数，若熔断器只用作短路保护，则电缆和穿管绝缘导线的 $K_{\rm OL}$ 取 2.5，明敷绝缘导线的 $K_{\rm OL}$ 取 1.5，若熔断器既用作短路保护又用作过负荷保护，则 $K_{\rm OL}$ 取 1（当 $I_{\rm N.FE} \leqslant 25$ A 时取为 0.85），对于有爆炸气体区域内的线路，$K_{\rm OL}$ 应取为 0.8。

若按式(8-31)和式(8-32)两个条件选择的熔体电流不满足式(8-33)的要求，则应改选熔断器的型号规格，或者适当增大导线和电缆的芯线截面。

2. 保护电力变压器的熔断器熔体电流的选择

在确定保护电力变压器的熔断器熔体电流时，应考虑以下三个因素：

（1）熔体电流要躲过变压器允许的正常过负荷电流；

（2）熔体电流要躲过来自变压器低压侧的电动机自启动引起的尖峰电流；

（3）熔体电流要躲过变压器自身的励磁涌流。

一般应满足式(8-34)的要求，即

$$I_{\text{N.FE}} = (1.5 \sim 2.0)I_{\text{1N.T}} \tag{8-34}$$

式中，$I_{\text{1N.T}}$ 为变压器的额定一次电流。

3. 保护电压互感器的熔断器熔体电流的选择

由于电压互感器二次侧的负荷很小，因此保护电压互感器的 RN2 型熔断器熔体的额定电流一般为 0.5 A。

附表 6 列出了电力变压器配用的 RN1 型、RW4 型等高压熔断器和电压互感器配用的 RN2 型高压熔断器的主要技术数据，供参考。

8.6.3　熔断器的选择与校验

选择熔断器时应满足下列条件：

(1) 熔断器的额定电压应不小于装置安装处的工作电压；

(2) 熔断器的额定电流应不小于它所装设的熔体额定电流；

(3) 熔断器的类型应符合安装处的条件(户内或户外)以及被保护设备的技术要求；

(4) 熔断器的断流能力应进行校验；

(5) 熔断器保护还应与被保护的线路相配合，使之不至于发生因过负荷和短路引起绝缘导线或电线过热起燃时熔断器不熔断的事故。

为了使熔断器能可靠地分断电路，需按短路电流校验熔断器的分断能力。

(1) 限流式熔断器。由于限流式熔断器(如 RN1、RT0 等)能在短路电流达到冲击值之前完全熄灭电弧、切除短路，因此只需满足条件：

$$I_{\text{oc}} \geqslant I''^{(3)} \tag{8-35}$$

式中，I_{oc} 为熔断器的最大分断电流；$I''^{(3)}$ 为熔断器安装处的三相次暂态短路电流的有效值，在无限大系统中，$I''^{(3)} = I_{\infty}^{(3)}$。

(2) 非限流式熔断器。由于非限流式熔断器(如 RW4、RM10 等)不能在短路电流达到冲击值之前熄灭电弧、切除短路，因此需满足条件：

$$I_{\text{oc}} \geqslant I_{\text{sh}}^{(3)} \tag{8-36}$$

式中，$I_{\text{sh}}^{(3)}$ 为熔断器安装处的三相短路冲击电流的有效值。

(3) 具有断流能力上下限的熔断器。这种熔断器(如 RW4 等跌开式熔断器)其断流能力的上限应满足式(8-36)的校验条件，其断流能力的下限应满足条件：

$$I_{\text{oc.min}} \leqslant I_{\text{k}}^{(2)} \tag{8-37}$$

式中，$I_{\text{oc.min}}$ 为熔断器的最小分断电流；$I_{\text{k}}^{(2)}$ 为熔断器所保护的线路末端的两相短路电流(对中性点不接地的电力系统而言)。

为了保证熔断器在其保护区内发生短路故障时能可靠地熔断，灵敏度应满足：

$$K_{\text{sen}} = \frac{I_{\text{k.min}}}{I_{\text{N.FE}}} \geqslant K \tag{8-38}$$

式中，$I_{\text{N.FE}}$ 为熔断器熔体的额定电流；$I_{\text{k.min}}$ 为熔断器保护的线路末端在系统最小运行方式下的最小短路电流，K 为灵敏度比值，其取值可参见表 8-1。

表 8 - 1　检验熔断器保护灵敏度的比值 K

熔体额定电流/A		4～10	16～32	40～63	80～200	250～500
熔断时间/s	5	4.5	5	5	6	7
	0.4	8	9	10	11	—

注：表中 K 值适用于符合 IEC 标准的一些新型熔断器，如 RT12、RT14、RT15、NT 等熔断器。对于老型熔断器，可取 $K=4～7$，即近似地按表中熔断时间为 5 s 的熔体来取值。

【例 8 - 2】　有一台 Y 型电动机，其额定电压为 380 V，额定功率为 18.5 kW，额定电流为 35.5 A，启动电流倍数为 7。现采用 BLV 型导线穿焊接钢管敷设，已知导线截面 $A=10\ mm^2$，$I_{al}=41$ A。该电动机采用 RT0 型熔断器作短路保护，短路电流 $I_k^{(3)}$ 最大可达 13 kA。试选择熔断器及其熔体的额定电流。

解：（1）选择熔体及熔断器的额定电流。因

$$I_{N.FE} \geq I_{30} = 35.5\ \text{A}$$

且

$$I_{B.FE} \geq KI_{pk} = 0.3 \times 35.5 \times 7 = 74.55\ \text{A}$$

所以根据附表 11，可选 RT0 - 100 型熔断器，其 $I_{B.FE}=80$ A，$I_{N.FU}=100$ A。

（2）校验熔断器的断流能力。查附表 11 可得 RT0 - 100 型熔断器的 $I_{oc}=50$ kA $> I''=13$ kA，因此该熔断器的断流能力是足够的。

（3）校验导线与熔断器保护的配合。假设熔断器只用作短路保护，则由式（8 - 33）可知，导线与熔断器保护的配合条件为 $I_{N.FE} \leq 2.5I_{al}$。现在 $I_{N.FE}=80$ A $<2.5 \times 41=102.5$ A，因此满足配合要求。

8.6.4　前后熔断器之间的选择性配合

在低压配电系统中，如果上下两级线路都采用熔断器作短路保护，则应使它们的动作具有选择性。如图 8 - 39 所示，当 k 点发生故障时，靠近故障点的 FU2 熔断器最先熔断，切除故障部分后，则 FU1 不再熔断，从而可使系统的其他部分迅速恢复正常运行。因此，上级熔体的熔断时间 t_1 与下级熔体的熔断时间 t_2 应满足 $t_1>3t_2$。如果不满足这一要求，则应将前一熔断器的熔体电流提高 1～2 级再进行校验。

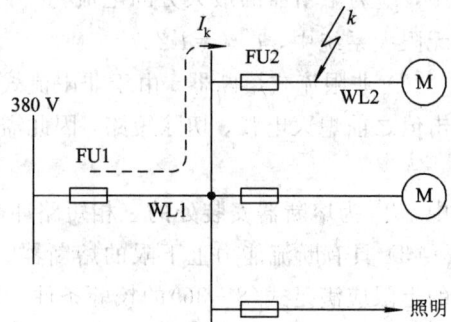

图 8 - 39　熔断器在低压线路中的选择性配合

8.7　低压断路器保护

8.7.1　低压断路器在低压配电系统中的配置

低压断路器(自动开关)在低压配电系统中的配置通常有下列三种方式。

1. 单独接低压断路器或低压断路器-刀开关的方式

对于只装一台主变压器的变电所，低压侧主开关应采用低压断路器，如图 8 - 40(a)所示。对于装有两台主变压器的变电所，当低压侧主开关采用低压断路器时，低压断路器容量应考虑到一台主变压器退出工作后，另一台主变压器要供电给变电所 60% 以上的负荷以及全部一、二级负荷，而且这时两段母线均带电。为了保证检修主变压器和低压断路器的安全，低压断路器的母线侧应装设刀开关，如图 8 - 40(b)所示，以隔离来自低压母线的反馈电源。

对于低压配电出线上装设的低压断路器，为保证检修配电出线和低压断路器的安全，在低压断路器的母线侧应加装刀开关，如图 8 - 40(c)所示，以隔离来自低压母线的电源。

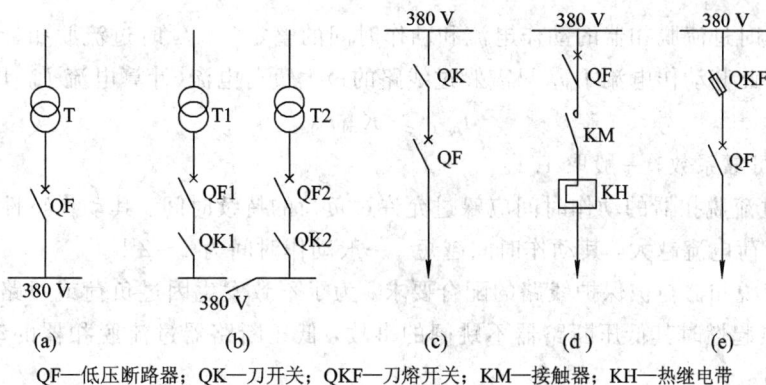

QF—低压断路器；QK—刀开关；QKF—刀熔开关；KM—接触器；KH—热继电带

图 8 - 40　低压断路器的常见配置方式
(a) 适于一台主变压器的变电所；(b) 适于两台主变压器的变电所；(c) 适于低压配电出线；
(d) 适于频繁操作的低压线路；(e) 适于自复式熔断器保护的低压线路

2. 低压断路器与接触器配合的方式

对于频繁操作的低压线路，宜采用如图 8 - 40(d)所示的接线方式。这里的低压断路器主要用于电路的短路保护，接触器用来控制电路的频繁操作，其上的热继电器用作过负荷保护。

3. 低压断路器与熔断器配合的方式

如果低压断路器的断流能力不足以断开电路的短路电流，则可采用如图 8 - 40(e)所示的接线方式。这里的低压断路器可作为电路的通断控制并用作过负荷和失压保护，它只装热脱扣器和失压脱扣器，不装过流脱扣器，利用熔断器或刀熔开关来实现短路保护。

8.7.2　低压断路器脱扣器的选择和整定

1. 低压断路器过流脱扣器额定电流的选择

过流脱扣器的额定电流 $I_{N.OR}$ 应不小于线路的计算电流 I_{30}，即

$$I_{N.OR} \geqslant I_{30} \tag{8-39}$$

2. 低压断路器过流脱扣器动作电流和动作时间的整定

(1) 瞬时过流脱扣器的动作电流 $I_{op(o)}$ 应躲过线路的尖峰电流 I_{pk}，即

$$I_{op(o)} \geqslant K_{rel} I_{pk} \qquad (8-40)$$

式中，K_{rel} 为可靠系数，对于动作时间 $t > 0.02$ s 的万能式断路器（DW 型），K_{rel} 可取 1.35；对于 $t \leqslant 0.02$ s 的塑壳式断路器（DZ 型），K_{rel} 宜取 $2 \sim 2.5$。

（2）短延时过流脱扣器的动作电流和动作时间的整定。短延时过流脱扣器的动作电流 $I_{op(s)}$ 应躲过线路短时间出现的负荷尖峰电流 I_{pk}，即

$$I_{op(s)} \geqslant K_{rel} I_{pk} \qquad (8-41)$$

式中，K_{rel} 为可靠系数，一般取 1.2。

短延时过流脱扣器的动作时间通常分 0.2 s、0.4 s 和 0.6 s 三级，应按前后保护装置其保护的选择性要求来确定，应使前一级保护的动作时间比后一级保护的动作时间长一个时间级差 0.2 s。

（3）长延时过流脱扣器的动作电流和动作时间的整定。长延时过流脱扣器主要用来保护过负荷，因此其动作电流 $I_{op(t)}$ 只需躲过线路的最大负荷电流（计算电流 I_{30}）即可，即

$$I_{op(t)} \geqslant K_{rel} I_{30} \qquad (8-42)$$

式中，K_{rel} 为可靠系数，一般取 1.1。

长延时过流脱扣器的动作时间应躲过允许过负荷的持续时间。其动作特性通常是反时限的，即过负荷电流越大，其动作时间越短。一般动作时间为 $1 \sim 2$ h。

（4）过流脱扣器与被保护线路的配合要求。为了不致发生因过负荷或短路引起绝缘导线或电缆过热起燃时其低压断路器不跳闸的事故，低压断路器过流脱扣器的动作电流 I_{op} 还应满足条件：

$$I_{op} \leqslant K_{ol} I_{al} \qquad (8-43)$$

式中，I_{al} 为绝缘导线和电缆的允许载流量；K_{ol} 为绝缘导线和电缆的允许短时过负荷系数，对于瞬时和短延时过流脱扣器 K_{ol} 一般取 4.5，对于长延时过流脱扣器 K_{ol} 可取 1，对于有爆炸气体区域内的线路 K_{ol} 应取为 0.8。

如果不满足以上配合要求，则应改选脱扣器的动作电流，或者适当加大导线和电缆的线芯截面。

3. 低压断路器热脱扣器的选择和整定

（1）热脱扣器额定电流的选择。热脱扣器的额定电流 $I_{N.TR}$ 应不小于线路的计算电流 I_{30}，即

$$I_{N.TR} \geqslant I_{30} \qquad (8-44)$$

（2）热脱扣器动作电流的整定。热脱扣器的动作电流应满足：

$$I_{op.TR} \geqslant K_{rel} I_{30} \qquad (8-45)$$

式中，K_{rel} 为可靠系数，可取 1.1。一般应通过实际运行试验对 K_{rel} 进行检验。

8.7.3　低压断路器的选择和校验

选择低压断路器时应满足下列条件：

（1）低压断路器的额定电压应不小于保护线路的额定电压；

（2）低压断路器的额定电流应不小于它所装设脱扣器的额定电流；

（3）低压断路器的类型应符合安装处的条件、保护性能及操作方式等要求；

（4）低压断路器的断流能力应进行校验。

为使低压断路器可靠地断开电路，应按短路电流来校验其分断能力，满足如下要求。

（1）对于分断时间大于 0.02 s 的万能式断路器（DW 型），应满足：

$$I_{oc} \geqslant I_k^{(3)} \tag{8-46}$$

（2）对于分断时间小于等于 0.02 s 的塑壳式断路器（DZ 型），应满足：

$$I_{oc} \geqslant I_{sh}^{(3)}$$
$$i_{oc} \geqslant i_{sh}^{(3)} \tag{8-47}$$

式（8-46）和式（8-47）中，I_{oc}、i_{oc} 为断路器极限分断电流；$I_k^{(3)}$ 为三相短路电流其周期分量的有效值；$I_{sh}^{(3)}$、$i_{sh}^{(3)}$ 为最大三相短路冲击电流。

为使断路器能可靠地动作，必须按短路电流来校验其灵敏度，即

$$K_{sen} = \frac{I_{k,min}}{I_{op}} \geqslant 1.3 \tag{8-48}$$

式中，$I_{k,min}$ 为低压断路器保护的线路末端在系统最小运行方式下的单相短路电流（对 TN 和 TT 系统）或两相短路电流（对 IT 系统）；I_{op} 为瞬时或短延时过流脱扣器的动作电流。

【例 8-3】 某 380 V 动力线路，采用低压断路器保护，线路计算电流为 125 A，尖峰电流为 390 A，线路首端最大三相短路电流为 7.6 kA，末端最小单相短路电流为 2.5 kA，线路允许的载流量为 168 A（BLV 三芯绝缘导线穿塑料管，30℃），试选择低压断路器。

解： 低压断路器用于配电线路保护，选择 DW15 系列断路器，查附表 10-4 和附表 10-5，确定配置瞬时和长延时过流脱扣器（半导体式，非选择型）。

（1）瞬时脱扣器其额定电流的选择及动作电流的整定。

因

$$I_{N.OR} \geqslant I_{30} = 125 \text{ A}$$

故选取 $I_{N.OR} = 200$ A 的脱扣器。

又

$$I_{op(o)} \geqslant K_{rel} I_{pk} = 1.35 \times 390 = 527 \text{ A}$$

查附表 10-5 的整定倍数，选择 3 倍整定倍数的瞬时脱扣器，则动作电流整定为

$$3 \times 200 = 600 \text{ A} > 527 \text{ A}$$

考虑与保护线路的配合，即

$$I_{op(o)} = 600 \leqslant 4.5 I_{al} = 4.5 \times 168 = 756 \text{ A}$$

故满足要求。

（2）长延时过流脱扣器其动作电流的整定。

对动作电流进行整定，即

$$I_{op(t)} \geqslant K_{rel} I_{30} = 1.1 \times 125 = 137.5 \text{ A}$$

查附表 10-5，选取 128～160～200 中整定电流为 160 A（0.8 倍）的脱扣器，则

$$I_{op(t)} = 160 \text{ A}$$

考虑到与保护线路的配合，即

$$I_{op(t)} = 160 \leqslant K_{ol} I_{al} = 1 \times 168 = 168 \text{ A}$$

故满足要求。

（3）断路器额定电流的选择，即

$$I_{N.QF} \geqslant I_{N.OR} = 200 \text{ A}$$

查附表 10-4，选 400 A DW15 系列断路器。

（4）断流能力校验，即

$$I_{oc} = 25 \geqslant I_k^{(3)} = 7.6 \text{ kA}$$

故满足要求。

（5）灵敏度校验，即

$$K_{sen} = \frac{I_{k.min}}{I_{op}} = \frac{2.5 \times 10^3}{600} = 4.2 \geqslant 1.3$$

故灵敏度满足要求。

所选低压断路器为 DW15 - 400，过流脱扣器的额定电流为 200 A。

8.7.4　前后低压断路器之间以及低压断路器与熔断器之间的选择性配合

1. 前后低压断路器之间的选择性配合

当选择性配合进行检验时，按产品样本给出的保护特性曲线考虑其偏差范围为±20%～±30%。如果在后一断路器出口发生三相短路，则前一断路器保护动作时间计入负偏差、后一断路器保护动作时间计入正偏差，此时，前一级的动作时间仍大于后一级的动作时间，能实现选择性配合。对于非重要负荷，保护电器可允许无选择性动作。

通常，为保证前后两级低压断路器之间能选择性动作，前一级宜采用带短延时的过流脱扣器，后一级则应采用瞬时过流脱扣器，而且动作电流也是前一级大于后一级，至少前一级的动作电流不小于后一级动作电流的 1.2 倍。

2. 低压断路器与熔断器之间的选择性配合

通过保护特性曲线可检验低压断路器与熔断器之间的选择性配合。前一级低压断路器可按保护特性曲线考虑−30%～−20%的负偏差，而后一级熔断器可按保护特性曲线考虑＋30%～＋50%的正偏差。此时，若两条曲线不重叠也不交叉，且前一级的曲线总在后一级的曲线之上，则前后两级保护可满足选择性要求。

8.8　微机继电保护

由电磁式或感应式继电器构成的继电保护都是反应模拟量的保护，保护的功能完全由硬件电路来实现。这种常规的模拟式继电保护存在着动作速度慢、定值整定和修改不便、没有自诊断功能、难以实现新的保护原理或算法，以及体积大、元件多、维护工作量大等缺点，因此很难满足电力系统发展所提出的更高的保护要求。近年来，由于电子技术、控制技术以及计算机通信技术，特别是微型计算机技术的迅猛发展，继电保护领域出现了巨大的变化，这主要归因于反应数字量的微机保护的应用。微机保护充分利用和发挥了微型控制器的存储记忆、逻辑判断和数值运算等信息处理功能，克服了模拟式继电保护的不足，获得了更好的保护特性和更高的技术指标。因此，微机保护在电力系统保护中得到了广泛应用。

8.8.1　微机保护系统的基本结构

传统的保护装置采用的是布线逻辑，保护的每一种功能都由相应的器件通过连线来实现，微机保护的基本构成与一般的微机应用技术相似，可以看成由硬件与软件两部分构成。微机保护的硬件由数据采集系统，CPU 主系统，开关量输出、输入系统及外围设备组成。其硬件构成框图如图 8-41 所示。

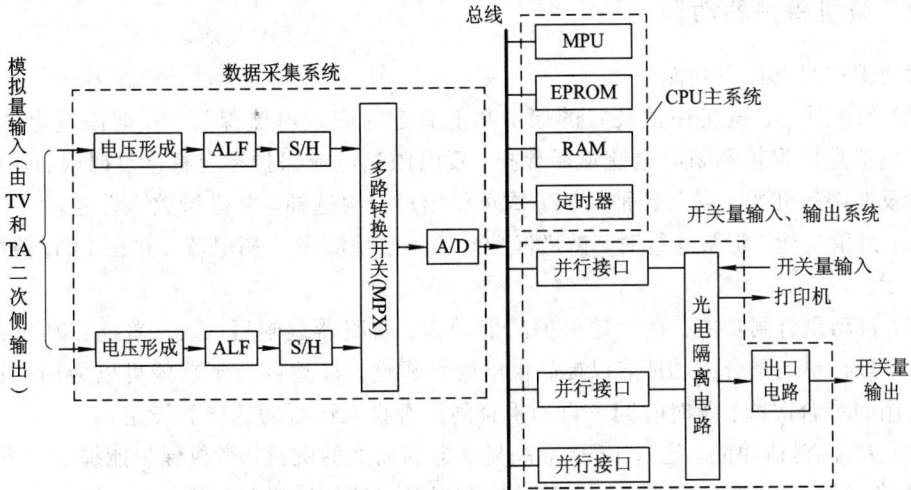

图 8-41　微机保护硬件示意框图

1. 数据采集系统

数据采集系统又称模拟量输入系统。从图 8-41 可以看出，它由电压形成、模拟滤波器(ALF)、采样保持器(S/H)、多路转换开关(MPX)和模/数转换器(A/D)几个环节组成。其作用是将电压互感器(TV)和电流互感器(TA)二次输出的电压、电流模拟量转化成为计算机能接受与识别的，并且大小与输入量成比例、相位不失真的数字量，然后送入 CPU 主系统进行数据处理及运算。

2. CPU 主系统

微机保护的 CPU 主系统是由微处理器(MPU)、可编程只读存储器(EPROM)、随机存储器(RAM)、定时器、接口板以及打印机等外围设备组成的。微处理器用于控制与运算，因此一般都采用 16 位以上的高速芯片。EPROM 用于存放各种程序及必要的数据，如操作系统、保护算法、数字滤波、自检程序等。RAM 用于存放经过数据采集系统处理的电力系统信息以及各种中间计算结果和需要输出的数据。由于信息量很大，而 RAM 的容量是有限的，因此 RAM 中所存放的电力系统的信息只是故障前的若干周波的信息，而正常情况下的信息则采用流水作业的方式存储。接口板是主系统不可缺少的组成部分，它是主系统与外部交流的通道。定时器是计算机本身工作、采样以及与电力系统联系的时间标准，也是必需的，而且要求时间精度很高。

3. 开关量输入、输出系统

开关量输入、输出系统的作用是完成各种保护的外部触点输入、出口跳闸及信号等报警功能。变电所的开关量有断路器、隔离开关的状态，继电器和按键触点的通断等。断路器和隔离开关的状态一般通过辅助触点给出信号，继电器和按键则由本身的触点直接给出信号。为了防止干扰的入侵，通常经过光电隔离电路将开关量输入、输出回路与微机保护的主系统进行严格的隔离，使两者不存在电的直接联系，这也是保证微机保护可靠性的重要措施之一。隔离常用的方法有光电隔离、继电器隔离以及继电器和光电耦合器双重隔离。

8.8.2 微机保护的功能

微机保护具有如下功能。

（1）保护功能。微机保护装置的保护功能有定时限过电流保护、反时限过电流保护、带时限电流速断保护和瞬时电流速断保护。反时限过电流保护还有标准反时限、强反时限和极强反时限等几类。以上各种保护方式可供用户自由选择，并进行数字设定。

（2）测量功能。正常运行时，微机保护装置不断地测量三相电流，并在 LCD 液晶显示器上显示。

（3）自动重合闸功能。在上述保护功能动作、断路器跳闸后，该装置能自动发出合闸信号，即具有自动重合闸功能，以提高供电的可靠性。自动重合闸功能可以为用户提供自动重合闸的重合次数、延时时间及自动重合闸是否投入运行的选择和设定。

（4）人-机对话功能。通过 LCD 液晶显示器和简捷的键盘，微机保护能提供如下功能：

① 良好的人-机对话界面，即保护功能和保护定值的选择和设定；

② 正常运行时各相电流显示；

③ 自动重合闸功能和参数的选择和设定；

④ 发生故障时，故障性质及参数的显示；

⑤ 自检通过或自检报警。

（5）自检功能。为了保证装置能可靠地工作，微机保护装置具有自检功能，能对装置的有关硬件和软件进行开机自检和运行中的动态自检。

（6）事件记录功能。微机保护能将发生事件的所有数据如日期、时间、电流有效值、保护动作类型等都保存在存储器中，事件包括事故跳闸事件、自动重合闸事件、保护定值设定事件等，可保存多达 30 个事件，并不断更新。

（7）报警功能。报警功能包括自检报警、故障报警等。

（8）断路器控制功能。断路器控制功能包括各种保护动作和自动重合闸的开关量输出，控制断路器的跳闸和合闸。

（9）通信功能。微机保护装置能与中央控制室的监控微机进行通信，接受命令和发送有关数据。

（10）实时时钟功能。实时时钟功能能自动生成年、月、日和时、分、秒，最小分辨率为毫秒，有对时功能。

8.8.3 微机保护的特点

微机保护的特点如下所述。

（1）精度高。传统的电磁型保护是经过电—磁—力—机械运动的多次转换而形成的。由于转换环节多，加之机械构件的精度维护、调试经验和误差影响大，因而其准确度低；并且晶体管保护的元件参数分散性大，动作特性易改变，从而降低了准确度。而微机保护由于其综合判断环节采用微型计算机的软件来完成，精度高并且动作功耗低，因而保护装置的灵敏度高。

（2）灵活性大，可以缩短新型保护的研制时间。由于微机保护装置是由软件和硬件互相结合来实现保护功能的，因而在很大程度上，不同原理的微机保护其硬件可以是一样的，换以不同的程序即可改变继电器的功能。

（3）可靠性高。在计算机程序的指挥下，微机保护装置可以在线实时对硬件电路的各个环节进行自检，多微机系统还可实现互检。将软件和硬件相结合，可有效地防止干扰造成微机保护不正确动作。实践证明，微机保护装置的正确动作率已经超过了传统保护的正确动作率。另外，微机保护装置体积小，占地面积少，价格低，同一设备可采用完全双重化的微机保护，从而使其可靠性得到保证。

（4）调试、维护方便。传统的整流型或晶体管型机电保护装置的调试工作量大，尤其是一些复杂保护，其调试项目多，周期长，且难于保证调试质量。微机保护则不同，它的保护功能及特性都是由软件来实现的，只要微机保护的硬件电路完好，保护的特性即可得到保证。调试人员只需做几项简单的操作即可证明装置的完好性。此外，微机保护的整定值都以数字量存放于程序存储器 EPROM 或 EEPROM 中，永久不变，因此不需要定期对定值再进行调试。

（5）易获取附加功能。在系统发生故障后，微机保护装置除了完成保护任务外，还可以提供多种信息。例如在微机保护装置中，可以很方便地附加自动重合闸、故障录波、故障测距等自动装置的功能。

（6）易于实现综合自动化。继电保护实现微机化后，微机保护结构的灵活性和保护算法的模块化都使微机保护作为监控管理对象之一能够很容易地实现，从而便于实现整个变电站的综合自动化。

8.8.4　线路和变压器的微机保护

1. 35 kV 及 35 kV 以下线路的微机保护

在 35 kV 及 35 kV 以下的小接地电流系统中，线路上应装设反映相间故障和单相接地故障的保护。与常规保护相同，相间短路的电流保护包括过电流保护及电流速断保护，这两种保护均可选择带方向的保护或不带方向的保护。微机保护在硬件装置相同时，若配以不同的软件，就可实现不同的功能，实现起来较为方便，因此，微机保护的配置一般比常规保护的配置更全面。

为了提高过电流保护的灵敏度并提高整套保护动作的可靠性，可使线路的电流保护经过低电压元件。低电压元件在三个线电压中的任一个低于低电压定值的情况下动作，开放被闭锁的保护元件。微机保护采用软件很容易实现该功能。

一般地，线路的微机保护装置还带有以下功能：

（1）TV 断线检测；

（2）低频减负荷功能；

（3）小接地电流选线；

（4）过负荷保护；

（5）输电线路自动重合闸（ARD）。

2. 变压器的微机保护

根据保护的配置原则,应对不同容量及电压等级的变压器配置不同的保护。主保护和后备保护软件、硬件一般单独设置。在中低压变压器上,一般主保护配置有二次谐波闭锁原理的比率制动差动保护、差动电流速断、本体瓦斯和有载调压重瓦斯和压力释放等,一般后备保护配置有过电流保护、中性点直接接地系统的零序保护等,另外还有过负荷保护。

当常规变压器的差动保护采用双绕组变压器为 Ydll 接线时,高低两侧的电流相位差为 30°,从而在变压器差动回路中产生较大的不平衡电流。为此要求两侧电流互感器二次采用相位补偿接线,即变压器 Y 侧的电流互感器接成△形,而变压器△侧的电流互感器接成 Y 形。由于微机保护软件计算具有灵活性,因此允许变压器各侧的电流互感器二次侧都采用 Y 接线方式,也可以按常规保护方式接线。当两侧都采用 Y 接线方式时,可在进行差动计算时由软件对变压器 Y 侧电流进行相位补偿及电流数值补偿。

基本技能训练 变压器保护装置实例

1. 变压器常规继电保护装置实例

图 8 - 42 是以 10 000 kV·A 变压器为例所装设的各保护装置电路图。

在电流互感器 TA1 与 TA4 之间接有 KD1～KD3(BCH - 2 型)差动继电器,构成变压器差动保护;TA4 上接有 KA4 组成过负荷保护;由 KA1～KA3 以及 KT1、KS2、KM1 构成带时限的过电流保护装置;TA3 供给测量仪表,此外还装有瓦斯保护。

在展开图中,SA1、SA2 为变压器一、二次两侧高压断路器 QF1、QF2 的控制开关,它可以控制高压断路器合闸与跳闸。SA1 与 SA2 上的 6 条竖线表示手柄处于 6 个不同的位置,带有黑点处表示该触点当其手柄在此位置时处于闭合状态,红灯 HR 与绿灯 HG 分别表示高压断路器处于合闸与分闸位置时的状态信号。

如果在电流互感器 TA1 和 TA4 之间发生短路,则差动保护将动作,若是变压器内部发生严重相间短路,则除差动保护动作外,气体继电器下触点重瓦斯保护也将动作,使高压断路器 QF1 和 QF2 跳闸,如果变压器油面降低或绕组匝间发生短路,则将由轻瓦斯上触点动作于信号。

当发生外部穿越性短路时,只有过电流与过负荷保护的电流继电器启动,定时限过电流保护的 KA1、KA2、KA3 的动合触点闭合,接通 KT1 经整定延时后,其延时动合触点闭合,接通中间继电器 KM1 的线圈后,其动合触点立即闭合,从而使高压断路器 QFl 和 QF2 同时跳闸。因过负荷动作的延时大于过电流保护的延时,故在过电流保护动作后,过负荷保护返回。

2. 变压器微机继电保护装置实例

CSC 系列微机继电保护装置是由北京四方继保自动化股份有限公司生产的变压器微机继电保护装置,其产品类型覆盖了整个继电保护领域,包括 10～500 kV 不同电压等级、不同类别的各种继电保护装置,其中包括线路保护、变压器保护、发变组保护、母线保护、断路器保护等。下面仅以变压器微机保护装置 CSC - 326G 为例介绍其适用范用、特点及保护配置。CSC - 326G 的外形如图 8 - 43 所示。

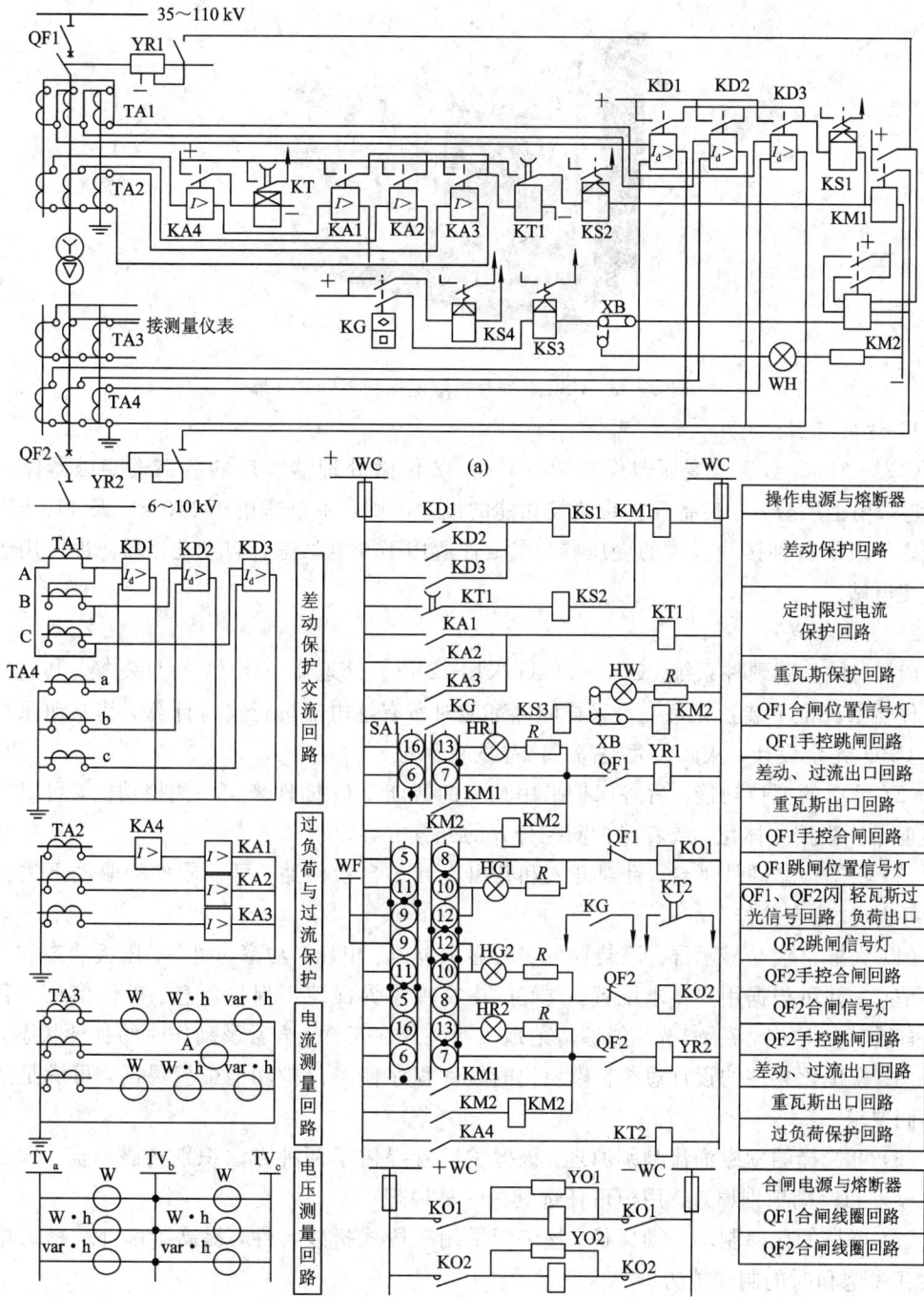

图 8-42　变压器各种保护装置实例电路图

KA1~KA4—电流继电器；KD1~KD3—差动继电器；KT1、KT2—时间继电器；KS1~KS4—信号继电器；KM1、KM2—出口中间继电器；KG—气体继电器；SA1、SA2—高压断路器QF1、QF2的控制开关；HR1、HR2与HG1、HG2—红绿信号灯；HW—白色指示灯；KO1、KO2—合闸接触器；YO1、YO2—合闸线圈；YR1、YR2—跳闸线圈；XB—连接片；WC—控制母线；WF—闪光母线；TA1~TA4—电流互感器

图 8-43　CSC 系列微机继电保护装置的外形

1）适用范围

CSC-326G 数字式变压器保护装置是由 32 位微处理器实现的数字式变压器保护装置，它采用主后分开、后备保护带测控功能的设计原则，主要适用于 110 kV 及 110 kV 以下电压等级的各种接线方式的变压器。该装置适用于变电站综合自动化系统，也可用于常规的变电站。

2）主要特点

（1）高性能的硬件系统。CSC-326G 采用 32 位微处理器＋14 位 A/D 变换。其高性能的硬件体系保证了装置在每一个采样间隔都能对所有继电器进行实时计算。其差动保护采用双 CPU 冗余设计，从而大大提高了产品的可靠性。

（2）灵活的测控功能。后备保护采用独立的智能 I/O 插件来实现测控功能，可以方便地实现保护测控一体化，或者保护测控分开的配置方案。

（3）状态检修硬件平台。针对开入和开出设计了自检回路，可在软件的驱动下进行自检，可实现"状态检修"。

（4）大屏幕液晶显示屏。该装置可实时显示电流、电压、功率、频率、压板状态和定值区等信息，并可根据用户要求配置。友好的中文视窗界面使得保护信息、操作信息一目了然。面板上有 11 个指示灯光，能够清楚地表明装置在正常、异常及动作时的各种状态。

（5）模块化软件的设计思想。模块化的软件程序使得保护功能配置灵活，可满足用户的不同要求。

（6）可选择的励磁涌流判别原理。该保护装置提供了两种方法识别励磁涌流，即二次谐波原理和模糊识别原理。用户可任选其中一种原理。

（7）可靠的比率制动差动保护。该装置采用三段式折线特性，提高了区外故障大电流导致 TA 饱和时的制动能力。

（8）自适应的比率制动差动保护。通过自动识别故障状态的变化，采用自适应的差动保护，从而提高了保护的可靠性。

（9）具有 TA 饱和综合判据。比率制动差动保护采用了 TA 饱和的综合判据，可以有效识别 TA 饱和，从而能有效防止区外故障时由 TA 饱和引起的差动保护误动作。

（10）完善的后备保护配置。后备保护配置灵活，跳闸出口采用矩阵整定，满足各种变压器的接线要求。

（11）大容量的故障录波和离线的人性化分析软件。该装置具有大容量的故障录波功能和事故追忆功能。外接的 PC 机可通过装置面板的标准 RS - 232 串口接收故障录波信息。使用相应的软件可分析故障和保护的动作行为，清晰显示保护动作的全过程。

（12）变电站综合自动化通信接口。该装置配备高速可靠的双以太网接口（或 Lon-Works 现场总线接口）和 RS - 485 接口，可采用 IEC60870 - 5 - 103 规约。

（14）人性化、多功能的操作和故障分析软件。该装置设有软压板和外部硬压板，保护功能投退为软、硬压板串联方式，能够方便地适用于综自站与非综自站。

3）主要功能

该变压器保护的标准配置如表 8 - 2 所示。

表 8 - 2　CSC - 326G 变压器保护的配置

保护类型		段数	每段时限数	备　注
差动保护	差动速断			二者任选其一
	二次谐波比率差动			
	模糊判别比率差动			
高压侧后备保护	复压闭锁方向过流保护	2	3	复合电压可投退，方向可投退
	复压闭锁过流保护	1	2	复合电压可投退
	零序过流保护	2	3/Ⅰ、2/Ⅱ	经零序电压闭锁
	间隙过流保护	1	2	间隙过压保护和间隙过流保护可经控制字选择并联输出
	间隙过压保护	1	2	
	零序选跳	1	1	
	过负荷	1	1	告警
	启动风冷	1	1	
	闭锁调压	1	1	
中/低压侧后备保护	复压闭锁方向过流保护	2	3	复合电压可投退，方向可投退
	电流限时速断保护	1	2	
	充电保护	1	1	可选自动退出的方式
	零序过压保护	1	1	告警
	过负荷	1	1	告警/跳闸

思考题与习题

8 - 1　对继电保护的基本要求是什么？电磁式电流继电器、时间继电器、信号继电器和中间继电器在继电保护装置中各起什么作用？感应式电流继电器又有哪些功能？

8 - 2　什么是线路的过电流保护、瞬时电流速断保护？定时限过电流保护中，如何整定和调节其动作电流和动作时间？反时限过电流保护中，又如何整定和调节其动作电流和动作时间？

8-3 变压器一般装设什么保护？各有什么作用？比较线路和变压器的各种相应的保护有何异同。

8-4 试就变压器差动保护装置的原理电路说明其工作原理、不平衡电流的产生及其对变压器差动保护的影响。如何消除不平衡电流的影响？

8-5 小电流接地系统发生单相接地时有何特点？说明绝缘检查装置的构成及工作原理？

8-6 高压电动机的电流速断保护和纵联差动保护各适用于什么情况？动作电流各应如何整定？

8-7 某工厂 10 kV 高压配电所有一条高压配电线供电给一个车间变电所。该高压配电线首端拟装设由 GL-15 型电流继电器组成的反时限过电流保护，采用两相两继电器式接线。已知安装的电流互感器的变流比为 160 A/5 A，高压配电所的电源进线上装设的定时限过电流保护的动作时间整定为 1 s，高压配电所母线的三相短路电流为 2.85 kA，车间变电所的 380 V 母线的三相短路电流为 22.3 kA，车间变电所的一台主变压器为 S9-1000型。试整定供电给该车间变电所的高压配电线首端装设的 GL-15 型电流继电器的动作电流和动作时间，以及电流速断保护的速断电流倍数，并检验其灵敏度（建议变压器的 $I_{L.max}$ $=2I_{1N.T}$）。

8-8 有一台电动机，额定电压为 380 V，额定电流为 22 A，启动电流为 140 A，该电动机端子处的三相短路电流为 16 kA。试选择保护该电动机的 RT0 型熔断器及其熔体额定电流。

8-9 有一条 380 V 线路，其 $I_{30}=285$ A，$I_{pk}=605$ A，线路首端的 $I_k^{(3)}=8.0$ kA，末端的 $I_k^{(3)}=2.4$ kA。试选择线路首端装设的 DW16 型低压断路器，选择和整定其瞬时动作的电磁脱扣器并检验其灵敏度。

8-10 微机保护硬件由哪几部分组成？各自的结构和原理是什么？

第9章 供配电系统的二次回路与自动装置

内容提要 供配电系统的二次回路是用来控制、指示、监测和保护一次系统运行的电路，二次回路对保障一次系统安全、可靠、优质、经济的运行起着十分重要的作用。本章对变电所的操作电源、高压断路器的控制回路、中央信号回路、测量和绝缘监视回路、自动重合闸装置和备用电源自动投入装置等二次电路的知识进行了详尽的阐述，并介绍了变电站综合自动化的有关内容。

9.1 二次回路的基本知识

二次回路也称二次接线或二次系统。二次回路在供配电系统中虽是对应于一次电路的辅助系统，但它对一次系统的安全、可靠、优质、经济的运行有着十分重要的作用。

二次回路按电源的性质可分为直流回路和交流回路。

按其用途可分为断路器控制回路、信号回路、测量回路、继电保护回路和自动装置回路等。二次回路的功能示意图如图 9-1 所示。

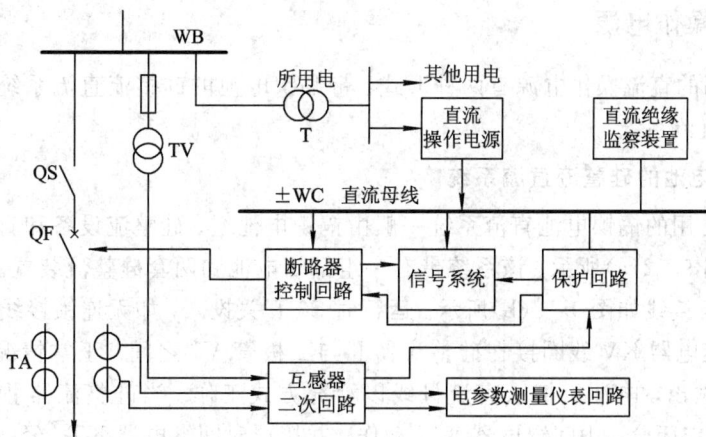

图 9-1 二次回路的功能示意图

在图 9-1 中，断路器控制回路的主要功能是对断路器进行通、断操作。当线路发生短路故障时，电流互感器二次回路有较大的电流，相应继电保护的电流继电器动作，保护回路做出相应的动作。一方面，保护回路中的出口（中间）继电器接通断路器控制回路中的跳闸回路，使断路器跳闸，断路器的辅助触点启动信号系统回路将发出声响和灯光信号；另一方面，保护回路中相应的故障动作回路的信号继电器将向信号回路发出信号，如光字牌和信号掉牌等。

操作电源主要向二次回路提供所需的电源。电压、电流互感器还向监测及电能计量回路提供主回路的电流和电压参数。

就二次回路接线图而言，主要有二次回路原理接线图、二次回路展开接线图和二次回路安装接线图。二次回路原理接线图用来表示继电保护、断路器控制、监测等回路的工作原理，在原理图中继电器和其触点画在一起，由于导线交叉太多，因此这种接线图的应用受到了一定的限制。而二次回路展开接线图的应用较广泛。本章所介绍的断路器控制回路、信号回路等均采用原理展开图。二次回路安装接线图是在原理图或其展开图的基础上绘制的，为安装、维护时提供导线连接位置。

原理图或展开图通常是按功能电路(如控制回路、保护回路、信号回路)来绘制的，而安装接线图是以设备(如开关柜、仪表盘中的设备)为对象来绘制的。

9.2 二次回路的操作电源

二次回路的操作电源是指供电给控制、信号、监测及继电保护和自动装置等二次回路正常工作所需的电源。二次回路要正常工作，操作电源是必不可少的。因此操作电源首先必须安全可靠，不受供电系统运行情况的影响，能保持不间断供电；其次容量要足够大，应能够满足供电系统正常运行和事故处理所需要的容量。

操作电源有直流电源和交流电源两大类。直流操作电源用于大、中型变配电所，通常采用蓄电池组、复式整流装置或带电容器储能的硅整流装置供电；交流操作电源用于小型变配电所，采用所用变压器、电流互感器及电压互感器供电。

9.2.1 直流操作电源

目前，常用的直流操作电源有两种形式：带镉镍电池的硅整流直流系统和带电容储能装置的硅整流直流系统。

1. 带镉镍电池的硅整流直流系统

变配电所常用的镉镍电池直流系统一般由镉镍电池组、硅整流设备和直流配电设备组成，其接线如图 9-2(a)所示。该系统带有一组镉镍电池和两套硅整流装置。

镉镍电池组接线如图 9-2(b)所示。运行时 S6 开关投入，如无连锁接线时，X1、X2 端子短接，电压继电器 KV 线圈接在硅整流器 II 与二极管 V1 之间。正常情况下，硅整流器 II 有直流电压输出，电池组接入直流母线以浮充方式工作。当硅整流器 II 失去直流电压时，KV 动断触点闭合，中间继电器 KM 动作，并接通时间继电器 KT，经一定延时后使直流接触器 KM1 动作，其动断触头断开蓄电池组，以防止过度放电。回路中电压表 V_3 指示电池组端电压，电流表 V_3 指示浮充电流。通过调节 R_w 电阻可改变浮充电流，以保证电池组端电压不超过允许值。

在直流母线上还接有绝缘监察装置和闪光装置，绝缘监察装置采用电桥结构，用来监测正负母线或直流回路对地绝缘电阻。当某一母线对地绝缘电阻降低时，电桥不平衡，检

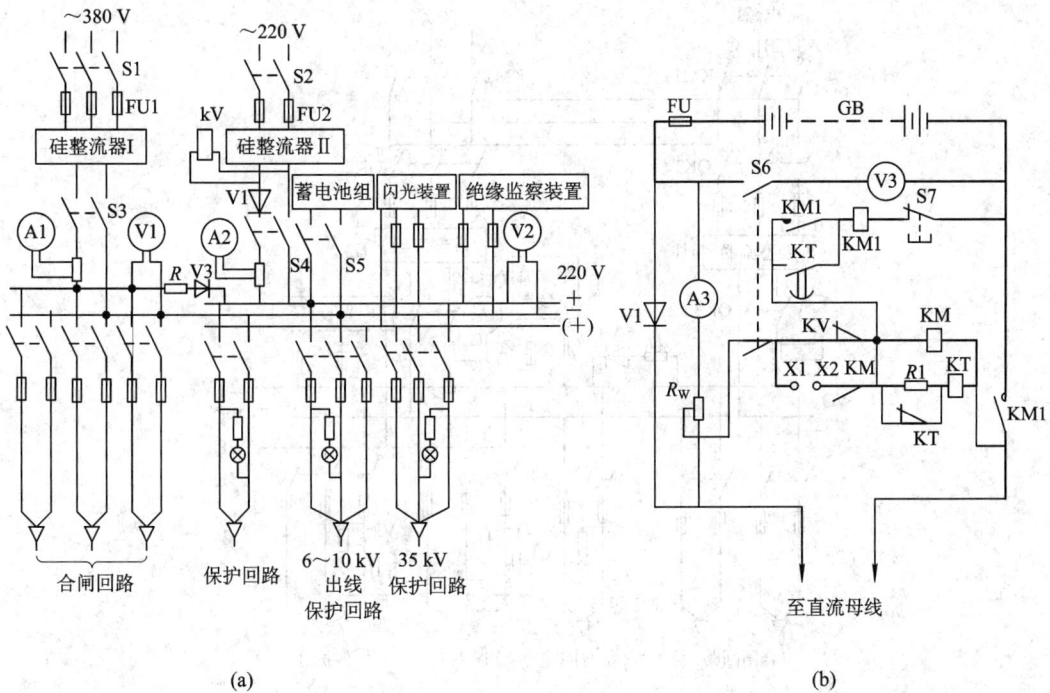

图 9 - 2 镉镍电池直流系统原理图

(a) 镉镍电池及硅整流直流系统;(b) 镉镍电池组接线

测继电器中有足够的电流流过,继电器动作并发出信号。闪光装置主要提供灯光闪光电源。

带镉镍电池的硅整流直流系统不受供电系统运行情况的影响,其可靠性高,使用寿命长,大电流放电性好,但投资相对较大。这种形式的直流操作电源一般用于重要用户的变配电所。

2. 带电容储能装置的硅整流直流系统

带电容储能装置的硅整流直流系统在正常运行时,直流系统由硅整流器供电。当系统故障,即交流电源电压降低或消失时,由电容储能装置放电从而使得保护跳闸。这种系统的优点是投资少,运行维护方便;缺点是可靠性不如蓄电池。

如图 9 - 3 所示为电容储能的硅整流直流系统原理图。

硅整流的电源来自所用变低压母线,一般设一路电源进线,但为了保证直流操作电源的可靠性,可以采用两路电源和两台硅整流装置。硅整流器 U1 主要用作断路器合闸电源,并可向控制、保护、信号等回路供电,其容量较大。硅整流器 U2 仅向操作母线供电,容量较小。

两组硅整流器之间用电阻 R 和二极管 V3 隔开,V3 起逆止阀的作用,它只允许从合闸母线向控制母线供电而不能反向供电,以防在断路器合闸或合闸母线侧发生短路时,引起控制母线的电压严重降低,进而影响控制和保护回路供电的可靠性。电阻 R 用于限制在控制母线侧发生短路时流过硅整流器 U1 的电流,起保护 V3 的作用。在硅整流器 U1 和 U2 前,也可以用整流变压器来实现电压调节。整流电路一般采用三相桥式整流电路。

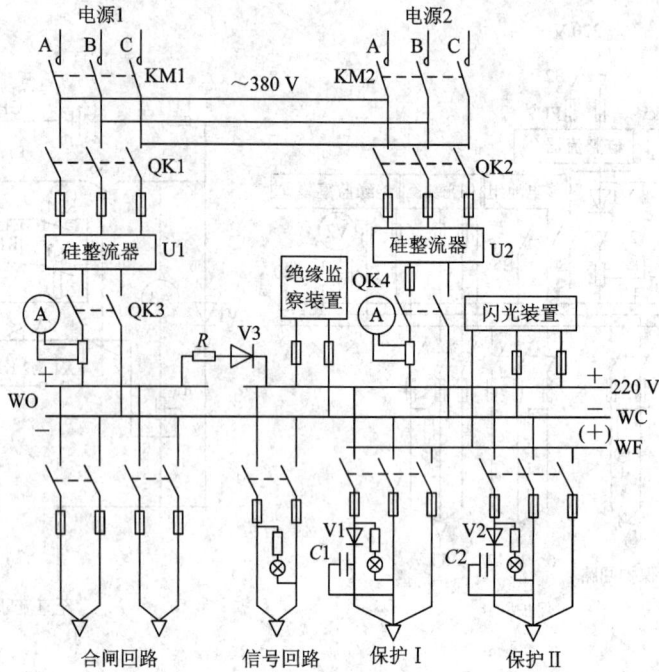

图 9 - 3 电容储能的硅整流直流系统原理图

在这种系统的直流操作电源的母线上引出若干条线路，分别向各回路供电，如合闸回路、信号回路、保护回路等。在保护供电回路中，$C1$、$C2$ 为储能电容器组，电容器所储存的电能仅在事故情况下用作继电保护回路和跳闸回路的操作电源。逆止元件 $V1$、$V2$ 的主要作用是在事故情况下，当交流电源电压降低引起操作母线电压降低时，禁止向操作母线供电，而只向保护回路放电。

在变电所中，控制、保护和信号系统设备都安装在各自的控制柜中，为了方便使用操作电源，一般在屏顶设置（并排放置）操作电源小母线。屏顶小母线的电源由直流母线上的各回路提供。

9.2.2 交流操作电源

交流操作的断路器应采用交流操作电源，相应地断路器的保护继电器、控制设备、信号装置及其他二次元件均应采用交流形式。交流操作电源可分为电流源和电压源两种。电流源取自电流互感器，主要供电给继电保护和跳闸回路。电压源取自变配电所的所用变压器或电压互感器，通常前者作为正常工作电源，后者因其容量小，只用作保护油浸式变压器内部故障的瓦斯保护的交流操作电源。

交流操作电源供电给高压断路器跳闸线圈的供电方式，可分为直接动作式（见图 9 - 4(a)）、中间电流互感器动作式（见图 9 - 4(b)）和去分流跳闸式（见图 9 - 4(c)）。

采用交流操作电源可使二次回路简化，投资减小，维护更为方便，因此在中小型变电所中应用广泛。但交流操作电源不适用于比较复杂的二次系统。

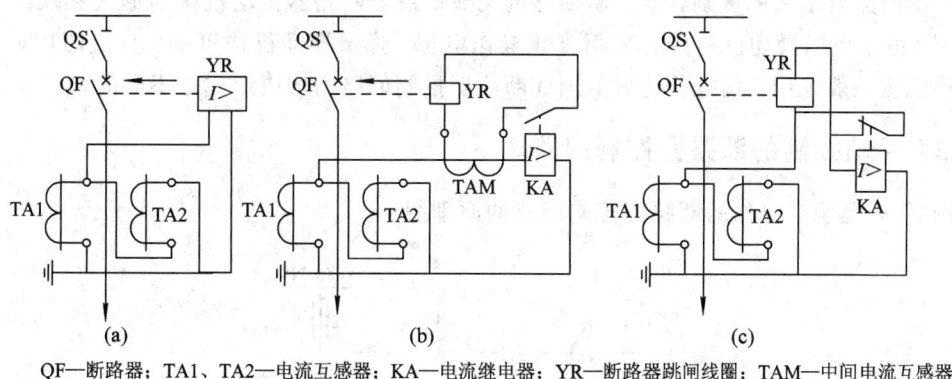

QF—断路器；TA1、TA2—电流互感器；KA—电流继电器；YR—断路器跳闸线圈；TAM—中间电流互感器

图 9-4 交流操作电源供电的过电流保护电路

(a) 直接动作式；(b) 中间电流互感器动作式；(c) 去分流跳闸式

9.3 高压断路器的控制回路

断路器的控制回路是指控制断路器跳闸与合闸的回路。变电所在运行时，由于负荷或系统运行方式会发生改变，因此经常需要操作切换断路器和隔离开关等设备。断路器的操作是通过其操动机构来完成的，而控制电路就是用来控制操动机构动作的电气回路。

高压断路器的控制方式可分为远方控制和就地控制。远方控制是指操作人员在变电所主控制室或单元控制室对断路器进行跳、合闸控制；就地控制是指在断路器附近对断路器进行跳、合闸控制。

9.3.1 高压断路器控制回路的基本要求

对断路器控制回路的基本要求如下所述。

(1) 应能监视电源及跳、合闸回路的完好性，以保证断路器的正常工作。

(2) 跳、合闸完成后，应能自动解除跳、合闸命令脉冲。由于合闸线圈和跳闸线圈都是按通过短时工作电流设计的，因此分、合断路器后应立即自动断开，以免烧坏线圈。

(3) 应能指示断路器正常合闸和跳闸的位置状态，并在自动合闸和自动跳闸时有明显的指示信号。通常用红绿灯的平光来指示断路器的位置状态，用闪光来指示断路器的自动跳、合闸。红灯发平光表示断路器处在正常合闸位置；绿灯发平光表示断路器处在正常跳闸位置；红灯闪光表示断路器处在自动合闸位置；绿灯闪光表示断路器处在自动跳闸位置。

(4) 当断路器事故跳闸时，应能自动发出事故跳闸信号。断路器事故跳闸信号的启动回路应按不对应原则接线。当断路器采用电磁操动机构或弹簧操动机构时，可利用控制开关的触点与断路器的辅助触点构成不对应关系，即控制开关在合闸位置而断路器已跳闸时，启动事故跳闸信号。

(5) 应能够防止断路器短时间内连续多次分、合闸的跳跃现象发生。

高压断路器控制回路的直接控制对象为断路器的操动机构。具有不同操动机构的断路器其控制回路有很大的区别,该控制回路的构成取决于断路器操动机构的形式和操作电源的类别。由于电磁操动机构只能采用直流操作电源,弹簧操动机构可交、直流两用,而手动操动机构一般采用交流操作电源,因此断路器控制回路的构成形式是不同的。

9.3.2 手动控制的断路器控制回路

图 9-5 是手动操作的断路器控制回路的原理图。

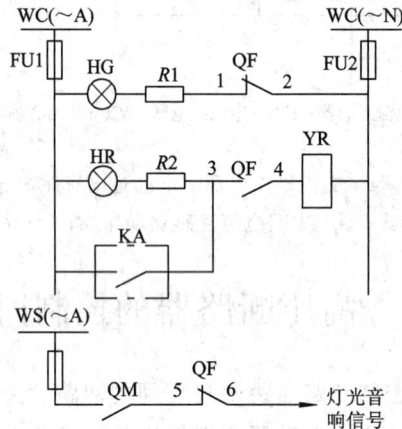

图 9-5 手动操作的断路器控制回路

合闸时,推上操动机构手柄使断路器合闸。这时断路器的辅助触点 QF3-4 闭合,红灯 HR 亮,指示断路器已经合闸。由于有限流电阻 R2,因此跳闸线圈 YR 虽有电流通过,但电流很小,不会动作。红灯 HR 亮,还表明跳闸线圈 YR 回路及控制回路的熔断器 FU1～FU2 是完好的,即红灯 HR 同时起着监视跳闸回路完好性的作用。

跳闸时,扳下操动机构手柄使断路器跳闸。断路器的辅助触点 QF3-4 断开,切断跳闸回路,同时辅助触点 QF1-2 闭合,绿灯 HG 亮,表示断路器已经跳闸。绿灯 HG 亮,还表明控制回路的熔断器 FU1～FU2 是完好的,即绿灯 HG 同时起着监视控制回路完好性的作用。

在断路器正常操作跳、合闸时,由于操动机构辅助触点 QM 与断路器辅助触点 QF5-6 都是同时切换的,总是一开一合,因此事故信号回路总是不通的,并且不会错误地发出事故信号。

当一次电路发生短路故障时,继电保护装置 KA 动作,其出口继电器触点闭合,接通跳闸线圈 YR 的回路,使断路器跳闸。随后 QF3-4 断开,使红灯 HR 灭,并切断 YR 的跳闸电源。与此同时,QF1-2 闭合,使绿灯 HG 亮。这时操动机构的操作手柄虽然仍在合闸位置,但其黄色指示牌掉落,表示断路器自动跳闸。同时事故信号回路接通,发出音响和灯光信号。事故信号回路是按不对应原理接线的,由于操动机构仍在合闸位置,其辅助触点 QM 闭合,而断路器已因事故跳闸,其辅助触点 QF5-6 也返回闭合,因此事故信号回路接通。当值班员得知事故跳闸信号后,可将操作手柄扳下至跳闸位置,这时黄色指示牌随之返回,事故信号也随之消除。

控制回路中分别与指示灯 HR 和 HG 串联的电阻 R1 和 R2,主要用来防止由于指示灯灯座短路而造成控制回路短路或断路器误跳闸。

9.3.3　电磁操动机构的断路器控制回路

1. 控制开关

控制开关是发出跳、合闸命令的主令开关。目前，通常采用 LW2 系列组合式万能转换开关。

LW2 系列控制开关的结构如图 9-6 所示。控制开关共有 6 个位置，在各种操作位置时触点的通断情况见表 9-1。表 9-1 中"＋"表示接通，"－"表示断开。

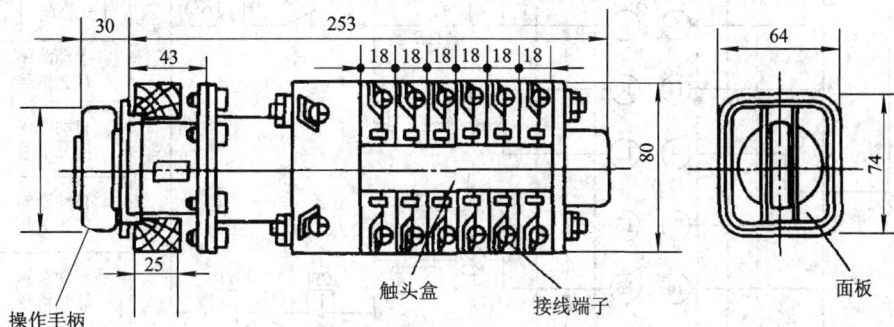

图 9-6　LW2 系列控制开关的结构图

表 9-1　LW2-Z-1a、4、6a、40、20、20/F8 型控制开关触点图表

在"跳闸后"位置的手柄(正面)的样式和触点盒(背面)的接线图	合跳(F8)	1a		4		6a			40			20			20		
手柄和触点盒形式	F8	1a		4		6a			40			20			20		
触点号 / 位置	—	1-3	2-4	5-8	6-7	9-10	9-12	11-10	14-13	14-15	16-13	19-17	17-18	18-20	21-23	21-22	22-24
跳闸后		−	−	−	+	−	−	+	−	+	−	−	+	−	−	−	+
预备合闸		+	−	−	+	+	−	−	+	−	−	−	−	+	−	+	−
合闸		−	+	+	−	−	+	−	+	−	−	−	−	+	−	+	−
合闸后		−	+	+	−	−	+	−	−	−	+	+	−	−	+	−	−
预备跳闸		+	−	−	+	−	+	−	−	−	+	+	−	−	+	−	−
跳闸		−	−	−	+	+	−	−	−	+	−	−	+	−	−	−	+

在断路器控制回路中，控制开关的通断情况除可采用如表 9-1 所示的图表法表示以

外，在实际展开接线图中，一般还可采用触点通断的图形符号来表示。如图 9-7 中控制开关 SA 所示，图中水平线是开关的接线端子引线，6 条垂直虚线表示手柄 6 个不同的操作挡位：PC—预备合闸，C—合闸，CD—合闸后，PT—预备跳闸，T—跳闸，TD—跳闸后，水平线下面的黑点表示在此位置时该对触点是闭合的。

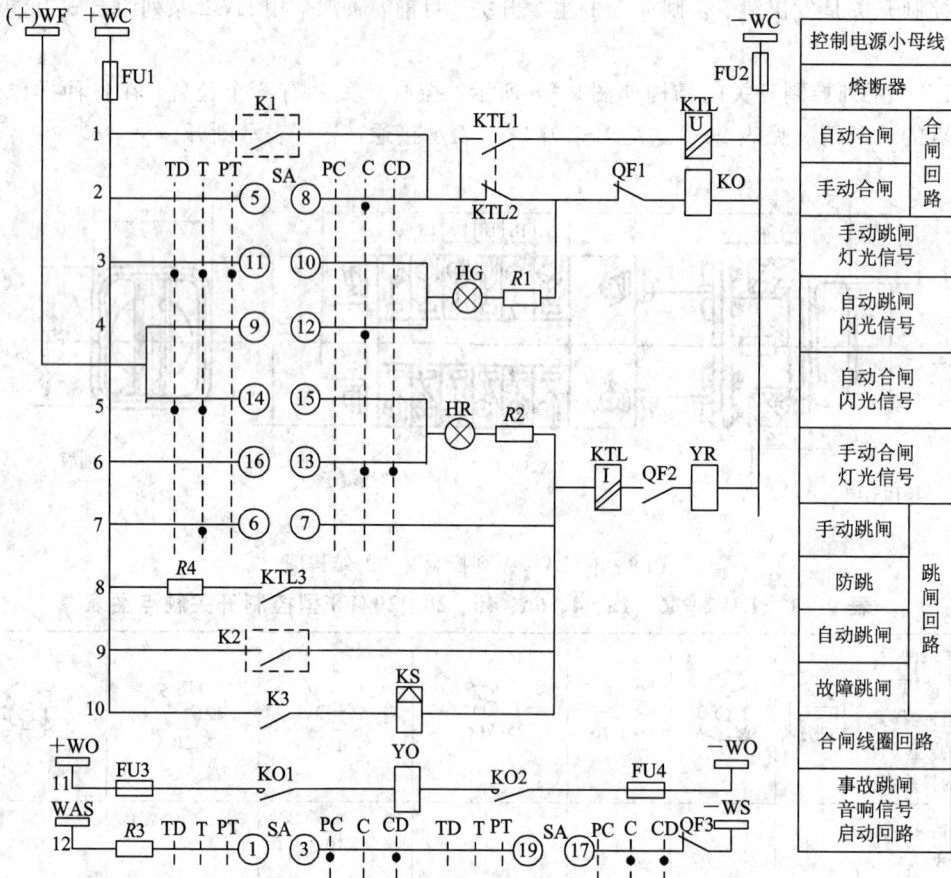

WC—控制小母线；WF—闪光信号小母线；WO—合闸小母线；WAS—事故音响小母线；
KTL—防跳继电器；KS—信号继电器；KO—合闸接触器；YM—合闸线圈；
YR—跳闸线圈；SA—控制开关；HG—绿色信号灯；HR—红色信号灯

图 9-7　电磁操动机构的断路器控制及信号回路

2. 电磁操动机构的断路器控制及信号回路

如图 9-7 所示为电磁操动机构的断路器控制及信号回路。

1）断路器的手动控制

（1）手动合闸。设断路器处于跳闸状态，此时控制开关 SA 处于"跳闸后"（TD）位置，其触点⑩-⑪接通，QF1 闭合，绿灯 HG 亮，表明断路器为断开状态。在此通路中因电阻 $R1$ 存在，故流过合闸接触器 KO 的电流很小，不足以使其动作。

将控制开关 SA 顺时针旋转 90°至"预备合闸"（PC）位置，⑨-⑩接通，将信号灯接于闪光小母线（+）WF 上，绿灯 HG 闪光，表明控制开关的位置与"合闸后"的位置相同，但断路器仍处于跳闸后状态，这是利用了不对应原理接线，同时提醒运行人员核对操作对象是否有误。如无误，再将 SA 置于"合闸"(C)位置，继续顺时针旋转 45°，SA 的⑤-⑧接通，使合闸接触器 KO 接通于＋WC 和—WC 之间，KO 动作，其触点 KO1 和 KO2 闭合，合闸线圈 YO 通电，断路器合闸。断路器合闸后，QF1 断开使绿灯熄灭，QF2 闭合，由于⑬-⑯接通，因此红灯亮。当松开 SA 后，在弹簧作用下，SA 自动回到"合闸后"位置，⑬-⑯接通，使红灯发出平光，表明断路器手动合闸，同时表明跳闸回路及控制回路的熔断器 FU1 和 FU2 均完好。在此通路中，因电阻 $R2$ 存在，故流过跳闸线圈 YR 的电流很小，不足以使其动作。

(2) 手动跳闸。将控制开关 SA 逆时针旋转 90°置于"预备跳闸"(PT)位置，⑬-⑯断开，而⑬-⑭接通闪光母线，使红灯 HR 发出闪光，表明 SA 的位置与跳闸后的位置相同，但断路器仍处于合闸状态。将 SA 继续旋转 45°置于"跳闸"位置(T)，⑥-⑦接通，使跳闸线圈 YR 接通，此回路中的(KTL 线圈为防跳继电器 KTL 的电流线圈)YR 通电跳闸，QF1 合上，QF2 断开，红灯熄灭。当松开 SA 后，SA 自动回到"跳闸后"位置，⑩-⑪接通，绿灯发出平光，表明断路器手动跳闸，合闸回路完好。

2) 断路器的自动控制

断路器的自动控制通过自动装置的继电器触点，如图 9 - 7 中的 K1 和 K2(分别与⑤-⑧和⑥-⑦并联)的闭合分别实现合、跳闸的自动控制。自动控制完成后，信号灯 HR 或 HG 将出现闪光，表示断路器自动合闸或跳闸，且表明跳闸回路或合闸回路完好，运行人员将 SA 旋转到相应的位置上，相应的信号灯将发出平光。

当断路器因故障跳闸时，保护出口继电器触点 K3 闭合，SA 的⑥-⑦触点被短接，YR 通电，断路器跳闸，HG 发出闪光，表明断路器因故障跳闸。与 K3 串联的 KS 为信号继电器电流型线圈，电阻很小。KS 通电后将发出信号，同时由于 QF3 闭合且 SA 置于"合闸后"(CD)位置，因此①-③和⑰-⑲接通，事故音响小母线 WAS 与信号回路中负电源接通(成为负电源)，启动事故音响装置将发出事故音响信号，如电笛或蜂鸣器发出的声响。

3) 断路器的防跳

若没有防跳继电器 KTL，则在合闸后，控制开关 SA 的触点⑤-⑧或自动装置触点 K1 将被卡死；而此时又遇到一次系统永久性故障，继电保护使断路器跳闸，QF1 闭合，合闸回路又被接通，如此将出现多次"跳闸—合闸"现象，这种现象称为跳跃。如果断路器发生多次跳跃现象，则会使其毁坏，从而造成事故扩大。所以在控制回路中要增设防跳继电器 KTL。

防跳继电器 KTL 有两个线圈，一个是电流启动线圈，串联于跳闸回路；另一个是电压自保持线圈，经自身的常开触点与合闸回路并联，其常闭触点则串入合闸回路中。当用控制开关 SA 合闸(⑤-⑧通)或自动装置触点 K1 合闸时，如合在短路故障上，则继电保护将动作，其触点 K2 将闭合，从而使得断路器跳闸。跳闸电流流过防跳继电器 KTL 的电流线圈，使其启动，常开触点 KTL1 闭合(自锁)，常闭触点 KTL2 打开，其 KTL 电压线圈也动作，自保持。断路器跳开后，QF1 闭合，如果此时合闸脉冲未解除，即控制开关 SA 的触点⑤-⑧或自动装置触点 K1 被卡死，则由于常闭触点 KTL2 已断开，因此断路器不会合闸。只有当触点⑤-⑧或 K1 断开后并且防跳继电器 KTL 电压线圈失电后，常闭触点才闭合，这样就防止了跳跃现象。

9.3.4 弹簧操动机构的断路器控制回路

弹簧操动机构有使用交流操作电源的弹簧操动机构和使用直流操作电源的弹簧操动机构两种。

使用直流操作电源的弹簧操动机构的断路器控制及信号回路如图 9-8 所示。图 9-8 中，M 为储能电动机，Q1~Q4 为弹簧操动机构的辅助触点，其余设备与图 9-7 相同。由于弹簧操动机构储能耗用功率小，因此合闸电流小，在断路器控制回路中，合闸回路可用控制开关直接接通合闸线圈 YO。

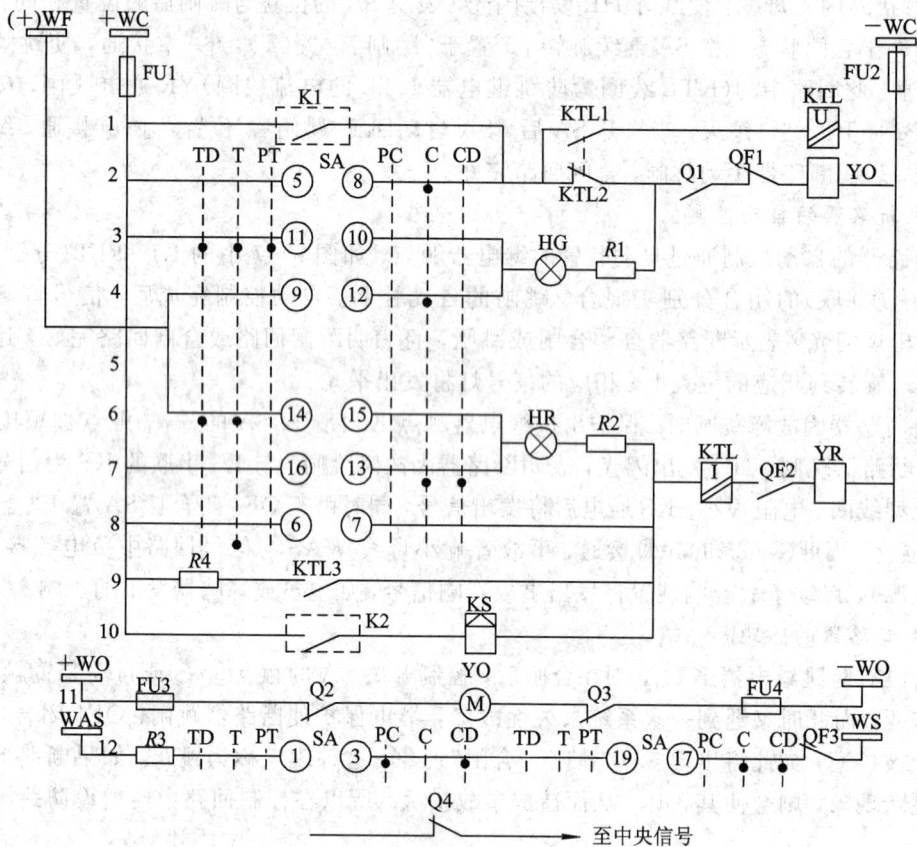

M—储能电动机；Q1~Q4—弹簧操动机构辅助触点

图 9-8 使用直流操作电源的弹簧操动机构的断路器控制及信号回路

当弹簧操动机构的弹簧未拉紧时，辅助触点 Q1 打开，不能合闸；Q2 和 Q3 闭合，使电动机接通电源储能。当弹簧拉紧时，Q1 闭合，而 Q2 和 Q3 断开，电动机停止储能。断路器是利用弹簧存储的能量来进行合闸的，合闸后，弹簧释放，电动机接通后可储能，为下次动作(合闸)作准备。

如图 9-9 所示为使用交流操作电源的弹簧操动机构的断路器控制信号回路，其工作原理与使用直流操作电源的弹簧操动机构的断路器控制信号回路的原理相似。

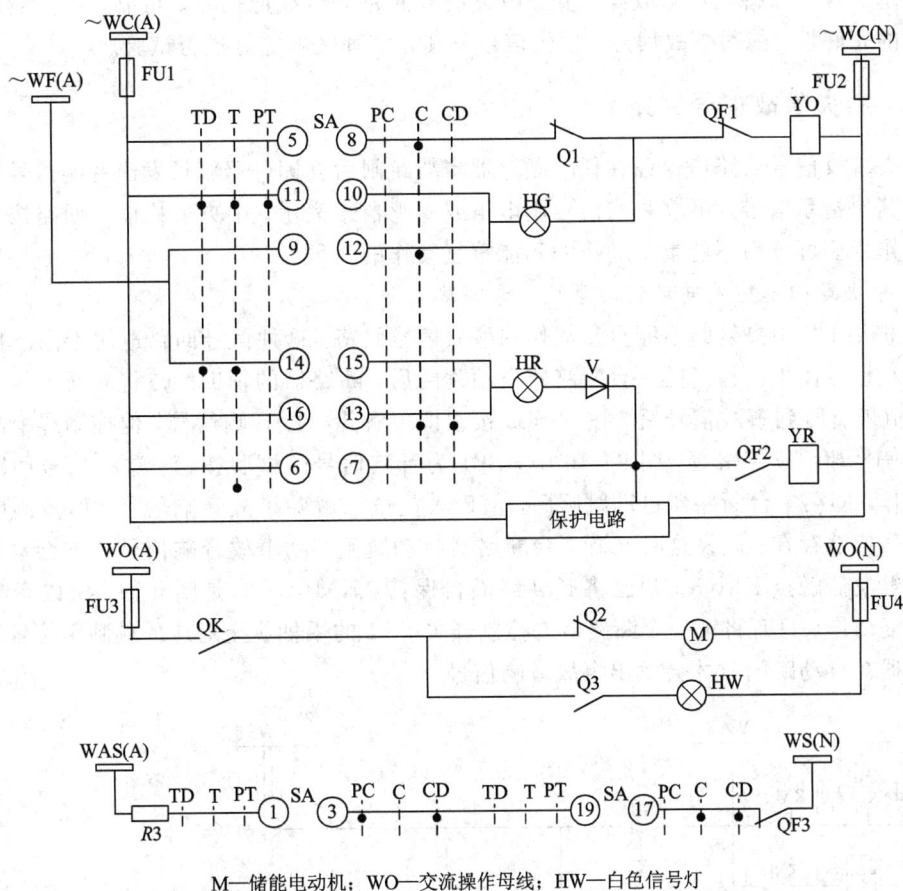

M—储能电动机；WO—交流操作母线；HW—白色信号灯

图 9-9 使用交流操作电源的弹簧操动机构的断路器控制信号回路

9.4 中央信号回路

在变配电所中，为了监视各电气设备和系统的运行状态并进行事故分析处理，经常采用信号装置。信号的类型按用途可分为事故信号、预告信号和位置信号。

事故信号用来显示断路器在事故情况下的工作状态。当断路器发生事故跳闸时，将启动蜂鸣器或电笛发出声响，同时断路器的位置指示灯会发出闪光，事故类型光字牌被点亮，可用来指示故障的位置和类型。

预告信号用来在一次设备出现不正常状态时或在当故障初期发出报警信号。当电气设备出现不正常运行状态时，启动警铃并发出声响信号，同时标有故障信号的光字牌被点亮，用来指示不正常运行状态的类型，如变压器过负荷、控制回路断线等。

位置信号用来显示断路器和隔离开关正常工作时的位置状态。对于断路器来说，红灯亮表示断路器处于合闸位置；绿灯亮表示断路器处于分闸位置。

信号回路由于装设在变配电所值班室或控制室的中央信号屏上，因此也称做中央信号回路。中央信号回路在发出音响信号后，应能手动或自动复归（解除）音响，而灯光信号及其他指示信号应保持到消除故障为止。中央信号回路的接线应简单、可靠，并应能监视信号回路的完好性，能对事故信号、预告信号及其光字牌是否完好进行试验。

9.4.1 中央事故信号回路

中央事故信号回路应保证在任一断路器事故跳闸后立即(不延时)发出音响信号和灯光信号或其他指示信号，事故音响信号用电笛或蜂鸣器来表示。中央事故信号回路按事故音响的动作特征可分为不能重复动作的和能重复动作的两种。

1) 中央复归不能重复动作的事故信号回路

图 9-10 是中央复归不能重复动作的事故信号回路。这种信号回路适用于高压出线较少的中小型变配电所。当任一台断路器自动跳闸后，断路器的辅助触点将接通事故音响信号。在值班员听到事故信号后，按下 SB2 按钮即可解除事故音响信号，但控制屏上断路器的闪光信号却继续保留着。图 9-10 中，SB1 为音响信号的试验按钮。这种信号回路不能重复动作，即第一台断路器自动跳闸后，值班人员虽已解除事故音响信号，但控制屏上的闪光信号依然存在。假设这时又有一台断路器自动跳闸，则事故音响信号将不会动作，因为中间继电器触点 KM(3-4) 已将 KM 线圈自保持，KM(1-2) 是断开的，所以音响信号不会重复动作。只有将第一个断路器的控制开关 SA1 的手柄旋至对应的跳闸后位置时，另一断路器在自动跳闸时才会发出事故音响信号。

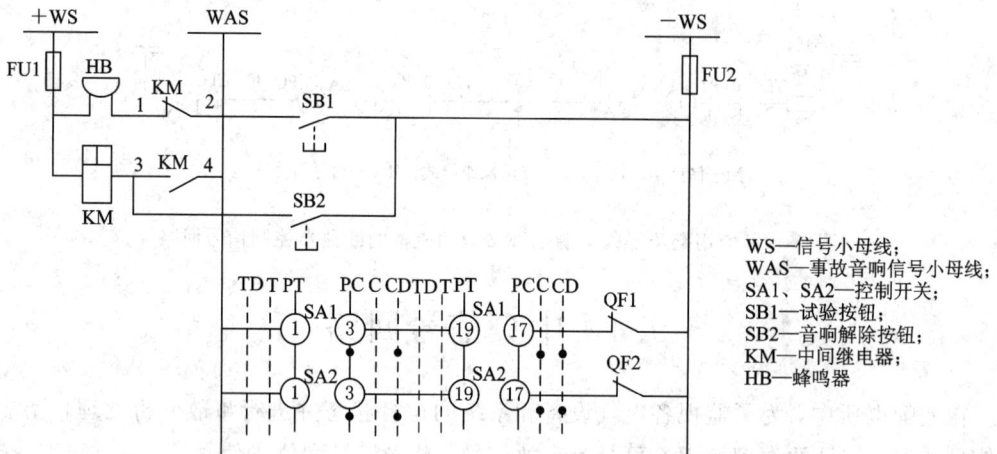

WS—信号小母线;
WAS—事故音响信号小母线;
SA1、SA2—控制开关;
SB1—试验按钮;
SB2—音响解除按钮;
KM—中间继电器;
HB—蜂鸣器

图 9-10 中央复归不能重复动作的事故信号回路

2) 中央复归能重复动作的事故信号回路

图 9-11 是中央复归能重复动作的事故信号回路。图 9-11 中，KU 为 ZC-23 型信号脉冲继电器，KRD 为干簧继电器，脉冲变流器 TA 一次侧并联的二极管 V1 和电容 C 用于抗干扰，TA 二次侧并联的二极管 V2 起单向旁路作用。当 TA 的一次电流突然减小时，在二次侧感应的反向电流经 V2 旁路，不流过干簧继电器 KRD 的线圈。例如，当某台断路器(如 QF1)自动跳闸时，会因其辅助触点与控制开关 SA1 不对应而使事故音响信号小母线 WAS 与信号小母线—WS 接通，从而使脉冲变流器 TA 的一次电流突增，其二次侧感应电动势则使得干簧继电器 KRD 动作。KRD 的动合触点闭合使中间继电器 KM1 动作，其动

合触点 KM1(1-2)闭合使 KM1 自保持；其动合触点 KM1(3-4)闭合使蜂鸣器 HB 发出音响信号；其动合触点 KM1(5-6)闭合则启动时间继电器 KT。KT 达到整定的时限后触点闭合，接通中间继电器 KM2，其动断触点断开可使 KM1 失电，从而解除了 HB 的音响信号。当另一台断路器(如 QF2)又自动跳闸时，脉冲变流器 TA 的一次电流会产生一个增量，其二次侧又感应一个电动势使干簧继电器 KRD 再次动作，从而使 HB 再次发出事故音响信号，因此这种回路称为重复动作的音响信号回路。

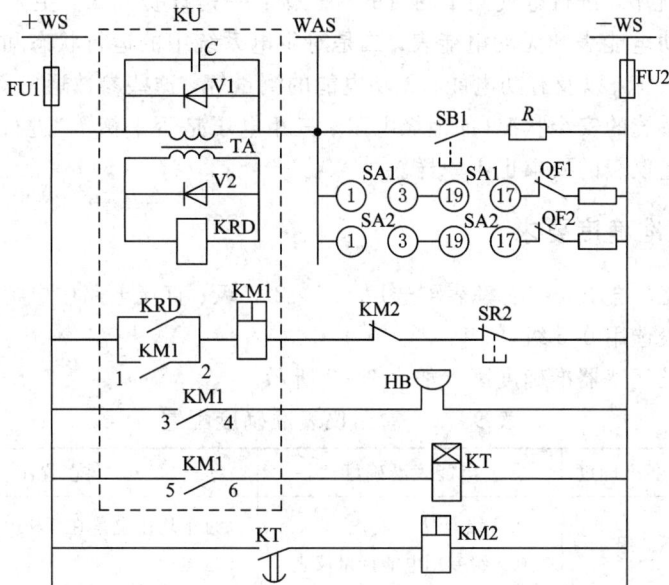

图 9-11 中央复量能重复动作的事故信号回路

9.4.2 中央预告信号回路

中央预告信号回路应保证在任一电路发生不正常运行状态时，都能按要求(瞬时或延时)准确发出音响信号和灯光信号。预告信号用电铃表示。

图 9-12 是中央复归不能重复动作的预告信号回路。当系统中发生不正常工作状态时，相应继电器触点 KA 闭合，同时启动预告音响信号电铃 HA 和光字牌 HL，值班人员得知预告信号后，按下按钮 SB2，中间继电器 KM 动作，其触点 KM(1-2)断开，解除电铃 HA 的音响信号，KM(3-4)闭合，使 KM 自保持，KM(5-6)闭合，黄色信号灯 HY 亮，提醒值班人员发生了不正常工作

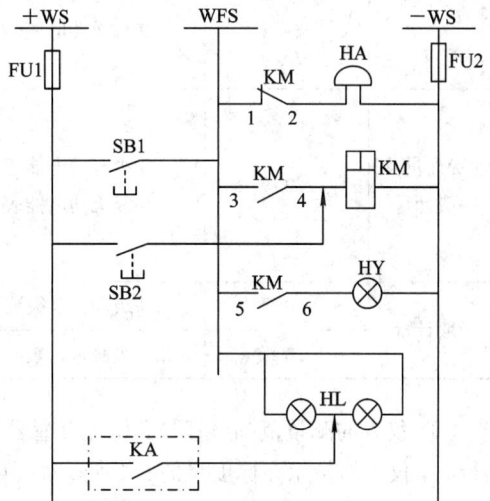

图 9-12 中央复归不能重复动作的预告信号回路

状态，而且尚未解除。当不正常工作状态消除后，继电器触点 KA 返回，光字牌 HL 的灯

光和黄色信号灯 HY 也同时熄灭。但在头一个不正常工作状态未消除时，如果出现另一个不正常工作状态，则电铃 HA 不会重复动作。至于中央复归能重复动作的预告信号回路，其基本工作原理与图 9-11 所示的中央复归能重复动作的事故信号回路相似，此处从略。

9.5 电测量仪表与绝缘监视回路

在供配电系统中，进行电气测量的目的有三个：一是计费测量，主要是计量用电单位的用电量，如有功电能表和无功电能表；二是对供电系统中的运行状态和技术经济分析进行测量，如电压、电流以及有功电能、无功电能的测量等，这些参数通常都需要定时记录；三是对交、直流系统的安全状况（如绝缘电阻、三相电压是否平衡等）进行监测。由于目的不同，因此对测量仪表的要求也不一样。

9.5.1 仪表的准确度要求

（1）交流电流、电压表和功率表可选用 1.5～2.5 级；直流电路中电流表和电压表可选用 1.5 级；频率表选用 0.5 级。

（2）电能表及互感器准确度配置如表 9-2 所示。

表 9-2 常用仪表准确度配置

测量要求	互感器准确度	电能表准确度	配 置 说 明
计费计量	0.2 级	0.5 级有功电能表 0.5 级专用电能计量仪表	月平均用电量在 1×10^6 kW·h 及以上的计量点
计费计量	0.5 级	1.0 级有功电能表 1.0 级专用电能计量仪表 2.0 级无功电能表	① 月平均用电量在 1×10^6 kW·h 及以下的计量点； ② 315 kV·A 及以上的变压器高压侧计量点
计费计量及一般计量	1.0 级	2.0 级有功电能表 3.0 级无功电能表	① 315 kV·A 及以下的变压器低压侧计量点； ② 75 kW 及以上的电动机电能计量； ③ 企业内部技术经济考核但不计费的计量点
一般计量	1.0 级	1.5 级和 0.5 级测量仪表	
一般计量	3.0 级	2.5 级测量仪表	非重要用户

（3）仪表的测量范围（量限）和电流互感器变流比的选择，宜满足当电力装置回路以额定值运行时，仪表的指示在标度尺的 2/3 处。对有可能过负荷运行的电力装置回路，仪表的测量范围宜留有适当的过负荷裕度。对重载启动的电动机和运行中有可能出现短时冲击电流的电力装置回路，宜采用具有过负荷标度尺的电流表。对有可能双向运行的电力装置回路，应采用具有双向标度尺的仪表。

9.5.2　互感器和测量仪表的配置

测量是通过测量仪表来实现的，而测量仪表又要通过互感器反映一次系统状况，所以要实现测量与监察，需要正确地配置互感器和测量仪表。

1. 电流互感器的配置

凡装有断路器的回路均应装设电流互感器。未装断路器的变压器中性点以及变压器的出口等回路中，也应装设电流互感器。装设电流互感器的数量应满足测量仪表、继电保护和自动装置的要求。在中性点直接接地的三相电网中，电流互感器按三相配置；在中性点非直接接地的三相电网中，电流互感器按两相配置，变压器回路按三相配置。用作继电保护的电流互感器应尽可能减小或消除不保护区。同一网络中各线路的电流互感器均应配置在同名相上。

2. 电压互感器的配置

电压互感器的配置除应满足测量仪表、继电保护和自动装置的要求外，还应考虑绝缘监察装置的要求。每段母线都必须装设电压互感器，以供测量、保护之用。6～10 kV 母线装设一只三相五柱式或三只单相电压互感器，35 kV 以上母线一般装设三只单相电压互感器。

3. 电气测量仪表的配置

变配电所中各部分仪表的一般配置如下所述。

(1) 在电源进线上或经供电部门同意的电能计量点，必须装设计费的有功电能表和无功电能表，而且宜采用全国统一标准的电能计量柜。为指示负荷电流，进线上还应装设一只电流表。

(2) 变配电所的每段母线上必须装设电压表测量电压。在中性点非有效接地的系统中，各段母线上还应装设绝缘监视装置。

(3) (35～110)/(6～10) kV 的电力变压器应装设电流表、有功功率表、无功功率表、有功电能表和无功电能表各一只。(6～10)/0.4 kV 的电力变压器在高压侧应装设电流表和有功电能表各一只，如为单独经济核算单位的变压器，还应装设一只无功电能表。

(4) 3～10 kV 的配电线路应装设电流表、有功电能表和无功电能表各一只。如不是送往单独经济核算单位，则可不装无功电能表。当线路负荷在 5000 kV·A 及 5000 kV·A 以上时，可再装设一只有功功率表。380 V 的电源进线或变压器低压侧各相应装一只电流表。如果变压器高压侧未装电能表，则低压侧还应装设一只有功电能表。低压动力线路上应装设一只电流表。低压照明线路及三相负荷不平衡率大于 15% 的线路上应装设三只电流表来分别测量三相电流。如需计量电能，一般应装设一只三相四线有功电能表。

(5) 在并联电力电容器组的总回路上应装设三只电流表，分别测量三相电流，并应装设一只无功电能表。

9.5.3　测量回路与绝缘监视回路

1. 电气测量回路

图 9-13 是 6～10 kV 线路电气测量仪表接线图，共配置了一只电流表、一只三相有功电能表和一只三相无功电能表。二次测量仪表装置的额定电流一般为 5 A，额定电压一般为 100 V，因此，仪表的电流和电压均通过互感器接入。

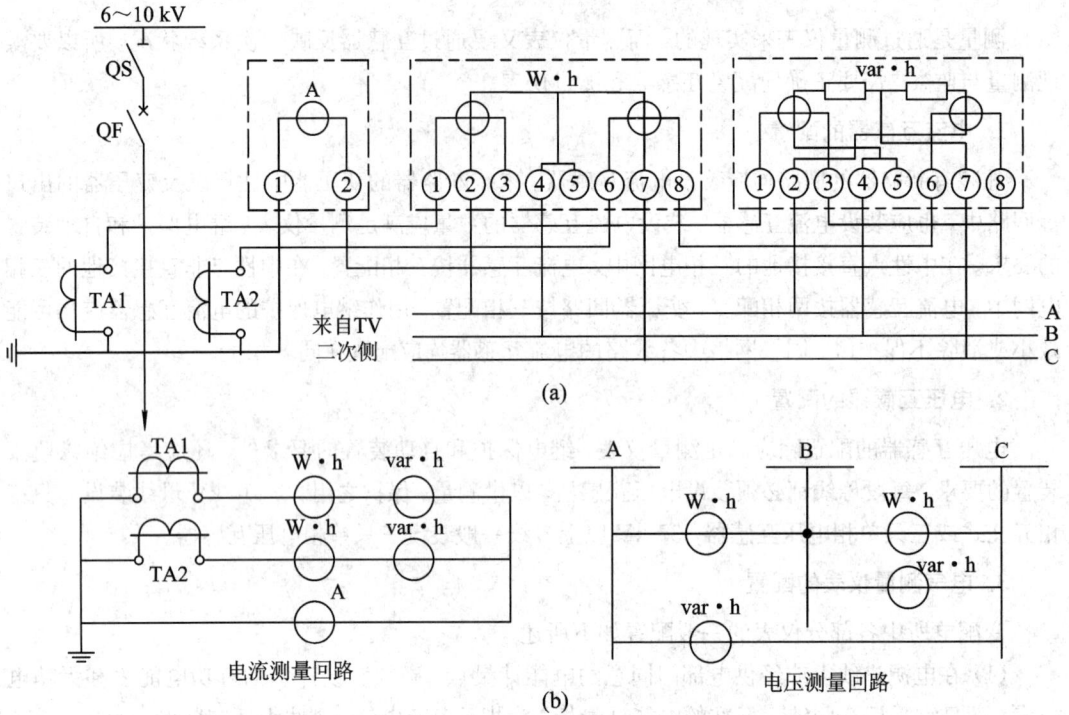

图 9 - 13　6～10 kV 线路电气测量仪表接线图

(a) 总归式原理接线图；(b) 展开式原理接线图

2. 绝缘监视回路

绝缘监察装置主要用来监视小接地电流系统相对地的绝缘情况。当这种系统发生一相接地时，线电压不变，因此对系统运行尚不至于造成危害，但这种情况不允许长期运行，否则当另一点再发生接地时，故障就发展为两相接地短路，将造成停电事故。为了防止这种情况的发生，必须装设连续工作的绝缘监察装置，以便及时发现系统中某点接地或绝缘降低。

图 9 - 14 是 6～35 kV 母线的电压测量和绝缘监视电路。该电路采用三个单相三绕组电压互感器或者一个三相五芯柱三绕组电压互感器。电压互感器二次侧有两组线圈，一组接成 Y 形，在其引出线上的三只电压表均接各相的相电压。当一次电路某一相发生接地故障时，电压互感器二次侧的对应相的电压表指示为零，其他两相的电压表读数则升高到线电压。通过零电压表的所在相即可得知该相发生了单相接地故障。图 9 - 14 中，另一组二次线圈接成开口三角形，构成零序电压过滤器，供电给一个过电压继电器。在系统正常运行时，开口三角形的开口处电压接近于零，继电器不动作。当一次电路发生单相接地故障时，将在开口三角形的开口处出现近 100 V 的零序电压，使电压继电器动作，发出报警的灯光信号和音响信号。

这种绝缘监视电路只能判别哪一相发生了故障，不能判别是哪一条线路发生了故障，因此这种绝缘监视装置是无选择性的，只适用于出线不多的系统。

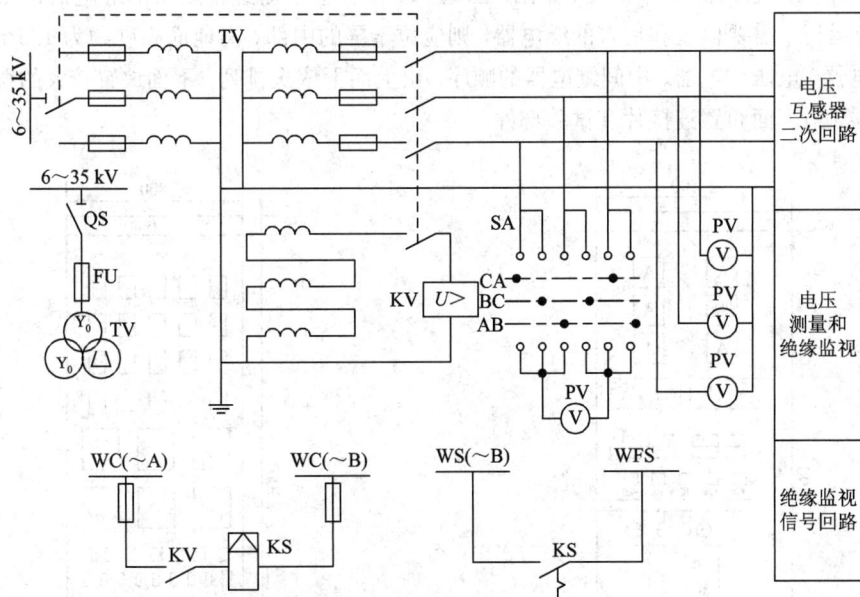

WC—控制小母线；WS—信号小母线；WFS—预告信号线母线；TV—电压互感器；
PV—电压表；QS—高压隔离开关及其辅助触点；KV—电压继电器；
KS—信号继电器；SA—控制开关

图 9 - 14　6～35 kV 母线的电压测量和绝缘监视电路

9.6　二次回路的安装接线图

安装接线图是反映二次设备及其连接和实际安装位置的图纸。安装接线图主要用于变配电所二次电路进行安装接线，以及运行试验中对二次线路进行检查、维修和故障处理。安装接线图可分为屏面布置图、屏后接线图和端子排图。

9.6.1　屏面布置图

屏面布置图是二次设备在屏上安装的依据。屏面布置图中的设备尺寸及设备间距都要按比例准确地绘出，屏面设备的排列布置一般应满足下列要求。

(1) 便于观察。在运行中需经常监视的仪表一般布置在离地面 1.8 m 上下；属于同一电路的相同性质的仪表在布置时应互相靠近；信号设备的布置要显而易辨。

(2) 便于操作和调整。控制开关、调节手轮、按钮的高度一般距地 0.8～1.5 m。

(3) 检修试验安全、方便。

(4) 设备布置要紧凑合理、协调美观。

图 9 - 15 为线路控制屏的屏面布置图。电流表、功率表位于最上几排，距地面高度为 1.5～2.2 m 左右；下面为光字牌、转换开关、同期开关等；再下面为模拟母线、隔离开关位置指示器、信号灯具以及控制开关等。为了便于运行管理和设计，通常将二次设备及其接线划分为不同的安装单位(或称为安装单元)。一般将属于可独立运行的一个一次电路的二次设备划分为一个安装单元。如图 9 - 15 所示，线路的控制屏有两个安装单元。

图 9-16 为继电保护屏的屏面布置图。图 9-16 中一些不需经常观察的继电器都布置在屏的上部，而运行中需要监视和检查的继电器，则应位于屏的中部，离地面高度约为 1.5 m。通常按电流继电器、电压继电器、中间继电器的顺序，由上而下依次排列。下面放置较大的继电器和信号继电器，最下面布置连接片和试验部件。

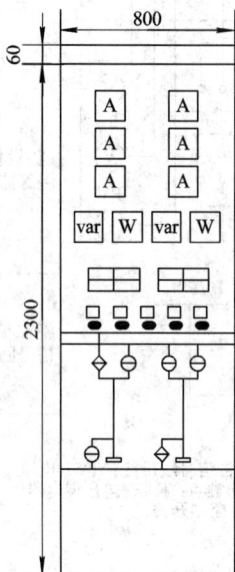

图 9-15 线路控制屏的屏面布置图

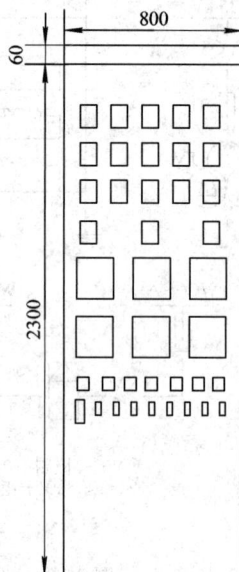

图 9-16 继电保护屏的屏面布置图

9.6.2 接线端子及端子排图

在各种控制、保护、信号等二次屏屏后的左右两侧均装设有接线端子排。接线端子排由各种形式的接线端子组合而成，是二次接线中专用来接线的配件，凡屏内设备与屏外设备及屏顶小母线连接时，必须经过端子排；同一屏内不同安装单位的设备互相连接时，也要经过端子排；而同一屏内同一安装单位的设备互相连接时，则不需要经过端子排。根据结构形式和用途，接线端子可以分成下列几种类型。

(1) 一般端子。一般端子又称普通端子，用于同一个回路导线的直接连接，为用量最多的端子。其外形如图 9-17(a) 所示。

(2) 连接端子。通过绝缘座上部的中间缺口，用导电片把相邻的端子连在一起，即形成了连接端子，这种端子用于连接有分支的二次回路导线，其外形如图 9-17(b) 所示。

(3) 试验端子。这种端子用于运行试验时不允许断开的电流互感器回路，如图 9-17(c)。试验端子的接线如图 9-17(d)。

(4) 连接型试验端子。这种端子同时具有试验端子和连接端子的作用，与试验端子相似。所不同的是，其绝缘座上部的中间有一个缺口。这种端子应用在彼此连接的电流试验回路中。

(5) 特殊端子。特殊端子用于需要很方便断开的二次回路中。

(6) 终端端子。终端端子用于固定或分离不同安装单元的端子。

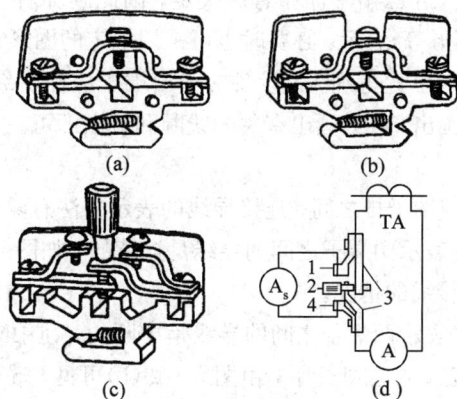

图 9-17 端子外形图

(a) 一般端子；(b) 连接端子；(c) 试验端子；(d) 试验端子的接线

图 9-18 为端子排的表示方法。在端子排中，每个端子要按一定的规律进行排列，同时还要按排列顺序进行编号。端子排的排列应遵照如下原则：① 不同安装单位的端子应分别排列，不得混杂在一起；② 端子排一般采用竖向排列，且应排列在靠近本安装单位设备的那一侧；③ 每一个安装单位端子排的端子应按一定次序排列，以便于寻找端子，其排列次序为：交流电流回路、交流电压回路、信号回路、控制回路、其他回路。

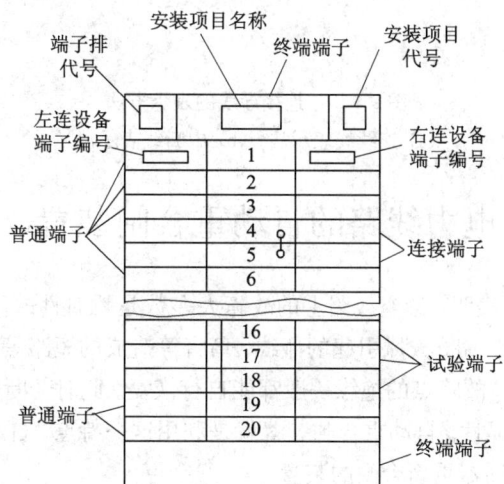

图 9-18 端子排的表示方法

9.6.3 屏后接线图

屏后接线图标明了屏上设备引出端子之间的连接情况，以及设备与端子排之间的连接情况。屏后接线图是二次屏组装过程中配线的依据，也是现场安装施工、调试试验和运行时的重要参考图纸。它是以展开图、屏面布置图和端子排图为依据绘制的。

绘制屏后接线图的基本原则和方法如下所述。

(1) 屏后接线图是背视图，看图者的位置应在屏后，因此左右方向正好与屏面布置图相反。

(2) 屏上各设备的实际尺寸已由平面布置图决定,因此画屏后接线图时,设备外形可采用简化外形(如方形、圆形、矩形等)表示,必要时也可采用规定的图形符号表示。图形不要按比例绘制,但要保证设备间的相对位置正确。各设备的引出端子应注明编号,并按实际排列顺序画出。设备内部接线一般不必画出,或只画出有关的线圈和触点即可。从屏后看不见的设备轮廓其边框应用虚线表示。

(3) 设备与设备、设备与端子排之间,连接导线的表示方法有两种。

① 连续线表示法。该法表示两端子之间的导线是连续的,如图 9-19(a)所示。这种表示法导线较多,只适用于较简单接线的情况。

② 中断线表示法。该法表示两端子之间的导线是中断的,在中断处采用相对编号法。如甲乙两端子相连,则在甲处标乙,在乙处标甲。由图 9-19(b)可见,端子排 X1 的 2 号端子与仪表 P3 的 4 号端子连接,X1 的 4 号端子与 P3 的 3 号端子连接等。中断线表示法省略了部分导线,使得接线图清晰易辨,故在工程实际中得到了广泛应用。

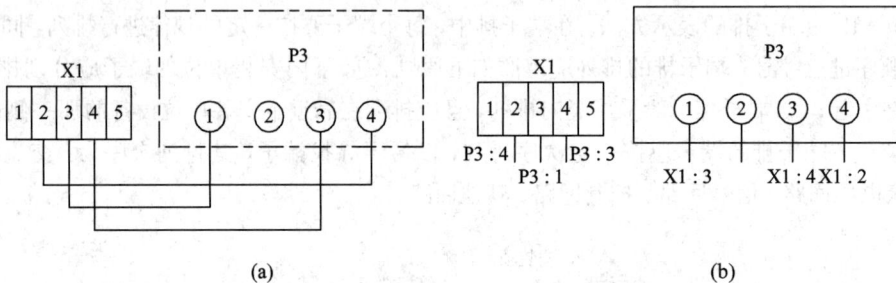

图 9-19　连接导线的表示方法
(a) 连续线表示法;(b) 中断线表示法

9.7　电力线路的自动重合闸装置(ARD)

电力系统的运行经验表明,架空线路上的故障大多数是瞬时性故障,这些瞬时性故障包括大气过电压造成的绝缘子闪络、大风引起的碰线、鸟害等造成的短路等。这些故障虽然会引起断路器跳闸,但短路故障后,故障点的绝缘一般都能自行恢复。此时若断路器再合闸,便可恢复供电,从而提高了供电的可靠性。自动重合闸装置就是利用这一特点。自动重合闸装置是当断路器跳闸后,能够自动地将断路器重新合闸的装置。

自动重合闸装置简称 ARD,主要用于架空线路,在电缆线路中一般不用,因为电缆线路中的大部分跳闸都是因电缆、电缆头或中间接头的绝缘破坏而导致的,这些故障一般不是短暂的。

自动重合闸装置按操作机构的不同可分为机械式和电气式,机械式 ARD 适用于弹簧操动机构的断路器,电气式 ARD 适用于电磁操动机构的断路器;按动作次数的多少可分为一次动作重合闸、二次或三次动作重合闸。在供配电系统中,一般采用一次重合闸装置。

9.7.1　对自动重合闸装置的基本要求

(1) 手动或通过遥控操作将断路器断开,或手动合闸于故障,随即由保护装置动作,断路器跳闸后,自动重合闸不应动作。

（2）除上述情况外，当断路器因继电保护动作或其他原因而跳闸时，自动重合闸装置均应动作。

（3）自动重合闸的次数应符合预先规定，即使 ARD 装置中任一元件发生故障或接点粘接，也应保证不多次重合闸。

（4）应优先采用控制开关位置与断路器位置不对应的原则来启动重合闸，同时也允许由保护装置来启动，但此时必须采取措施来保证自动重合闸能可靠地动作。

（5）自动重合闸在完成动作以后，一般应能自动复归，准备好下一次再动作。有值班人员看守的 10 kV 以下的线路也可采用手动复归。

（6）自动重合闸应有可能在重合闸以前或重合闸以后加速继电器保护的动作。

9.7.2　电气一次自动重合闸装置

图 9 - 20 为采用 DH - 2 型重合闸继电器的自动重合闸原理图，图中所画为合闸后的位置。SA1 为断路器的控制开关，SA2 为自动重合闸装置的选择开关，用于投入和解除 ARD 装置。

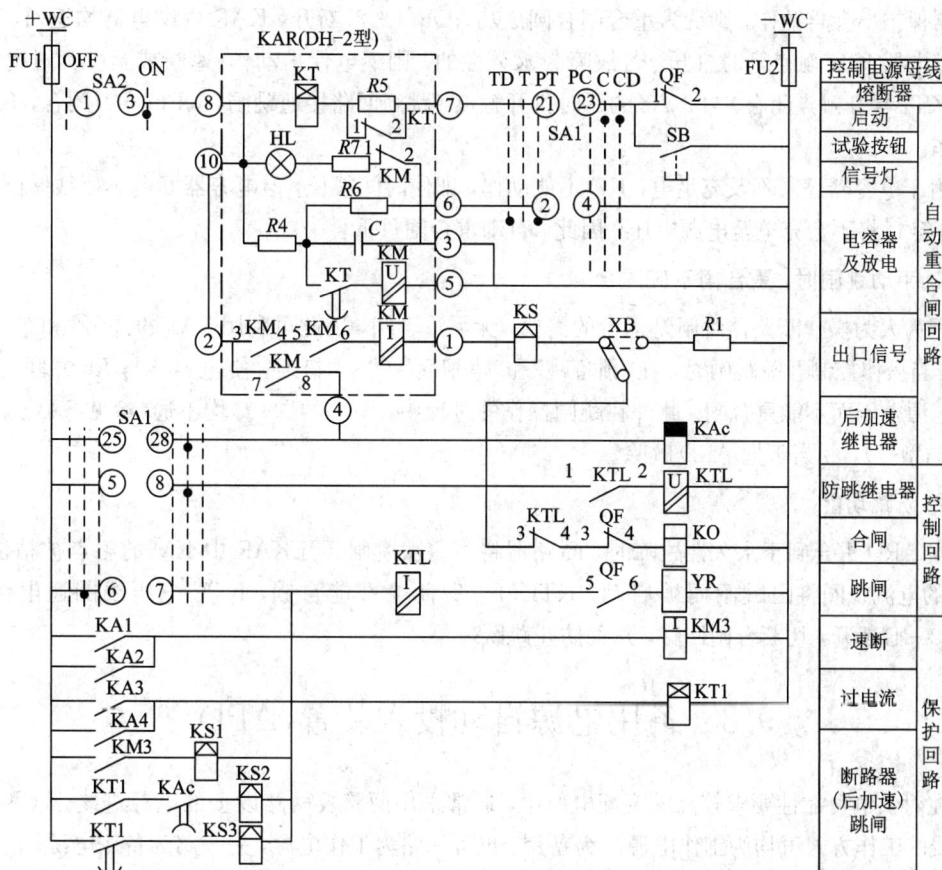

SA1—控制开关；SA2—选择开关；KAR—重合闸继电器；KO—合闸接触器；KTL—防跳继电器；
KAc—后加速继电器；KS—信号继电器；YR—跳闸线圈；QF—断路器辅助触点；XB—连接片

图 9 - 20　电气一次自动重合闸原理接线图

1. 故障跳闸后的自动重合闸过程

当线路正常运行时，SA1 和 SA2 都在合闸的位置，图 9-20 中，除①-③、㉑-㉓接通之外，其余接点均不接通，ARD 投入工作，QF(1-2)是断开的。重合闸继电器 KAR 中电容器 C 经 $R4$ 充电，其充电回路是＋WC→SA2→$R4$→C→－WC，同时指示灯 HL 亮，表示母线电压正常，电容器已在充电状态。

当线路发生故障时，由继电保护(速断或过电流)动作，使跳闸回路通电跳闸，KTL 的电流线圈启动，KTL(1-2)闭合，但因 SA1⑤-⑧不通，KTL 的电压线圈不能自保持，故跳闸后，KTL 的电流电压线圈将断电。由于 QF(1-2)闭合，KAR 中的 KT 通电动作，KT(1-2)打开，使 $R5$ 串入 KT 回路，以限制 KT 线圈中的电流，仍使 KT 保持动作状态，KT(3-4)经延时后闭合，电容器 C 对 KM(I)线圈放电，使 KM 动作，KM(1-2)打开使 HL 熄灭，表示 KAR 动作。KM(3-4)、KM(5-6)和 KM(7-8)闭合，合闸接触器 KO 经＋WC→SA2→KM(3-4)、KM(5-6)→KM 电流线圈→KS→XB→KTL(3-4)→QF(3-4)接通，使断路器重新合闸。同时，后加速继电器 KAc 也因 KM(7-8)闭合而启动，KAc 闭合。若故障为瞬时性的，且此时故障应已消失，继电器保护不会再动作，则认为重合闸合闸成功。QF(1-2)断开，KAR 内继电器均返回，但后加速继电器 KAc 触点延时打开。若故障为永久性的，则继电保护动作(速断或至少为过电流动作)，KT1 常开触点闭合，经 KAc 的延时打开触点，跳闸回路接通跳闸，QF(1-2)闭合，KT 重新动作。

由于电容器还来不及充足电，KO 不能动作，即使时间很长，但电容器 C 与 KO 线圈已经并联，电容 C 将不会充电至电源电压，因此，自动重合闸只重合一次。

2. 手动跳闸时，重合闸不应重合

因为人为操作断路器跳闸是运行的需要，无需重合闸，因此可利用 SA1 的㉑-㉓和②-④来实现。当操作控制开关跳闸时，在"预备跳"和"跳闸后"②-④接通，使电容器与 $R6$ 并联，充电不到电源电压而不能重合闸。此外在跳闸操作的过程中，SA1 的㉑-㉓均不通(参见 SA1 选用表 9-1 的型号)，相当于把 ARD 解除。

3. 防跳功能

当 ARD 重合闸于永久性故障时，断路器将再一次跳闸，当 KAR 中 KM 的触点被粘住时，KTL 的电流线圈将因跳闸而被启动，KTL(1-2)闭合并能自锁，KTL 电压线圈通电保持，KTL(3-4)断开，切断合闸回路，从而防止跳跃现象。

9.8 备用电源自动投入装置(APD)

在对供电可靠性要求较高的变配电所中，通常采用两路及两路以上的电源进线。这两路电源进线的工作方式可均为工作电源互为备用，也可一路为工作电源，另一路为备用电源。前者称为暗备用，后者称为明备用。备用电源自动投入装置(简称 APD)就是当主电源线路中发生故障而断电时，能自动并且迅速将备用电源投入运行，以确保供电可靠性的装置。

9.8.1 对备用电源自动投入装置的要求

对备用电源自动投入装置的要求如下所述。

(1) 当工作电源不论何种原因消失(故障或误操作)时，APD 应动作；

(2) 应保证在工作电源断开后备用电源电压正常，才投入备用电源；

(3) 备用电源自动投入装置只允许动作一次；

(4) 电压互感器二次回路断线时，APD 不应误动作；

(5) 在采用 APD 的情况下，应检验备用电源的过负荷情况和电动机的自启动情况。如过负荷严重或不能保证电动机自启动，则应在 APD 动作前自动减负荷。

9.8.2 备用电源自动投入装置的接线

由于变电所电源进线及主接线不同，因此对所采用的 APD 的要求和接线也不同，如 APD 有采用直流操作电源的，也有采用交流操作电源的。

1. 主电源与备用电源方式的 APD 接线

如图 9 - 21 所示为采用直流操作电源的备用电源自动投入原理接线图。

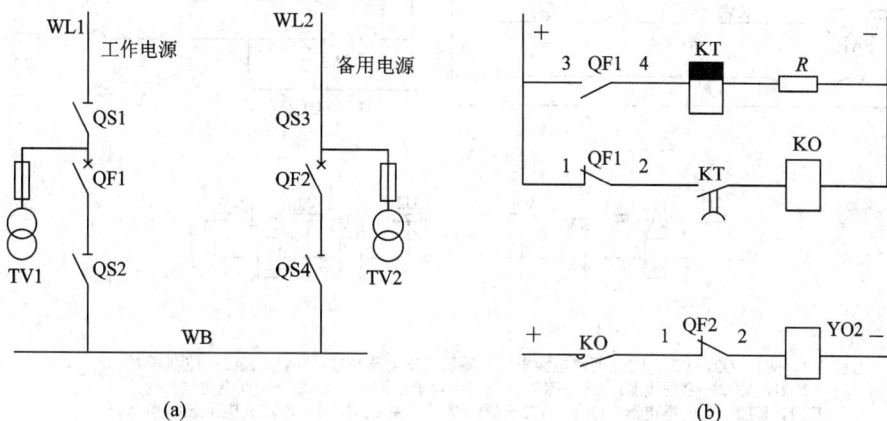

图 9 - 21 备用电源自动投入原理接线图
(a) 对应的主接线图；(b) 备用电源自动投入装置接线图

当工作电源进线因故障断电时，失压保护动作，使 QF1 跳闸，其辅助常闭触点 QF1(1 - 2) 闭合，常开触点 QF1(3 - 4)打开，时间继电器 KT 线圈失电，由于 KT 触点延时打开，因此在其打开前，合闸接触器 KO 通电，QF2 的合闸线圈 YO2 通电合闸，由于 QF2 两侧的隔离开关处于预先合闸的位置，因此备用电源被投入。应当注意，这个接线比较简单，有些未画出，如母线 WB 短路会引起 QF1 跳闸，也会引起备用电源自投，这是不允许的。所以，只有当电源进线上方发生故障，而 QF1 以下部分没有发生故障时，才能投入备用电源。只要是 QF1 以下的线路发生故障并引起 QF1 跳闸时，应加入备用电源闭锁装置，以禁止 APD 投入。

2. 互为备用电源的 APD 接线

当双电源进线互为备用电源时，要求在任一路工作电源消失时，另一路备用电源自动投入装置动作。双电源进线的两个 APD 接线是相似的，如图 9 - 22 所示，该图为断路器采用交流操作的弹簧操动机构，其主电路一次接线如图 9 - 21 所示，只不过进线电源均为工作电源。

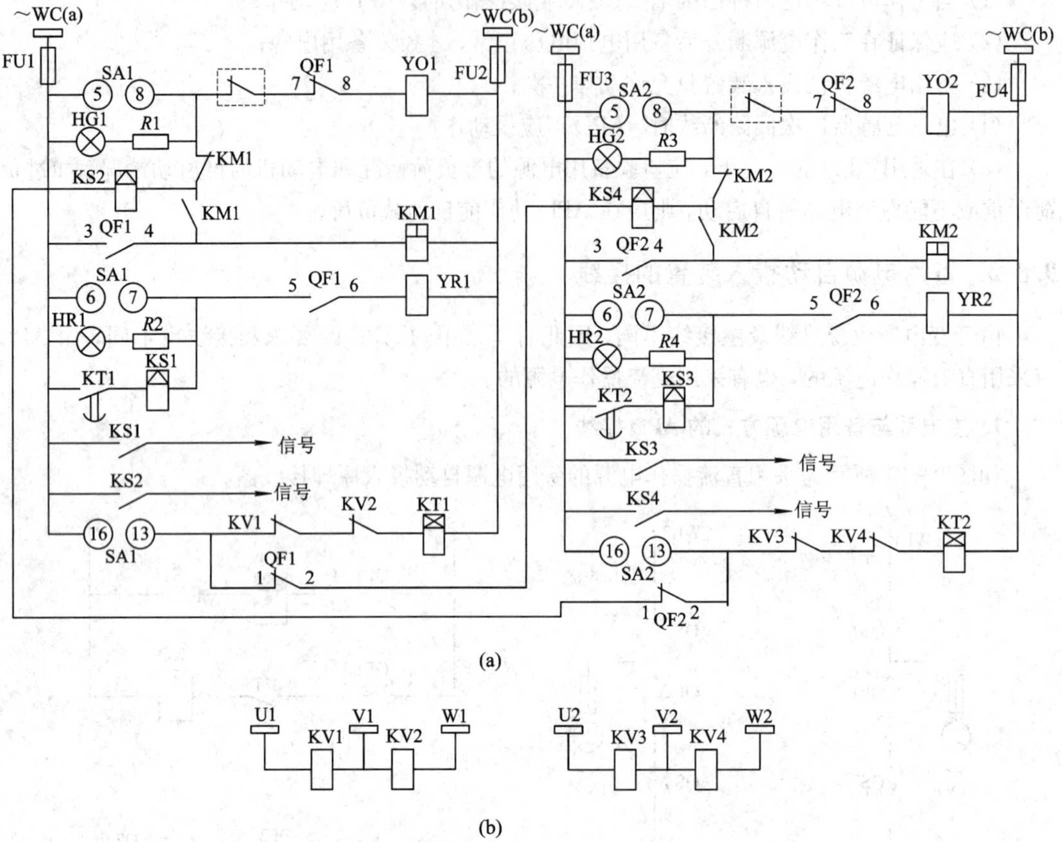

图 9-22 双电源互为备用电源的 APD 原理接线图

(a) APD 控制电路；(b) 两路电源进线二次电压回路

U1，V1，W1，U2，V2，W2—两路电源电压互感器二次电压母线；SA1，SA2—控制开关；
YO1，YO2—合闸线圈；KS1~KS4—信号继电器；KM1，KM2—中间继电器；
KT1，KT2—时间继电器；QF1，QF2—断路器辅助触点；KV1~KV2—电压继电器

当 WL1 工作时，WL2 为备用。QF1 在合闸位置，SA1 的⑤-⑧、⑥-⑦不通，⑯-⑬通。QF1 的辅助触点中常闭打开，常开闭合。QF2 在跳闸位置，SA2 的⑤-⑧、⑥-⑦、⑬-⑯均断开。

当 WL1 电源侧因故障而断电时，电压继电器 KV1、KV2 常闭触点闭合，KT1 动作，其延时闭合触点延时闭合，使 QF1 的跳闸线圈 YR1 通电，则 QF1 跳闸。QF1(1-2)闭合，则 QF2 的合闸线圈 YO2 经 SA1⑯-⑬→QF1(1-2)→KS4→KM2 常闭触点→QF2(7-8)→WC(b)而通电，将 QF2 合上，从而使备用电源 WL2 自动投入，变配电所恢复供电。

同样，当 WL2 为主电源时发生上述现象后，WL1 也能自动投入。在合闸电路中，虚框内的触点为对方断路器保护回路的出口继电器触点，用于闭锁 APD。当 QF1 因故障跳闸时，WL2 线路中的 APD 合闸回路便被断开，从而保证变配电所内部故障跳闸时，APD 不被投入。

9.9 变电所综合自动化

随着电力系统自动化技术的发展，变电所的二次测量、控制、保护等功能的智能化、分散化

和网络化已成为该行业发展的必然趋势。越来越多的变电所要求达到无人值班的标准，因此"常规保护＋中央音响＋中央信号"的传统模式已不再适合现代电力技术发展的要求。变电所综合自动化是将变电所的二次设备(包括测量仪表、信号系统、继电保护、自动装置和远动装置等)经过功能的组合和优化设计，利用先进的计算机技术、现代电子技术、通信技术和信号处理技术，对全变电所的主要设备和输、配电线路实现自动监视、测量、自动控制和微机保护，以及与调度通信等综合性的自动化功能。变电所实现综合自动化后，具备功能综合化、结构微机化、操作监控屏幕化、运行管理智能化、通信局域网络化等特征，它利用多台微型计算机和大规模集成电路组成的自动化系统代替常规的测量和监视仪表、常规控制屏、中央信号系统和远动屏，用微机保护代替常规的继电保护屏，从而改变了常规的继电保护装置不能与外界通信的缺陷。

9.9.1　变电所实现综合自动化的优越性

与常规变电所的二次系统相比，变电所实现综合自动化可以在以下几个方面体现出独特的优越性。

(1) 供电质量高。变电所综合自动化系统中包括电压、无功自动控制功能，对于具备有载调压变压器和无功补偿电容器的变电所，可根据实际运行情况进行实时调整与控制，从而大大提高了电压合格率，使无功潮流更为合理，并降低了电能损耗。

(2) 变电所运行管理的自动化水平高。变电所实现综合自动化后，监视、测量、记录等工作都由计算机自动进行，避免人为主观干预，从而提高了测量精度。

(3) 在线运行的可靠性高。变电所综合自动化系统一般是由各个微机子系统组成的，可以利用软件实现在线自检，具有故障诊断功能，从而提高了变电所综合自动化系统的运行水平。

(4) 缩小占地面积，减少控制电缆。变电所实现综合自动化以后，获得的所有数据和信号可以由各个部分分享，同时由于硬件电路多采用大规模集成电路，结构紧凑、体积小、功能强，从而大大缩小了变电所的占地面积，节省了大量的控制电缆。

(5) 促进无人值班变电所管理模式的实行。变电所综合自动化系统可以收集到非常齐全的数据信息。该系统还具有强大的计算能力和逻辑判断功能，可以很方便地监视和控制变电所的各种设备。如监控系统的抄表、记录实现自动化后，值班人员可不必定期抄表、记录，从而可实现少人值班，如果配置了与上级调度的通信功能，能实现遥测、遥信、遥控和遥调，则可实现无人值班变电所管理模式。

(6) 专业综合，易于发现问题，恢复供电快。变电所综合自动化系统装备有先进的计算机，可以收集需要的数据和信号，利用计算机高速计算和正确处理的能力将数据和信号进行处理后，将综合结果反映给值班人员。这样可以很快发现并处理事故，及早恢复供电。

9.9.2　变电所综合自动化系统的基本功能

1. 微机保护功能

微机保护是综合自动化系统的关键环节。变电所综合自动化系统中的微机保护主要包括输电线路保护(保护功能包括小电流接地系统自动选线、自动重合闸等)、电力变压器保护、母线保护和电容器保护。

2. 监视控制的功能

监控系统应能够：① 取代常规的测量系统，取代指针式仪表；② 改变常规的操动机构和模拟盘，取代常规的告警、报警、中央信号、光字牌等；③ 取代常规的远动装置等。

因此，监控系统一般包括以下几部分功能。

(1) 数据采集与处理。其内容包括模拟量、开关量和电能量的采集，并将采集到的数据去伪存真，供计算机处理之用。

(2) 事件顺序记录。其内容包括断路器跳、合闸记录，保护动作顺序记录。

(3) 故障记录、故障录波和测距。35 kV、10 kV、6 kV 的配电线路很少专门设置故障录波器，为了分析故障方便，可设置简单的故障记录功能。故障记录用来记录继电保护动作前后、与故障有关的电流量和母线电压。

(4) 操作控制功能。操作人员可通过 CRT 屏幕对断路器和隔离开关(如果允许电动操作的话)进行分、合操作，对变压器分接开关位置进行调节控制，对电容器进行投、切控制，同时还要能接受遥控操作命令，进行远方操作。为防止计算机系统故障时无法操作被控设备，故在设计时，应保留人工直接跳、合闸手段。

(5) 安全监视功能。在运行过程中，监控系统要对采集的电流、电压、主变压器温度、频率等量不断地进行越限监视，如发现越限，立刻发出报警信号，同时记录和显示越限时间和越限值。另外，还要监视保护装置是否失电，自控装置工作是否正常等。

(6) 人机联系功能。操作人员或调度员只要面对 CRT 显示器的屏幕，通过操作鼠标或键盘，就可对全站的运行情况和运行参数一目了然，并可对全站的断路器和隔离开关等进行分、合操作，从而改变了传统的依靠指针式仪表和依靠模拟屏或操作屏等手段的操作方式。

(7) 打印功能。对于有人值班的变电所，监控系统可以配备打印机，完成以下打印记录功能：定时打印报表和运行日志，开关操作记录打印，事件顺序记录打印，越限打印，召唤打印，抄屏打印和事故追忆打印。

(8) 数据处理与记录功能。其内容包括：主变压器和输电线路有功功率和无功功率每天的最大值和最小值以及相应的时间，母线电压每天定时记录的最高值和最低值以及相应的时间，计算配电电能平衡率，统计断路器动作次数，断路器切除故障电流和跳闸次数。

3. 自动控制装置的功能

变电所综合自动化系统必须具有保证安全、可靠供电和提高电能质量的自动控制功能。为此，应配置相应的自动控制装置，如电压、无功综合控制装置、低频率减负荷控制装置、备用电源自投控制装置、小电流接地选线装置等。

4. 远动及数据通信功能

变电所综合自动化的通信功能包括系统内部的现场级间的通信和自动化系统与上级调度间的通信两部分。现场级间的通信主要解决系统内部各子系统间或与上位机(监控主机)间的数据和信息交换问题，其通信范围是变电站内部；综合自动化系统必须具备 RTU 的功能，即应该能够将所采集的模拟量和状态量信息，以及时间顺序记录等远传至调度端，同时应该能够接受调度端下达的各种操作、控制、修改定值等命令。

9.9.3　变电所综合自动化系统的结构形式

变电所综合自动化系统的结构形式大致可分为集中式、分层分布式、分散与集中相结合和全分散式等几种。目前供电系统应用较多的是分层分布式以及分散与集中相结合的结构。

1. 中小型变电所的分层分布式集中组屏结构

所谓分布式结构，是指在结构上采用主从 CPU 协同的工作方式，各功能模块之间采用网络技术或串行方式实现数据通信；所谓分层式，是将变电所信息的采集和控制分为变电所层、单元层和设备层三个级分层布置。

分层分布式系统集中组屏的结构是把整套综合自动化系统按其不同的功能组装成多个屏（或柜），如主变压器保护屏、线路保护屏、数据采集屏、出口屏等。一般这些屏都集中安装在主控制室内，这种结构简称为分布集中式结构，如图 9-23 所示。

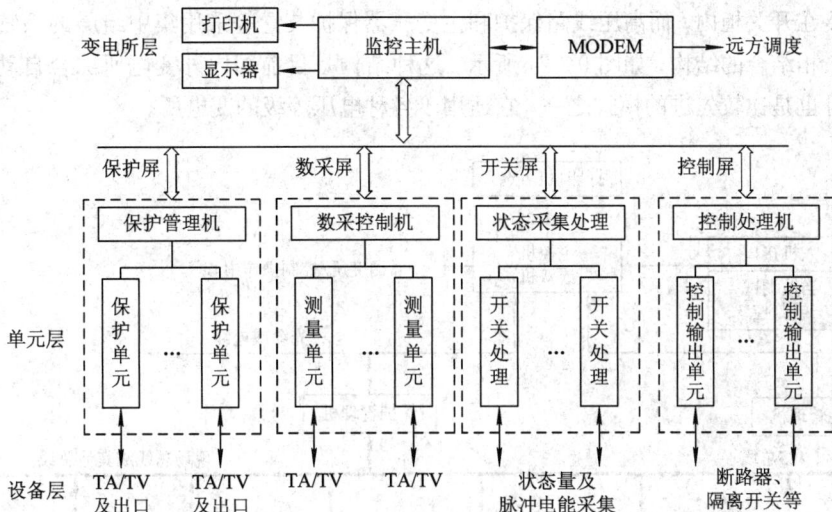

图 9-23 分层分布式集中组屏的变电所综合自动化系统结构框图

图 9-23 中，保护单元用的微机大多数为 16 位或 32 位单片机，保护单元是按对象来划分的，即一回线或一组电容器各用一台单片机，再把各保护单元和数据采集单元分别安装于各保护屏和数据采集屏上，由监控主机集中对各屏（柜）进行管理，然后通过调制解调器与调度中心联系。

为了提高综合自动化系统整体的可靠性，系统采用按功能划分的分布式多 CPU 系统。每个功能单元基本上由一个 CPU 组成，多数采用单片机，也有一个功能单元由多个 CPU 组成的，例如，主变压器保护有主保护和多种后备保护，往往由 2 个或 2 个以上 CPU 完成不同的保护功能。这种按功能设计的分散模块化结构具有软件简单，调试维护方便，组态灵活等优点。

变电所的监控主机（也称上位机）通过局部网络与保护管理机和数采控制机以及控制处理机通信。监控主机的作用为在无人值班的变电所负责与调度中心的通信，使变电所综合自动化系统具有 RTU 的功能，完成"四遥"的任务；在有人值班的变电所，除了仍然负责与调度中心的通信外，还负责人机联系，使综合自动化系统通过监控机完成当地显示、制表打印、开关操作等功能。

2. 分散与集中相结合的综合自动化系统结构

这是目前国内外较为流行并受到广大用户欢迎的一种综合自动化系统。这种结构采用"面向对象"，即面向电气一次回路或电气间隔（如一条出线、一台变压器、一组电容器等）的方法进行设计，将单元层中各数据采集单元、监控单元和保护单元做在一起，将其设计在同一机箱中，并将这种机箱就地分散安装在开关柜上或其他一次设备附近。这样各间隔单元的设备相互独立，仅通过光纤或电缆网络即可由变电所对它们进行管理和交换信息。这是将功能分布和物理分散两者有机结合的结果。通常，能在单元层内完成的功能一般不依赖于通信网络，如保护功能本身不依赖于通信网络，这就是分散式结构。

这种组态模式集中了分布式的全部优点，此外还最大限度地压缩了二次设备及其繁杂的二次电缆，节省了土地投资。这种结构形式其本身配置灵活，在安装配置上除了能分散安装在间隔开关柜上以外，还可以实现在控制室内集中组屏或分层组屏。这种将配电线路的保护和监控单元分散安装在开关柜内，而高压线路保护和主变压器保护装置等采用集中组屏的系统结构称为分散和集中相结合的结构，如图 9-24 所示。这种结构是目前国内外变电所综合自动化结构中最热门而且也是比较先进的模式之一，它适用于各种电压等级的变电所。

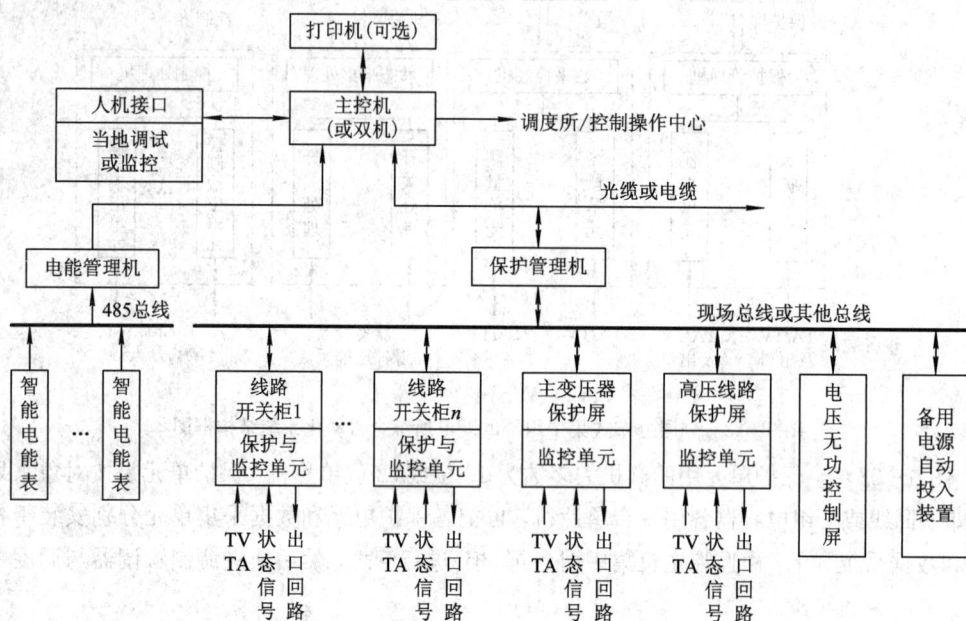

图 9-24 分散与集中相结合的变电所综合自动化系统结构框图

基本技能训练 二次接线图的识图

1. 原理接线图

原理接线图是用于表示继电保护、测量仪表和自动装置等工作原理的图纸。在原理接线图中，通常将二次接线和一次接线中的有关部分画在一起。在原理接线图上，所有仪表、继电器和其他电器都是以整体形式表示的，其相互联系的电流回路、电压回路和直流回路都综合在一起。这种接线图能够使看图者对整个装置的构成及工作原理有一个明确的整体概念。

如图 9-25 所示为某 6~10 kV 线路的过电流保护原理接线图。图 9-25 蕴含的原理是：当线路发生短路或过负荷时，至少流经 A 相和 C 相电流互感器之一的二次侧电流将显著增大，当超过电流继电器 KA1 或 KA2 的定值时，KA1 或 KA2(有时二者同时)将动作，致使其常开触点闭合，从而导致时间继电器 KT 线圈通电。在经历 KT 所整定的延时动作时间后，KT 的常开延时闭合触点将合上，又因断路器现处于合闸位置，故其常开辅助触点在合位，这样 KS 和 YR 将动作，从而引起 QF 跳闸，并由 KS 发出跳闸信号，以便于值班人员确认保护已动作。

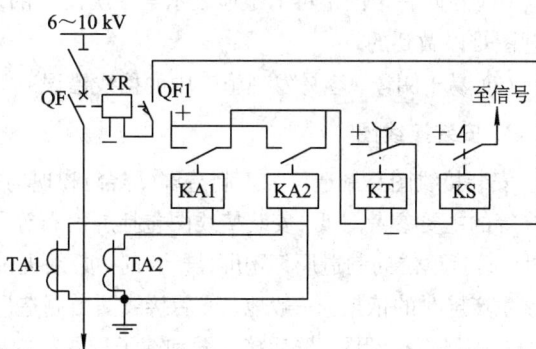

图 9-25　6～10 kV 线路过电流保护原理接线图

　　由于原理接线图上各元件之间的联系是以元件的整体连接来表示的，没有给出元件的内部接线，没有元件引出端子的编号和回路的编号，因此，对于复杂的回路，这种接线图难以分析和找出问题。仅有原理图还不能对二次回路进行检查、维修和安装配线。

2. 展开接线图

　　展开接线图的特点是按供电给二次接线的每个独立电源来划分的，一般分成交流电流回路、交流电压回路、直流操作回路和信号回路等几个主要部分，每一部分又分成许多行。交流回路为 A、B、C 相序，直流回路按继电器的动作顺序从上往下排列。属于同一个仪表或继电器的电流线圈和电压线圈或触点要分开画在不同的回路里，为了避免混淆，属于同一个元件的线圈和触点采用相同的文字标号。在每一回路的右侧通常有文字说明，以便于阅读。如图 9-25 所示的 6～10 kV 线路过电流保护原理接线图可用展开图表示为图 9-26。由图 9-26 可见，元件的线圈、触点分散在交流回路和直流回路中，故分别叫做交流回路展开图(包括交流电流回路展开图和交流电压回路展开图)和直流回路展开图。通过图 9-26 同样能说明，当 10 kV 线路短路或过负荷时，过电流保护动作跳闸的过程。由于展开图条理清晰，能一条一条地检查和分析，因此在实际中应用得最多。

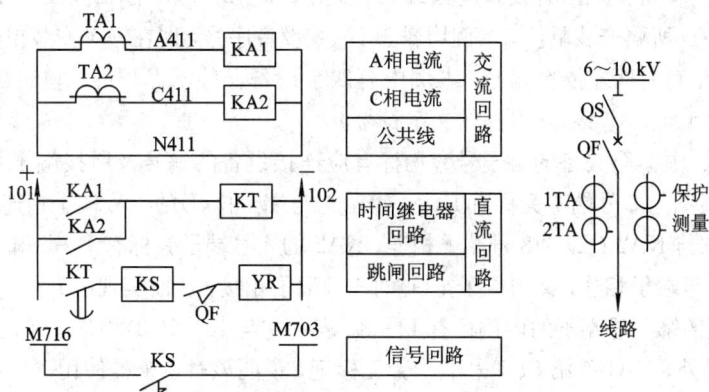

图 9-26　6～10 kV 线路过电流保护展开接线图

展开图具有如下优点：

(1) 容易跟踪回路的动作顺序；

（2）在同一个图中可清楚地表示某一次设备的多套保护和自动装置的二次接线回路，这是原理图难以做到的；

（3）易于阅读，容易发现施工中的接线错误。

3. 安装接线图

安装接线图是制造厂加工制造屏（屏台）和现场施工安装时必不可少的图纸，也是运行试验、检修等的主要参考图纸。安装接线图包括屏面布置图、屏后接线图和端子排图。除典型的成套装置外，订货单位向制造厂订购屏（屏台）时，必须提供展开接线图、屏面布置图和端子排图，作为厂家生产屏时的依据。一般地，屏后接线图由制造厂绘制，并随产品一起供给订货单位。

有关屏面布置图、屏后接线图和端子排图的内容已在 9.6 节中说明，在此不再赘述。现仅以图 9-25 所示 6～10 kV 线路过电流保护原理图为例，具体说明屏后接线图的表示方法和相对编号法的应用。过电流保护屏后接线图如图 9-27(b) 和 (c) 所示，其中，图 9-27(b) 为端子排图，它为屏后接线图的一个组成部分。

端子排图表格的首行说明安装单位的编号和名称；其余各行要在中间位置说明端子的序号，在一侧栏标明该侧端子应接的设备（多为屏外设备）编号或所接回路的编号，在另一侧注明该侧端子应接的屏内设备的编号。图 9-27(b) 表明该端子排的左列端子与屏顶的小母线、屏外的电流互感器和该线路的控制屏相连，右列端子与屏内设备相连，在该保护屏中有关该线路的所有二次设备构成安装单位"I"。

图 9-27(b) 中的第 1、2、3 号端子带有竖线标志，代表试验端子，它们与普通接线端子的区别是：导电片被分为两段，其间增加了一根螺丝杆。当该螺丝杆被旋紧时，两段导电片通过螺丝杆形成回路；当螺丝杆被旋下来时，端子两侧在电气上被断开，此时可在外侧（相对于屏内而言）接其他试验设备，但需事先将本端子的外侧接头与 N411 端子的外侧接头短接，以防止电流互感器回路开路，在外接设备接入后再拆除短接片。第 5、6 号和第 7、8 号端子为连接端子，它们能上下相互连接起来形成通路，这几个端子的左侧与控制屏的断路器控制电源正负极相连。第 9 号端子的左侧与控制屏的断路器辅助触点 QF 线连。第 11、12 号端子接屏顶的辅助小母线 M703 和"调牌未复归"光字牌母线 M716。

为了避免混淆，屏上的所有设备均被编号（参阅图 9-27(c) 中各二次设备顶部圆圈中的内容），其构成为：① 所属安装单位，本例均属于 I；② 设备序号，即在一个安装单位的范围内，从屏背面自上而下、自右而左依次编号，本例中有四个设备安装于保护屏，它们都属于安装单位 I，序列号分别为 1、2、3、4；③ 设备的文字符号。

在图 9-27(c) 中，各设备的端子号旁均标有应连接设备的编号及所接端子号，如电流继电器 KA1 的驱动线圈的 2 号端子旁标有 I-1，表示它与端子排(I)的 1 号端子相连；8 号端子旁标有 I2-8，表示它与 KA2 (I2) 的 8 号端子相连。KA2 的 8 号端子旁标有 I1-8 和 I-3，表示它既与 KA1 (I1) 的 8 号端子相连，又与端子排(I)的 3 号端子相接，从而实现了 I-3 与 I1-8 的连接。同时，端子排(I)的第 3 号端子的内侧标有 I2-8，表示它与 KA 2(I2) 相连。这就体现出了"相对编号"的原理。另外，KA1 的第 5、7 号端子旁无标记，说明该触点未被使用。

应当指出，单独看屏后接线图是不易看懂的，应结合展开图来看，以了解各设备之间的连接关系。展开图中一般并无图 9-27(a) 虚框中所标出的端子序号（必要时可以标出），但交流回路一般标有回路号（如图 9-27(a) 中的 A411、C411、N411）。交流电流回路的数字范围为 400～599，交流电压回路为 600～799，其中个位表示不同回路，十位表示互感器组号，如图 9-27 中的 C411 表示 C 相交流电流回路、第一组互感器、第一回路。另外，由于微机保护控制屏中的二次设备大为减少，且制造厂商一般为整屏供货，因此通常只提供端子排接线图，而不向用户提供其他屏后接线图。

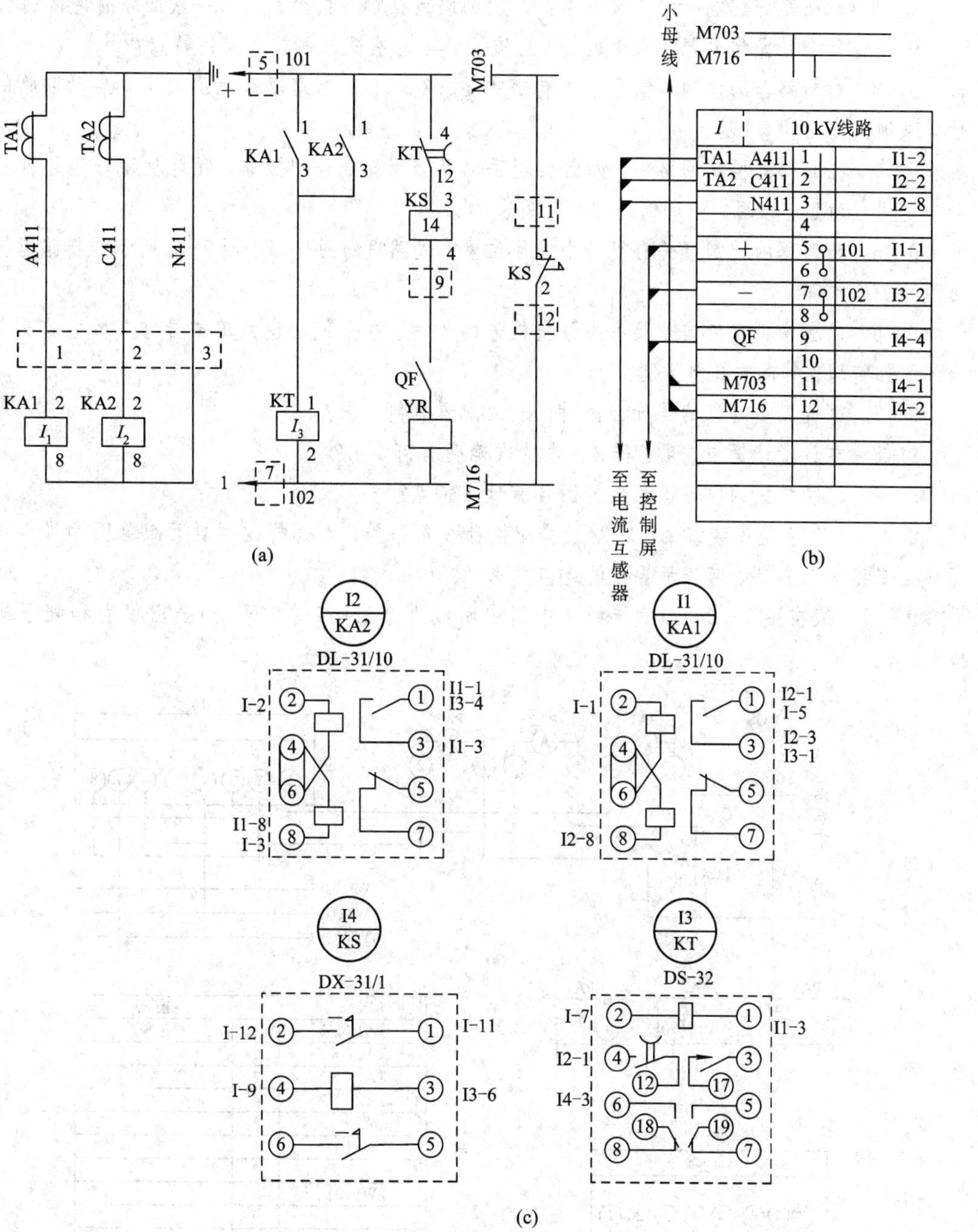

图 9－27　相对编号法的应用实例

(a) 6～10 kV 线路过电流保护展开接线图；(b)、(c) 过电流保护屏后接线图

思考题与习题

9-1 什么是变配电所的二次回路？二次回路包括哪些内容？它与一次回路有何区别？

9-2 什么是操作电源？常用的交、直流操作电源有哪几种？各有何特点？

9-3 对断路器的控制和信号回路有哪些要求？什么是断路器事故跳闸信号启动回路的不对应原则？

9-4 在断路器控制回路中，如何实现手动及自动跳、合闸操作，红灯及绿灯各起什么作用？发现自动跳、合闸后应如何处理？

9-5 断路器的控制开关有哪几个操作位置？试说明如图9-7、图9-8所示的断路器控制回路的工作原理。

9-6 简述中央事故信号及中央预报信号的作用。在系统出现故障或异常工作状态时，信号装置如何动作？声响有何区别？

9-7 电气测量的目的是什么？对仪表的配置有何要求？

9-8 在计费计量中，互感器、仪表的准确度有何要求？

9-9 二次接线的原理图和展开图各有什么特点？

9-10 什么是安装接线图？端子排应按什么顺序排列？怎样绘制屏面布置图和屏后接线图？在安装图上一般如何表示导线的连接关系？

9-11 试在图9-28(b)的接线图中用中断线表示法(相对编号法)画出仪表和端子排的接线。

(a)

(b)

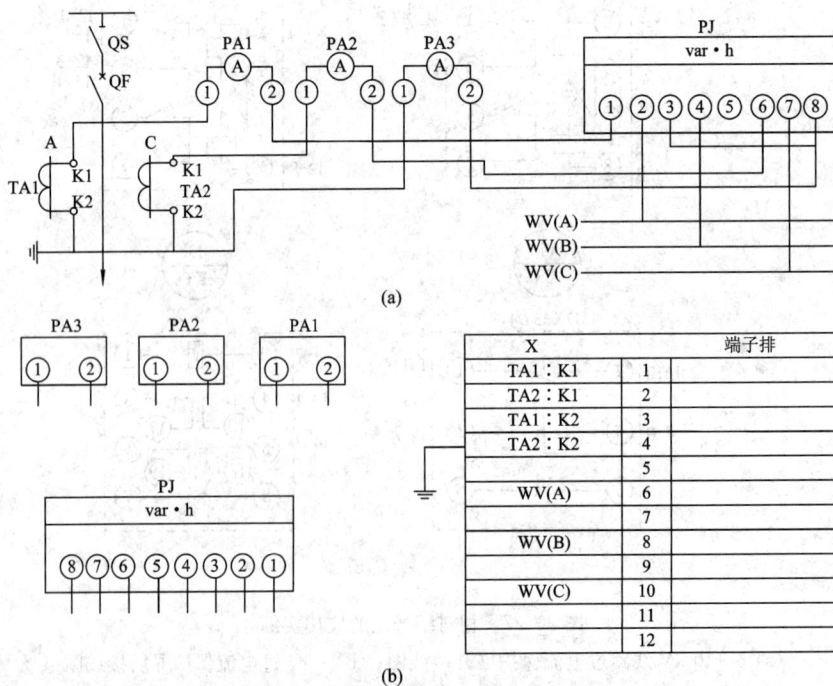

图9-28 题9-11的原理图与接线图

(a)电路原理图；(b)接线图(待标号)

9-12　什么是自动重合闸? 简述自动重合闸装置的工作原理。

9-13　什么是备用电源自动投入装置? 简述备用电源自动投入装置的工作原理。

9-14　变电站综合自动化系统有哪些主要功能? 简述其硬件结构的形式和特点。

第 10 章 供配电系统的安全技术

内容提要 供配电系统要进行正常运行，首先必须保证其安全性。防雷和接地是电气安全的主要措施。本章首先介绍电气安全的有关知识，然后重点介绍供配电系统的防雷措施、接地类型及接地装置的设计，最后讲述低压配电系统中的等电位联结及漏电保护。本章各节内容的实质都是安全问题。

10.1 电气安全的基本知识

1. 触电对人体的危害

人体也是导体，当人体不同部位接触不同电位时，就会有电流流过人体，这就是触电。人体触电可分为两种情况，一种是雷击和高压触电，较大的安培数量级的电流通过人体所产生的热效应、化学效应和机械效应将使人的机体遭受严重的电灼伤、组织炭化坏死以及其他难以恢复的永久性伤害；另一种是低压触电，在数十至数百毫安电流的作用下，人的肌体会产生病理生理性反应，轻的有针刺痛感，或出现痉挛、血压升高、心律不齐，以致昏迷等暂时性的功能失常，重的可引起呼吸停止、心跳骤停、心室纤维性颤动等危及生命的伤害。

2. 安全电流和安全电压

1）安全电流

安全电流就是人体触电后最大的摆脱电流。我国规定安全电流为 30 mA（50 Hz 交流），触电时间不超过 1 s，因此安全电流值也称为 30 mA·s。当通过人体的电流不超过 30 mA·s 时，对人身机体不会有损伤，不致引起心室纤维性颤动、停搏或呼吸中枢麻痹。如果通过人体的电流达到 50 mA·s，则对人体就有致命危险，而达到 100 mA·s 时，一般会致人死命。

安全电流主要与下列因素有关：

（1）触电时间。触电时间在 0.2 s 以下或 0.2 s 以上，电流对人体的危害程度有很大的差别。触电时间超过 0.2 s，致颤电流值将急剧降低。

（2）电流性质。实验表明，直流、交流和高频电流通过人体时对人体的危害程度是不一样的，50～60 Hz 的工频电流对人体的危害最为严重。

（3）电流路径。电流对人体的伤害程度主要取决于心脏的受损程度。实验表明，不同路径的电流对心脏有不同的损害程度，而以电流从手到脚特别是从手到胸对人体的危害最为严重。

（4）体重和健康状况。健康人的心脏和衰弱患病人的心脏对电流损害的抵抗能力是不同的。人的心理、情绪好坏以及人的体重等也使电流对人体的危害有所差别。

2）安全电压

安全电压就是不会使人直接致死或致残的电压。

我国国家标准 GB3805—83《安全电压》规定的安全电压等级如表 10-1 所示。

表 10-1　安　全　电　压

安全电压（交流有效值）/V		选 用 举 例
额定值	空载上限值	
42	50	在有触电危险的场所使用的手持式电动工具等
36	43	在矿井、多导电粉尘等场所使用的行灯等
24	29	可供某些具有人体可能偶然触及带电体的设备选用
12	15	
6	8	

从电气安全的角度来说，安全电压与人体电阻有关。人体电阻一般为 1700 Ω 左右。因此，从触电安全角度考虑，人体允许持续接触的安全电压为

$$U_{\text{saf}} = 30 \times 10^{-3} \times 1700 \approx 50 \text{ V}$$

此处的 50 V(50 Hz 交流有效值)称为一般正常环境条件下允许持续接触的"安全特低电压"。

3. 直接触电防护和间接触电防护

根据人体触电的情况可将触电防护分为直接触电防护和间接触电防护两类。

（1）直接触电防护是指对直接接触正常带电部分的防护，例如对带电导体加隔离栅栏或保护罩等。

（2）间接触电防护是指对故障时可带危险电压而正常时不带电的外露可导电部分（如金属外壳、框架等）的防护，例如将正常不带电的外露可导电部分接地，并装设接地保护等。

10.2　过电压与防雷

10.2.1　过电压的形式

过电压是指在电气设备或线路上出现的超过正常工作要求并对其绝缘构成威胁的电压。过电压按其发生的原因可分为两大类，即内部过电压和雷电过电压。

1）内部过电压

内部过电压是由于电力系统本身的开关操作、发生故障或其他原因使系统的工作状态突然改变，从而在系统内部出现电磁能量的转化或传递所引起的电压升高。

内部过电压又分为操作过电压和谐振过电压等形式。操作过电压是由于系统中的开关

操作、负荷骤变或由于故障出现断续性电弧而引起的过电压。谐振过电压是由于系统中的电路参数(R、L、C)在特定组合时发生谐振而引起的过电压。内部过电压的能量来源于电网本身。

经验证明，内部过电压一般不会超过系统正常运行时额定电压的$3\sim3.5$倍，对线路和电气设备的威胁不是很大。

2）雷电过电压

雷电过电压又称为大气过电压，它是由于电力系统内的设备或建筑物遭受直接雷击或雷电感应而产生的过电压。由于引起这种过电压的能量来源于外界，因此又称为外部过电压。

雷电过电压产生的雷电冲击波其电压幅值可高达上亿伏，其电流幅值可高达几十万安，因此对电力系统危害极大，必须采取有效措施加以防护。

雷电过电压的基本形式有三种。

（1）直击雷过电压。雷电直接击中电气设备、线路或建筑物时，强大的雷电流通过该物体泄入大地，在该物体上会产生较高的电位降，这种雷电过电压称为直击雷过电压。雷电流通过被击物体时，将产生有破坏作用的热效应和机械效应，相伴的还有电磁效应和对附近物体的闪络放电（称为雷电反击或二次雷击）。

（2）感应过电压。当雷云在架空线路（或其他物体）上方时，会使架空线路上感应出异性电荷。雷云对其他物体放电后，架空线路上的电荷被释放，形成自由电荷流向线路两端，将会产生很高的过电压。高压架空线路上的感应过电压可达几十万伏，低压线路可达几万伏。

（3）雷电波侵入。由于直击雷或感应雷而产生的高电位雷电波沿架空线路或金属管道侵入变配电所或用户，因而会造成危害。据统计，供电系统中由于雷电波侵入而造成的雷害事故在整个雷害事故中占50%以上。因此，对雷电波侵入的防护问题应予以足够的重视。

10.2.2　防雷设备

一个完整的防雷设备一般由接闪器或避雷器、引下线和接地装置三个部分组成。而防雷的主要功能是由接闪器或避雷器完成的，因此下面介绍这部分内容。

1. 接闪器

接闪器就是专门用来接受直接雷击的金属物体。接闪器的金属杆称为避雷针；接闪器的金属线称为避雷线或架空地线；接闪器的金属带、金属网分别称为避雷带、避雷网。所有接闪器都必须经过引下线与接地装置相连。它们都是利用其高出被保护物的突出地位，把雷电引向自身，然后通过引下线和接地装置把雷电流泄入大地，使被保护的线路、设备和建筑物免受雷击。

1）避雷针

避雷针的功能实质上是引雷。由于避雷针高出被保护物，又与大地相连，当雷云先导接近时，它与雷云之间的电场强度最大，因而可将雷云放电的通路吸引到避雷针本身，并经引下线和接地装置将雷电流安全地泄放到大地中去，使被保护物体免受直接雷击。所以，避雷针实质上是引雷针，它把雷电波引入地下，从而保护了线路、设备及建筑物等。

避雷针一般用镀锌圆钢或镀锌焊接钢管制成。它通常安装在构架、支柱或建筑物上，其下端经引下线与接地装置焊接。

避雷针的保护范围以其能防护直击雷的空间来表示，按新颁布的国家标准采用"滚球法"来确定。

所谓"滚球法"，就是选择一个半径为 h_r (滚球半径)的球体，沿需要防护直击雷的部分滚动，如果球体只触及接闪器或者接闪器和地面，而不触及需要保护的部位，则该部位就在这个接闪器的保护范围之内。滚球半径是按建筑物的防雷类别来确定的，见表 10 - 2。

表 10 - 2　各类防雷建筑物的滚球半径和避雷网格尺寸

建筑物防雷类别	滚球半径 h_r/m	避雷网格尺寸/(m×m)
第一类防雷建筑物	30	≤5×5 或≤6×4
第二类防雷建筑物	45	≤10×10 或≤12×8
第三类防雷建筑物	60	≤20×20 或≤24×16

单支避雷针的保护范围如图 10 - 1 所示，可通过下列方法来确定。

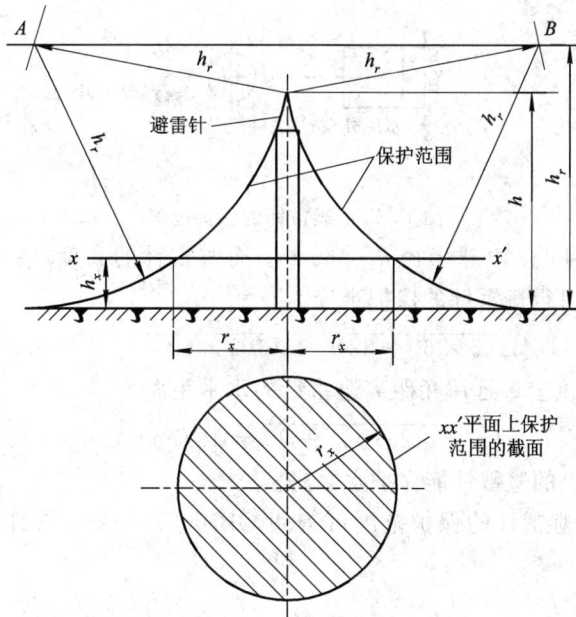

图 10 - 1　单支避雷针的保护范围

(1) 当避雷针高度 $h \leqslant h_r$ 时，

① 在距地面 h_r 处作一平行于地面的平行线。

② 以避雷针的针尖为圆心、h_r 为半径，作弧线交平行线于 A、B 两点。

③ 以 A、B 为圆心，h_r 为半径作弧线，该弧线与针尖相交，并与地面相切。由此弧线起到地面止的整个锥形空间就是避雷针的保护范围。

避雷针在被保护物高度 h_x 的 xx' 平面上的保护半径 r_x 可按式(10-1)来计算，即

$$r_x = \sqrt{h(2h_r - h)} - \sqrt{h_x(2h_r - h_x)} \tag{10-1}$$

式中，h_r 为滚球半径，其值按表 10-2 确定。

(2) 当避雷针高度 $hZ > h_r$ 时，在避雷针上取高度 h_r 处的一点代替避雷针的针尖作为圆心。其余做法如同 $h \leqslant h_r$ 时的情况。

【例 10-1】 某厂一座高 30 m 的水塔边建有一个水泵房(属第三类防雷建筑物)，尺寸如图 10-2 所示，水塔上安装一支高 2 m 的避雷针。试问此避雷针能否保护水泵房。

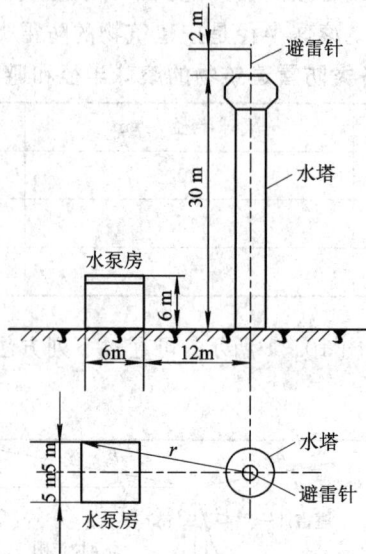

图 10-2 避雷针的保护范围

解： 查表 10-2 可得，滚球半径 $h_r = 60$ m，而避雷针的高度 $h = 30 + 2 = 32$ m，$h_x = 6$ m，根据式(10-1)可得避雷针的保护半径为

$$r_x = \sqrt{32(2 \times 60 - 32)} - \sqrt{6(2 \times 60 - 6)} = 26.9 \text{ m}$$

水泵房在 $h_x = 6$ m 高度上最远屋角距离避雷针的水平距离为

$$r = \sqrt{(12 + 6)^2 + 5^2} = 18.7 \text{ m} < r_x$$

由此可见，水塔上的避雷针能保护水泵房。

关于两支及多支避雷针的保护范围可查阅 GB50057-1994 修订本或有关设计手册，此处从略。

2) 避雷线

避雷线架设在架空线路的上边，用来保护架空线路或其他物体(包括建筑物)免遭直接雷击。由于避雷线既架空又接地，因此又称为架空地线。避雷线的原理和功能与避雷针基本相同。

3) 避雷带和避雷网

避雷带和避雷网普遍用来保护较高的建筑物免受雷击。避雷带一般沿屋顶周围装设，高出屋面 100～150 mm，支持卡间距离 1～1.5 m。装在烟囱、水塔顶部的环状避雷带又叫避雷环。避雷网除沿屋顶周围装设外，当需要时还可在屋顶上面用圆钢或扁钢纵横连接成网。避雷带和避雷网必须经引下线与接地装置可靠连接。

2. 避雷器

避雷器用来防止雷电所产生的大气过电压沿架空线路侵入变电所或其他建筑物，以免危及被保护设备的绝缘。避雷器应与被保护设备并联，装在被保护设备的电源侧，其放电电压低于被保护设备的绝缘耐压值，如图 10-3 所示。当线路上出现危及设备绝缘的雷电过电压时，避雷器的火花间隙被击穿，使过电压对地放电，从而保护设备的绝缘。

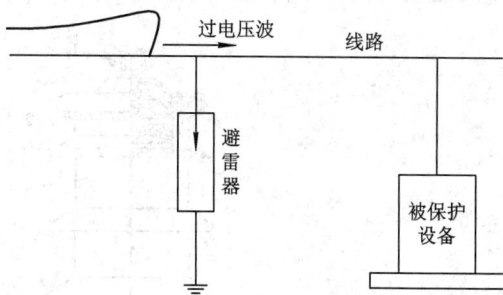

图 10-3　避雷器的连接

避雷器的类型主要有管型、阀型和金属氧化物等。

1）管型避雷器

管型避雷器主要由产气管、内部间隙和外部间隙组成，其结构如图 10-4 所示。当线路上遭到雷击或感应雷时，雷电过电压使管型避雷器的内部间隙 s_1 与外部间隙 s_2 击穿，强大的雷电流通过接地装置泄入大地，将过电压限制在避雷器的放电电压值内。由于避雷器放电时内阻接近于零，因此其残压极小，但工频续流极大。雷电流和工频续流使管子内部间隙发生强烈电弧，在电弧高温作用下，管内壁材料燃烧并产生大量灭弧气体，灭弧腔内压力急剧增大，高压气体从喷口喷出，产生强烈的吹弧作用，将电弧熄灭。这时外部间隙的空气恢复绝缘，使避雷器与系统隔离，恢复正常运行状态，电力网正常供电。

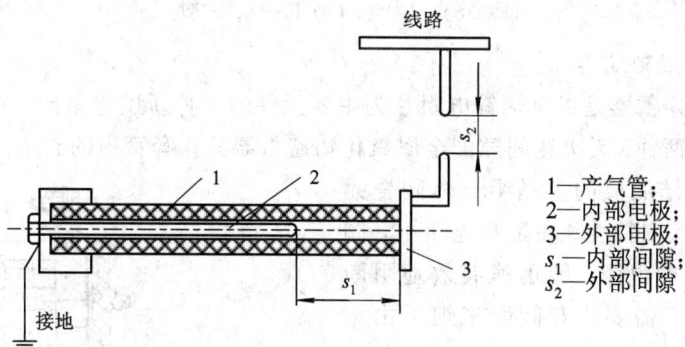

1—产气管；
2—内部电极；
3—外部电极；
s_1—内部间隙；
s_2—外部间隙

图 10-4　管型避雷器

管型避雷器主要用于变配电所的进线保护和线路绝缘薄弱点的保护。保护性能较好的管型避雷器可用于保护配电变压器。

2）阀型避雷器

阀型避雷器主要由火花间隙和阀片组成，装在密封的磁套管内。阀型避雷器的火花间隙组是由多个单间隙串联组成的。正常运行时，间隙介质处于绝缘状态，仅有极小的泄漏电流通过阀片。当系统出现雷电过电压时，火花间隙很快被击穿，雷电冲击电流很容易通过阀性电阻而泄入大地，释放过电压负荷，阀片在大的冲击电流下其电阻由高变低，所以冲击电流在阀片上产生的压降（残压）较低。此时，作用在被保护设备上的电压只是避雷器的残压，从而使电气设备得到了保护。高、低压阀型避雷器的外形结构如图 10-5 所示。

阀型避雷器广泛应用于交直流系统中，保护变配电所设备的绝缘。

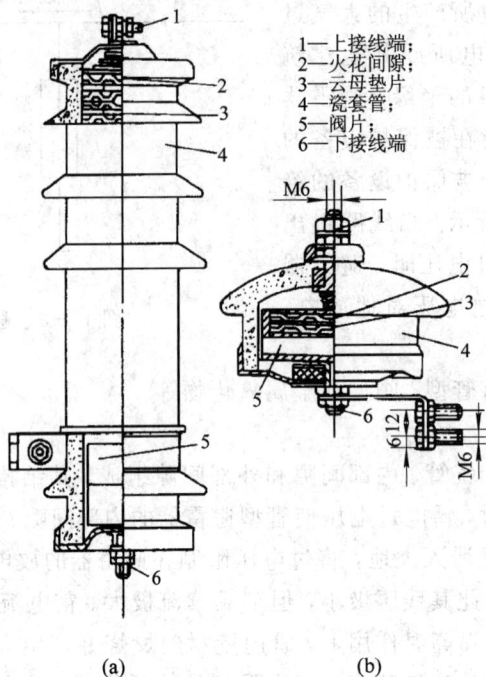

1—上接线端；
2—火花间隙；
3—云母垫片；
4—瓷套管；
5—阀片；
6—下接线端

图 10-5　高、低压阀型避雷器
(a) FS4-10 型；(b) FS-0.38 型

3）金属氧化物避雷器

金属氧化物避雷器是以氧化锌电阻片为主要元件的一种新型避雷器。它分为有火花间隙和无火花间隙两种。无火花间隙的金属氧化物避雷器其瓷套管内的阀电阻片是由氧化锌等金属氧化物烧结而成的多晶半导体陶瓷元件，具有理想的伏安特性。在工频电压下，阀电阻片具有极大的电阻，能迅速有效地阻断工频电流，因此不需要火花间隙来熄灭由工频续流引起的电弧；在雷电过电压的作用下，阀电阻片的电阻变得很小，能很好地泄放雷电流。有火花间隙的金属氧化物避雷器与前述的阀型避雷器类似，只是普通阀型避雷器采用的是碳化硅阀电阻片，而这种金属氧化物避雷器采用的是氧化锌电阻片，其非线性更优异，有取代碳化硅阀型避雷器的趋势。目前，氧化物避雷器广泛应用于高、低压设备的防雷保护。Y5W 无间隙金属氧化物避雷器的外形结构如图 10-6 所示。

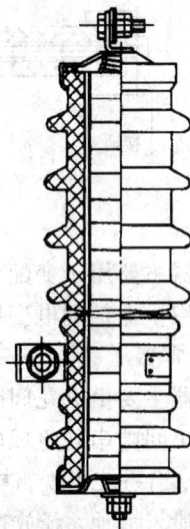

图 10-6　Y5W 无间隙金属氧化物避雷器

10.2.3　防雷措施

1. 架空线的防雷保护

（1）架设避雷线是架空线防雷的有效措施，但造价高，因此只在 66 kV 及 66 kV 以上的架空线路上才全线装设。对于 35 kV 的架空线路，一般只在进出变配电所的一段线路上装设。而 10 kV 及 10 kV 以下的线路则一般不装设避雷线。

（2）提高线路本身的绝缘水平。在架空线路上，可采用木横担、瓷横担或高一级电压的绝缘子，以提高线路的防雷水平，这是 10 kV 及 10 kV 以下架空线路防雷的基本措施。

（3）利用三角形排列的顶线兼作防雷保护线。由于 3～10 kV 的线路是中性点不接地系统，因此可在三角形排列的顶线绝缘子上装设保护间隙。在出现雷压时，顶线绝缘子上的保护间隙被击穿，通过其接地引下线对地泄放雷电流，从而保护了下面的两根导线，也不会引起线路断路器跳闸。

（4）尽量装设自动重合闸装置。线路在发生雷击闪络时之所以跳闸，是因为闪络造成的电弧形成了短路。当线路断开后，电弧将熄灭，而把线路再接通时，一般电弧不会重燃，因此重合闸能缩短停电时间。

（5）装设避雷器和保护间隙来保护线路上个别绝缘薄弱地点，包括个别特别高的杆塔、带拉线的杆塔、跨越杆塔、分支杆塔、转角杆塔以及木杆线路中的金属杆塔等处。

对于低压（220/380 V）架空线路的保护一般可采取如下措施：

（1）在多雷地区，当变压器采用 Yyno 接线时，应在低压侧装设阀型避雷器或保护间隙。当变压器低压侧中性点不接地时，应在其中性点装设击穿保险器。

（2）对于重要用户，应在低压线路进入室内前 50 m 处安装一组低压避雷器，进入室内后再安装一组低压避雷器。

（3）对于一般用户，可在低压进线第一支持物处装设低压避雷器或击穿保险器。

2. 变配电所的防雷保护

（1）变配电所防直击雷保护。装设避雷针可保护整个变配电所建筑物免遭直击雷。避雷针可以单独立杆，也可利用户外配电装置的构架。

（2）变配电所进线防雷保护。35 kV 电力线路一般不采用全线装设避雷线来防直击雷，但为防止变电所附近线路在受到雷击时，雷电压沿线路侵入变电所内损坏设备，需在进线 1～2 km 段内装设避雷线，使该段线路免遭直接雷击。为使避雷线保护段以外的线路在受到雷击时侵入变电所内的过电压有所限制，一般可在避雷线两端处的线路上装设管型避雷器。进线防雷保护的接线方式如图 10-7 所示。当保护段以外的线路受到雷击时，雷电波到管型避雷器 F1 处即对地放电，降低了雷电过电压值。管型避雷器 F2 的作用是防止雷电侵入波在断开的断路器 QF 处产生过电压击毁断路器。

3～10 kV 配电线路的进线防雷保护可以在每路进线终端装设 FZ 型或 FS 型阀型避雷器，以保护线路断路器及隔离开关，如图 10-8 中的 F1、F2。如果进线是电缆引入的架空线路，则应在架空线路终端靠近电缆头处装设避雷器，其接地端与电缆头外壳相连后接地。

（3）配电装置防雷保护。为防止雷电冲击波沿高压线路侵入变电所，对所内设备造成危害,特别是价值最高但绝缘相对薄弱的电力变压器,在变配电所每段母线上都装设一组阀型避雷器,并应尽量靠近变压器,距离一般不应大于 5 m,如图 10-7 和图 10-8 中的 F3。避雷器的接地线应与变压器低压侧接地中性点及金属外壳连在一起接地,如图 10-9 所示。

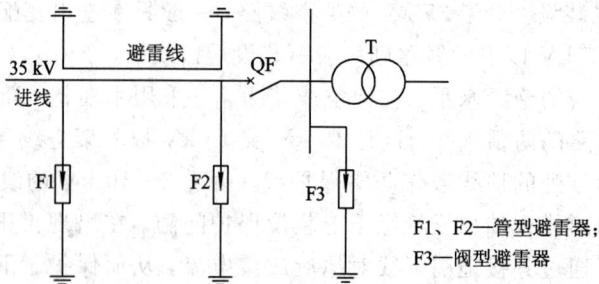

F1、F2—管型避雷器;
F3—阀型避雷器

图 10-7 35 kV 变配电所进线防雷保护

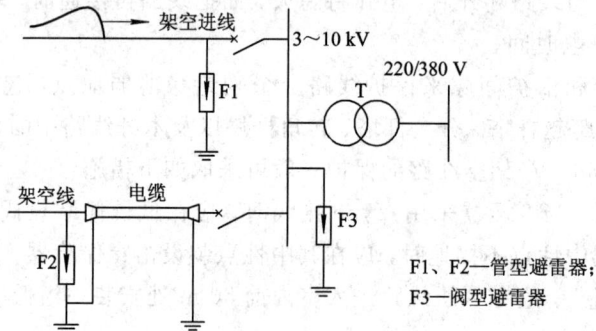

F1、F2—管型避雷器;
F3—阀型避雷器

图 10-8 3~10 kV 变配电所进线防雷保护

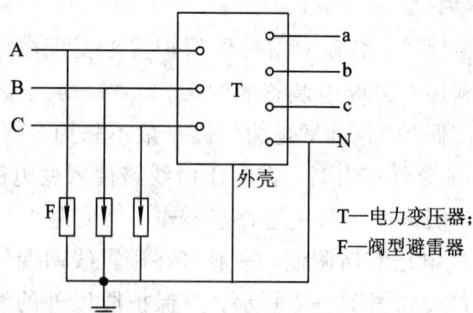

T—电力变压器;
F—阀型避雷器

图 10-9 电力变压器的防雷保护及其接地系统

3. 高压电动机的防雷保护

工厂企业的高压电动机一般从厂区 6~10 kV 高压配电网直接受电。高压电动机对雷电波侵入的保护不能采用普通的阀型避雷器,应采用 FCD 型磁吹阀型避雷器或具有串联间隙的金属氧化物避雷器。

对于定子绕组中性点不能引出的高压电动机,为了降低侵入电动机的雷电波陡度,减轻危害，可采用如图 10-10 所示的接线，即在电动机前面加一段 100~150 m 的引入电缆，并在电缆前的电缆头处安装一组管型或普通阀型避雷器，而在电动机电源端（母线上）安装一组并联有电容器的磁吹阀型避雷器，这样可以提高防雷效果。

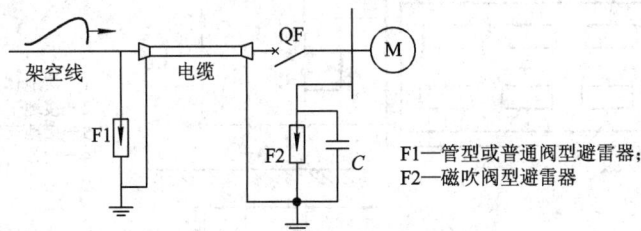

图 10-10 高压电动机的防雷保护

4. 建筑物的防雷保护

根据发生雷电事故的可能性和后果，建筑物可分为三类。第一类防雷建筑物是制造、使用或储存爆炸物质，电火花会引起爆炸而造成巨大破坏和人身伤亡的建筑物；第二类防雷建筑物是制造、使用或储存爆炸物质，电火花不易引起爆炸或不致造成巨大破坏和人身伤亡的建筑物；第三类防雷建筑物是除第一、二类建筑物以外的存在爆炸、火灾危险的场所，如年预计雷击次数大于 0.06 的一般工业建筑物，年预计雷击次数为 0.06~0.3 的一般性民用建筑物以及 15~20 m 以上的孤立高耸的建筑物（如烟囱、水塔）。

第一类防雷建筑物和第二类防雷建筑物中有爆炸危险的场所，应有防直击雷、防感应雷和防雷电波侵入的措施。

第二类防雷建筑物（除有爆炸危险者外）及第三类防雷建筑物应有防直击雷和防雷电波侵入的措施。对建筑物屋顶易受雷击的部位应装设避雷针或避雷带（网）进行直击雷防护。屋顶上装设的避雷带（网）一般应经 2 根引下线与接地装置相连。为防直击雷或感应雷沿低压架空线侵入建筑物，使人和设备免遭损失，一般应将入户处或进户线电杆的绝缘子铁脚接地，其接地电阻应不大于 30 Ω，入户处的接地应和电气设备的保护接地装置相连。

10.3 供配电系统的接地

10.3.1 接地的作用及概念

接地的主要作用有两种：一种是保证电力系统和用电设备能够正常工作；另一种是保障设备及人身安全，防止间接触电事故的发生。

1. 接地和接地装置

电气设备的某部分与土壤之间作良好的电气连接，称为接地。埋入地中与土壤直接接触的金属物体，称为接地体或接地极。专门为接地而人为装设的接地体称为人工接地体。兼作接地体的直接与大地接触的各种金属构件、金属管道及建筑物的钢筋混凝土基础等，称为自然接地体。连接接地体与设备接地部分的导线，称为接地线。接地线和接地体合称为接地装置。由若干接地体在大地中互相连接而组成的总体，称为接地网。接地网中的接地线又可分为接地干线和接地支线,如图 10-11 所示。按规定,接地干线应采用不少于两根导线在不同地点与接地网连接。

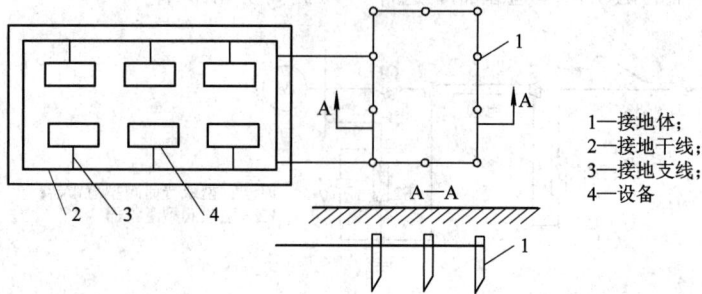

1—接地体;
2—接地干线;
3—接地支线;
4—设备

图 10-11 接地网示意图

2. 接地电流和对地电压

当电气设备发生接地故障时,电流就通过接地体向大地作半球形散开,该电流称为接地电流,用 I_E 表示。由于在距接地体越远的地方球面越大,因此距接地体越远的地方散流电阻越小,其电位分布曲线如图 10-12 所示。

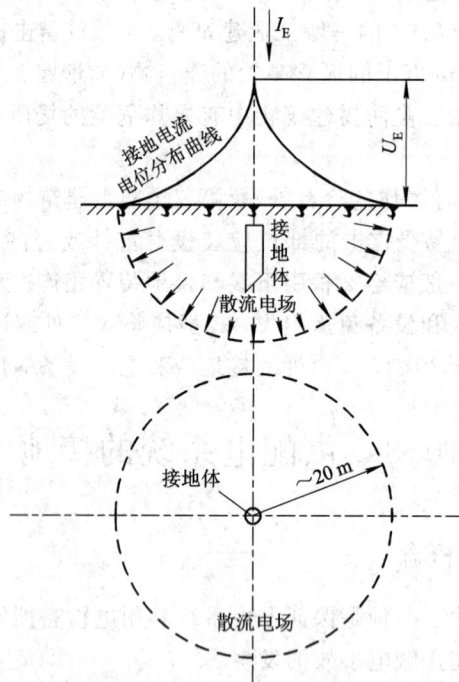

图 10-12 接地电流、对地电压及接地电流电位分布曲线

实验证明,在距单根接地体或接地故障点 20 m 左右的地方,实际上散流电阻已趋于零,也就是说,这里的电位已趋近于零。此处电位为零的地方称为电气上的"地"或"大地"。

电气设备的接地部分(如接地的外壳和接地体等)与零电位的"大地"之间的电位差就称为接地部分的对地电压,如图 10-12 中的 U_E。

3. 接触电压和跨步电压

人站在发生接地故障的设备旁边，手触及设备的外露可导电部分，此时人所接触的两点（如手与脚）之间所呈现的电位差称为接触电压 U_{tou}；人在接地故障点周围行走，两脚之间所呈现的电位差称为跨步电压 U_{step}，如图 10-13 所示。跨步电压的大小与离接地点的远近及跨步的长短有关，越靠近接地点，跨步越长，则跨步电压就越高，一般离接地点达 20 m 时，跨步电压通常为零。

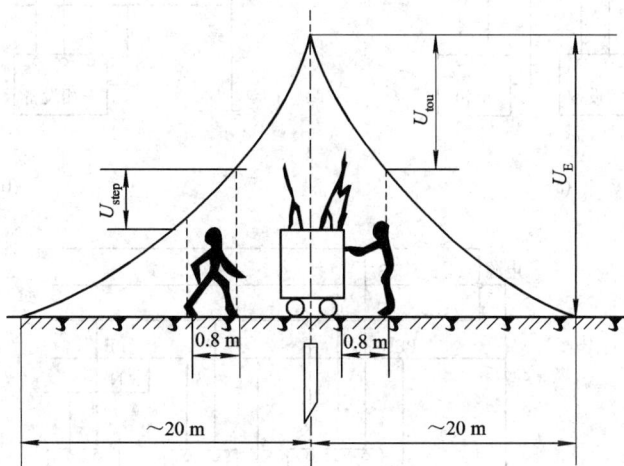

图 10-13　接触电压和跨步电压

10.3.2　接地的类型

供配电系统和电气设备的接地按其功能可分为工作接地、保护接地和重复接地三大类。

1. 工作接地

工作接地是为保证电力系统和电气设备达到正常工作要求而进行的一种接地，例如电源中性点的接地、防雷装置的接地等。

2. 保护接地

由于绝缘受到损坏，因此在正常情况下不带电的电力设备外壳有可能带电。为了保障人身安全，将电力设备在正常情况下不带电的外壳与接地体之间作良好的金属连接，这种连接即称为保护接地。

低压配电系统按保护接地形式的不同可分为 TN 系统、IT 系统和 TT 系统。

1）TN 系统

TN 系统是电源中性点直接接地的三相四线制或五线制系统的保护接地。系统引出有中性线（N）、保护线（PE）或保护中性线（PEN）。在 TN 系统中，所有设备的外露可导电部分（正常时不带电）均接公共保护线（PE）或保护中性线（PEN）。

TN 系统又分为以下三种情况。

（1）TN-C 系统：系统的中性线 N 与保护线 PE 合在一起成为保护中性线 PEN，电气设备不带电金属部分与 PEN 相连,如图 10 - 14(a)所示。该接线保护方式适用于三相负荷比较平衡且单相负荷不大的场所,在低压设备接地保护中使用相当普遍。

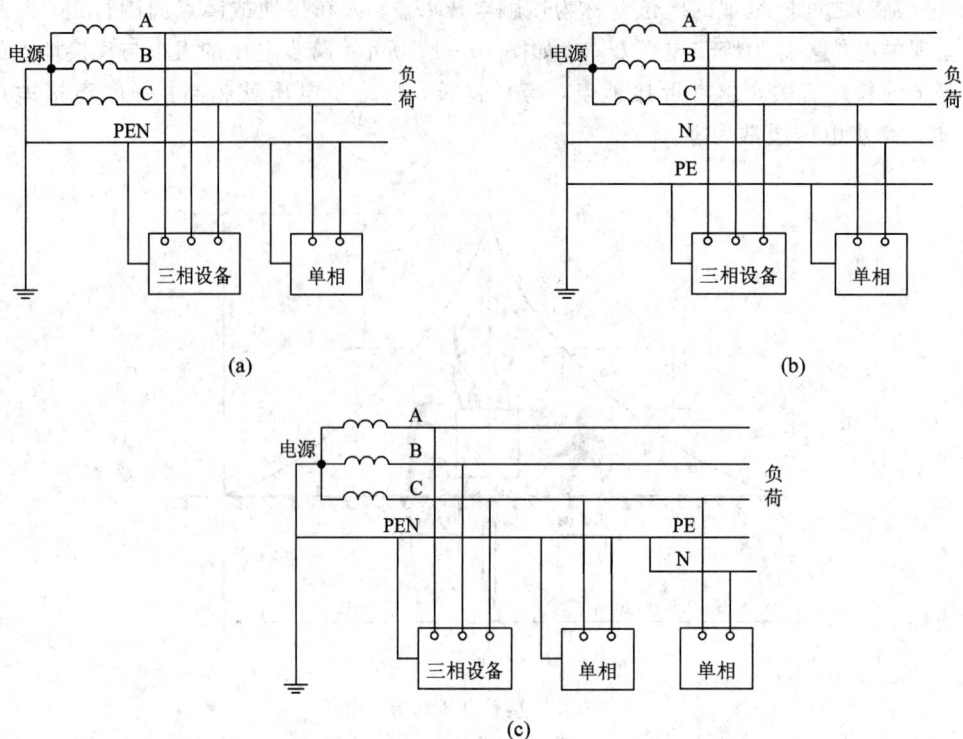

图 10 - 14 低压配电的 TN 系统
(a) TN - C 系统;(b) TN - S 系统;(c) TN - C - S 系统

(2) TN - S 系统:配电线路中性线 N 与保护线 PE 分开,电气设备的金属外壳接在保护线 PE 上,如图 10 - 14(b)所示。在正常情况下,PE 线上没有电流流过,不会对接在 PE 线上的其他设备产生电磁干扰。这种系统适用于环境条件较差、安全可靠性要求较高以及设备对电磁干扰要求较严的场所。

(3) TN - C - S 系统:该系统是 TN - C 和 TN - S 系统的综合,电气设备大部分采用 TN - C 系统接线,在设备有特殊要求的场合,局部采用专设保护线接成 TN - S 形式,如图 10 - 14(c)所示。该系统兼有 TN - C 和 TN - S 系统的特点,常用于配电系统末端环境条件较差或有数据处理等设备的场所。

在 TN 系统中,当某相相线因绝缘损坏而与电气设备外壳相碰时,将会形成单相短路电流。由于该回路内不包括任何接地电阻,因此整个回路的阻抗很小,故障电流很大,会在很短的时间内引起熔断器熔断或自动开关跳闸而切断短路故障,从而起到保护作用。

在 TN 系统中,我国习惯上将设备外露可导电部分经配电系统中公共 PE 线或 PEN 线接地的形式称为"保护接零"。

2) TT 系统

TT 系统是中性点直接接地的三相四线制系统中的保护接地。配电系统的中性线 N 引出，但电气设备的不带电金属部分经各自的接地装置直接接地，与系统接地线不发生关系，如图 10-15(a)所示。

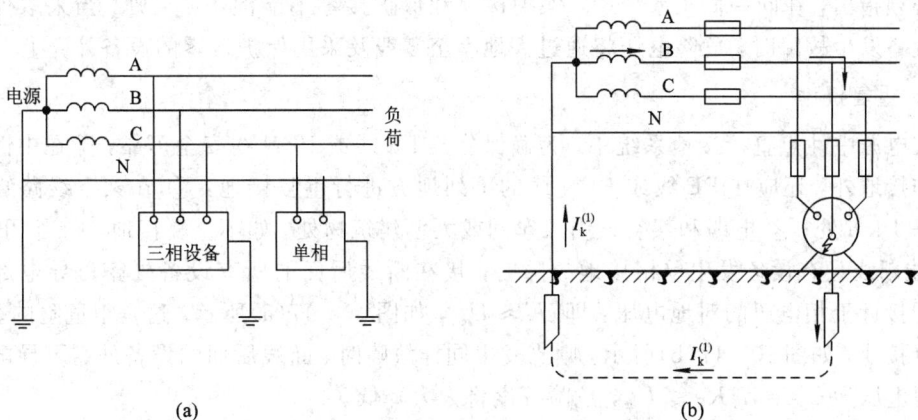

图 10-15　TT 系统及保护接地功能示意图

当设备发生一相接地故障时，就会通过保护接地装置形成单相短路电流 $I_k^{(1)}$（如图 10-15(b)所示）。由于电源相电压为 220 V，如按电源中性点工作接地电阻为 4 Ω、保护接地电阻为 4 Ω 计算，则故障回路将产生 27.5 A 的电流。这么大的故障电流，对于容量较小的电气设备而言，所选用的熔丝将会熔断或使自动开关跳闸，从而切断电源，保障人身安全。但是，对于容量较大的电气设备，因所选用的熔丝或自动开关的额定电流较大，所以不能保证切断电源，也就无法保障人身安全，这是保护接地方式的局限性。这种局限性可通过加装漏电保护开关来弥补，以完善保护接地的功能。

3）IT 系统

IT 系统是在中性点不接地或经 1 kΩ 阻抗接地的三相三线制系统中的保护接地方式，电气设备的不带电金属部分经各自的接地装置单独接地，如图 10-16(a)所示。当电气设备因故障金属外壳带电时，接地电容电流分别经接地体和人体两条支路通过，如图 10-16

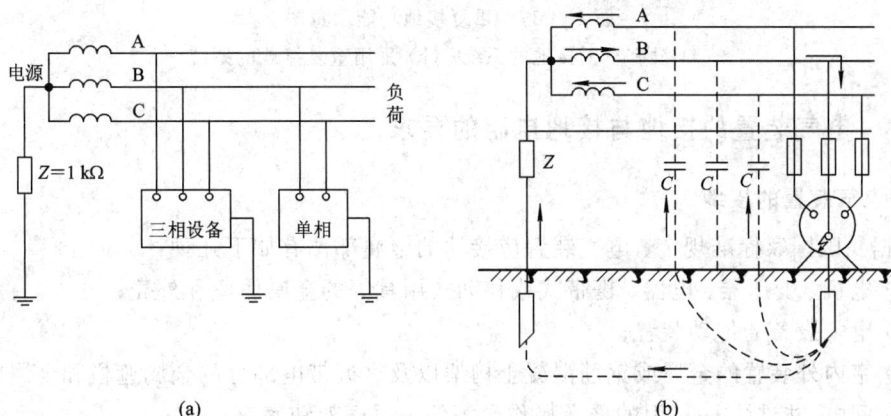

图 10-16　IT 系统及保护接地功能示意图
(a) IT 系统；(b) 一相接地时的故障电流

（b）所示。由于人体电阻与接地电阻并联，且其阻值远大于接地电阻值，因此通过人体的故障电流远远小于流经接地电阻的电流，极大地减少了触电的危害程度。

必须指出，在同一低压系统中，保护接地和保护接零不能混用。否则，当采取保护接地的设备发生故障时，危险电压将通过大地串至零线及采用保护接零的设备外壳上。

3. 重复接地

在电源中性点直接接地系统中，为确保公共 PE 线或 PEN 线安全可靠，除在中性点进行工作接地外，还应在 PE 线或 PEN 线的下列地方进行重复接地：① 在架空线路终端及沿线每 1 km 处；② 电缆和架空线引入车间或大型建筑物处。如不重复接地，则当 PE 线或 PEN 线断线且有设备发生单相接地故障时，接在断线后面的所有设备外露可导电部分都将呈现接近于相电压的对地电压，即 $U_E \approx U_\varphi$，如图 10-17（a）所示，这是很危险的。如进行重复接地，如图 10-17（b）所示，则当发生同样故障时，断线后面的设备外露可导电部分的对地电压为 $U_E' = I_E R_E' \leqslant U_\varphi$，危险程度将大大降低。

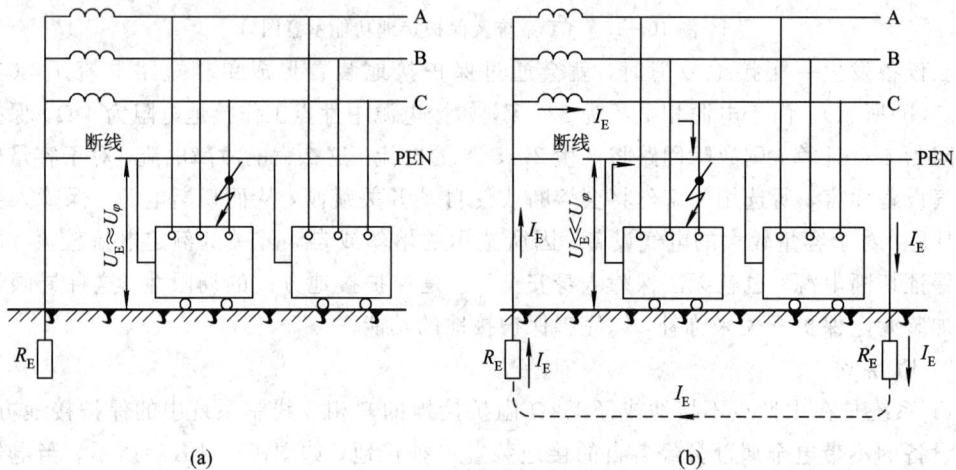

图 10-17 重复接地功能示意图
（a）没有重复接地的系统；（b）采用重复接地的系统

10.3.3 电气装置的接地与接地电阻的要求

1. 电气装置的接地

根据我国国家标准规定，电气装置应接地的金属部位有如下几种：

（1）电机、变压器、电器、携带式或移动式用具等的金属底座和外壳；

（2）电气设备的传动装置；

（3）室内外装置的金属或钢筋混凝土构架以及靠近带电部分的金属遮栏和金属门；

（4）配电、控制、保护用的屏及操作台等的金属框架和底座；

（5）交、直流电力电缆的接头盒、终端头、膨胀器的金属外壳、电缆的金属保护层、可触及的电缆金属保护管和穿线的钢管；

　　(6) 电缆桥架、支架和井架；

　　(7) 装有避雷线的电力线路杆塔；

　　(8) 装在配电线路杆上的电力设备；

　　(9) 在非沥青地面的居民区内，无避雷线的小接地电流架空线路的金属杆塔和钢筋混凝土杆塔；

　　(10) 电除尘器的构架；

　　(11) 封闭母线的外壳及其他裸露的金属部分；

　　(12) 六氟化硫封闭式组合电器和箱式变电站的金属箱体；

　　(13) 电热设备的金属外壳；

　　(14) 控制电缆的金属保护层。

2. 接地电阻的要求

　　接地体与土壤之间的接触电阻以及土壤的电阻之和称为散流电阻；散流电阻加上接地体和接地线本身的电阻称为接地电阻。

　　对接地装置的接地电阻进行限定，实际上就是限制接触电压和跨步电压，保证人身安全。

　　电力装置的工作接地电阻应满足以下几个要求。

　　(1) 在电压为 1000 V 以上的中性点接地系统中，电气设备应实行保护接地。由于系统中性点接地，因此当电气设备绝缘击穿而发生接地故障时，将形成单相短路，由继电保护装置将故障部分切除，为确保可靠动作，此时接地电阻 $R_E \leqslant 0.5\ \Omega$。

　　(2) 在电压为 1000 V 以上的中性点不接地系统中，由于系统中性点不接地，因此当电气设备绝缘击穿而发生接地故障时，一般不跳闸而是发出接地信号。此时，电气设备外壳对地电压为 $R_E I_E$，I_E 为接地电容电流。当这个接地装置单独用于 1000 V 以上的电气设备时，为确保人身安全，取 $R_E I_E$ 为 250 V，同时还应满足设备本身对接地电阻的要求，即

$$R_E \leqslant \frac{250}{I_E}$$

同时

$$R_E \leqslant 10\ \Omega \tag{10-2}$$

　　当这个接地装置与 1000 V 以下的电气设备公用时，考虑到 1000 V 以下设备具有分布广、安全要求高的特点，所以取

$$R_E \leqslant \frac{125}{I_E} \tag{10-3}$$

同时还应满足 1000 V 以下设备本身对接地电阻的要求。

　　(3) 在电压为 1000 V 以下的中性点不接地系统中，考虑到其对地电容通常都很小，因此，规定 $R_E \leqslant 4\ \Omega$，即可保证安全。

　　对于总容量不超过 100 kV·A 的变压器或由发电机供电的小型供电系统，其接地电容电流更小，所以规定 $R_E \leqslant 10\Omega$。

　　(4) 在电压为 1000 V 以下的中性点接地系统中，电气设备实行保护接零。当电气设备发生接地故障时，由保护装置切除故障部分，但为了防止零线中断时产生危害，故仍要求

有较小的接地电阻，规定 $R_E \leqslant 4\ \Omega$。同样对总容量不超过 $100\ \mathrm{kV \cdot A}$ 的小系统可采用 $R_E \leqslant 10\ \Omega$。

10.3.4 接地电阻的装设

接地体是接地装置的主要部分，它的选择与装设是保证接地电阻符合要求的关键。

1. 自然接地体

利用自然接地体不但可以节约钢材，节省施工费用，还可以降低接地电阻，因此有条件的应当优先利用自然接地体。经实地测量，可利用的自然接地体其接地电阻如果能满足要求，而且又满足热稳定条件，就不必再装设人工接地装置，否则应增加人工接地装置。

凡是与大地有可靠而良好接触的设备或构件，大都可用作自然接地体，如：

（1）与大地有可靠连接的建筑物的钢结构、混凝土基础中的钢筋；

（2）敷设于地下而数量不少于两根的电缆金属外皮；

（3）敷设在地下的金属管道及热力管道，输送可燃性气体或液体（如煤气、石油）的金属管道除外。

利用自然接地体必须保证良好的电气连接。在建筑物钢结构结合处凡是用螺栓连接的，只有在采取焊接与加跨接线等措施后方可利用。

2. 人工接地体

当自然接地体不能满足接地要求或无自然接地体时，应装设人工接地体。人工接地体大多采用钢管、角钢、圆钢和扁钢制作。一般情况下，人工接地体都采取垂直敷设，特殊情况如多岩石地区，可采取水平敷设。

垂直敷设的接地体的材料常用直径为 $50\ \mathrm{mm}$、长为 $2.5\ \mathrm{m}$ 的钢管，或者 $40\ \mathrm{mm} \times 40\ \mathrm{mm} \times 4\ \mathrm{mm} \sim 50\ \mathrm{mm} \times 50\ \mathrm{mm} \times 6\ \mathrm{mm}$ 的角钢。

水平敷设的接地体常采用厚度不小于 $4\ \mathrm{mm}$、截面不小于 $100\ \mathrm{mm}^2$ 的扁钢或直径不小于 $10\ \mathrm{mm}$ 的圆钢，长度宜为 $5 \sim 20\ \mathrm{m}$。

如果接地体敷设处土壤有较强的腐蚀性，则接地体应镀锌或镀锡并适当加大截面，不能采用涂漆或涂沥青的方法防腐。

3. 变配电所和车间的接地装置的装设

由于单根接地体周围地面电位分布不均匀，在接地电流或接地电阻较大时，容易使人受到危险的接触电压或跨步电压的威胁。因此，在变配电所及车间内应尽可能采用环路式接地装置，如图 10-18 所示，即在变配电所和车间建筑物四周，距墙脚 $2 \sim 3\ \mathrm{m}$ 处打入一圈接地体，再用扁钢连成环路。这样，接地体间的散流电场将相互重叠而使地面上的电位分布较为均匀，因此，跨步电压及接触电压就很低。当接地体之间的距离为接地体长度的 $1 \sim 3$ 倍时，这种效应更明显。若接地区域范围较大，则可在环路式接地装置范围内，每隔 $5 \sim 10\ \mathrm{m}$ 宽度增设一条水平接地带作为均压连接线，该均压连接线还可用作接地干线，以使各被保护设备的接地线连接更为方便可靠。在经常有人出入的地方，应加装帽檐式均压带或采用高绝缘路面。

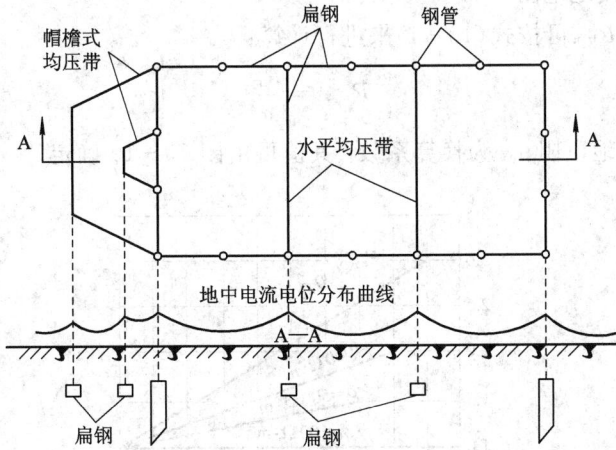

图 10 - 18　加装均压带的环路式接地装置

10.3.5　接地电阻的计算

1. 工频接地电阻的计算

工频接地电流流经接地装置时所呈现的接地电阻，称为工频接地电阻，可按表 10 - 3 中的公式进行计算。

表 10 - 3　工频接地电阻的计算公式

接地体形式			计算公式	说　明
人工接地体	垂直式	单根	$R_{E(1)} \approx \dfrac{\rho}{l}$	ρ 为土壤电阻率(Ω/m)；l 为接地体长度(m)；单位不同
		多根	$R_E = \dfrac{R_{E(1)}}{n\eta_E}$	n 为垂直接地体根数；η_E 为接地体的利用系数。管间距 a 与管长 l 之比及管子数目 n 可查附表 19
	水平式	单根	$R_{E(1)} \approx \dfrac{2\rho}{l}$	ρ 为土壤电阻率；l 为接地体长度
		多根	$R_E \approx \dfrac{0.062\rho}{n+1.2}$	n 为放射形水平接地带根数($n \leqslant 12$)；每根长度 $l=60$ m
	复合式接地网		$R_E \approx \dfrac{\rho}{4r} + \dfrac{\rho}{l}$	r 为与接地网面积等值的圆半径(即等效半径)；l 为接地体总长度，包括垂直接地体
自然接地体	钢筋混凝土基础		$R_E \approx \dfrac{0.2\rho}{3\sqrt{V}}$	V 为钢筋混凝土基础的体积
	电缆金属外皮、金属管道		$R_E \approx \dfrac{2\rho}{l}$	l 为电缆及金属管道的埋地长度

2. 冲击接地电阻的计算

雷电流经接地装置泄入大地时所呈现的接地电阻，称为冲击接地电阻。当强大的雷电流泄入大地时，土壤会被雷电波击穿并产生火花，使散流电阻显著降低，因此，冲击接地电阻一般小于工频接地电阻。

冲击接地电阻 R_{Esh} 可按式(10-4)来进行计算：

$$R_{Esh} = \frac{R_E}{\alpha} \tag{10-4}$$

式中，R_E 为工频接地电阻；α 为换算系数，其值可由图 10-19 确定。

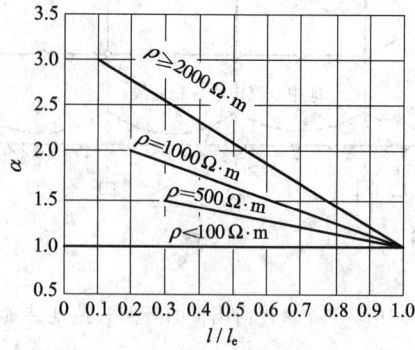

图 10-19 确定换算系数 α 的曲线

图 10-19 中的 l_e 为接地体的有效长度，应按式(10-5)来进行计算(单位为 m)：

$$l_e = 2\sqrt{\rho} \tag{10-5}$$

式中，ρ 为土壤电阻率，单位为 $\Omega \cdot m$。

图 10-20 中，对于单根接地体，l 为其实际长度；对于分支线的接地体，l 为其最长分支线的长度；对于环形接地体，l 则为其周长的一半。如果 $l_e < l$，则取 $l_e = 1$，即 $\alpha = 1$。

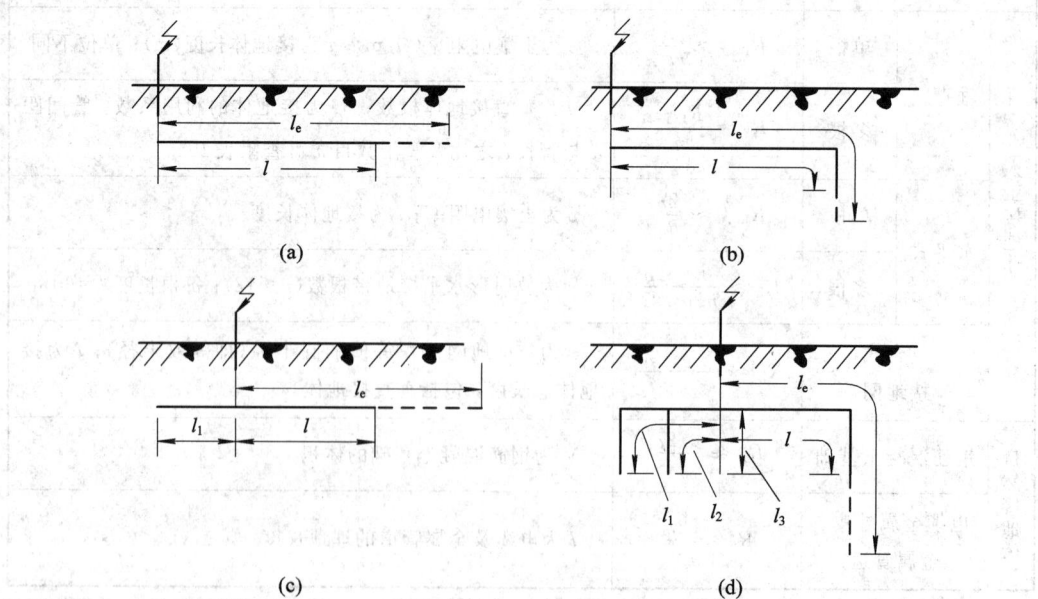

图 10-20 接地体的长度和有效长度

(a) 单根水平接地体；(b) 末端接垂直接地体的单根水平接地体；

(c) 多根水平接地体；(d) 接多根垂直接地体的多根水平接地体($l_1 \leqslant l$, $l_2 \leqslant l$, $l_3 \leqslant l$)

3. 接地装置的设计计算

在已知接地电阻要求值的前提下，所需接地体根数的计算可按下列步骤进行：

（1）按设计规范要求，确定允许的接地电阻值 R_E。

（2）实测或估算可以利用的自然接地体的接地电阻 $R_{E(nat)}$。

（3）计算需要补充的人工接地体的接地电阻 $R_{E(man)}$，即

$$R_{E(man)} = \frac{R_{E(nat)} R_E}{R_{E(nat)} - R_E} \qquad (10-6)$$

若不考虑自然接地体，则

$$R_{E(man)} = R_E$$

（4）根据设计经验，初步安排接地体的布置，确定接地体和连接导线的尺寸。

（5）计算单根接地体的接地电阻 $R_{E(1)}$。

（6）用逐步渐近法计算接地体的数量，即

$$n = \frac{R_{E(1)}}{\eta_E R_{E(man)}} \qquad (10-7)$$

式中，η_E 为接地体的利用系数。

（7）校验短路热稳定度。对于大电流接地系统中的接地装置，应进行单相短路热稳定校验。由于钢线的热稳定系数 $C=70$，因此接地钢线的最小允许截面（mm^2）为

$$A_{min} = I_k^{(1)} \frac{\sqrt{t_k}}{70} \qquad (10-8)$$

式中，$I_k^{(1)}$ 为单相接地短路电流，单位为 A，为计算方便，可取为三相短路电流；t_k 为短路电流持续时间，单位为 s。

【例 10-2】　某车间变电所变压器容量为 630 kV·A，电压为 10/0.4 kV，接线组为 Yyno，与变压器高压侧有联系的架空线路长 100 km，电缆线路长 10 km，装设地土质为黄土，可利用的自然接地体其实测电阻为 20 Ω。试确定此变电所公共接地装置的垂直接地钢管和连接扁钢。

解：（1）确定接地电阻要求值。

由式（1-5）可求得接地电流为

$$I_E = I_C = \frac{10 \times (100 + 35 \times 10)}{350} = 12.9 \text{ A}$$

由附表 19-1 可确定，此变电所公共接地装置的接地电阻应满足以下两个条件：

$$R_E \leqslant \frac{120}{I_E} = \frac{120}{12.9} = 9.3 \text{ Ω}$$

$$R_E \leqslant 4 \text{ Ω}$$

比较上面两式，总接地电阻应满足 $R_E \leqslant 4$ Ω。

（2）计算需要补充的人工接地体的接地电阻，即

$$R_{E(man)} = \frac{R_{E(nat)} R_E}{R_{E(nat)} - R_E} = \frac{20 \times 4}{20 - 4} = 5 \text{ Ω}$$

（3）接地装置方案初选。

采用环路式接地网，初步考虑围绕变电所建筑四周打入一圈钢管接地体，钢管直径为 50 mm，长为 2.5 m，间距为 7.5 m，管间用 40 mm×4 mm 的扁钢连接。

（4）计算单根钢管接地电阻。

查附表 19-2 可得，黄土的电阻率 $\rho=200\ \Omega/m$，则单根钢管的接地电阻为

$$R_{E(1)} \approx \frac{200}{2.5} = 80\ \Omega$$

（5）确定接地钢管数和最后接地方案。

根据 $R_{E(1)}/R_{E(man)}=80/5=16$，同时考虑到管间屏蔽效应，初选 24 根钢管作接地体。以 $n=24$ 和 $a/l=3$ 去查附表 19-4，得 $\eta_E \approx 0.70$，因此

$$n = \frac{R_{E(1)}}{\eta_E R_{E(man)}} = \frac{80}{0.70 \times 5} \approx 23$$

考虑到接地体应均匀对称布置，最后确定用 24 根直径为 50 mm，长为 2.5 m 的钢管作接地体，管间距为 7.5 m，用 40 mm×4 mm 的扁钢连接，环形布置，附加均压带。

10.3.6 接地装置平面布置图示例

接地装置平面布置图是表示接地体和接地线具体布置与安装要求的一种安装图。图 10-21 是图 5-20 所示的高压配电所及 2 号车间变电所的接地装置平面布置图。

由图 10-21 可以看出，距变配电所建筑 3 m 左右，埋设有 10 根管形垂直接地体（直径 50 mm、长 2.5 m 的钢管）。接地钢管之间约为 5 m，采用 40 mm×4 mm 的扁钢焊接成一个外缘闭合的环形接地网。变压器下面的钢轨以及安装高压开关柜、高压电容器柜和低压配电屏的地沟上的槽钢或角钢，均采用 25 mm×4 mm 的扁钢焊接成网，并与室外接地网多处连接。

为了便于测量接地电阻以及移动式电气设备临时接地，故在适当地点安装有临时接地端子。

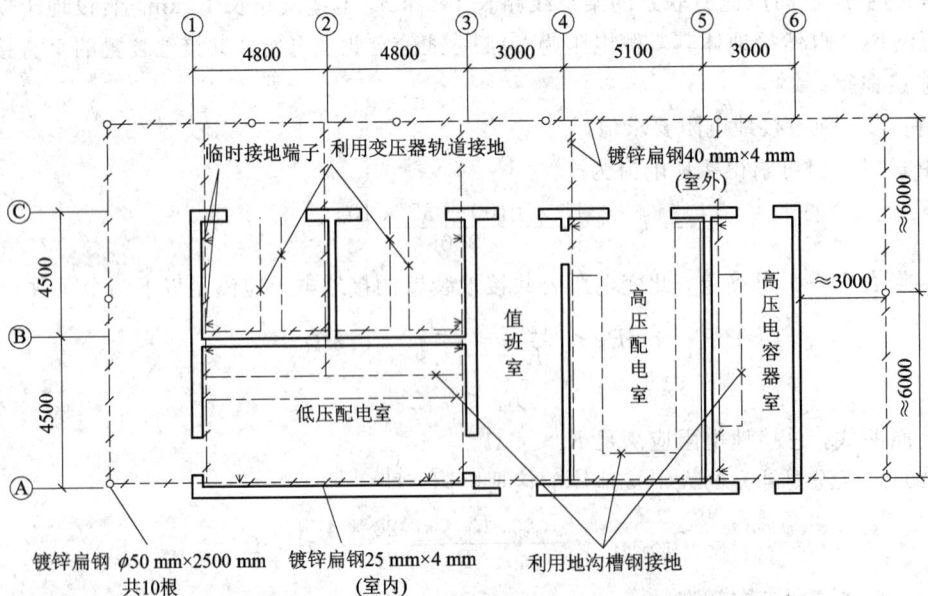

图 10-21　接地装置平面布置图

10.3.7　接地电阻的测量

接地装置施工完成后,使用之前应测量接地电阻的实际值,以判断其是否符合要求。若不符合要求,则需补打接地极。每年雷雨季到来之前还需要重新检查测量。接地电阻的测量有电桥法、补偿法、电流-电压表法和接地电阻测量仪法,这里介绍接地电阻测量仪法。

接地电阻测量仪俗称接地摇表,其自身能产生交变的接地电流,使用简单,携带方便,而且抗干扰性能较好,应用十分广泛。

以常用的国产接地电阻测量仪 ZC-8 型为例,如图 10-22 所示,三个接线端子 E、P、C 分别接于被测接地体(E′)、电压极(P′)和电流极(C′)。当以大约 120 r/min 的速度转动手柄时,摇表内产生的交变电流将沿被测接地体和电流极形成回路,调节粗调旋钮及细调拨盘,使表针指在中间位置,这时便可读出被测接地电阻。

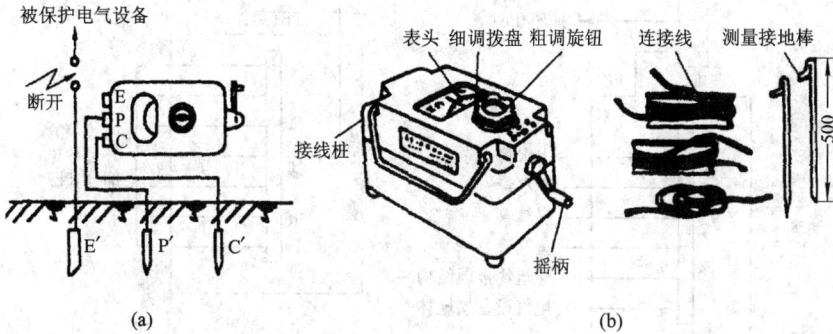

图 10-22　ZC-8 型接地电阻测量仪

(a) 接线图;(b) 实物图

具体测量步骤如下:

(1) 拆开接地干线与接地体的连接点;

(2) 将两支测量接地棒分别插入离接地体 20 m 与 40 m 远的地中,深度约 400 mm;

(3) 把接地摇表放置于接地体附近平整的地方,然后用最短的一根连接线连接接线端子 E 和被测接地体 E′,用较长的一根连接线连接接线端子 P 和 20 m 远处的接地棒 P′,用最长的一根连接线连接接线端子 C 和 40 m 远处的接地棒 C′;

(4) 根据被测接地体的估计电阻值,调节好粗调旋钮;

(5) 以大约 120 r/min 的转速摇动手柄,当表针偏离中心时,边摇动手柄边调节细调拨盘,直至表针居中稳定后为止;

(6) 细调拨盘的读数乘以粗调旋钮倍数,即可得被测接地体的接地电阻。

10.4　低压配电系统的等电位联结与漏电保护

10.4.1　低压配电系统的等电位联结

1. 等电位联结的功能与类别

等电位联结是使电气装置各外露可导电部分和装置外可导电部分电位基本相等的一种

电气联结。等电位联结的功能在于降低接触电压，以保障人身安全。

按规定，采用接地故障保护时，在建筑物内应做总等电位联结，简称 MEB。当电气装置或其某一部分的接地故障保护不能满足要求时，还应在局部范围内进行局部等电位联结，简称 LEB。

1）总等电位联结

总等电位联结（MEB）是指在建筑物进线处，将 PE 线或 PEN 线与电气装置接地干线、建筑物内的各种金属管道（如水管、煤气管、采暖空调管道等）以及建筑物的金属构件等，都与总等电位联结端子连接，使它们都具有基本相等的电位，如图 10 - 23 中的 MEB。

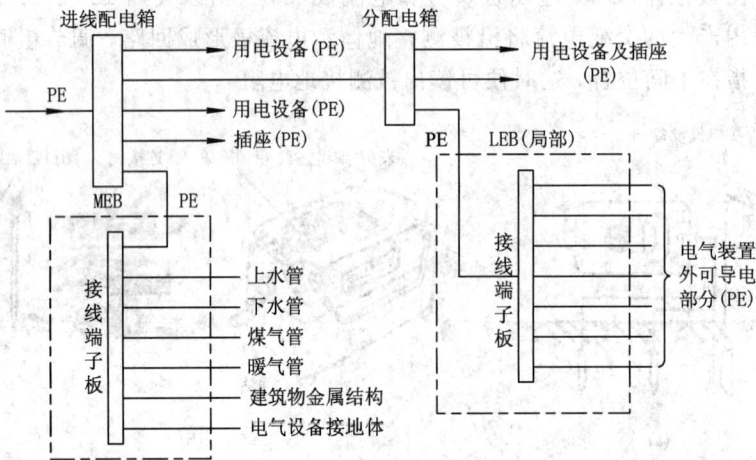

图 10 - 23　总等电位联结（MEB）和局部等电位联结（LEB）

2）局部等电位联结

局部等电位联结（LEB）又称辅助等电位联结，是在远离总等电位联结处、非常潮湿、触电危险性大的局部地区内进行的等电位联结，是总等电位联结的一种补充，如图 10 - 23 中的 LEB。通常在容易触电的浴室及安全要求极高的胸腔手术室等处，应做局部等电位联结。

2. 等电位联结的接线要求

按规定，等电位联结主母线的截面不应小于装置中最大 PE 线或 PEN 线的一半，但采用铜线时截面不应小于 6 mm²，当采用铝线时截面不应小于 16 mm²。采用铝线时，必须采取机械保护，并且应保证铝线连接处的持久导通性。如果采用铜导线作联结线，则其截面应不超过 25 mm²。如果采用其他材质导线，则其截面应能承受与之相当的载流量。

连接装置外露可导电部分与装置外可导电部分的局部等电位联结线，其截面不应小于相应 PE 线的一半。而连接两个外露可导电部分的局部等电位联结线，其截面不应小于接至这两个外露可导电部分的较小 PE 线的截面。

3. 等电位联结中的几个具体问题

（1）两条金属管道连接处缠有黄麻或聚乙烯薄膜，一般不需要做跨接线。由于两条管道在做丝扣连接时，上述包缠材料实际上已被损伤而失去了绝缘作用，因此管道连接处在电气上依然是导通的。所以，除了自来水管的水表两端需做跨接线外，金属管道连接处一般不需跨接。

（2）现在有些管道系统以塑料管取代金属管，对塑料管道不需要做等电位联结。做等电位联结的目的在于使人体可同时触及的导电部分的电位相等或相近，以防人身触电，而塑料管是不导电物质，不可能传导或呈现电位，因此不需对塑料管道做等电位联结。

（3）在等电位联结系统内，原则上只需做一次等电位联结。例如在水管进入建筑物的主管上做一次总等电位联结，再在浴室内的水道主管上做一次局部等电位联结即可。

（4）原则上不能用配电箱内的 PE 母线代替接地母线和等电位联结端子板来连接等电位联结线。由于配电箱内有带危险电压的相线，在配电箱内带电检测等电位联结和接地时，容易不慎触及危险电压而引起触电事故，此时若停电检测将给工作和生活带来不便，因此应在配电箱外另设接地母线或等电位联结端子板，以便安全地进行检测。

（5）对于 1000 V 及 1000 V 以下的工频低压装置不必考虑跨步电压的危害，因为一般情况下其跨步电压不足以构成对人体的伤害。

10.4.2　低压配电系统的漏电保护

1. 漏电保护器的功能与原理

漏电保护器又称"剩余电流保护器"，简称为 RCD（Residual Current-protective Device）。漏电保护器是在规定条件下，当漏电电流（剩余电流）达到或超过规定值时能自动断开电路的一种开关电器。它用来对低压配电系统中的漏电和接地故障进行安全防护，防止发生人身触电事故及接地电弧引发的火灾。

漏电保护器按其反应动作的信号可分为电压动作型和电流动作型两类。电压动作型漏电保护器在技术上存在一些难以克服的问题，所以现在生产的漏电保护器差不多都为电流动作型。

电流动作型漏电保护器利用零序电流互感器来反应接地故障电流，然后动作于脱扣机构。电流动作型漏电保护器按脱扣机构的结构又可分为有电磁脱扣型和电子脱扣型两类。

电磁脱扣型漏电保护器的原理接线图如图 10-24 所示。当设备正常运行时，穿过零序电流互感器 TAN 的三相电流相量和为零，零序电流互感器 TAN 二次侧不产生感应电动势，因此磁化电磁铁 YA 的线圈中没有电流，其衔铁靠永久磁铁的磁力保持在吸合位置，使开关维持在合闸状态。当设备发生漏电或单相接壳故障时，会有零序电流穿过互感器 TAN 的铁芯，使其二次侧感生电动势，于是电磁铁 YA 线圈中有交流电流通过，电磁铁 YA 铁芯中将产生交变磁通，与原有的永久磁通叠加并产生去磁作用，则其电磁吸力减小，衔铁被弹簧拉开，使自由脱扣机构 YR 动作，开关跳闸，断开故障电流，从而起到漏电保护的作用。

电流动作的电子脱扣型漏电保护器的原理接线图如图 10-25 所示。这种电子脱扣型漏电保护器在零序电流互感器 TAN 与自由脱扣机构 YR 之间接入的不是磁化电磁铁，而是电子放大器 AV。当设备发生漏电或单相接壳故障时，互感器 TAN 二次侧感生的电信号经电子放大器 AV 放大后，接通自由脱扣机构 YR，使开关跳闸，从而也能起到漏电保护的作用。

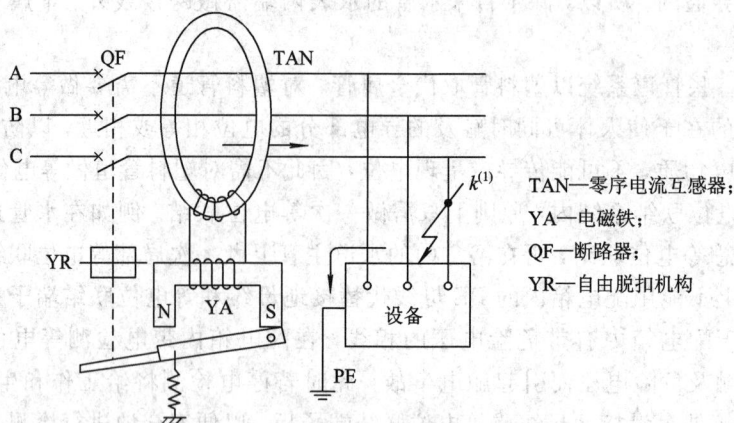

图 10 - 24　电流动作的电磁脱扣型漏电保护器原理接线图

TAN—零序电流互感器；
YA—电磁铁；
QF—断路器；
YR—自由脱扣机构

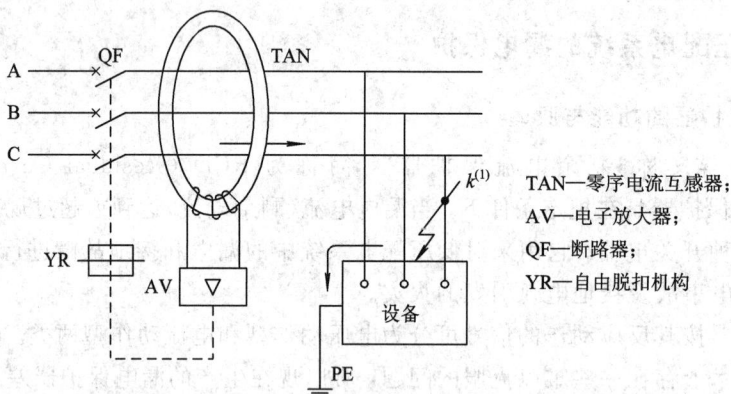

图 10 - 25　电流动作的电子脱扣型漏电保护器原理接线图

TAN—零序电流互感器；
AV—电子放大器；
QF—断路器；
YR—自由脱扣机构

2. 漏电保护器的分类

漏电保护器按其保护功能和结构特征，可分以下四类。

（1）漏电保护开关。漏电保护开关由零序电流互感器、漏电脱扣器和主开关组装在一个绝缘外壳之中，具有漏电保护及手动通断电路的功能，但不具有过负荷和短路保护功能。这类产品主要应用于住宅，通常称为漏电开关。

（2）漏电断路器。漏电断路器是在低压断路器的基础上加装漏电保护部件组成的，因此它具有漏电、过负荷和短路保护的功能。漏电断路器的有些产品就是在低压断路器之外拼装漏电保护附件而成的。例如，C45 系列小型断路器拼装漏电脱扣器后，就成了家用及在类似场所广泛应用的漏电断路器。

（3）漏电继电器。漏电继电器由零序电流互感器和继电器组成，具有检测和判断漏电和接地故障的功能，由继电器发出信号，并控制断路器或接触器切断电路。

（4）漏电保护插座。漏电保护插座由漏电开关或漏电断路器与插座组合而成，使与插座回路连接的设备具有漏电保护功能。

漏电保护器按极数可分为单极 2 线、双极 2 线、3 极 3 线、3 极 4 线和 4 极 4 线等多种形式，其在低压配电线路中的接线如图 10 - 26 所示。

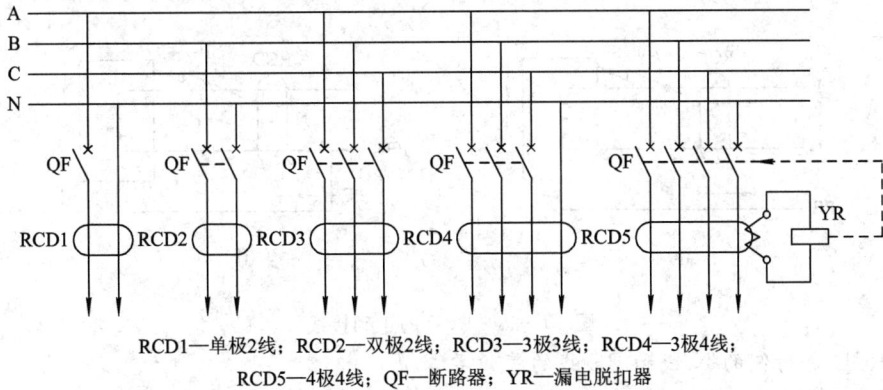

RCD1—单极2线；RCD2—双极2线；RCD3—3极3线；RCD4—3极4线；
RCD5—4极4线；QF—断路器；YR—漏电脱扣器

图 10 - 26　各种 RCD 在低压线路中的接线示意图

3. 漏电保护器的装设

1) 漏电保护器的装设场所

当人手握住手持式（或移动式）电器时，如果该电器漏电，则人手因触电痉挛将很难摆脱，触电时间一长就会导致死亡。而固定式电器漏电，如人体触及将会因电击刺痛而弹离，一般不会持续触电。由此可见，手持式（移动式）电器触电的危险性远远大于固定式电器触电。因此，一般规定安装手持式（移动式）电器的回路上应装设 RCD。由于插座主要是用来连接手持式（含移动式）电器的，因此插座回路上一般也应装设 RCD。GB50096—1999《住宅设计规范》规定，除空调电源插座外，其他电源插座回路均应装设 RCD。

2) PE 线和 PEN 线的装设要求

在 TN - S 系统中（或 TN - C - S 系统中的 TN - S 段）装设 RCD 时，PE 线不得穿过零序电流互感器铁芯。否则当发生单相接地故障时，由于进出互感器铁芯的故障电流相互抵消，因此 RCD 将不会动作，如图 10 - 27(a) 所示。而在 TN - C 系统中（或 TN - C - S 系统中的 TN - C 段）装设 RCD 时，PEN 线不得穿过零序电流互感器铁芯。否则当发生单相接地故障时，RCD 同样不会动作，如图 10 - 27(b) 所示。

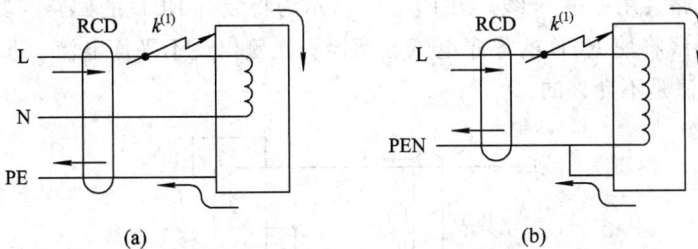

图 10 - 27　PE 线和 PEN 线不得穿过 PCD 的零序电流互感器铁芯
(a) TN - S 系统中 PE 线穿过 RCD 互感器时，RCD 不动作；
(b) TN - C 系统中 REN 线穿过 RCD 互感器时，RCD 不动作

在 TN - S 系统中和 TN - C - S 系统的 TN - S 段中，RCD 的正确接线应如图 10 - 28(a)、 (b)所示。对于 TN－C 系统，如果系统发生单相接地故障，则形成单相短路，其单相短路保护装置应该动作，切除故障。由图 10－27(b)可知，在 TN－C 系统中不能装设 RCD。

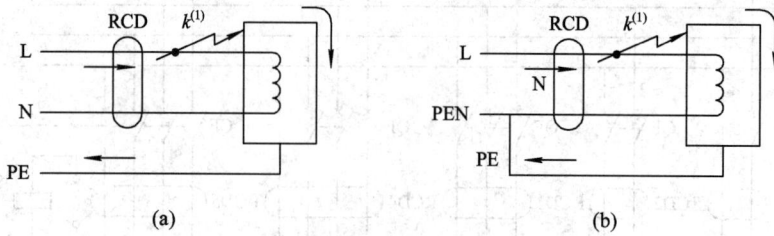

(a)　　　　　　　　　　　　　(b)

图 10－28　RCD 的正确接线

3）RCD 负荷侧的 N 线和 PE 线的装设要求

RCD 负荷侧的 N 线和 PE 线不能接反。如图 10－29 所示，在低压配电线路中，假设其中插座 XS2 的 N 线端子误接于 PE 线上，而其 PE 线端子误接于 N 线上，则插座 XS2 的负荷电流 I 不是经 N 线，而是经 PE 线返回电源，从而使 RCD 的零序电流互感器一次侧出现不平衡电流 I，造成漏电保护器 RCD 无法合闸。

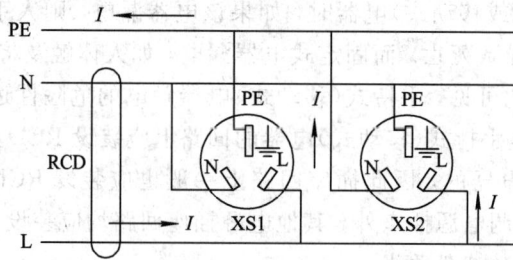

图 10－29　插座 XS2 的 N 线和 PE 线接反时，RCD 无法合闸

为了避免 N 线和 PE 线接错，建议在电气安装中，按规定，N 线使用淡蓝色绝缘线，PE 线使用黄绿双色绝缘线，而 A、B、C 三相则分别使用黄、绿、红色绝缘线。

4）不同回路 N 线的装设要求

装设 RCD 时，不同回路不应共用一根 N 线。在电气施工中，为节约线路投资，往往将几个回路配电线路共用一根 N 线。图 10－30 所示为将装有 RCD 的回路与其他回路共用一根 N 线，这种接线将使 RCD 的零序电流互感器一次侧出现不平衡电流，进而引起 RCD 误动，因此这种作法是不允许的。

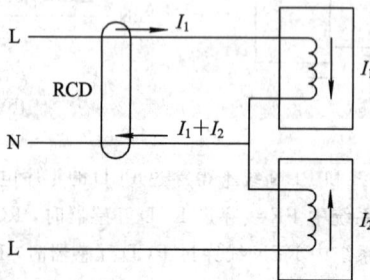

图 10－30　不同回路共用一根 N 线引起 RCD 误动作

5）低压配电系统中多级 RCD 的装设要求

为了有效防止因接地故障引起人身触电事故以及因接地电弧引发的火灾，通常在建筑物的低压配电系统中装设两级或三级 RCD，如图 10 - 31 所示。

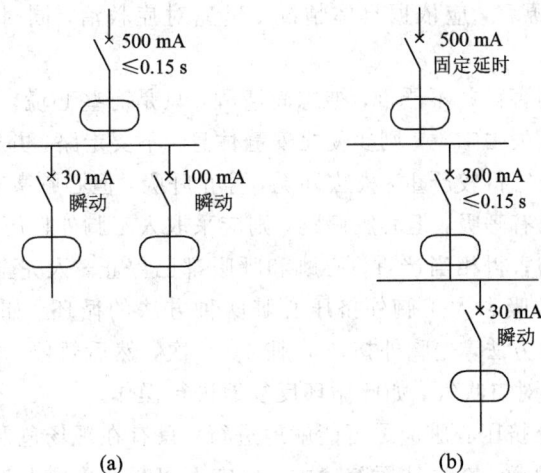

图 10 - 31　低压配电系统中的多级 RCD

(a) 两级 RCD；(b) 三级 RCD

线路末端装设的 RCD 通常为瞬动型，动作电流通常取为 30 mA，个别可达 100 mA。其前一级 RCD 则采用选择型，最长动作时间为 0.15 s，动作电流则为 300～500 mA，以保证前后 RCD 动作的选择性。根据国内外资料证实，接地电流只有达到 500 mA 以上时其电弧能量才有可能引燃起火。因此从防火安全角度来说，RCD 的动作电流最大可达 500 mA。

基本技能训练　触电的急救处理

触电人员的现场急救是抢救过程中的一个关键。如果处理得及时和正确，就可能使因触电而呈假死的人获救；反之，则可能带来不可弥补的后果。因此，从事电气工作的人员也必须熟悉并掌握触电急救技术。

1. 脱离电源

使触电人尽快脱离电源是救治触电人的第一步，也是最重要的一步。具体做法如下所述。

（1）如果开关距离救护人较近，则应迅速拉开开关，切断电源。

（2）如果开关距离救护人很远，则可用绝缘手钳或装有干燥木柄的刀、斧、铁锹等将电线切断，并且应防止被切断的电源线触及人体。

（3）当导线搭在触电人身上或压在身下时，可用干燥木棒、竹竿或其他带有绝缘手柄的工具迅速将电线挑开，不能直接用手或用导电的物件去挑电线，以防触电。

（4）如果触电人衣服是干燥的，而且电线并非紧缠其身时，救护人员可站在干燥木板上用一只手拉住触电人的衣服将他拉离带电体，此法只适用于低压触电的情况。

（5）如果人在高空触电，还需采取安全措施，以防电源切断后，触电人从高空掉下致残或致死。

2. 急救处理

当触电人脱离电源后，应依据具体情况，迅速对症救治，同时赶快派人请医生前来抢救。

（1）如果触电人伤害得并不严重，神志尚清醒，只是有些心慌，四肢发麻，全身无力，或者虽一度昏迷，但未失去知觉，则要使之安静休息，不要走路，并密切观察其病变。

（2）如果触电人伤害得较严重，失去知觉，停止呼吸，但心脏微有跳动，则应采取口对口人工呼吸法。如果虽有呼吸，但心脏停跳，则应采取人工胸外挤压心脏法。

（3）如果触电人伤害得相当严重，心跳和呼吸都已停止，人完全失去知觉，则需立即同时进行口对口人工呼吸和人工胸外挤压心脏两种方法的循环。如果现场仅有一人抢救时，可交替使用这两种方法，先胸外挤压心脏 4～8 次，然后暂停，代以口对口吹气 2～3 次，再挤压心脏，又口对口吹气，如此循环反复地进行操作。

人工呼吸法和胸外挤压心脏应尽可能就地进行，只有在现场危及安全时，才可将触电人移到安全地方进行急救。在送往医院途中，也应不间断地采用人工呼吸或心脏挤压来进行抢救。

3. 口对口吹气的人工呼吸法

人的生命的维持主要是靠由于心脏跳动而造成的血液循环和由于呼吸而形成的氧气和废气的交换过程，"假死"就是由于中断了这种过程所导致的。因此，当人触电后，一旦出现假死现象，应立即迅速施行人工呼吸或心脏挤压。

人工呼吸法有仰卧压胸法、俯卧压背法和口对口吹气法。这里只介绍简便易行且效果较好的口对口吹气法。

（1）首先迅速解开触电人的衣服、裤带，松开其上身的紧身衣、护胸罩和围巾等，使其胸部能自由扩张，不致妨碍呼吸。

（2）使触电人仰卧，不垫枕头，头先侧向一边，清除其口腔内的血块、假牙及其他异物等。如触电人的舌根下陷，则应将舌头拉出，使呼吸道畅通。如触电者牙关紧闭，可用开口钳、小木片、金属片等，小心地从口角伸入牙缝撬开牙齿，清除口腔内的异物。然后将其头部放正，使之尽量后仰，鼻孔朝天，呼吸道畅通。

（3）救护人位于触电人头部的左边或右边，用一只手捏紧触电人的鼻孔，使之不漏气；用另一只手将其下巴拉向前下方，使嘴张开，嘴上可盖一层纱布，准备接受吹气。

（4）救护人作深呼吸后，紧贴触电人的嘴，向他大口吹气，如图 10 - 32(a)所示。如果掰不开嘴，可贴鼻孔吹气，使其胸部膨胀。

（5）救护人吹气完毕后换气时，应立即离开触电人的嘴（或鼻孔），并放松紧捏的鼻（或嘴），让其自由排气，如图 10 - 32(b)所示。

按照上述要求对触电人反复地吹气、换气，每分钟约 12 次。对幼小儿童施行此法时，鼻子不必捏紧，可任其自由漏气，而且吹气不能过猛，以免肺泡胀破。

4. 胸外挤压心脏的人工循环法

挤压心脏的人工循环法通常采用的有胸外挤压心脏法和开胸直接挤压心脏法等。开胸

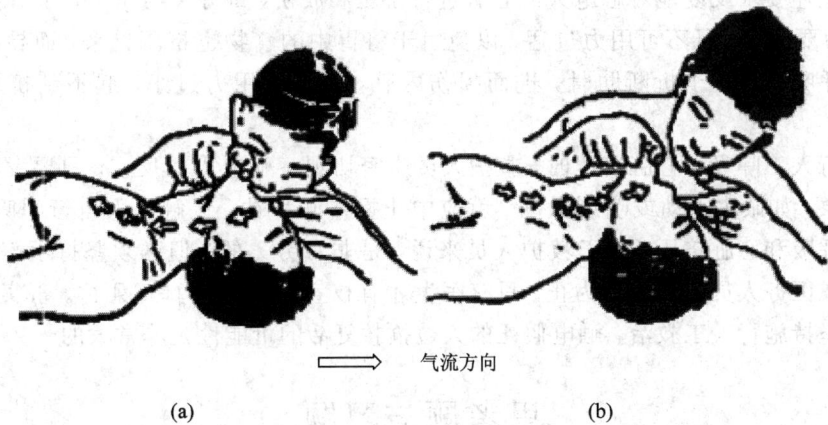

气流方向

图 10 - 32　口对口吹气的人工呼吸法

(a) 紧贴吹气；(b) 放松换气

直接挤压心脏法由胸外科医生进行。这里介绍胸外挤压心脏的人工循环法。

(1) 与人工呼吸法的要求一样，首先要解开触电人的衣物，并清除口腔内的异物，使其胸部能自由扩张。

(2) 使触电人仰卧，姿势与口对口吹气法相同，但后背着地处的地面必须牢固，应为硬地或木板之类。

(3) 救护人位于触电人一边，最好是跨腰跪在触电人的腰部，两手相叠(对儿童可只用一只手)，手掌根部放在比心窝稍高一点的地方(掌根放在胸骨的 1/3 部位)。

(4) 救护人找到触电人的正确压点后，自上而下、垂直均衡地用力向下挤压，压出心脏里面的血液，如图 10 - 33(a)所示。对儿童用力要适当小一些。

(5) 挤压后，掌根迅速放松(但手掌不要离开胸部)，使触电人胸部自动复原，心脏扩张，血液又回到心脏里来，如图 10 - 33(b)所示。

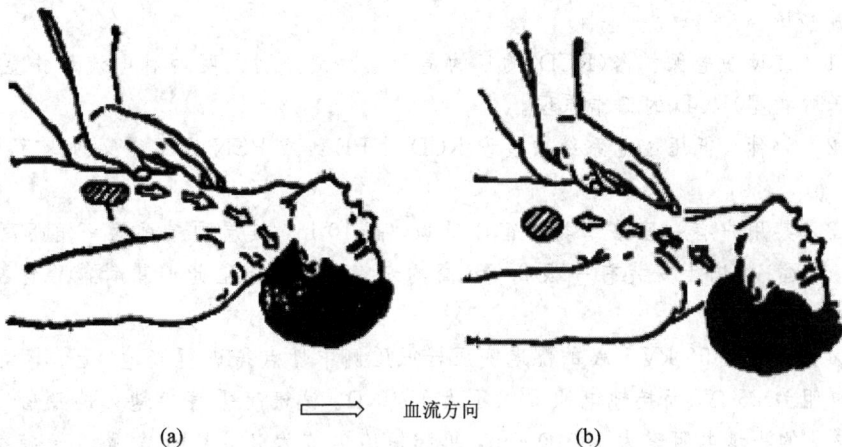

血流方向

图 10 - 33　胸外挤压心脏的人工循环法

(a) 向下挤法；(b) 放松回流

按照上述要求反复地对触电人的心脏进行挤压和放松，每分钟约 60 次。挤压时定位要准确，用力要适当，既不可用力过猛，以免由于将胃中的食物也挤压出来，而导致堵塞气管，影响呼吸，或由于折断肋骨，进而损伤内脏，又不可用力过小，起不到挤压血流的作用。

在施行人工呼吸和心脏挤压时，救护人员应密切观察触电人的反应。只要发现触电人有苏醒征象，如眼皮闪动或嘴唇微动，就应中止操作几秒钟，让触电人自行呼吸和心跳。施行人工呼吸和心脏挤压，对于救护人员来说，是非常劳累的，但必须坚持不懈，直到触电人苏醒或医务人员前来救治为止。只有医生才有权宣布触电人真正死亡。事实说明，只要正确地坚持施行人工救治，触电假死的人被抢救复活的可能性是非常大的。

思考题与习题

10-1 什么叫过电压？雷电过电压有哪些形式？各是如何产生的？

10-2 什么叫接闪器？避雷针是如何防护雷击的？避雷针、避雷线和避雷带（网）各自主要用在哪些场所？

10-3 如何用"滚球法"确定避雷针的保护范围？

10-4 变配电所有哪些防雷措施？架空线路又有哪些防雷措施？

10-5 建筑物按防雷要求可分为哪几类？各类建筑物应采取哪些防雷措施？

10-6 什么叫工作接地和保护接地？什么叫保护接零？为什么在同一系统中不允许有的设备采取接地保护而另一些设备又采取接零保护？

10-7 什么叫接地和接地装置？什么叫自然接地体和人工接地体？

10-8 什么叫接触电压和跨步电压？一般离接地故障点多远的范围对人身比较安全？

10-9 什么叫工频接地电阻和冲击接地电阻？为什么冲击接地电阻通常比工频接地电阻小？

10-10 什么叫总等电位联结（MEB）和局部等电位联结（LEB）？它们的功能是什么？各应用在哪些场合？

10-11 装设漏电保护器（RCD）的目的是什么？试分别说明两种电流动作型（电磁脱扣型和电子脱扣型）RCD 的工作原理。

10-12 为什么低压配电系统中装设 RCD 时 PE 线或 PEN 线不得穿过零序电流互感器的铁芯？

10-13 某用户有一座第二类防雷建筑物，高 10 m，其屋顶最远的一角距离高 50 m 的烟囱 15 m 远。烟囱上安装有一根 2.5m 高的避雷针。试检验此避雷针能否保护这座建筑物。

10-14 有一台 50 kV·A 的配电变压器低压侧中性点需进行接地。已知可利用的自然接地体电阻为 25 Ω，而接地电阻要求不大于 10 Ω。试确定垂直接地体的钢管和连接扁钢。已知该地的土壤电阻率为 150 Ω·m，单相短路电流为 2.5 kA，短路电流持续时间为 1.1 s。

附　录

附表 1　需要系数和二项式系数

附表 1-1　用电设备组的需要系数、二项式系数及功率因数值

用电设备组名称	需要系数 K_d	二项式系数		最大容量设备台数 $x^①$	$\cos\varphi$	$\tan\varphi$
		b	c			
小批生产的金属冷加工机床	0.16～0.2	0.14	0.4	5	0.5	1.73
大批生产的金属冷加工机床	0.18～0.25	0.14	0.5	5	0.5	1.73
小批生产的金属热加工机床	0.25～0.3	0.24	0.4	5	0.6	1.33
大批生产的金属热加工机床	0.3～0.35	0.26	0.5	5	0.65	1.17
通风机、水泵、空压机及电动发电机组	0.7～0.8	0.65	0.5	5	0.8	0.75
非连锁的连续运输机械及铸造车间整砂机械	0.5～0.6	0.4	0.4	5	0.75	0.88
连锁的连续运输机械及铸造车间整砂机械	0.65～0.7	0.6	0.2	5	0.75	0.88
锅炉房和机加工、机修、装配等类车间的吊车（ε＝25%）	0.1～0.15	0.06	0.2	3	0.5	1.73
铸造车间的吊车（ε＝25%）	0.15～0.25	0.09	0.3	3	0.5	1.73
自动连续装料的电阻炉设备	0.75～0.8	0.7	0.3	2	0.95	0.33
非自动连续装料的电阻炉设备	0.65～0.7	0.7	0.3	2	0.95	0.33
实验室用的小型电热设备（电阻炉、干燥箱等）	0.7	0.7	0		1.0	0
工频感应电炉（未带无功补偿装置）	0.8	—	—		0.35	2.68
高频感应电炉（未带无功补偿装置）	0.8	—	—		0.6	1.33
电弧熔炉	0.9	—	—		0.87	0.57
点焊机、缝焊机	0.35	—	—		0.6	1.33
对焊机、铆钉加热机	0.35	—	—		0.7	1.02
自动弧焊变压器	0.5	—	—		0.4	2.29
单头手动弧焊变压器	0.35	—	—		0.35	2.68
多头手动弧焊变压器	0.4	—	—		0.35	2.68
单头弧焊电动发电机组	0.35	—	—		0.6	1.33
多头弧焊电动发电机组	0.7	—	—		0.75	0.88
生产厂房及办公室、阅览室、实验室照明^②	0.8～1	—	—		1.0	0
变配电所、仓库照明^②	0.5～0.7	—	—		1.0	0
宿舍（生活区）照明^②	0.6～0.8	—	—		1.0	0
室外照明、应急照明^②	1	—	—		1.0	0

注：① 如果用电设备组的设备总台数 $n<2x$ 时，则最大容量设备台数取 $x=n/2$，且按"四舍五入"修约规则取整数；

② 这里的 $\cos\varphi$ 和 $\tan\varphi$ 值均为白炽灯照明的数据。

附表 1-2 部分工厂的全厂需要系数、功率因数及年最大有功负荷利用小时参考值

工厂类别	需要系数 K_d	功率因数 $\cos\varphi$	年最大有功负荷利用小时数	工厂类别	需要系数 K_d	功率因数 $\cos\varphi$	年最大有功负荷利用小时数
汽轮机制造厂	0.38	0.88	5000	量具刃具制造厂	0.26	0.60	3800
锅炉制造厂	0.27	0.73	4500	工具制造厂	0.34	0.65	3800
柴油机制造厂	0.32	0.74	4500	电机制造厂	0.33	0.65	3000
重型机械制造厂	0.35	0.79	3700	电器开关制造厂	0.35	0.75	3400
重型机床制造厂	0.32	0.71	3700	电线电缆制造厂	0.35	0.73	3500
机床制造厂	0.20	0.65	3200	仪器仪表制造厂	0.37	0.81	3500
石油机械制造厂	0.45	0.78	3500	滚珠轴承制造厂	0.28	0.70	5800

附表 2 并联电容器的技术数据

附表 2-1 并联电容器的无功补偿率(Δq_c)

补偿前的功率因数 $\cos\varphi_1$	补偿后的功率因数 $\cos\varphi_2$				补偿前的功率因数 $\cos\varphi_1$	补偿后的功率因数 $\cos\varphi_2$			
	0.85	0.90	0.95	1.00		0.85	0.90	0.95	1.00
0.60	0.713	0.849	1.004	1.333	0.76	0.235	0.371	0.526	0.85
0.62	0.646	0.782	0.937	1.266	0.78	0.182	0.318	0.473	0.80
0.64	0.581	0.717	0.872	1.206	0.80	0.130	0.266	0.421	0.75
0.66	0.518	0.654	0.809	1.138	0.82	0.078	0.214	0.369	0.69
0.68	0.458	0.594	0.749	1.078	0.84	0.026	0.162	0.317	0.64
0.70	0.400	0.536	0.691	1.020	0.86	—	0.109	0.264	0.59
0.72	0.344	0.480	0.635	0.964	0.88	—	0.056	0.211	0.54
0.74	0.289	0.425	0.580	0.909	0.90	—	0.000	0.155	0.48

附表 2-2 BW 型并联电容器的技术数据

型号	额定容量 /kvar	额定电容 /μF	型号	额定容量 /kvar	额定电容 /μF
BW0.4-12-1	12	240	BWF6.3-30-1W	30	2.4
BW0.4-12-3	12	240	BWF6.3-40-1W	40	3.2
BW0.4-13-1	13	259	BWF6.3-50-1W	50	4.0
BW0.4-13-3	13	259	BWF6.3-100-1W	100	8.0
BW0.4-14-1	14	280	BWF6.3-120-1W	120	9.63
BW0.4-14-3	14	280	BWF10.5-22-1W	22	0.64
BW6.3-12-1TH	12	0.96	BWF10.5-25-1W	25	0.72
BW6.3-12-1W	12	0.96	BWF10.5-30-1W	30	0.87
BW6.3-16-1W	16	1.28	BWF10.5-40-1W	40	1.15
BW10.5-12-1W	12	0.35	BWF10.5-50-1W	50	1.44
BW10.5-16-1W	16	0.46	BWF10.5-100-1W	100	2.89
BWF6.3-22-1W	22	1.76	BWF10.5-120-1W	120	3.47
BWF6.3-25-1W	25	2.0			

附表 3　S9 系列 6～10 kV 级铜绕组低损耗电力变压器的技术数据

额定容量/(kV·A)	额定电压/kV		连接组标号	空载损耗/W	负载损耗/W	阻抗电压/(%)	空载电流/(%)
	一次	二次					
30	10.5, 6.3	0.4	Yyno	130	600	4	2.1
50	10.5, 6.3	0.4	Yyno	170	870	4	2.0
63	10.5, 6.3	0.4	Yyno	200	1040	4	1.9
80	10.5, 6.3	0.4	Yyno	240	1250	4	1.8
100	10.5, 6.3	0.4	Yyno	290	1500	4	1.6
		0.4	Dynll	300	1470	4	4
125	10.5, 6.3	0.4	Yyno	340	1800	4	1.5
		0.4	Dynll	360	1720	4	4
160	10.5, 6.3	0.4	Yyno	400	2200	4	1.4
		0.4	Dynll	430	2100	4	3.5
200	10.5, 6.3	0.4	Yyno	480	2600	4	1.3
		0.4	Dynll	500	2500	4	3.5
250	10.5, 6.3	0.4	Yyno	560	3050	4	1.2
		0.4	Dynll	600	2900	4	3
315	10.5, 6.3	0.4	Yyno	670	3650	4	1.1
		0.4	Dynll	720	3450	4	3
400	10.5, 6.3	0.4	Yyno	800	4300	4	1.0
		0.4	Dynll	870	4200	4	3
500	10.5, 6.3	0.4	Yyno	960	5100	4	1.0
		0.4	Dynll	1030	4950	4	3
630	10.5, 6.3	0.4	Yyno	1200	6200	4.5	0.9
		0.4	Dynll	1300	5800	5	1.0
800	10.5, 6.3	0.4	Yyno	1400	7500	4.5	0.8
		0.4	Dynll	1400	7500	5	2.5
1000	10.5, 6.3	0.4	Yyno	1700	10 300	4.5	0.7
		0.4	Dynll	1700	9200	5	1.7
1250	10.5, 6.3	0.4	Yyno	1950	12 000	4.5	0.6
		0.4	Dynll	2000	11 000	5	2.5
1600	10.5, 6.3	0.4	Yyno	2400	14 500	4.5	0.6
		0.4	Dynll	2400	14 000	6	2.5

附表 4 常用高压断路器的技术数据

类别	型号	额定电压/kV	额定电流/A	开断电流/kA	断流容量/(MV·A)	动稳定电流峰值/kA	热稳定电流/kA	固有分闸时间/s	合闸时间/s	配用操动机构型号
少油户外	SW2-35/1000	35	1000	16.5	1000	45	16.5(4 s)	≤0.06	≤0.4	CT2-XG
	SW2-35/1500		1500	24.8	1500	63.4	24.8(4 s)			
少油户内	SN10-35 I	35	1000	16	1000	45	16(4 s)	≤0.06	≤0.2	CT10 CT101V
	SN10-35 II		1250	20	1000	50	20(4 s)		≤0.25	
	SN10-10 I	10	630	16	300	40	16(4 s)	≤0.06	≤0.15	CT8 CD10 I
			1000	16	300	40	16(4 s)		≤0.2	
	SN10-10 II		1000	31.5	500	80	31.5(2 s)	0.06	≤0.2	CT10 I、II
			1250	40	750	125	40(2 s)			
	SN10-10 III		2000	40	750	125	40(4 s)	0.07	0.2	CD10 III
			3000	40	750	125	40(4 s)			
真空户内	ZN23-35	35	1600	25		63	25(4 s)	0.06	0.075	CT12
	ZN3-10 I	10	630	8		20	8(4 s)	0.07	0.15	CD10 等
	ZN3-10 II		1000	20		50	20(20 s)	0.05	0.10	
	ZN4-10/1000		1000	17.3		44	17.3(4 s)	0.05	0.2	CD10 等
	ZN4-10/1250		1250	20		50	20(4 s)			
	ZN5-10/630		630	20		50	20(2 s)	0.05	0.1	专用 CD 型
	ZN5-10/1000		1000	20		50	20(2 s)			
	ZN5-10/1250		1250	25		63	25(2 s)			
	ZN12-10/1250		1250	25		63	25(4 s)			CD8 等
	ZN12-10/2000		2000							
	ZN12-10/1250		1250	31.5		80	31.5(4 s)	0.06	0.1	
	ZN12-10/2000		2000							
	ZN12-10/2500		2500	40		100	40(4 s)			
	ZN12-10/3150		3150							
	ZN24-10/1250-20		1250	20		50	20(4 s)	0.06	0.1	CT12 II
	ZN24-10/1250		1250	31.5		80	31.5(4 s)			
	ZN24-10/2000		2000							
六氟化硫(SF₆)户内	LN2-35 I	35	1250	16		40	16(4 s)	0.06	0.15	CT12 II
	LN2-35 II		1250	25		63	25(4 s)			
	LN2-35 III		1600	25		63	25(4 s)			
	LN2-10	10	1250	25		63	25(4 s)	0.06	0.15	CT12 I CT8 I

附表 5　常用高压隔离开关的技术数据

型　号	额定电压/kV	额定电流/A	极限通过电流/kA		5 s 热稳定电流/kA	操动机构型号
			峰值	有效值		
$GN_8^6 - 6T/200$		200	25.5	14.7	10	
$GN_8^6 - 6T/400$	6	400	40	30	14	CS6 - 1T (CS6 - 1)
$GN_8^6 - 6T/200$		600	52	30	20	
$GN_8^6 - 10T/200$		200	25.5	14.7	10	
$GN_8^6 - 10T/400$	10	400	40	30	14	S6 - 1T (CS6 - 1)
$GN_8^6 - 10T/600$		600	52	30	20	
$GN_8^6 - 10T/1000$		1000	75	43	30	

附表 6　常用高压熔断器的技术数据

附表 6 - 1　RN1 型室内高压熔断器的技术数据

型号	额定电压/kV	额定电流/A	熔体电流/A	额定断流容量/(MV·A)	最大开断电流有效值/kA	最小开断电流(额定电流倍数)	过电压倍数(额定电压倍数)
RN1 - 6	6	25	2, 3, 5, 7.5, 10, 15 20, 25, 30, 40, 50, 60, 75, 100	200	20	1.3	2.5
		50					
		100					
RN1 - 10	10	25			11.6	—	
		50					
		100					

附表 6 - 2　RN2 型室内高压熔断器的技术数据

型号	额定电压/kV	额定电流/A	三相最大断流容量/(MV·A)	最大开断电流/kA	当开断极限短路电流时,最大电流峰值/kA	过电压倍数(额定电压倍数)
RN2 - 6	6	0.5	1000	85	300	2.5
RN2 - 10	10			50	1000	

附表 6-3　RW4、RW7、RW9、RW10 型室外高压跌开式熔断器的技术数据

型　号	额定电压/kV	额定电流/A	断流容量/(MV·A) 上限	下限	分合负荷电流/A
RW4-10G/50		50	89	7.5	
RW4-10G/100		100	124	10	
RW4-10/50	10	50	75	—	—
RW4-10/100		100	100	—	
RW4-10/200		200	100	30	
RW7-10/50-75		50	75	10	
RW7-10/100-100		100	100	30	
RW7-10/200-100	10	200	100	30	
RW7-10/50-75GY		50	75	10	
RW7-10/100-100GY		100	100	30	
RW9-10/100	10	100	100	20	—
RW9-10/200		200	150	30	
RW10-10(F)/50		50	200	40	50
RW10-10(F)/100	10	100	200	40	100
RW10-10(F)/20		200	200	40	200

附表 7　常用电流互感器的技术数据

型号	额定电流比	级次组合	准确级次	额定二次负荷/Ω 0.5级	1级	3级	10级	D级	10%倍数 二次负荷(S_2)	倍数	1s热稳定倍数	动稳定倍数	选用铝母线截面尺寸/mm
LCZ-35	20~300, 600, 400, 800, 1000/5	0.5/9 0.5B	0.5	2						10		150	
			3			2							
		0.5/0.9 BB	B			2				27	65	150	
		3/3B								27		100	
										35			
LQJ-10	5, 10, 15, 20, 30, 40, 50, 60, 75, 100/5, 160, 200, 315, 400/5	0.5/3	0.5		0.6					6	90	225	
		1/3	1		0.4					6			
		0.5/D	3	0.4						75	160		
		1/D				0.6				10			
LMZJ1-0.5	300, 400, 500, 600, 750, 800, 1000, 1500	0.5/3	0.5	0.4	0.8								30×4 40×5 50×6
			1		0.4								60×8 80×8
		0.5D	3			0.6				10			
			D				0.6			15			

附表 8　常用电压互感器的技术数据

型　　号	额定电压/V			额定容量 (cosφ=0.9)/(V·A)			大容量 (/V·A)	连接组
	一次线圈	二次线圈	三次线圈	0.5 级	1 级	3 级		
JDZJ-6	6000/√3	100/√3	100/√3	30	50	100	200	1/1/1-12-12
JDZJ-6				50	80	200	400	
JDZJ-6								
JDZJ-10	10000/√3	100/√3	100/√3	40	60	150	300	
JDZJ-10				50	80	200	400	
JDZJ-10								
JSJW-6	6000/√3	100/√3	100/√3	80	150	320	640	$Y_0/Y_0/\triangle$
JSJW-10	1000/√3	100/√3	100/√3	120	200	480	960	
JDZ-6	6000	100		50	80	200	300	1/1-12
JDZ-10	10 000	100		80	120	300	500	1/1-12

附表 9　常用高压开关柜的技术数据

开关柜型号 技术数据	JYN1-35	JYN2-35	KYN-10	KGN-10	GFG15(F)	GFG7B(F)
类别形式		单母线移开式		单母线固定式	单母线手车式	
电压等级/kV	35			10		
额定电流/A	1000	630, 2500	630, 2500	630, 1000	630, 1500	630, 1000
断路器型号	SN10-35	SN10-10 Ⅰ Ⅱ Ⅲ	SN10-10 Ⅰ Ⅱ Ⅲ	SN10-10 Ⅰ Ⅱ Ⅲ	SN10-10 Ⅰ Ⅱ Ⅲ	SN10-10 Ⅰ Ⅱ Ⅲ ZN3-10 ZN-510
操动机构型号	CD10 CT8	CD10 CT8	CD10 CT8	CD10 CTS	CD10 CT8	CD10 CT8
电流互感器型号	LCZ-35	LZZB6-10 LZZQB6-10	CDJ-10	LA-10 LAJ-10	LZXZ-10 JDZJ-10	LZJG-10 LJ1-10
电压互感器型号	JDJ2-35 JDZJ2-35	JDZ6-10 JDZJ6-10	JDZ-10 JDZ-10		JDZ-10 JDZJ-10	JDE-10 JDEJ-10
高压熔断器型号	RN2-35	RN2-10	RN2-10		RN2-10	RN1-10 RN2-10
避雷器型号	FZ-35 FYZ1-35	FCD3				FS FZ FCD3
接地开关型号		JN-101	JN-10		JN-10	
外形尺寸 (长 mm×宽 mm ×高 mm)	1818 ×2400 ×2925	(1000) 840 ×1500 ×2200 (1800)	(1500) 800 ×1650 ×2200	1180 ×1600 ×2800	800×1500 ×220 (2100)	840×1500×2200

附表 10 常用低压断路器的技术数据

附表 10-1 DZ20 系列塑料外壳式低压断路器的技术数据

断路器额定电流/A	脱扣器额定电流/A	极限分断能力代号	额定极限短路分断能力/kA				额定运行短路分断能力/kA 交流		瞬时脱扣器整定电流倍数		电寿命/次
			交流		直流						
			380 V 有效值	cosφ	220 V	时间常数	380 V 有效值	cosφ	配电用	保护电动机用	
100	16, 20, 22 40, 50, 63 80, 100	Y	18	0.3	10	10	14	0.3	10	12	100
		J	35	0.25	15	10	18	0.25			
		G	100	0.2	20	10	50	0.2			
200 (225)	100, 125, 160, 18, 200, 225	Y	25	0.25	20	10	19	0.3	5～10	8～12	2000
		J	42	0.25	20	10	25	0.25			
		G	100	0.2	25	15	50	0.2			
400	200, 250, 315, 350, 400	Y	30	0.25	25	15	23	0.25	10	12	1000
		J	42	0.25	25	15	25	0.25	5～10		
		G	100	0.2	30	15	50	0.2			
630	500, 630	Y	30	0.25	25	15	23	0.25	5～10		1000
		J	42	0.25	25	15	25	0.25			
1250	630, 700, 800, 1000, 1250	y	50	0.25	30	15	38	0.25	4～7		500

注：① 额定极限短路分断能力级别：Y 表示一般型；J 表示较高型；G 表示最高型；
② 脱扣器额定电流为 40 A 及 40 A 以下的瞬时脱扣器最小整定电流为 500 A。

附表 10-2 配电用 DZ20 系列低压断路器过流脱扣器反时限断开特性数据

试验电流名称	试验电流脱扣电流	约定时间						起始状态
		断路器额定电流 100 A		断路器额定电流				
		$I_{OR}<63$ A	63 A$<I_{OR}<$100 A	200 A	400 A	630 A	1250 A	
约定不脱扣电流	1.05	1 h	2 h	2 h				冷态
约定脱扣电流	1.25		2 h	2 h				热态
	1.35	1 h						
可返回电流	3.0	5 s	8 s	8 s	12 s	12 s	12 s	冷态

注：I_{OR} 表示脱扣器额定电流。

附表 10-3 保护电动机 DZ20 系列低压断路器过流脱扣器反时限断开特性数据

试验电流名称	试验电流脱扣电流	约定时间						起始状态
		断路器额定电流 100 A		断路器额定电流				
		$I_{OR}<63$ A	63 A<I_{OR}<100 A	200 A	400 A	630 A	1250 A	
约定不脱扣电流	1.05	1 h	2 h	2 h				冷态
约定脱扣电流	1.25	2h		2h				热态
	1.35	1 h						
可返回电流	3.0	3 s	8 s	8 s	12 s	12 s	12 s	冷态

注：I_{OR} 表示脱扣器额定电流。

附表 10-4 DW15 系列低压断路器(200～600 A)的技术数据

断路器额定电流/A	瞬时通断能力有效值/kA						一次极限分断能力有效值/kA	短延时通断能力有效值/kA(380 V,$\cos\varphi=0.5$)	机构寿命/次	电寿命/次			
	额定电压/V			$\cos\varphi$						配电用			电动机保护用
	380	660	1140	380 V	660 V	1140 V				380 V	660 V	1140 V	
200	20	10	—	0.35	0.30	—	50	4.4	20 000	5000	2500	—	10 000
400	25	15	10	0.35	0.30	0.30	50	8.8	10 000	2500	1500	1000	5000
600	30	20	12	0.30	0.30	0.30	50	13.2	10 000	2500	1500	1000	5000

附表 10-5 DW15 系列低压断路器(200～600 A)过流脱扣器技术数据

断路器额定电流/A	过流脱扣器额定电流/A		过流脱扣器整定电流/A				
			长延时动作电流		半导体式		
	热式	半导体式	热 式	半导体	短延时	瞬 时	
200	100	100	64～80～100	40～100	300～100	300～1000,800～2000	
	150	—	96～120～150	—	—	—	
	200	200	128～160～200	80～120	600～2000	600～2000,1600～4000	
400	200	200	128～160～200	80～120	600～2000	600～2000,1600～4000	
	300	300	192～240～300	—	—	—	
	400	400	256～320～400	160～400	1200～4000	1200～4000,3200～8000	
600	300	300	192～240～300	120～300	900～3000	900～3000,2400～6000	
	400	400	256～320～400	160～400	1200～4000	1200～4000,3200～8000	
	600	600	384～480～600	240～600	1800～6000	1800～6000,4800～12000	

注：① 当额定电压为 660 V 和 1140 V 时，过流脱扣器为半导体式，其瞬时整定电流为 3～10 倍；

② 热式脱扣器为不可调式，当额定电压为 380 V 时，其瞬时整定电流为 10 或 1。

附表 10-6　DW15 系列低压断路器(1000~4000 A)的技术数据

额定电流 /A	交流 380 V 时极限通断能力有效值/kA				最大飞弧 距离/mm	机械 寿命/次	插入式触头 机械寿命/次	电寿命/次
	瞬时	cosφ	短延时 0.4 s	cosφ				
1000	40	0.25	30	0.25	350	10 000	1000	2500
1500	40	0.25	30	0.25	350	10 000	1000	2500
2500	60	0.2	40	0.25	350	5000	600	500
4000	80	0.2	60	0.2	400	5000	—	500

附表 10-7　DW15 系列低压断路器(1000~4000 A)过流脱扣器技术数据

断路器额 定电流/A	脱扣器额 定电流/A	选择性低压断路器 脱扣器整定电流/A			非选择性低压断路器 脱扣器整定电流/A		
					热-电磁式		电磁式
		长延时	短延时	瞬时	长延时	瞬时	瞬时
1000	600	420~600	1800~6000	6000~12 000	420~600	1800~6000	600~1800
	800	560~800	2400~8000	8000~16 000	560~800	2400~8000	800~2400
	1000	700~1000	3000~10 000	10 000~20 000	700~1000	300~10 000	1000~3000
1500	1500	1050~1500	4500~15 000	15 000~30 000	1050~1500	4500~15 000	1500~4500
2500	1500	1050~1500	4500~9000	10 500~21 000	1050~1500	4500~15 000	1500~4500
	2000	1400~2000	6000~12 000	14 000~28 000	1400~2000	6000~20 000	2000~6000
	2500	1750~2500	7500~15 000	17 500~35 000	1750~2500	7500~25 000	2500~7500
4000	2500	1750~2500	7500~15 000	17 500~35 000	1750~2500	7500~25 000	2500~7500
	3000	2100~3000	9000~18 000	21 000~42 000	2100~3000	9000~30 000	3000~9000
	4000	2800~4000	12 000~24 000	28 000~56 000	2800~4000	12 000~40 000	4000~12 000

附表 10-8　DW15 系列低压断路器(1000~4000 A)长延时过流脱扣器的延时特性

试验电流用脱扣器整定电流	1.0	1.3	2.0	3.0
动作时间	不动作	小于 1 h	小于 10 min	可返回时间大于 8 s

附表 11　常用低压熔断器的技术数据

型　　号	额定电压/V	额定电流/A		最大分断电流/kA	
		熔断器	熔　体	电流	$\cos\varphi$
RT0 - 100	交流 380 直流 440	100	30，40，50，60，80，100	50	0.1~0.2
RT0 - 200		200	（80，100），120，150，200		
RT0 - 400		400	（150，200），250，300，350，400		
RT0 - 600		600	（350，400），450，500，550，600		
RT0 - 1000		1000	700，800，900，1000		
RM10 - 15	交流 220，380，500 直流 220，440	15	6，10，15	1.2	0.8
RM10 - 60		60	15，20，25，35，45，60	3.5	0.7
RM10 - 100		100	60，80，100	10	0.35
RM10 - 200		200	100，125，160，200	10	0.35
RM10 - 350		350	200，225，260，300，350	10	0.35
RM10 - 600		600	350，430，500，600	10	0.35
RL1 - 15	交流 380 直流 440	15	2，4，5，6，10，15	25	
RL1 - 60		60	20，25，30，35，40，50，60	25	
RL1 - 100		100	60，80，100	50	
RL1 - 200		200	100，125，150，200	50	

附表 12　常用裸绞线和矩形母线允许载流量

附表 12 - 1　铜、铝及钢芯铝绞线的允许载流量（环境温度＋25℃，最高允许温度＋70℃）

铜　绞　线			铝　绞　线			钢芯铝绞线	
导线型号	载流量/A		导线型号	载流量/A		导线型号	载流量/A
	屋外	屋内		屋外	屋内		屋外
TJ - 16	130	100	LJ - 16	105	80	LGJ - 16	105
TJ - 25	180	140	LJ - 25	135	110	LGJ - 25	135
TJ - 35	220	175	LJ - 35	170	135	LGJ - 35	170
TJ - 50	270	220	LJ - 50	215	170	LGJ - 50	220
TJ - 70	340	280	LJ - 70	265	215	LGJ - 70	275
TJ - 95	415	340	LJ - 95	325	260	LGJ - 95	335
TJ - 120	485	405	LJ - 120	375	310	LGJ - 120	380
TJ - 150	570	480	LJ - 150	440	370	LGJ - 150	445
TJ - 185	645	550	LJ - 185	500	425	LGJ - 185	515
TJ - 240	770	650	LJ - 240	610	—	LGJ - 240	610

附表 12 - 2 矩形母线允许载流量(竖放)(环境温度＋25℃，最高允许温度＋70℃)

A

母线尺寸 (宽/mm×厚/mm)	铜母线(TMY)载流量/A			铝母线(LMY)载流量/A		
	每相的铜排数			每相的铝排数		
	1	2	3	1	2	3
15×3	210	—	—	165	—	—
20×3	275	—	—	215	—	—
25×3	340	—	—	265	—	—
30×4	475	—	—	365	—	—
40×4	625	—	—	480	—	—
40×4	700	—	—	540	—	—
50×5	860	—	—	665	—	—
50×6	955	—	—	740	—	—
60×6	1125	1740	2240	870	1355	1720
80×6	1480	2110	2720	1150	1630	2100
100×6	1810	2470	3170	1425	1935	2500
60×8	1320	2160	2790	1245	1680	2180
80×8	1690	2620	3370	1320	2040	2620
100×8	2080	3060	3930	1625	2390	3050
120×8	2400	3400	4340	1900	2650	3380
60×10	1475	2560	3300	1155	2010	2650
80×10	1900	3100	3990	1480	2410	3100
100×10	2310	3610	4650	1820	2860	3650
120×10	2650	4100	5200	2070	3200	4100

注：母线平放时，宽为 60 mm 以下，载流量减少 5%，当宽为 60 mm 以上时，应减少 8%。

附表 13 绝缘导线的允许载流量(导线正常最高允许温度＋65℃)

附表 13 - 1 橡皮绝缘导线和聚氯乙烯绝缘导线的允许载流量

A

芯线截面/mm²	橡皮绝缘导线				聚氯乙烯绝缘导线			
	BLX，BBLX		BX，BBX		BLV		BV、BVR	
	25℃	30℃	25℃	30℃	25℃	30℃	25℃	30℃
2.5	27	25	35	32	25	23	32	29
4	35	32	45	42	32	29	42	39
6	45	42	58	54	42	39	55	51
10	65	60	85	79	59	55	75	70
16	85	79	110	102	80	74	105	98
25	110	102	145	135	105	98	138	129
35	138	129	180	168	130	121	170	158
50	175	163	230	215	165	154	215	201
70	220	206	285	265	205	191	265	247
95	265	247	345	322	250	233	325	303
120	310	280	400	374	283	266	375	350
150	360	336	470	439	325	303	430	402
185	420	392	540	504	380	355	490	458

附表 13－2　聚氯乙烯绝缘导线穿钢管时的允许载流量

A

芯线截面/mm²	两根单芯线 环境温度/℃			管径/mm		三根单芯线 环境温度/℃			管径/mm		四、五根单芯线 环境温度/℃			管径/mm	
	25	30	35	SC	TC	25	30	35	SC	TC	25	30	35	SC	TC
BLV 铝芯															
2.5	20	18	17	15	15	18	16	15	15	15	15	14	12	15	15
4	27	25	23	15	15	24	22	20	15	15	22	20	19	15	20
6	35	32	30	15	20	32	29	27	15	20	28	26	24	20	25
10	49	45	42	20	25	44	41	38	20	25	38	35	32	25	25
16	63	58	54	25	25	56	52	48	25	32	50	46	43	25	32
25	80	74	69	25	32	70	65	60	32	32	65	60	50	32	40
35	100	93	86	32	40	90	84	77	32	40	80	74	69	32	
50	125	116	108	32		110	102	95	40		100	93	86	50	
70	155	144	134	50		143	133	123	50		127	118	109	50	
95	190	177	164	50		170	158	147	50		152	142	131	70	
120	220	205	190	50		195	182	168	50		172	160	148	70	
150	250	233	216	70		225	210	194	70		200	187	173	70	
185	285	266	246	70		255	238	220	70		230	215	198	80	
BV 铜芯															
1.0	14	13	12	15	15	13	12	11	15	15	11	10	9	15	15
1.5	19	17	16	15	15	17	15	14	15	15	16	14	13	15	15
2.5	26	24	22	15	15	24	22	20	15	15	22	20	19	15	15
4	35	32	30	15	15	31	28	26	15	15	28	26	24	15	20
6	47	43	40	15	20	41	38	35	15	20	37	34	32	20	25
10	65	60	56	20	25	57	53	49	20	25	50	46	43	25	25
16	82	76	70	25	25	73	68	63	25	32	65	60	56	25	32
25	107	100	92	25	32	95	88	82	32	32	85	79	73	32	40
35	133	124	115	32	40	115	107	99	32	40	105	98	90	32	
50	165	154	142	32		146	136	126	40		130	121	112	50	
70	205	191	177	50		183	171	158	50		165	154	142	50	
95	250	233	216	50		225	210	194	50		200	187	173	70	
120	290	271	250	50		260	243	224	50		230	215	198	70	
150	330	308	285	70		300	280	259	70		265	247	259	70	
185	380	355	328	70		340	317	294	70		300	280	259	80	

注：表中的 SC 表示焊接钢管，管径按内径计；TC 表示电线管，管径按外径计。

附表 13－3 聚氯乙烯绝缘导线穿塑料管时的允许载流量

A

芯线截面/mm²	两根单芯线 环境温度/℃			管径/mm	三根单芯线 环境温度/℃			管径/mm	四根单芯线 环境温度/℃			管径/mm
	25	30	35	PC	25	30	35	PC	25	30	35	PC
BLV 铝芯												
2.5	18	16	15	15	16	14	13	15	14	13	12	20
4	24	22	20	20	22	20	19	20	19	17	16	20
6	31	28	26	20	27	25	23	20	25	23	21	25
10	42	39	36	25	38	35	32	25	33	30	28	32
16	55	51	47	32	49	45	42	32	44	41	38	32
25	73	68	63	32	65	60	56	40	57	53	49	40
35	90	84	77	40	80	74	69	40	70	65	60	50
50	114	106	98	50	102	95	88	50	90	84	77	63
70	145	135	125	50	130	121	112	50	115	107	99	63
95	175	163	151	63	158	147	136	63	140	130	121	75
120	200	187	173	63	180	168	155	63	160	149	138	75
150	230	215	198	75	207	193	179	75	185	172	160	75
185	265	247	229	75	235	219	203	75	212	198	183	90
BV 铜芯												
1.0	12	11	10	15	11	10	9	15	10	9	8	15
1.5	16	14	13	15	15	14	12	15	13	12	11	15
2.5	24	22	20	15	21	19	18	15	19	17	16	20
4	31	28	26	20	28	26	24	20	25	23	21	20
6	41	36	35	20	36	33	31	20	32	29	27	25
10	56	52	48	25	49	45	42	25	44	41	38	32
16	72	67	62	32	65	60	56	32	57	53	49	32
25	95	88	82	32	85	79	73	40	75	70	64	40
35	120	112	103	40	105	98	90	40	93	86	80	50
50	150	140	129	50	132	123	114	50	117	109	101	63
70	185	172	160	50	167	156	144	50	148	138	128	63
95	230	215	198	63	205	191	177	63	185	172	160	75
120	270	252	233	63	240	224	207	63	215	201	185	75
150	305	285	263	75	275	257	237	75	250	233	216	75
185	355	331	307	75	310	289	268	75	280	260	242	90

注：表中的 PC 表示硬塑料管。

附表 14　电力电缆的允许载流

附表 14-1　油浸纸绝缘电力电缆的允许载流量

A

电缆型号	ZLQ、ZLQ、ZLL			ZLQ20、ZLQ30 ZLQ12、ZLL30			ZLQ2、ZLQ3、ZLQ5 ZLL12、ZLL13		
电缆额定电压/kV	1~3	6	10	1~3	6	10	1~3	6	10
最高允许温度/℃	80	65	60	80	65	60	80	65	60
敷设方式 / 芯数×截面/mm²	敷设于 25℃空气中						敷设于 15℃土壤中		
3×2.5	22	—	—	24	—	—	30	—	—
3×4	28	—	—	32	—	—	39	—	—
3×6	35	—	—	40	—	—	50	—	—
3×10	48	43	—	55	48	—	67	61	—
3×16	65	55	55	70	65	60	88	78	73
3×25	85	75	70	95	85	80	114	104	100
3×35	105	90	85	115	100	95	141	123	118
3×50	130	115	105	145	125	120	174	151	147
3×70	160	135	130	180	155	145	212	186	170
3×95	195	170	160	220	190	180	256	230	209
3×120	225	195	185	255	220	206	289	257	243
3×150	265	225	210	300	255	235	332	291	277
3×180	305	260	245	345	295	270	376	330	310
3×240	365	310	290	410	345	325	440	386	367

附表 14-2　聚氯乙烯绝缘及护套电力电缆的允许载流量

A

电缆额定电压/kV	1				6			
最高允许温度/℃	+65℃							
敷设方式	15℃地中直埋		25℃空气中敷设		15℃地中直埋		25℃空气中敷设	
芯数×截面/mm²	铝	铜	铝	铜	铝	铜	铝	铜
3×2.5	25	32	16	20	—	—	—	—
3×4	33	42	22	28	—	—	—	—
3×6	42	54	29	37	—	—	—	—
3×10	57	73	40	51	54	69	42	54
3×16	75	97	53	68	71	91	56	72
3×25	99	127	72	92	92	119	74	95
3×35	120	155	87	112	116	149	90	116
3×50	147	189	108	139	143	184	112	144
3×70	181	233	135	174	171	220	136	175
3×95	215	277	165	212	208	268	167	215
3×120	244	314	191	246	238	307	194	250
3×150	280	261	225	290	272	350	224	288
3×180	316	407	257	331	308	397	257	331
3×240	361	465	306	394	353	455	301	388

附表 14-3　交联聚乙烯绝缘聚氯乙烯护套电力电缆的允许载流量

A

电缆额定电压/kV	1(3～4 芯)				10(3 芯)			
最高允许温度/℃	90							
敷设方式	15℃地中直埋		25℃空气中敷设		15℃地中直埋		25℃空气中敷设	
芯数×截面/mm²	铝	铜	铝	铜	铝	铜	铝	铜
3×16	99	128	77	105	102	131	94	121
3×25	128	167	105	140	130	168	123	158
3×35	150	200	125	170	155	200	147	190
3×50	183	239	155	205	188	241	180	231
3×70	222	299	195	260	224	289	218	280
3×95	266	350	235	320	266	341	261	335
3×120	305	400	280	370	302	386	303	388
3×150	344	450	320	430	342	437	347	445
3×180	389	511	370	490	382	490	394	504
3×240	455	588	440	580	440	559	461	587

附表 14-4　电缆在不同环境温度时的载流量校正系数

电缆敷设地点		空　气　中				土　壤　中			
环境温度/℃		20	25	30	25	10	15	20	25
缆芯最高工作温度/℃	60	1.069	1.0	0.926	0.864	1.054	1.0	0.943	0.882
	65	1.061	1.0	0.935	0.866	1.049	1.0	0.949	0.894
	70	1.054	1.0	0.943	0.882	1.044	1.0	0.953	0.905
	80	1.044	1.0	0.953	0.905	0.038	1.0	0.961	0.920
	90	1.038	1.0	0.961	0.920	1.033	1.0	0.966	0.931

附表 14-5　电缆在不同土壤热阻系数时的载流量校正系数

土壤热阻系数/(℃·m·W⁻¹)	分类特征(土壤特性和雨量)	校正系数
0.8	土壤很潮湿，经常下雨，如湿度大于9%的沙土，湿度大于14%的沙-泥土等	1.05
1.2	土壤潮湿，规律性下雨，如湿度大于7%但小于9%的沙土，湿度为12%～14%的沙-泥土等	1.0
1.5	土壤较干燥，雨量不大，如湿度为8%～12%的沙-泥土等	0.93
2.0	土壤干燥，少雨，如湿度大于4%但小于7%的沙土，湿度为4%～8%的沙-泥土等	0.87
3.0	多石地层，非常干燥，如湿度小于4%的沙土等	0.75

附表 14 - 6　电缆埋地多根并列时的载流量校正系数

电缆外皮间距/mm ＼ 电缆根数	1	2	3	4	5	6	7	8
100	1	0.90	0.85	0.80	0.78	0.75	0.73	0.72
200	1	0.92	0.87	0.84	0.82	0.81	0.80	0.79
300	1	0.93	0.90	0.87	0.86	0.85	0.85	0.84

附表 15　导线机械强度最小截面

附表 15 - 1　架空裸导线的最小截面

线 路 类 别		导线最小截面/mm²		
		铝及铝合金绞线	钢芯铝绞线	铜绞线
35 kV 及 35 kV 以上线路		35	35	35
3～10 kV 线路	居民区	35	25	25
	非居民区	25	16	16
低压线路	一般	16	16	16
	与铁路交叉跨越挡	35	16	16

附表 15 - 2　绝缘导线芯线的最小截面

线 路 类 别			芯线最小截面/mm²		
			铜芯软线	铜线	铝线
照明用灯头引下线		室内	0.5	1.0	2.5
		室外	1.0	1.0	2.5
移动式设备线路		生活用	0.75	—	—
		生产用	1.0	—	—
敷设在绝缘支持件上的绝缘导线（L 为支持点间距）	室内	L≤2 m	—	1.0	2.5
	室外	L≤2 m	—	1.5	2.5
		2 m<L≤6 m	—	2.5	4
		6 m<L≤15 m	—	4	6
		15 m<L≤25 m	—	6	10
穿管敷设的绝缘导线			1.0	1.0	2.5
沿墙明敷的塑料护套线			—	1.0	2.5
板孔穿线敷设的绝缘导线			—	1.0(0.75)	2.5
PE 线和 PEN 线	有机械保护时		—	1.5	2.5
	无机械保护时	多芯线	—	2.5	4
		单芯干线	—	10	16

附表 16　导线和电缆的电阻和电抗

附表 16 - 1　架空铝绞线的单位长度每相电阻和电抗值

导线型号	LJ - 16	LJ - 25	LJ - 35	LJ - 50	LJ - 70	LJ - 95	LJ - 120	LJ - 150	LJ - 185	LJ - 240
电阻/($\Omega \cdot km^{-1}$)	1.98	1.28	0.92	0.64	0.46	0.34	0.27	0.21	0.17	0.132
线间几何均距/m	单位长度每相电抗/($\Omega \cdot km^{-1}$)									
0.6	0.358	0.344	0.334	0.323	0.312	0.303	0.295	0.287	0.281	0.273
0.8	0.377	0.362	0.352	0.341	0.330	0.321	0.313	0.305	0.299	0.291
1.0	0.390	0.376	0.366	0.355	0.344	0.335	0.327	0.319	0.313	0.305
1.25	0.404	0.390	0.380	0.369	0.358	0.349	0.341	0.333	0.327	0.319
1.5	0.416	0.402	0.390	0.380	0.369	0.360	0.353	0.345	0.339	0.330
2.0	0.434	0.420	0.410	0.398	0.387	0.378	0.371	0.363	0.356	0.348

附表 16 - 2　室内明敷及穿管的铝、铜芯绝缘导线的单位长度每相电阻和电抗值

芯线截面/mm²	单位长度每相铝/($\Omega \cdot km^{-1}$)			铜/($\Omega \cdot km^{-1}$)		
	电阻 R_0(65℃)	电抗 X_0		电阻 R_0(65℃)	电抗 X_0	
		明线间距 100 mm	穿管		明线间距 100 mm	穿管
1.5	24.39	0.342	0.14	14.48	0.342	0.14
2.5	14.63	0.327	0.13	8.69	0.327	0.13
4	9.15	0.312	0.12	5.43	0.312	0.12
6	6.10	0.300	0.11	3.62	0.300	0.11
10	3.66	0.280	0.11	2.19	0.280	0.11
16	2.29	0.265	0.10	1.37	0.265	0.10
25	1.48	0.251	0.10	0.88	0.251	0.10
35	1.06	0.241	0.10	0.63	0.241	0.10
50	0.75	0.229	0.09	0.44	0.229	0.09
70	0.53	0.219	0.09	0.32	0.219	0.09
95	0.39	0.206	0.09	0.23	0.206	0.09
120	0.31	0.199	0.08	0.19	0.199	0.08
150	0.25	0.191	0.08	0.15	0.191	0.08
185	0.20	0.184	0.07	0.13	0.184	0.07

附表 16-3　电力电缆的单位长度每相电阻和电抗值

额定截面/mm²	电阻/(Ω·km⁻¹)						电抗/(Ω·km⁻¹)					
	铝芯电缆			铜芯电缆			纸绝缘三芯电缆			塑料三芯电缆		
	线芯工作温度/℃						额定电压(等级)/kV					
	60	75	80	60	75	80	1	6	10	1	6	10
2.5	14.38	15.13	—	8.54	8.98	—	0.098	—	—	0.100	—	—
4	8.99	9.45	—	5.34	5.61	—	0.091	—	—	0.093	—	—
6	6.00	6.31	—	3.56	3.75	—	0.087	—	—	0.091	—	—
10	3.60	3.78	—	2.13	2.25	—	0.081	—	—	0.087	—	—
16	2.25	2.36	2.40	1.33	1.40	1.43	0.077	0.099	0.110	0.082	0.124	0.133
25	1.44	1.51	1.54	0.85	0.90	0.91	0.067	0.08	0.098	0.075	0.111	0.120
35	1.03	1.08	1.10	0.61	0.64	0.65	0.065	0.083	0.092	0.073	0.105	0.113
50	0.72	0.76	0.77	0.43	0.45	0.46	0.063	0.079	0.087	0.071	0.099	0.107
70	0.51	0.54	0.56	0.31	0.32	0.33	0.062	0.076	0.083	0.070	0.093	0.101
95	0.38	0.40	0.41	0.23	0.24	0.24	0.062	0.074	0.080	0.070	0.089	0.096
120	0.30	0.31	0.32	0.18	0.19	0.19	0.062	0.072	0.078	0.070	0.087	0.095
150	0.24	0.25	0.26	0.14	0.15	0.15	0.062	0.071	0.077	0.070	0.085	0.093
185	0.20	0.21	0.21	0.12	0.12	0.13	0.070	0.070	0.075	0.070	0.083	0.090
240	0.16	0.16	0.17	0.09	0.10	0.10	0.062	0.069	0.073	0.070	0.080	0.087

附表 17　导体在正常和短路时的最高允许温度及热稳定系数

导体种类和材料		最高允许温度/℃		热稳定系数 C/(A·s^{1/2}mm⁻²)
		额定负荷时	短路时	
母线	铜	70	300	171
	铝	70	200	87
油浸纸绝缘电缆	铜芯 1~3 kV	80	250	148
	6 kV	65(80)	250	150
	10 kV	60(65)	250	153
	35 kV	50(65)	175	—
	铝芯 1~3 kV	80	200	84
	6 kV	65(80)	200	87
	10 kV	60(65)	200	88
	35 kV	50(65)	175	—
橡皮绝缘导线和电缆	铜芯	65	150	131
	铝芯	65	150	87

续表

导体种类和材料		最高允许温度/℃		热稳定系数
		额定负荷时	短路时	(C/A·s$^{1/2}$mm^{-2})
聚氯乙烯绝缘导线的电缆	铜芯	70	160	115
	铝芯	70	160	76
交联聚乙烯绝缘电缆	铜芯	90(80)	250	137
	铝芯	90(80)	200	77
含有锡焊中间接头的电缆	铜芯		160	
	铝芯		160	

注：① 表中电缆(除橡皮绝缘电缆外)的最高允许温度是根据 GB50217—1994《电力工程电缆设计规范》编制的，表中热稳定系数是参照《工业与民用配电设计手册》编制的；

② 表中"油浸纸绝缘电缆"中加括号的数字适于"不滴流纸绝缘电缆"；

③ 表中"交联聚乙烯绝缘电缆"中加括号的数字适于 10 kV 以上电压。

附表 18　电流继电器的技术数据

附表 18-1　DL 型电磁式电流继电器的技术数据

型　　号	最大整定电流/A	长期允许电流/A		动作电流/A		最小整定值时的功率消耗/W	返回系数
		线圈串联	线圈并联	线圈串联	线圈并联		
DL-11/2	2	4	8	0.5～1	1～2	0.1	0.8
DL-11/6	6	10	20	1.5～3	3～6	0.1	0.8
DL-11/10	10	10	20	2.5～5	5～10	0.15	0.8
DL-11/20	20	15	30	5～10	10～20	0.25	0.8
DL-11/50	50	20	40	12.5～25	25～50	0.1	0.8
DL-11/100	100	20	40	25～50	50～100	2.5	0.8

附表 18-2　GL 型感应式电流继电器的技术数据

型　　号	额定电流/A	整　定　值		速断电流倍数	返回系数
		动作电流/A	10 倍动作电流的动作时间/s		
GL-11/10, GL-21/10	10	4, 5, 6, 7, 8, 9, 10	0.5, 1, 2, 3, 4		0.85
GL-11/5, GL-21/5	5	2, 2, 5, 3, 3.5, 4, 4.5, 5		2～8	
GL-15/10, GL-25/10	10	4, 5, 6, 7, 8, 9, 10	0.5, 1, 2, 3, 4		0.8
GL-15/5, GL-25/5	5	2, 2, 5, 3, 3.5, 4, 4.5, 5			

附表 19　接地技术数据

附表 19-1　电力装置工作接地电阻要求

序号	电力装置名称	接地的电力装置特点		接地电阻值
1	1 kV 以上大电流接地系统	仅用于该系统的接地装置		$R_E \leqslant \dfrac{2000\,V}{I_k^{(1)}}$ 当 $I_k^{(1)} > 4000$ A 时 $R_E \leqslant 0.5\,\Omega$
2	1 kV 以上小电流接地系统	仅用于该系统的接地装置		$R_E \leqslant \dfrac{250\,V}{I_E}$ 且 $R_E \leqslant 10\,\Omega$
3		与 1 kV 以下系统共用的接地装置		$R_E \leqslant \dfrac{120\,V}{I_E}$ 且 $R_E \leqslant 10\,\Omega$
4	1 kV 以下系统	与总容量在 100 kV·A 以上的发电机或变压器相连的接地装置		$R_E \leqslant 4\,\Omega$
5		与总容量在 100 kV·A 及以下的发电机或变压器相连的接地装置		$R_E \leqslant 10\,\Omega$
6		本表序号 4 装置的重复接地		$R_E \leqslant 10\,\Omega$
7		本表序号 5 装置的重复接地		$R_E \leqslant 30\,\Omega$
8	避雷装置	独立避雷针和避雷线		$R_E \leqslant 10\,\Omega$
9		变配电所装设的避雷器	与序号 4 装置共用	$R_E \leqslant 4\,\Omega$
10			与序号 5 装置共用	$R_E \leqslant 10\,\Omega$
11		线路上装设的避雷器或保护间隙	与电机无电气联系	$R_E \leqslant 10\,\Omega$
12			与电机有电气联系	$R_E \leqslant 5\,\Omega$
13	建筑物	第一类防雷建筑物		$R_{sh} \leqslant 10\,\Omega$
14		第二类防雷建筑物		$R_{sh} \leqslant 10\,\Omega$
15		第三类防雷建筑物		$R_{sh} \leqslant 30\,\Omega$

注：R_E 为工频接地电阻；R_{sh} 为冲击接地电阻；$I_k^{(1)}$ 为流经接地装置的单相短路电流；I_E 为单相接地电容电流，按式(1-4)计算。

附表 19-2　土壤电阻率参考值

土 壤 名 称	电阻率/(Ω·m)	土壤名称	电阻率/(Ω·m)
陶黏土	10	沙质黏土、可耕地	100
泥炭、泥灰岩、沼泽地	20	黄土	200
捣碎的木炭	40	含沙黏土、砂土	300
黑土、田园土、陶土	50	多石土壤	400
黏土	60	砂、砂粒	1000

附表 19-3　垂直管型接地体单排敷设时的利用系数(未计入连接扁钢的影响)

管间距离与管长度之比 a/l	管子根数 n	利用系数 η_E	管间距离与管长度之比 a/l	管子根数 n	利用系数 η_E
1		0.84～0.87	1		0.67～0.72
2	2	0.90～0.92	2	5	0.79～0.83
3		0.93～0.95	3		0.85～0.88
1		0.76～0.80	1		0.56～0.62
2	2	0.85～0.88	2	10	0.72～0.77
3		0.90～0.92	3		0.79～0.83

附表 19-4　垂直管型接地体环形敷设时的利用系数(未计入连接扁钢的影响)

管间距离与管长度之比 a/l	管子根数 n	利用系数 η_E	管间距离与管长度之比 a/l	管子根数 n	利用系数 η_{sE}
1		0.66～0.72	1		0.44～0.50
2	4	0.76～0.80	2	20	0.61～0.66
3		0.84～0.86	3		0.68～0.73
1		0.58～0.65	1		0.41～0.47
2	6	0.71～0.75	2	30	0.58～0.63
3		0.78～0.82	3		0.66～0.71
1		0.52～0.58	1		0.38～0.44
2	10	0.66～0.71	2	40	0.56～0.61
3		0.74～0.78	3		0.64～0.69

参 考 文 献

[1] 刘介才. 工厂供电. 3 版. 北京：机械工业出版社，2000

[2] 江文，等. 供配电技术. 北京：机械工业出版社，2005

[3] 夏国明. 供配电技术. 北京：电力工业出版社，2004

[4] 吴靓，等. 发电厂及变电站电气设备. 北京：中国水利水电出版社，2005

[5] 唐志平，等. 供配电技术. 北京：电子工业出版社，2005

[6] 张莹. 工厂供配电技术. 北京：电子工业出版社，2003

[7] 刘介才. 供配电技术. 北京：机械工业出版社，2005

[8] 杜文学. 供用电工程. 北京：中国电力出版社，2005

[9] 高满茹. 建筑配电与设计. 北京：中国电力出版社，2003

[10] 张建. 建筑电气技术与应用. 北京：人民交通出版社，2001

[11] 杨光臣. 建筑电气工程图识图与绘图. 北京：中国建筑工业出版社，2001

[12] 黄纯华，刘维仲. 工厂供电. 天津：天津大学出版社，1996

[13] 黄明琪，李善奎，文方. 工厂供电. 重庆：重庆大学出版社，1995

[14] 王晋升. 新标准电气识图. 北京：中国电力出版社，2002

[15] 全国建筑电气设计技术协会及情报交流网. 建筑电气技术文集. 北京：中国电力出版社，2001

[16] 熊信银. 发电厂电气部分. 北京：中国电力出版社，2004

[17] 袁铮喻，张国良. 电气运行. 北京：中国水利水电出版社，2004